A. P. French



# Die spezielle Relativitätstheorie

**M.I.T. Einführungskurs Physik**

Lehrbuch für Studenten
aller naturwissenschaftlichen
und technischen Fachrichtungen
ab 3. Semester

2. Auflage

Mit 118 Bildern

V

Springer Fachmedien Wiesbaden GmbH

CIP-Kurztitelaufnahme der Deutschen Bibliothek

**French, Anthony P.:**
Die spezielle Relativitätstheorie:
M.I.T.-Einführungskurs Physik; Lehrbuch
für Studenten aller naturwiss. u. techn.
Fachrichtungen ab 3. Sem./
A.P. French. [Übers.: F. Cap u. Mitarb. ]. -
2. Aufl. - Braunschweig; Wiesbaden:
Vieweg, 1986.
Einheitssacht.: Special relativity <dt.>

ISBN 978-3-528-13546-1 ISBN 978-3-322-90122-4 (eBook)
DOI 10.1007/978-3-322-90122-4

Dieses Buch ist die deutsche Übersetzung von
*A. P. French*
Special Relativity


Übersetzung: Prof. Dr. *F. Cap* und Mitarbeiter, Innsbruck
Verlagsredaktion: *Alfred Schubert*

1. Auflage 1971
   Nachdruck 1977
   Nachdruck 1982
2. Auflage 1986



Satz: Vieweg, Braunschweig

## Vorwort

Das Education Research Center am M. I. T. (früher: Science Teaching Center) befaßt sich mit Verbesserungen des Lehrplanes, mit dem Lehr- und Lernprozeß sowie mit Unterrichtshilfen, vor allem für die unteren Semester. Das Center wurde im Jahre 1960 vom M. I. T. geschaffen. Sein erster Direktor war der verstorbene Professor Francis L. Friedman. Seit 1961 wurde das Center hauptsächlich von der National Science Foundation unterstützt; großzügige Hilfe wurde auch von den folgenden Fonds gewährt: Kettering Foundation, Shell Companies Foundation, Victoria Foundation, W. T. Grant Foundation und Bing Foundation.

Die M. I. T.-Reihe: Einführung ist die Physik (Introductory Physics Series) ist ein direktes Resultat der Arbeit des Centers. Die Reihe wird aus einer Anzahl kurzgefaßter Einführungswerke bestehen, die die wichtigsten Gebiete der Physik behandeln werden. Es soll dabei der wechselseitige Einfluß von Experiment und Intuition bei der Aufstellung physikalischer Theorien betont werden. Die Bücher der Reihe sind als Grundlage für eine Auswahl von Einführungskursen gedacht, beginnend mit den Werken, in denen vor allem die klassische Physik behandelt wird, bis zu jenen, die Themen der Atom- und Quantenphysik behandeln. Die einzelnen Bände sollen in Niveau und Behandlungsweise ihrer Themen zwar einheitlich sein, sind jedoch nicht als untrennbare Einheit anzusehen; im Gegenteil. Es wurde getrachtet, daß jedes Buch in vernünftigem Maße eine Einheit für sich ist und als individuelle Komponente in den Aufbau eines Kurses einbezogen werden kann.

Der vorliegende Band ist als Einführung in die spezielle Relativitätstheorie für Studenten gedacht, die bereits einige Grundkenntnisse der Newtonschen Mechanik, der Optik und der Elektrizitätslehre haben. Für dieses Niveau ist die Behandlungsweise die traditionelle: Statt das Schwergewicht auf die elektromagnetische Theorie zu legen, konzentrieren wir uns hier auf Probleme der Kinematik und Dynamik. Im letzten Kapitel werden jedoch einige der Aspekte behandelt, die die Relativitätstheorie im Hinblick auf den Zusammenhang zwischen Elektrizität und Magnetismus erschließt. Der Hauptstoff dieses Buches wurde am M. I. T. erfolgreich im ersten und zweiten Studienjahr als Teil einer allgemeinen Einführungsvorlesung in die Physik verwendet. Das Ausmaß der behandelten Themen läßt dieses Buch jedoch auch als eigene Einführung in die Relativistik für fortgeschrittenere Studenten geeignet erscheinen.

Dieses Buch verdankt, wie auch die anderen Werke dieser Serie, sein Entstehen in gewisser Hinsicht den Einfällen, kritischen Bemerkungen und Vorschlägen vieler verschiedener Menschen, Lehrer und Studenten. Was die Lehrer betrifft, so waren die detailierten Ratschläge und Bemerkungen von Prof. M. W. Friedlander (Washington University), Prof. A. W. K. Metzner (San Diego State College) und Prof. Rainer Weiss (M. I. T.) eine wertvolle Hilfe.

Besondere Anerkennung gebührt Prof. Jack R. Tessman (Tufts University), der sich an unseren ersten Arbeiten an der Physik-Einführungsreihe rege beteiligte, und auf besondere Weise zu dieser Abhandlung über die Relativitätstheorie beitrug. Zusammen mit dem Autor verwendete er die erste Probeversion des diesem Buch zugrundeliegenden Materials in seinen Vorlesungen am M. I. T. in der Zeit 1963–1964. Die folgenden Abfassungen und Umarbeitungen wurden im Detail mit ihm besprochen und beinhalten zahlreiche seiner Vorschläge. Im besonderen das letzte Kapitel (über Relativität und Elektrizität) fußt auf einer sehr viel umfassenderen Analyse von Prof. Tessman, in welcher die Hauptergebnisse des Elektromagnetismus, einschließlich der Beschleunigungsfelder, abgeleitet werden [siehe *Am. J. Phys.* **34**, 1048–1055 (1966), und *Am. J. Phys.* **35**, 523–527 (1967)].

Der Autor möchte auch Prof. M. K. Smith und Dr. James A. Ross den gebührenden Dank für ihre wertvolle Hilfe bei der Vorbereitung dieses Bandes aussprechen.

*Cambridge, Massachusetts*
*Februar 1968*

**A. P. French**

# Inhaltverzeichnis


| | | |
|---|---|---|
| **1.** | **Abschied von der Newtonschen Mechanik** | 1 |
| 1.1. | Newton | 3 |
| 1.2. | Die „Grenzgeschwindigkei“ | 4 |
| 1.3. | Photonen | 10 |
| 1.4. | Der Zusammenhang zwischen Energie und Impuls bei Photonen | 11 |
| 1.5. | Materie und Strahlung: Die Trägheit der Energie | 14 |
| 1.6. | Energie, Impuls, Masse | 19 |
| 1.7. | Stimmt die neue Mechanik? | 23 |
| 1.8. | Bewegung unter Einwirkung einer konstanten Kraft | 25 |
| 1.9. | Einsteins Kasten wird „zerlegt“ | 26 |
| 1.10. | Bemerkungen | 28 |
| 1.11. | Aufgaben | 29 |
| **2.** | **Sonderbare Effekte bei der Ausbreitung des Lichtes** | 35 |
| 2.1. | Die Natur des Lichtes | 36 |
| 2.2. | Der Äther – Träger des Lichtes | 37 |
| 2.3. | Aberration der Gestirne | 38 |
| 2.4. | Ein modifiziertes Aberrationsexperiment | 42 |
| 2.5. | Fizeaus Messung des Mitführungskoeffizienten | 44 |
| 2.6. | Vorgeschichte zum Michelson-Morley-Experiment | 47 |
| 2.7. | Das Michelson-Morley-Experiment | 49 |
| 2.8. | Abschließende Bemerkungen | 55 |
| 2.9. | Aufgaben | 57 |
| **3.** | **Einstein und die Lorentz-Einstein-Transformation** | 61 |
| 3.1. | Einleitung: Die Kontraktionshypthese | 61 |
| 3.2. | Einsteins Neuformulierung der Relativitätstheorie | 63 |
| 3.3. | Die Relativität bei Galilei und Newton | 64 |
| 3.4. | Die Transformation des Newtonschen Bewegungsgesetzes | 67 |
| 3.5. | Einstein und die Universität der Lichtgeschwindigkeit c | 68 |
| 3.6. | Das zweite Postulat und Beweise aus Beobachtungsmaterial | 70 |
| 3.6.1. | Das Michelson-Morley-Experiment | 70 |
| 3.6.2. | Das Kennedy-Thorndike-Experiment | 71 |
| 3.6.3. | Licht von einer bewegten Quelle | 71 |
| 3.7. | Die Relativität der Gleichzeitigkeit | 72 |
| 3.8. | Die Lorentz-Einstein-Transformationen | 74 |
| 3.9. | Mehr über die Lorentz-Transformationen | 79 |
| 3.10. | Raum-Zeit-Diagramme nach Minkowski | 80 |
| 3.11. | Eine Raum-Zeit-Invariante | 82 |
| 3.12. | Aufgaben | 84 |

| | | |
|---|---|---|
| **4.** | **Relativität und die Messung von Längen und Zeitintervallen** | 87 |
| 4.1. | Beobachter | 88 |
| 4.2. | Punktereignisse und ihre Transformationen | 90 |
| 4.3. | Zeitmessungen | 92 |
| 4.4. | Lorentzkontraktion | 94 |
| 4.5. | Die Zeitdilatation | 95 |
| 4.6. | Nachweis der Zeitdilatation mit Mesonen aus der kosmischen Strahlung | 97 |
| 4.7. | Eine weitere Interpretationsmöglichkeit für das Zeitdilatations-experiment | 103 |
| 4.8. | Mehr über Zeit- und Längenmessungen | 105 |
| 4.9. | Ein Michelson-Morley-Versuch mit Laserlicht | 109 |
| 4.10. | Die Relativität ist tatsächlich relativ | 111 |
| 4.11. | Raum-Zeit-Intervalle und Kausalität | 117 |
| 4.12. | Aufgaben | 120 |
| **5.** | **Relativitstische Kinematik** | 125 |
| 5.1. | Die Transformation von Geschwindigkeiten | 125 |
| 5.2. | Strahlung einer schnell bewegten Quelle | 127 |
| 5.3. | Licht im bewegten Medium: Der Mitführungskoeffizient | 132 |
| 5.4. | Transversalbewegung. Aberration von Gestirnen | 133 |
| 5.5. | Der Dopplereffekt | 135 |
| 5.6. | Mehr über Dopplereffekte | 143 |
| 5.7. | Dopplereffekt und Zeitdilatation | 146 |
| 5.8. | Erneute Suche nach dem Äther | 149 |
| 5.9. | Die Beobachtung bewegter Uhren und anderer Objekte | 152 |
| 5.10. | Beschleunigte Bewegung | 155 |
| 5.11. | Das Zwillingsparadoxon | 157 |
| 5.12. | Aufgaben | 163 |
| **6.** | **Relativistische Dynamik: Stoßprozesse und Erhaltungssätze** | 168 |
| 6.1. | Zwei Aspekte des elastischen Stoßes | 170 |
| 6.2. | Zwei Aspekte eines unelastischen Stoßes | 173 |
| 6.3. | Einige zusätzliche Bemerkungen zu den Erhaltungssätzen | 177 |
| 6.4. | Absorption und Emission von Photonen | 178 |
| 6.4.1. | Absorption | 178 |
| 6.4.2. | Emission | 179 |
| 6.5. | Der Mößbauer-Effekt | 182 |
| 6.6. | Die Photonenrakete | 185 |
| 6.7. | Die Erzeugung von Elementarteilchen | 187 |
| 6.7.1. | Erzeugung von Pionen | 188 |
| 6.7.2. | Erzeugung von Antiprotonen | 190 |
| 6.7.3. | Paarbildung durch Photonen | 192 |
| 6.8. | Streuprozesse | 194 |
| 6.8.1. | Elastische Streuung von gleichartigen Teilchen | 195 |
| 6.8.2. | Der Comptoneffekt | 198 |
| 6.9. | Nochmals der Dopplereffekt | 201 |
| 6.10. | Aufgaben | 204 |

**7. Mehr über relativistische Dynamik** 209
7.1. Eine Energie-Impuls-Invariante und ihre Anwendung 209
7.2. Lorentz-Transformationen für Energie und Impuls 212
7.3. Weltvektoren 217
7.4. Die Kraft in der relativistischen Mechanik 218
7.5. Magnetische Analyse relativitstischer Teilchen 225
7.6. Allgemeine Krafttransformationen; Wirkung und Gegenwirkung 227
7.7. Aufgaben 231

**8. Relativität und Elektrizität** 234
8.1. Das Coulombsche Gesetz 235
8.2. Magnetische Kraft und bewegte Ladung 237
8.3. Die relativistische Deutung 239
8.4. Die Transformation des Coulombschen Gesetzes 240
8.5. Die auf eine ruhende Ladung wirkende Kraft 242
8.6. Die auf eine bewegte Probeladung wirkende Kraft 249
8.7. Das Feld einer Linienladung 256
8.7.1. Die ruhende Linienladung 256
8.7.2. Die bewegte Linienladung 257
8.8. Das Magnetfeld und die Relativitätstheorie 260
8.9. Die magnetische Kraft, mit der ein stromführender Draht auf eine bewegte Ladung wirkt 263
8.10. Mehr über magnetische Kräfte und Lorentzkontraktionen 266
8.11. Die Kraft zwischen stromführenden Drähten 269
8.12. Elektrische und magnetische Maßeinheiten und -systeme 271
8.13. Aufgaben 274

**Nachwort** 277

**Eine kurze Bibliographie** 280

**Lösungen der Aufgaben**

zu Kapitel 1 282
zu Kapitel 2 282
zu Kapitel 3 283
zu Kapitel 4 283
zu Kapitel 5 283
zu Kapitel 6 284
zu Kapitel 7 285
zu Kapitel 8 285

**Namen- und Sachwortverzeichnis** 286

# 1. Abschied von der Newtonschen Mechanik

In der experimentellen Naturwissenschaft müssen wir Voraussetzungen, die ganz allgemein aus Phänomenen abgeleitet wurden, als exakt oder nahezu exakt geltend ansehen ... solange nicht andere Phänomene auftreten, die entweder diese Exaktheit verbessern, oder zeigen, daß diese Voraussetzungen Ausnahmen unterliegen.

*Sir Isaac Newton,* Principia (1686)

Die Relativitätstheorie entsprang einer dringenden Notwendigkeit, da ernste und schwerwiegende Widersprüche in der überlieferten Theorie aufgetreten waren, aus denen es keinen Ausweg zu geben schien. Die Stärke der neuen Theorie liegt in ihrer Folgerichtigkeit und der Einfachheit, mit der sie alle diese Probleme aufgrund weniger, überzeugender Annahmen löst ... Die alte Mechanik gilt nur für geringe Geschwindigkeiten und ist als Grenzfall in der neuen Mechanik enthalten.

*A. Einstein* und *L. Infeld*
The Evolution of Physics (1938)

*Relativitätstheorie* – welche Vorstellungen verbinden Sie mit diesem Wort? Höchstwahrscheinlich werden Sie zuerst an *Albert Einstein* denken, oder an die Formel $E = mc^2$, oder an Raumfahrer, die nach jahrelanger Reise kaum gealtert zurückkehren. Das ist die wohlverdiente Anerkennung des ungeheuren geistigen Einflusses, den die *spezielle Relativitätstheorie,* wie *Einstein* seine Schöpfung nannte, hinterließ – ein Einfluß, der auch nach 60 Jahren nichts von seiner Kraft verloren hat. Die Entwicklung dieser Theorie durch *Einstein* und andere um die Jahrhundertwende wird zu Recht als einer der größten Schritte angesehen, den die Menschheit in der Beschreibung und Interpretation der physikalischen Welt jemals tat. Und doch ist die Grundlage der Relativitätstheorie so alt wie die Mechanik von *Newton* oder *Galilei.* Das ist, grob gesagt, eigentlich nur eine Bestätigung dafür, daß die Gesetze der Physik in vielen verschiedenen Bezugssystemen die gleichen sind.

Was tat dann *Einstein* eigentlich, um seinen Namen beinahe zu einem Synonym des Buchtitels werden zu lassen? Nun, er lehrte uns, den Begriff der Relativität *auf die Gesamtheit* unserer physikalischen Erfahrungen anzuwenden, und nicht nur auf einen begrenzten Bereich von Phänomenen. Im besonderen zeigte er, daß Prozesse, die sehr schnelle Bewegungen beinhalten – speziell Bewegungen, die mit nahezu Lichtgeschwindigkeit ablaufen – keineswegs einer eigenen Kategorie zugeordnet werden dürfen. Diese Vereinheitlichung, die er vorschlug, war jedoch von bemerkenswerter Tragweite. Es ergaben sich Konsequenzen, die unserer Intuition und unserem Hausverstand derart zu widersprechen schienen, wie das die klassischen

Theorien nicht taten – so etwa die Zunahme der Masse mit der Geschwindigkeit, oder das sogenannte *Zwillingsparadoxon*. Diese Erscheinungen waren es, die *Einsteins* Formulierung der Relativität so eindrucksvoll erscheinen ließen, und ihr einen Glanz verliehen und ein öffentliches Interesse hervorriefen, wie es wohl kein zweites Mal in der Geschichte der Physik vorkam.

Wir sagten schon, daß der Begriff der Relativität bereits vor *Einstein* geprägt und in der Newtonschen Mechanik enthalten war. Man erkannte aber erst ungefähr 200 Jahre nach *Newton*, daß bestimmte Beobachtungen – meistenteils mikroskopische und empfindliche Phänomene – einfach nicht erklärt werden konnten, wenn man versuchte, alle grundlegenden Gesetze der Newtonschen Mechanik beizubehalten. Historisch zeigten sich diese unerklärlichen Erscheinungen erstmals bei elektromagnetischen Phänomenen, insbesondere bei der Ausbreitung des Lichtes. Es wurde jedoch, in der Hauptsache durch die Arbeiten *Einsteins* selbst, sehr schnell offenbar, daß die ganze Dynamik, und nicht nur das spezielle Gebiet der Elektrodynamik, betroffen war.

Es war für *Einstein* typisch, und kennzeichnend für seine Größe, daß er seine tiefgründigen und weitreichenden Schlüsse aus einem minimal kleinen Angebot von Daten zog. Weniger große Männer mögen wohl das gleiche versuchen, doch unterscheiden sie sich von den Einsteins dieser Welt dadurch, daß ihre großartigen Folgerungen oder Verallgemeinerungen sich meist als falsch erweisen. Im wesentlichen baute *Einstein* seine spezielle Relativitätstheorie auf einer einzigen Tatsache auf: Bei jeder Beobachtung ergibt sich die Zeit, die das Licht benötigt, um sich von einem Punkt im leeren Raum zu einem anderen auszubreiten, durch Division des relativen Abstandes der beiden Punkte durch die universelle Geschwindigkeit c, und diese Zeit hängt in keiner Weise von der Geschwindigkeit ab, die das System, in dem wir beobachten, im Raum zu haben scheint. Daraus die Relativitätstheorie zu entwickeln, ist nicht schwer (sobald *Einstein* einmal den Weg gezeigt hatte). Wir werden diesen Weg in seiner Logik, Klarheit und Überzeugungskraft im Folgenden beschreiben. Es ist eine Entwicklung, die mit der Optik beginnt, sich in einer revidierten Kinematik fortsetzt, und uns zeigt, wie wir die Teilchenmechanik den neuen Gegebenheiten anzupassen haben. Heute können wir jedoch bezüglich der Mechanik von Teilchen, die sich mit extrem hohen Geschwindigkeiten fortbewegen, auf eine große Menge direkter Beweise zurückgreifen. Dieses Beweismaterial zeigt eindeutig und von vornherein, daß wir das Newtonsche Schema modifizieren müssen, wenn wir eine annehmbare Dynamik der bekannten Elementarteilchen wie etwa des Elektrons für alle Geschwindigkeiten erhalten wollen. In diesem Einführungskapitel werden wir so schnell wie möglich zu einer Entwicklung dieser revidierten Dynamik übergehen. Wir können natürlich nur einen ersten Überblick geben, dem es noch an strenger Genauigkeit fehlen wird. Es mag jedoch von Interesse und Wert sein, einige der Hauptergebnisse wenigstens andeutungsweise in ihrer Entstehung zu verfolgen, ohne daß wir uns weitgehend des Formalismus der Relativitätstheorie bedienen müssen.

Zunächst müssen wir uns aber klar machen, was wir eigentlich modifizieren wollen, andernfalls kann die Beziehung zwischen alter und neuer Mechanik – die Gemeinsamkeiten und die Unterschiede – nicht voll erfaßt und verstanden werden.

## 1.1. Newton

Die Newtonsche Mechanik befaßt sich mit der Bewegung von Teilchen unter dem Einfluß von Kräften. Ein Teilchen wird als Massenpunkt angesehen; seine Bewegung wird als die Lage dieses Punktes im Raum als Funktion der Zeit beschrieben. Man setzt voraus, daß die getrennten Begriffe Zeit und Raum als solche wohl verstanden werden, obwohl eine angemessene Definition dieser Begriffe nicht möglich ist. *Newton* glaubte an den absoluten Raum, er erkannte aber auch, daß man die Bewegung eines Körpers durch diesen Raum nicht absolut festlegen kann. Wir verwenden in unserer Definition statt dessen die Lage eines Körpers relativ zu einem anderen. „Wir verwenden also", wie *Newton* in den *Principia* schrieb, „statt absoluter Orts- und Bewegungsbegriffe relative" [1]).

Trotz der Relativität von Lage und Bewegung finden wir eine scheinbar absolute oder fundamentale Größe in der Beschleunigung. Die Newtonsche Mechanik bedient sich dieser Beschleunigung $\mathbf{a}$ und setzt sie in Beziehung zu der Kraft $\mathbf{F}$, die den Einfluß der Umgebung darstellt. Das erweist sich als ein recht bedeutsamer Vorgang, denn wir finden, daß eine einzige, konstante Eigenschaft des Teilchens – seine träge Masse m – genügt, um die Beschleunigung dieses Teilchens in eine Beziehung zur Kraft zu bringen, indem man $\mathbf{F} = m\mathbf{a}$ setzt. Wenn der Wert von $\mathbf{F}$ durch ein bekanntes Kraftgesetz gegeben ist – wie es bei der universellen Gravitation der Fall ist, so wird ein Gesetz der klassischen Mechanik zur physikalischen Theorie, und Newtons Gesetz bedeutet weit mehr als eine Definition von $\mathbf{F}$ als Funktion von m und $\mathbf{a}$ [2]).

Selbst wenn das betreffende Kraftgesetz nicht explizit gegeben oder bekannt ist, so bleibt uns noch eine der Hauptaussagen der Newtonschen Mechanik – die Erhaltung des Impulses. Wenn wir die träge Masse eines Körpers als konstante

---

1) *Newton, Sir I.*, Mathematical Principles of Natural Philosophy and His System of the World (Principia Mathematica Philosophiae Naturalis) übersetzt von *A. Motte*, Neufassung von *F. Cajori*, Univ. California Press, Berkeley 1962.

2) *Einstein, A.*, "Physics and Reality", *J. Franklin Inst.*, **221**, 349–382 (1936); abgedruckt in Einsteins *Ideas and Opinions (Ideen und Ansichten)*, Crown, New York, 1954. Siehe auch *N. Austern, Am. J. Phys.*, **29**, 617 (1961).

Eigenschaft ansehen, können wir nachweisen (das war einer der experimentellen Grundsteine der Mechanik), daß die Summe der Impulse mv für zwei oder mehrere sich gegenseitig beeinflussende Körper eine Konstante ist, wenn die Wirkung aller äußeren Kräfte vernachläßigt werden kann. Wenn wir den Impuls der Bequemlichkeit halber mit den Vektor **p** bezeichnen, so wissen wir, daß in der klassischen Mechanik das Verhältnis p/v für ein gegebenes Teilchen eine unveränderliche Größe ist.

Mit dem Satz von der Erhaltung der Energie überschreiten wir schließlich die strengen Grenzen des Newtonschen Begriffsgebäudes. Nehmen wir irgend ein bestimmtes Kraftgesetz als gegeben an, so finden wir, daß die für irgend ein Teilchen aufgewendete Arbeit zu einer entsprechenden Änderung seiner kinetischen Energie führt:

$$\int_1^2 \mathbf{F}\, d\mathbf{r} = \frac{1}{2}\, m\,(v_2^2 - v_1^2). \tag{1.1}$$

Außerdem kann Energie, die auf diese Weise auf das Teilchen übertragen wurde, in anderer Form wiedergewonnen werden, etwa durch Freisetzung von thermischer Energie, wenn wir das Teilchen in einem Medium zur Ruhe kommen lassen. Unser Vertrauen auf die Erhaltung der Energie ist (auf Grund umfangreichen Beweismaterials) so groß, daß wir nicht zögern würden, in dem eben erwähnten Beispiel die Messung der Erwärmung und die Messung der kinetischen Energie des Teilchens vor dem Auftreffen auf das Medium als gleichwertig anzusehen – vorausgesetzt, natürlich, wir können mit gutem Grund die Möglichkeit bedeutender Energieverluste durch Strahlung, Schall, mechanische Verformung, etc., außer Acht lassen.

Diese Begriffe also, wie Raum, Zeit, Kraft, Beschleunigung und träge Masse, Impuls und Energie, sind die Grundlagen der klassischen Mechanik. Wir wollen nun einige der nach 200 Jahren auftretenden Risse in diesem Gebäude untersuchen. Die meisten dieser Risse (aber nicht alle) erscheinen in Verbindung mit der Bewegung von Teilchen mit sehr hohen Geschwindigkeiten.

## 1.2. Die „Grenzgeschwindigkeit"

Nach den Gleichungen der Newtonschen Mechanik gibt es prinzipiell keine obere Begrenzung für die Geschwindigkeit, die einem Objekt verliehen werden kann. Stellen wir uns zum Beispiel vor, daß auf einen Körper dauernd eine Kraft wirkt, die in ihrer Größe der Schwerkraft auf der Erdoberfläche gleicht. Die Beschleunigung des Körpers hat dann immer den Wert 9,8 m/s². Nach einem Jahr würde dieser Körper, wenn er anfangs ruhte, ungefähr die Geschwindigkeit $3 \cdot 10^8$ m/s (das ist etwa die Geschwindigkeit des Lichtes im Vakuum) haben; nach zwei Jahren betrüge die Geschwindigkeit $6 \cdot 10^8$ m/s, und so weiter. (Lassen Sie sich einen Moment Zeit und prüfen Sie diese Zahlen selbst.) Ist das betreffende Objekt klein, so kann man sich sehr leicht eine Kraft vorstellen, die das Vielfache von mg beträgt, und die diesen Geschwindigkeitszuwachs in sehr viel geringerer Zeit bewirken kann – vielleicht in Minuten oder Sekunden. Auch wenn die Kraft nicht konstant ist, kann man den Gesamtbetrag der Arbeit berechnen, der gleich ist dem Zuwachs an kinetischer Energie K, der nötig ist, damit ein Körper der Masse m sich mit einer beliebigen festgesetzten Geschwindigkeit $v = \sqrt{2\, E_k/m}$ fortbewegt. Versucht man jedoch tatsächlich, Teilchen auf Geschwindigkeiten der oben erwähnten Größenordnung zu beschleunigen, so wird man eine drastische Abweichung von den Voraussagen der Newtonschen Mechanik beobachten. Dieses Phänomen ist ein erstes klares Beispiel für die Tatsache, daß die klassische Mechanik nicht allen dynamischen Gegebenheiten gerecht werden kann.

Das Elektron kann wegen seines geringen Masse-Ladung-Verhältnisses leicht auf sehr hohe Geschwindigkeiten beschleunigt werden – Geschwindigkeiten, die um viele Größenordnungen höher sind als die unserer normalen Erfahrungswelt vorkommenden. So würde zum Beispiel ein Elektron, das sich in einer Radioröhre von der Kathode zur Anode bewegt – bei einer Spannung von nur 100 V zwischen den Elektroden – an der Anode mit einer Geschwindigkeit von ungefähr 6000 km/s ankommen, wenn es anfangs ruhte (seine Beschleunigung betrüge, wenn die Elektroden einige Millimeter voneinander entfernt sind, ungefähr $10^{15}$ g). Auch unter diesen Bedingungen wird die Newtonsche Mechanik der Situation gerecht. Erfolgt die Beschleunigung aber durch Millionen Volt statt durch einige hundert, so wird es geradezu peinlich offenbar, daß eine revidierte Dynamik erforderlich ist. Dies wurde in einem Experimentalfilm über die Beziehung zwischen Geschwindigkeit und kinetischer Energie von Elektronen mit kinetischen Energien bis zu 15 MeV recht eindrucksvoll gezeigt [1]).

Die experimentelle Anordnung zeigt schematisch Bild 1.1. Das Experiment besteht aus der direkten Messung der Flugzeit von Elektronen in einem Linearbeschleuniger (abgekürzt *Linac* – linear accelerator). Die Elektronen können durch die rein elektrostatische Wirkung eines Van de Graaff Generators, der als Injektor für den Linac dient, auf Energien bis zu 1,5 MeV gebracht werden. Hierauf treten die Elektronen in eine Reihe von Driftröhren ein, die den eigentlichen Teilchenbeschleuniger bilden; ihre Flugzeit wird für die Flugstrecke $\overline{AB}$ gemessen. Höhere Energien (bis zu 15 MeV) können durch Einschaltung des Radiofrequenzsystems des Linearbeschleunigers erhalten werden.

---

1) Film: *The Ultimate Speed (Die Grenzgeschwindigkeit)*, von *W. Bertozzi*, Education Development Center, Newton, Mass., 1962. Detailierte Beschreibung siehe *W. Bertozzi*, *Am. J. Phys.*, **32**, 551–555 (1964).

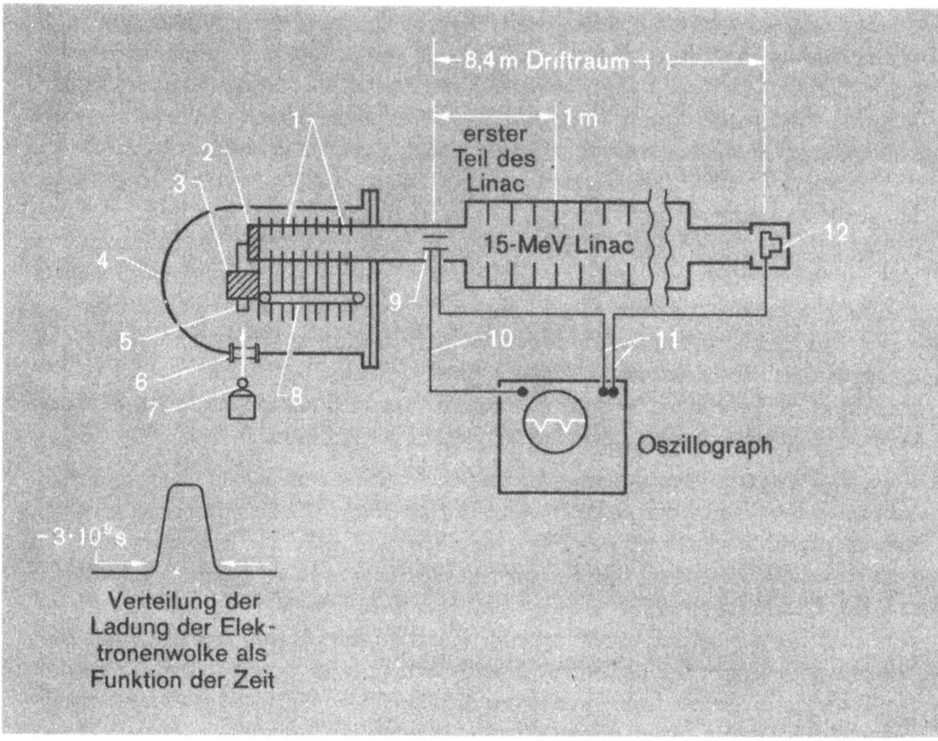


Bild 1.1. Schematische Darstellung des Geräts zur Messung der Flugzeit energiereicher Elektronen. (The "ultimate speed" experiment – das Grenzgeschwindigkeitsexperiment – von *W. Bertozzi*)

1 Äquipotentialflächen
2 Elektronenkanone
3 Schneller Impulsgeber
4 Van de Graaf Drucktank
5 Photoelektrische Röhre
6 Fenster
7 Lichtblitzgerät
8 Ladungstransportband
9 Kurze Röhre, die den Beginn der Elektronenwolke am Anfang der Flugstrecke anzeigt
10 Kabel zur Weitergabe des Passagesignals
11 Kabel zur Übertragung der Signale gleicher Flugzeiten
12 Aluminiumscheibe zum Abstoppen der Elektronen und zur Anzeige der Ankunft der Elektronenwolke am Ende der Flugstrecke.

Um den Elektronen eine Energie von 4,5 MeV zu verleihen, nimmt man nur den ersten Teil des Linac (den Teil unmittelbar nach Punkt A) in Betrieb. Auch in diesem Fall durchmessen die Elektronen die ganze Strecke $\overline{AB}$ mit fast konstanter Geschwindigkeit, wie wir gleich sehen werden.

Die Elektronen werden in kurzen Stößen von etwa $3 \cdot 10^{-9}$ s Dauer durch die Elektronenkanone im negativen Hochspannungsteil des Van de Graaff Beschleunigers injiziert. Isolierte Elektroden in A und B nehmen elektrische Signale auf, wenn der Elektronenschwarm sie passiert. Diese Impulse werden durch genau gleich lange Kabel an einen Kathodenstrahloszillographen weitergegeben. Die elektrischen Signale benötigen daher genau gleich lange Zeiten, um von den Elektroden zum Oszillographen zu gelangen, so daß die zwei auf dem Oszillographenschirm erkennbaren Impulse (Bild 1.2) ein wahres Maß für die Zeit bilden, die die Elektronen von A nach B benötigen. In Bild 1.2 beträgt diese Zeit t z.B. ungefähr $3{,}3 \cdot 10^{-8}$ s (ein großer Skalenteil der Abszisse entspricht $\approx 10^{-8}$ s). Die Flugstrecke $l$ zwischen A und B beträgt hier 8,4 m. Wir erhalten daher mit der Grunddefinition der Geschwindigkeit v

$$v = \frac{l}{t} \approx 8{,}4/3{,}3 \cdot 10^{-8} \approx 2{,}5 \cdot 10^{8}\ \text{m/s}\,.$$

Diese Messung gilt für Elektronen, die durch den Van de Graaff Generator auf 0,5 MeV (500 000 V) beschleunigt wurden.

Die Ergebnisse des gesamten Experimentes sind in Tabelle 1.1 zusammengefaßt. Bereits ein nur flüchtiger Blick auf diese Ergebnisse zeigt, daß sie keineswegs mit dem übereinstimmen, was wir nach den Gesetzen der Newtonschen Mechanik erwarten könnten. Im ganzen wird die kinetische Energie um einen Faktor von 30 erhöht, man könnte also einen Faktor von 5,5 bezüglich der Geschwindigkeit

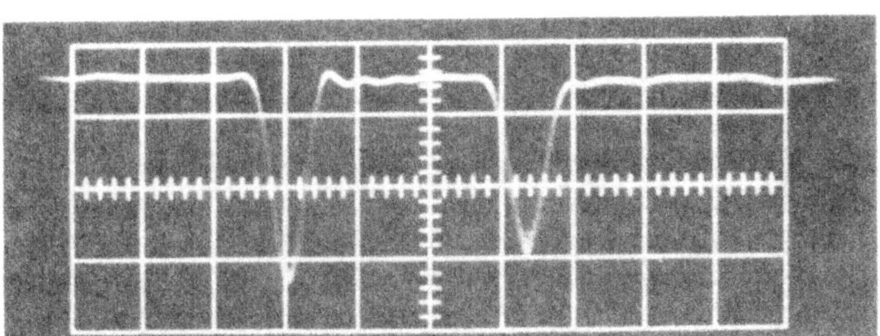

Bild 1.2. Oszillogramm das den durch eine Elektronenwolke von 0,5 MeV verursachten Impuls zu Beginn und Ende der 8,4 m langen Flugstrecke zeigt (Reproduktion aus dem Film "Die Grenzgeschwindigkeit").

erwarten (da nach der klassischen Mechanik $v \sim E_k^{1/2}$). Statt dessen finden wir eine Erhöhung der Geschwindigkeit um ungefähr 15 %. Eine Zunahme von v zwischen 1,5 und 4,5 MeV ist innerhalb der Genauigkeitsgrenzen des Experimentes kaum festzustellen. Man könnte daher in Frage stellen, ob die Elektronen tatsächlich die aus dem Wert von QV (Ladung mal beschleunigende Spannung) berechnete Energie erhalten, wobei dieses Produkt die Erhöhung der kinetischen Energie beschreibt, wenn V nur von der Größenordnung einiger 100 V ist. In dem betreffenden Film wird diese Frage mittels einer kalorischen Messung der Elektronenenergie in Punkt B beantwortet. Die Energie ist tatsächlich vorhanden.

**Tabelle 1.1**

| Kinetische Energie $E_k$ in MeV | Flugzeit t in $10^{-8}$ s | Elektronengeschwindigkeit v in $10^8$ m/s | $v^2$ in $10^{16}$ $m^2/s^2$ |
|---|---|---|---|
| 0.5 | 3.23 | 2.60 | 6.8 |
| 1.0 | 3.08 | 2.73 | 7.5 |
| 1.5 | 2.92 | 2.88 | 8.3 |
| 4.5 | 2.84 | 2.96 | 8.8 |
| 15 | 2.80 | 3.00 | 9.0 |

In Bild 1.3 werden die experimentellen Ergebnisse den klassischen Voraussagen gegenübergestellt. Das Bild zeigt $v^2$ als Funktion von $E_k$. Nach der klassischen Mechanik sollten wir erhalten

$$v^2 = \frac{2\,E_k}{m}. \tag{1.2a}$$

Numerisch ergibt dies

$$v^2\,(m^2/s^2) = 3{,}5 \cdot 10^{17}\,E_k\,(\mathrm{MeV}). \tag{1.2b}$$

Diese Formel ist für Elektronenenergien von etwa 1 keV oder weniger sehr gut anwendbar. Aber schon bei der niedrigsten im Linac-Experiment auftretenden Energie (0,5 MeV) ist der mit Gl. (1.2) bestimmte Wert von $v^2$ fast doppelt so groß. Diese Diskrepanz wird für höhere Energien noch auffälliger. Statt einer $E_k$ proportionalen Zunahme nähert sich der Wert von $v^2$ allen Anzeichen nach asymptotisch einem Grenzwert insbesondere im Falle einer Messung bei 15 MeV, die in Bild 1.3 nicht enthalten ist. Der der Asymptote entsprechende Wert von v ist $3{,}0 \cdot 10^8$ m/s. Diese Ergebnisse stimmen mit der Annahme überein, daß es für jeden Körper eine Grenzgeschwindigkeit gibt, die Lichtgeschwindigkeit.

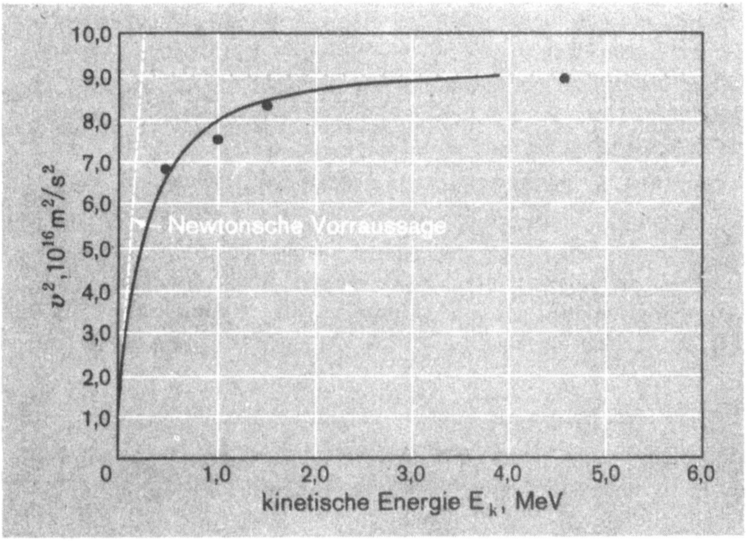


Bild 1.3. Ergebnisse des „Grenzgeschwindigkeitsexperimentes“: $v^2$ ist als Funktion der kinetischen Energie der Elektronen aufgetragen. Die Funktion zeigt eine asymptotische Annäherung an $v = c$.

Dies ist tatsächlich bemerkenswert. Warum sollte man einem Teilchen nicht eine beliebig hohe Geschwindigkeit verleihen können, wenn man ihm so viel Energie zuführen kann, als man nur will? Um uns auf andere Weise darüber klar zu werden, wie erstaunlich dieses Ergebnis ist, nehmen wir an, daß Elektronen in einer langen, evakuierten Röhre kontinuierlich beschleunigt werden und schließlich eine Energie von mehreren MeV erreichen. Nach den ersten 0,5 MeV des Beschleunigungsvorganges haben die Elektronen eine Geschwindigkeit von ungefähr $2{,}6 \cdot 10^8$ m/s (siehe Tabelle 1.1), das sind etwa 85 % der Lichtgeschwindigkeit, erreicht. Wir wollen weiter annehmen, daß wir selbst uns in einem Bezugssystem befinden, das sich mit derselben Geschwindigkeit in der gleichen Richtung bewegt. In diesem Bezugssystem erscheinen die Elektronen im erwähnten Stadium der Beschleunigung in Ruhe. Wenn wir eine weitere Beschleunigung als möglich ansehen, so kann man sich sehr wohl vorstellen, daß die Elektronen weiter Energie aufnehmen und an Geschwindigkeit zunehmen, bis sie das Äquivalent von 0,5 MeV an kinetischer Energie und eine Geschwindigkeit von $2{,}6 \cdot 10^8$ m/s relativ zu diesem neuen System erreichen. Bedeutet dies aber nicht, daß die Elektronen von außerhalb des Systems gesehen, vom Labor aus sozusagen, in diesem Stadium eine Geschwindigkeit von $5{,}2 \cdot 10^8$ m/s haben müßten, das wäre 1.7 mal c? Nach den bekannten Regeln der Addition von Geschwindigkeiten wäre dies richtig, doch das Experiment über die Grenzgeschwindigkeit zeigt, daß dies nicht der Fall ist. Wird das Verhalten der

Elektronen durchwegs in demselbem System gemessen, wird eine weitgehende Revision der Regeln über die Addition von Geschwindigkeiten erforderlich, das heißt der Regeln, durch die eine gegebene Bewegung vom Standpunkt verschiedener Bezugssysteme beschrieben wird. Um mit diesem Problem fertigzuwerden, brauchen wir eine Neufassung der Kinematik.

Wenn Sie sich sofort intensiver mit diesem Problem befassen wollen, dann arbeiten Sie gleich Kapitel 2 durch. Im Rest des vorliegenden Kapitels werden wir nämlich einige der dynamischen Fragen weiter untersuchen, die durch das Experiment über die Grenzgeschwindigkeit aufgeworfen werden. Da die Grenzgeschwindigkeit der Elektronen gleich der Lichtgeschwindigkeit ist, werden wir die Dynamik der „Partikel" des Lichtes, das heißt, der Photonen, etwas näher untersuchen.

## 1.3. Photonen

Die Lichtgeschwindigkeit c wird seit langem als eine der grundlegenden Naturkonstanten anerkannt. Sie gewinnt jedoch neue Aspekte, wenn wir uns mit dem Photonenbild der Strahlung befassen. Haben wirklich diese Photonen die durch die Strahlungsfrequenz $\nu$ charakterisiert werden, alle genau die gleiche Geschwindigkeit, obwohl ihre Energien $h\nu$ über einen riesigen Bereich variieren?

**Tabelle 1.2.** Geschwindigkeit der Photonen

| Frequenz $\nu$ in $s^{-1}$ | Photonenenergie $h\nu$ in eV | Wellenlänge $\lambda$ in m | Geschwindigkeit (mit Fehler) $v$ in $10^8$ m/s |
|---|---|---|---|
| $4.7 \cdot 10^7$ | $1.9 \cdot 10^{-7}$ | 6.4 | $2.9978 \pm 0.0003$ |
| $1.7 \cdot 10^8$ | $7.0 \cdot 10^{-7}$ | 1.8 | $2.99795 \pm 0.00003$ |
| $3.0 \cdot 10^8$ | $1.2 \cdot 10^{-6}$ | 1.0 | $2.99792 \pm 0.00002$ |
| $3.0 \cdot 10^9$ | $1.2 \cdot 10^{-5}$ | $1.0 \cdot 10^{-1}$ | $2.99792 \pm 0.00009$ |
| $2.4 \cdot 10^{10}$ | $1.0 \cdot 10^{-4}$ | $1.2 \cdot 10^{-2}$ | $2.997928 \pm 0.000003$ |
| $7.2 \cdot 10^{10}$ | $3.0 \cdot 10^{-4}$ | $4.2 \cdot 10^{-3}$ | $2.997925 \pm 0.000001$ |
| $5.4 \cdot 10^{14}$ | 2.2 | $5.6 \cdot 10^{-7}$ | $2.997931 \pm 0.000003$ |
| $1.2 \cdot 10^{20}$ | $5.1 \cdot 10^5$ | $2.5 \cdot 10^{-12}$ | $2.983 \pm 0.015$ |
| $4.1 \cdot 10^{22}$ | $1.7 \cdot 10^8$ | $7.3 \cdot 10^{-15}$ | $2.97 \pm 0.03$ |

Aufgrund unserer Erfahrung müssen wir diese Frage mit ja beantworten. In Tabelle 1.2 sind einige Ergebnisse zusammengestellt, die bezüglich der Photonenenergie einen Bereich von etwa $10^{15}$ eV umfassen [1]). Wir sehen, daß die Genauigkeiten für verschiedene Photonengeschwindigkeiten stark variieren. Die genauesten Ergebnisse

[1]) Literaturhinweise und ausgezeichnete Experimentbeschreibung siehe bei *J. F. Mulligan* und *D. F. McDonald, Am. J. Phys.*, **25**, 180 (1957); und *J. H. Sanders, The Fundamental Atomic Constants (Fundamentale atomare Konstanten)*, Oxford Univ. Press, New York 1961; und *J. H. Sanders.* Die Lichtgeschwindigkeit, WTB 57, Vieweg + Sohn, Braunschweig 1970

erhalten wir für sichtbares Licht und für Mikrowellen mit einer Wellenlänge von etwa 1 cm; die Photonenenergien unterscheiden sich in diesem Bereich um den Faktor $10^4$, während die Geschwindigkeiten bis auf ein Millionstel m/s genau die gleichen sind [1]). Aus der ersten und der letzten Zeile der Tabelle ersehen wir außerdem, daß die bei der Fernsehübertragung verwendeten Photonen mit ungefähr $10^{-7}$ eV und Gammastrahlen mit etwa 100 MeV bis auf 1 % genau die gleiche Geschwindigkeit haben, obwohl sich ihre Energie um einen Faktor von $10^{15}$ unterscheidet. Das ist wohl ein Ergebnis von höchster Bedeutung, zumal wir feststellten, daß für Teilchen, wie etwa Elektronen, die Geschwindigkeit mit der Energie systematisch zunimmt. Die Ergebnisse des Grenzgeschwindigkeitsexperimentes zeigen (was durch anderes Erfahrungsmaterial noch bekräftigt wird), daß ein Elektron mit der kinetischen Energie einiger weniger MeV die Lichtgeschwindigkeit bis auf 1 % erreicht, und daß keine weitere Erhöhung der Energie, selbst eine um viele Größenordnungen, mehr bewirkt als nur eine leichte Verringerung dieses Fehlbetrages.

## 1.4. Der Zusammenhang zwischen Energie und Impuls bei Photonen

Wir wollen uns nun einer wichtigen dynamischen Eigenschaft der Photonen zuwenden: der Beziehung zwischen Energie und Impuls. Hat ein Photon die Energie $E = h\nu$, so hat es einen entsprechenden Impuls der Größe p, so daß

$$E = cp. \tag{1.3}$$

Die wichtigste *experimentelle* Stütze für dieses Ergebnis wurde praktisch indirekt erbracht. Wir erhalten sie aus der ungeheuren Datenmenge, die die Kern- und Elementarteilchenphysik liefert, bei der unter der Annahme der Gültigkeit von Gl. (1.3) die Zusammenstöße zwischen einzelnen Photonen und anderen Teilchen analysiert werden [2]). Irgend eine Unstimmigkeit in dem Bereich der Photonenenergien von MeV bis GeV [3]) wäre gewiß aufgefallen. Die einzigen Experimente, die bewußt darauf ausgelegt waren, die Beziehung zwischen Energie und Impuls

1) Ein noch viel genauerer direkter Vergleich der Geschwindigkeiten bei sehr verschiedenen Wellenlängen wurde aus Untersuchungen der Flare-Effekte von Sternen gewonnen, die einige Lichtjahre von uns entfernt sind. Man fand, daß Radiowellen mit $\lambda = 1{,}2$ m zur gleichen Zeit die Erde erreichen wie das sichtbare Licht mit $\lambda = 5{,}4 \cdot 10^{-7}$ m. Die Genauigkeit dieses Vergleichs (einige zehn Millionstel) wird hauptsächlich beschränkt durch unsere Ungewißheit über die Prozesse, die Flare-Effekte hervorrufen. Siehe *B. Lovell, F. L. Whipple* und *L. H. Solomon*, Nature, 202, 377 (1964).

2) Wir werden solche Zusammenstöße in Kapitel 6 näher besprechen.

3) 1 GeV = $10^9$ eV. Diese international akzeptierte Abkürzung für Gigaelektronenvolt steht statt BeV, was nicht eindeutig ist, da eine Billion in Europa $10^{12}$ bedeutet und nicht $10^9$ wie in den USA.

zu untersuchen, wurden nicht mit einzelnen Photonen, sondern mit Lichtstrahlen gemacht, und zwar bei der Untersuchung des *Strahlungsdruckes.* In derartigen Experimenten kommt es zum Einfall einer ungeheuer großen Anzahl von Photonen (1 Watt sichtbares Licht entspricht zum Beispiel einem Fluß von $3 \cdot 10^{18}$ Photonen/s). Solche Experimente können durch Annahme eines kontinuierlichen Flusses von Strahlungsenergie hinreichend beschrieben und analysiert werden, ohne daß man sich mit der Photonenstruktur der Strahlung befassen müßte. Tatsächlich wurde die Gl. (1.3) weitgehendst als allgemeine Beziehung zwischen Energie und Impuls der Strahlung im freien Raum anerkannt. Dies geschah lange vor der Entdeckung des quantenhaften Verhaltens, da sie ein notwendiger Schluß aus *Maxwells* elektromagnetischer Theorie ist, also der gleichen Theorie, durch die man den korrekten Wert der Lichtgeschwindigkeit aus der Physik grundlegender elektrischer und magnetischer Phänomene ableiten konnte. Die Strahlungsdruckexperimente wurden primär als eine Bestätigung der Maxwellschen Theorie angesehen. Führen wir jedoch den Begriff der Photonen ein, so besagen diese Experimente auch, daß Gl. (1.3) für einzelne Photonen gilt.

Grundsätzlich verlaufen alle Strahlungsdruckexperimente ähnlich. Sie bestehen aus der Messung der Kraft F, die durch den Fluß von Strahlungsenergie (gemessen durch die einfallende Leistung W) auf eine Oberfläche ausgeübt wird. Die betreffende Oberfläche ist ein dünnes Metallplättchen, das an einem feinen Torsionsfaden aufgehängt ist. Der Energiefluß wird durch die Messung seines Heizeffektes bestimmt. Der Bruchteil der einfallenden Strahlung, der von der Folie reflektiert wird, muß berücksichtigt werden, da das reflektierte Licht zum Strahlungsdruck beiträgt. (Eine total reflektierende Oberfläche wäre bei gleichem einfallenden Strahlungsfluß dem doppelten Druck ausgesetzt wie eine voll absorbierende.)

Die Experimente, die wir in Zusammenhang mit dem Strahlungsdruck erwähnen, sind fast immer die von *Nichols* und *Hull* [1]). Ihre Messungen wurden sicherlich sehr sorgfältig und geschickt ausgeführt, und die Resultate bestätigten Gl. (1.3) mit einer Genauigkeit von weniger als 1 %. Sie mußten jedoch noch ohne Hochvakua arbeiten und sich deshalb eines besonderen Verfahrens bedienen, um den wahren Strahlungsdruck von dem verfälschenden *Radiometereffekt* trennen zu können. Damit ist das Phänomen gemeint, daß eine absorbierende Oberfläche, die durch einfallende Strahlung erwärmt wird, durch umgebendes Gas einen leichten Stoß erhält. Dieser Effekt ist sehr ausgeprägt, wenn das Vakuum nicht hoch genug ist. Der wahre Strahlungsdruck kann durch diesen Effekt vollkommen unterdrückt werden. Dieser Effekt ist es auch, auf dessen Wirkung die im Laden erhältlichen Spielzeugradiometer beruhen. Radiometer dieser Art drehen sich immer in der

1) *E. Nichols* und *G. F. Hull,* Phys. Rev., **13**, 307–320 (1901); **17**, 26–50, 91–104 (1903). Siehe auch *G. F. Hull,* Phys. Rev., **20**, 292–299 (1905).

falschen Richtung, verglichen mit dem, was man vom wahren Strahlungsdruck erwarten würde. (Prüfen Sie das möglichst durch eigene Beobachtungen.) Das erste quantitative Experiment über den Strahlungsdruck (von dem Russen *P. Lebedev* im Jahre 1901) wurde zwar in recht gutem Vakuum ausgeführt, trotzdem war der Radiometereffekt sehr störend. Die erste wirklich genaue Messung des Strahlungsdruckes wurde anscheinend in einer kaum bekannten Untersuchung von *Gerlach* und *Golsen* im Jahre 1923 erzielt [1]). Da diese Autoren mit Vakua besser als $10^{-6}$ Torr [2]) arbeiteten, war der Radiometereffekt vernachlässigbar klein. Dieses Experiment kann als Prüfstein für die folgende Gleichung angesehen werden, die aus Gl. (1.3) folgt:

$$c = \frac{W(1+\rho)}{F} \tag{1.4}$$

wobei bereits definierte Größen verwendet werden. Die rechte Seite dieser Gleichung besteht aus den im Strahlungsdruckexperiment direkt gemessenen Größen. W ist der ankommende Energiefluß und F die Impulsänderung der Strahlung. Man kann nun untersuchen, ob diese Beziehung zwischen W, $\rho$ und F tatsächlich die Lichtgeschwindigkeit ergibt. Tabelle 1.3 zeigt die Ergebnisse einer derartigen Untersuchung der Werte von *Golsen*. Die Gültigkeit der Gl. (1.3) wird so mit einer Genauigkeit von etwa 2 % experimentell bestätigt.

**Tabelle 1.3.** Strahlungsdruckexperiment

| Material des Plättchens | Reflexionskoeffizient $\rho$ | einfallende Leistung W in $10^{-2}$ W | gemessene Kraft F in $10^{-10}$ N | $\frac{W(1+\rho)}{F}$ in $10^8$ m/s |
|---|---|---|---|---|
| Pt | 0.60 | 6.07 | 3.14 | 3.09 |
| Pt | 0.60 | 2.80 | 1.44 | 3.11 |
| Ni | 0.43 | 6.39 | 3.23 | 2.83 |
| Al | 0.81 | 6.39 | 3.91 | 2.96 |
| Al | 0.81 | 2.78 | 1.74 | 2.89 |
| | | | im Durchschnitt | 2.98 |

Die Beziehung E = cp für Photonen könnte mit der Beziehung zwischen kinetischer Energie, Geschwindigkeit und Impuls verglichen werden, die für ein Teilchen in der Newtonschen Mechanik gilt. In letzterem Falle haben wir $E_k = \frac{1}{2}vp$. Da die Energie eines Photons kinetische Energie ist (Photonen hören

[1]) *W. Gerlach* und *A. Golsen*, Z. Phys. (Leipzig), **15**, 1–7 (1923); *A. Golsen*, Ann. Phys., 73, 624–642 (1924).

[2]) 1 Torr = 1 mm Hg (Quecksilber) bei 0 °C.

einfach auf zu existieren, wenn wir sie in einem absorbierenden Medium stoppen wollen), sind wir versucht, für Photonen $E = \frac{1}{2} cp$ (falsch!) zu setzen. Bei dieser Unstimmigkeit drängt sich die Frage auf, wie sich die Beziehung zwischen kinetischer Energie und Impuls für Elektronen ändert, wenn diese von relativ niedrigen Geschwindigkeiten (etwa 0,1 c) auf Werte nahe c beschleunigt werden. Diese Frage klärt sich dahingehend, daß bei niedrigen Energien ($E_k < 1$ keV) recht genau die Newtonsche Beziehung gilt, während bei hohen Energien ($E_k > 0{,}1$ MeV) der Impuls erheblich geringer wird, als man nach $2\,E_k/v$ berechnen würde. Bei sehr hohen Energien ($E_k > 50$ MeV) ist der Impuls mit einem Fehler von weniger als 1 % durch $E_k/c$ gegeben. (Der Beweis hierfür wird durch eine Untersuchung atomarer Zusammenstöße im Zusammenhang mit energiereichen Elektronen geführt; wir werden später noch mehr über diese Prozesse berichten.) Man kann also, genau wie bei der Beziehung zwischen kinetischer Energie und Geschwindigkeit, eine kontinuierliche, aber deutliche Abweichung von den Newtonschen Gesetzen erkennen, wenn es sich um genügend hohe Energien und Geschwindigkeiten nahe der des Lichtes handelt. Das bestätigt unsere Ansicht, daß die Dynamik der Photonen und anderer Teilchen, zumindest für einige Zwecke, in ein und demselben Rahmen beschrieben werden kann. Als nächstes wollen wir uns andeutungsweise mit diesem Rahmen beschäftigen. Unsere Beweisführung soll vor allem einleuchtend sein, wir behaupten aber nicht, daß sie logisch hieb- und stichfest ist. Doch „Probieren geht über Studieren", wie das Sprichwort sagt; wir werden feststellen, wie schön wir auf Grund unserer Schlüsse (die tatsächlich genau die der speziellen Relativitätstheorie sind) den Übergang vom Newtonschen zum Nicht-Newtonschen Verhalten beschreiben können.

## 1.5. Materie und Strahlung: Die Trägheit der Energie

*Are not gross Bodies and Light convertible into one another, and may not Bodies receive much of their Activity from the Particles of Light which enter their Composition?*
*Newton, Opticks* (4. Ausg., 1730).

Wir würden wohl ziemlich fehlgehen in der Annahme, daß *Newton* bereits die Physik des 20. Jahrhunderts in dem Maße voraussah, wie es das obige Zitat vermuten ließe, aber diese recht provokatorische Frage ist eine sehr passende Einleitung für die folgenden Überlegungen. Wir werden uns nämlich mit dem engen Zusammenhang zwischen der Trägheit gewöhnlicher Materie und der Strahlungsenergie beschäftigen, und werden dabei zu einigen Ergebnissen kommen, die gleichermaßen für Photonen und für „grobe Materie" gelten. Dabei wird unter anderem ausführlich die Beziehung zwischen Geschwindigkeit und kinetischer Energie der Elektronen im Grenzgeschwindigkeitsexperiment besprochen werden.

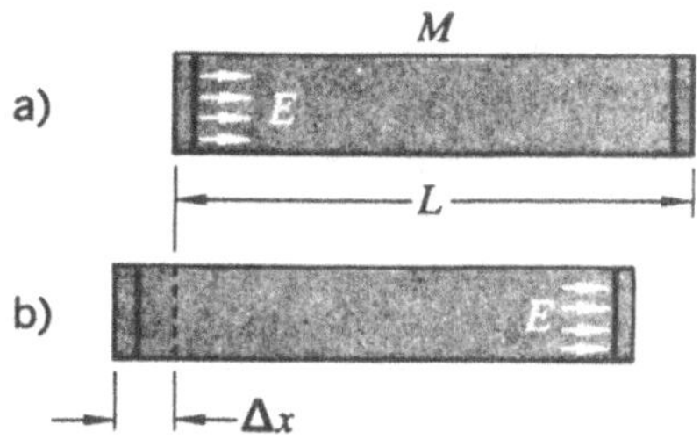


Bild 1.4. Einsteins Kasten – ein hypothetisches Gedankenexperiment: Durch den Fluß von Strahlungsenergie von einem Ende zum anderen erfährt ein Kasten einen Rückstoß, der ihn aus der Anfangslage (a) in die Endlage (b) bringt.

Wir gehen von einem *Gedankenexperiment* aus (ein fiktives, tatsächlich nicht durchführbares Experiment), das von *Einstein* selbst im Jahre 1906 erdacht wurde [1]. Zweck dieses Experimentes ist, zu untersuchen, welche träge Masse der Energie äquivalent ist [2]. Wir wollen annehmen, daß ein Betrag E von Strahlungsenergie (eine Photonenwolke) von einem Ende eines Kastens der Masse M und der Länge L emittiert wird, die von ihrer Umgebung isoliert ist und sich ursprünglich in Ruhe befindet (Bild 1.4a). Die Strahlung überträgt den Impuls E/c. Da der Gesamtimpuls des Systems Null bleibt, muß der Kasten einen Impuls – E/c erhalten. Daher beobachten wir einen Rückstoß des Kastens mit der Geschwindigkeit v, die gegeben ist durch

$$v = -\frac{E}{Mc}. \tag{1.5}$$

Nach einer Zeit Δt freier Bewegung ($\Delta t = L/c$ gilt recht genau, wenn nur $v \ll c$) trifft die Strahlung die gegenüberliegende Seite des Kastens und übermittelt ihr einen Impuls. Dieser Impuls ist gleich dem Anfangsimpuls, ihm jedoch entgegengerichtet, so daß der Kasten wieder zur Ruhe kommt [3]. Das Ergebnis dieses Prozesses ist also eine Verschiebung des Kastens um die Strecke Δx:

$$\Delta x = v\,\Delta t = -\frac{EL}{Mc^2}\,. \tag{1.6}$$

Da der Kasten aber ein isoliertes System darstellt, widerstrebt es uns zu glauben, daß das Massenzentrum des Kastens und ihr Inhalt sich bewegt haben. Wir müssen daher von der Annahme ausgehen, daß die Strahlung die äquivalente Masse m besitzt, so daß

$$mL + M\,\Delta x = 0. \tag{1.7}$$

---

1) *A. Einstein*, Ann. Phys., 20, 627–633 (1960).

2) Unter träger Masse verstehen wir den Quotienten aus Impuls und Geschwindigkeit.

3) Wenn Sie der Ansicht sind, man sollte dem Rückstoß des Kastens und seiner Beziehung zu Durchgangszeit und -entfernung der Strahlung eingehender untersuchen, dann lesen Sie Aufgabe 1.13 durch.

Wenn wir die letzten beiden Gleichungen kombinieren, erhalten wir

$$m = \frac{E}{c^2} \quad \text{oder} \quad E = mc^2 . \tag{1.8}$$

Für den Mann auf der Straße ist diese Gleichung das Ergebnis der Arbeiten *Einsteins* und der Relativität schlechthin. Für den Physiker liegt die Bedeutung dieser Gleichung darin, daß sie die Existenz der Trägheit der Energie zeigt. Obwohl die Berechnung, wie wir sie angegeben haben (die sich in einigem von *Einsteins* ursprünglicher Version unterscheidet) in erster Linie auf die Beziehung zwischen Strahlungsenergie und der mit ihr verbundenen Masse hinzielt, wird man bald die viel größere Tragweite des Ergebnisses erkennen. Emittiert das eine Ende des Einsteinschen Kastens Strahlung, so erfährt dieses Ende natürlich eine Verminderung seiner trägen Masse um den Betrag $E/c^2$. Ebenso muß die Strahlungsabsorption am anderen Ende des Kastens gleichbedeutend mit einer Massenzunahme dieses Teiles sein. Wurde die Energie einmal absorbiert, so kann sie nicht mehr länger als Energie der Photonen angesehen werden, und tritt schließlich nur als eine Zunahme der Wärmeenergie in Erscheinung. Das führt uns dann sehr schnell zu dem Gedanken, daß jede Form der Energie einem durch Gl. (1.8) definierten Massenäquivalent entspricht – diese Gleichung stellt also ein allgemeines Prinzip der Trägheit der Energie dar [1]).

Das wichtigste Beispiel für die Äquivalenz von Masse und Energie, dem wir letzten Endes überhaupt unsere Existenz verdanken, ist durch die thermonuklearen Reaktionen in Sternen wie der Sonne gegeben. Aus Messungen wissen wir, daß die uns erreichende Strahlungsenergie der Sonne etwa $1{,}35 \cdot 10^3$ Watt/m$^2$ beträgt. Aus dieser Zahl können wir nach Gl. (1.8) schließen, daß die Masse der Sonne pro Sekunde um etwa $4{,}5 \cdot 10^6$ t abnimmt, ein erstaunlich hoher Verlust, auch wenn man bedenkt, daß das nur einer Abnahme der Sonnenmasse von $1/10^{13}$ pro Jahr entspricht. Dieser Massenverlust wird durch eine Reihe von Kernreaktionen verursacht, hauptsächlich durch die Reaktionskette, durch die Wasserstoff ($^1H$) in Helium ($^4He$) umgewandelt wird. Natürlich müssen vier Wasserstoffatome zur Verfügung stehen, um ein Heliumatom zu ergeben; effektiv läuft dieser Prozeß in verschiedenen Stufen ab. Eine dieser Stufen soll hier erwähnt werden, da sie ein einfaches Beispiel für die Äquivalenz der Masse gewöhnlicher Materie und der Energie der Photonen gibt. Dieser Prozeß kann so dargestellt werden:

$$p + D \rightarrow {}^3He + \gamma \tag{1.9}$$

---

1) Diese Frage wird genauer diskutiert in *M. v. Laues* Aufsatz „Trägheit und Energie" (Inertia and Energy) in *Albert Einstein:* Philosoph und Wissenschaftler (Philosopher-Scientist), Bd. II, (P. A. Schilpp, Hrsg.), Harper Torchbook, Harper & Row, New York 1959.

Ein Proton verbindet sich mit einem Deuteron (das ist der Kern eines Wasserstoff-2-Atoms, der aus einem Proton und einem Neutron besteht) und bildet ein System aus zwei Protonen und einem Neutron, das sind nun die Bestandteile des $^3$He-Kernes. Wie aber massenspektroskopische Messungen zeigen, ist die Masse dieser kombinierten Elementarteilchen größer als die normale Masse des $^3$He-Kernes. Wir geben hier die Näherungswerte:

| | |
|---|---|
| Proton | $1{,}6724 \cdot 10^{-27}$ kg |
| Deuteron | $3{,}3432 \cdot 10^{-27}$ kg |
| p + D | $5{,}0156 \cdot 10^{-27}$ kg |
| $^3$He-Kern | $5{,}0058 \cdot 10^{-27}$ kg |
| Massenüberschuß | $9{,}8 \cdot 10^{-30}$ kg |

Dieser Massenüberschuß wird durch ein Photon (einen $\gamma$-Strahl) dem gebildeten $^3$He-Kern entzogen, wie Gl. (1.9) zeigt. Die Energie des betreffenden Photons ergibt sich aus Gl. (1.8):

$$E = mc^2 = 9{,}8 \cdot 10^{-30} \cdot 9 \cdot 10^{16} \text{ Joule}$$
$$= 8{,}8 \cdot 10^{-13} \text{ Joule}$$
$$= 5{,}5 \text{ MeV}$$

Dieser Prozeß wurde im Labor untersucht, und es konnten tatsächlich Gammastrahlen mit der erwarteten Energie beobachtet werden [1]). Wir sollten vielleicht hinzufügen, daß solche Reaktionen nur bei Temperaturen der Größenordnung von $10^7$ °K ablaufen, und daher nur im Sonneninneren als Thermonukleare Reaktionen vorkommen. Die in diesem Zusammenhang auftretenden Gammastrahlen werden vollkommen absorbiert, bevor sie die Sonnenoberfläche erreichen. Ihre Energie wird schließlich in Form von Photonen mit individuellen Energien der Größenordnung von nur 1 eV abgestrahlt: Infrarot, sichtbares Licht, Ultraviolett – den Komponenten des Sonnenspektrums.

Die Gleichung $E = mc^2$ wurde, zumindest in populärwissenschaftlichen Berichten, ausschließlich auf Kernreaktionen angewendet, so daß einem ihre Universalität gar nicht mehr zu Bewußtsein kommt. Die Aussage der Einsteinschen Gleichung ist aber, daß *jede* Änderung $\Delta E$ der Energie eines Körpers eine entsprechende Änderung $\Delta m$ seiner trägen Masse nach sich zieht:

$$\Delta E = c^2 \Delta m \qquad (1.10)$$

Ein Golfball in Bewegung hat mehr Masse als ein Golfball in Ruhe. Der Leuchtdraht einer Lampe hat im heißen Zustand mehr Masse als im kalten. Ein Kondensator

1) *W. A. Fowler, C. C. Lauritsen* und *A. V. Tollestrup*, Phys. Rev., 76, 1767 (1949).

besitzt geladen mehr Masse als ungeladen usw. Da das Massenäquivalent einer gegebenen Energiemenge, wenn man es in den allgemein verwendeten Größen angibt, überaus klein ist, wurde die Beziehung zwischen Masse und Energie lange nicht erkannt. Zum Beispiel ist die Energie, die pro Tag für Haushaltszwecke in einer Stadt mit einer Million Einwohnern verbraucht wird, äquivalent einer Masse von nur etwa 1 g. Einstein hielt die Entdeckung der Äquivalenz für außerordentlich wichtig. Wir zitieren seine eigenen Worte [1]):

> Das erste wichtige Ergebnis allgemeiner Art, das die spezielle Relativitätstheorie lieferte, betrifft den Begriff der Masse. Die vorrelativistische Physik hat nur zwei Erhaltungsgesetze von fundamentaler Wichtigkeit anerkannt, das Gesetz der Erhaltung der Energie und das Gesetz der Erhaltung der Masse; diese zwei grundlegenden Gesetze schienen vollkommen unabhängig voneinander zu sein. Durch die Relativitätstheorie wurden sie zu einem einzigen verschmolzen.

Vielleicht ist es die beste Möglichkeit sich über den universellen Charakter der Masse-Energie-Äquivalenz klarzuwerden, wenn wir ein einzelnes neutrales Atom in einem Stück gewöhnlicher Materie betrachten. Von bisherigen Standpunkt ist es das, was *Newton* „solides, massiges, hartes, undurchdringliches, bewegliches Teilchen" nannte [2]). Nach seiner inneren Struktur wird nicht gefragt, und es scheint evident, daß die Trägheit des Atoms durch eine einzige Größe, die Masse, beschrieben werden kann. Nun wollen wir jedoch das gleiche Atom vom Standpunkt unseres heutigen Wissens betrachten. Es ist ein kompliziertes Gefüge aus Elektronen, Neutronen und Protonen (und bei noch genauerer Untersuchung finden wir eine noch feinere Struktur). Die Masse des ganzen Atoms setzt sich aus positiven Beträgen an kinetischer Energie, die von der raschen Bewegung seiner Bestandteile stammen, und aus Beträgen beider Vorzeichen (hauptsächlich jedoch negativer) aus der potentiellen Energie der elektrischen und nuklearen Wechselwirkungen zusammen. (Beachten Sie, daß eine zwischen zwei Teilchen herrschende Anziehungskraft einem *negativen* Betrag zur Gesamtmasse des Systems gleichkommt [3]). Jede Änderung des inneren Zustandes eines Atoms bedingt einen Energiefluß aus dem Atom heraus oder in dieses hinein; der Energiefluß ist wieder mit einem Massenzuwachs oder Massenverlust verbunden. Der Zusammenhalt der Bestandteile ist eine Eigenschaft, die ihre Existenz der Tatsache verdankt, daß die Gesamtenergie der Konfiguration von Elementarteilchen geringer ist als die der Einzelteilchen für sich. So gesehen, resultiert die Masse des Atoms aus einer komplizierten Synthese, und ist doch für alle dynamischen Bedingungen – einschließlich der Schwerkraft – unter denen sich das Atom als eine Einheit bewegt, charakteristisch für das ganze Atom.

---

[1]) *A. Einstein*, Relativity (Relativität), Crown, New York 1961.

[2]) *Sir I. Newton*, Opticks (Optik), 4. Ausg., 1730; Neudruck in einer Neufassung von G. Bell, London 1931; Bell-Ausgabe neu aufgelegt von Dover, New York 1952.

[3]) Vorausgesetzt, daß der Betrag der Anziehungskraft mit zunehmender Entfernung abnimmt, was für alle derartigen Kräfte zwischen Elementarteilchen in Atomen zutrifft.

## 1.6. Energie, Impuls, Masse

Wir wollen nun einige der bisher erhaltenen Ergebnisse zusammenfassen. Für Photonen erhielten wir:

$$E = cp \tag{1.3}$$

und

$$m = \frac{E}{c^2} \tag{1.8}$$

Die erste Gleichung wurde experimentell, die zweite aus dem Gedankenexperiment mit Einsteins Kasten gefunden. Fassen wir diese beiden Gleichungen zusammen, so erhalten wir

$$m = \frac{p}{c}. \tag{1.11}$$

In der Newtonschen Mechanik aber galt

$$m = \frac{p}{v}. \tag{1.12}$$

Es sieht nun so aus, als könnte man Gl. (1.11) als Sonderfall der Gl. (1.12) ansehen, indem man $v = c$ setzt. Nehmen wir weiter an, daß Gl. (1.8) eine universelle Äquivalenz von Energie und träger Masse beschreibt, so können wir Gl. (1.8) und Gl. (1.12) zu einer einzigen Aussage zusammenfassen:

$$E = \frac{c^2 p}{v}. \tag{1.13}$$

In der klassischen Mechanik befassen wir uns jedoch nie mit absoluten Energien, sondern nur mit Energiedifferenzen und mit der Umwandlung einer Energieform in eine andere. Ein Teilchen erfährt z.B. eine Änderung seiner potentiellen Energie; seine kinetische Energie ändert sich daher so, daß seine Gesamtenergie konstant bleibt. Alle derartigen Situationen können auf der Grundlage des Newtonschen Gesetzes untersucht werden. Der Zuwachs an kinetischer Energie entspricht der durch äußere Kräfte verrichteten Arbeit [1]), und wir bekommen

$$dE = F\,dx = dp\,\frac{dx}{dt}$$

d.h.

$$dE = v\,dp. \tag{1.14}$$

---

[1]) Der Film über die Grenzgeschwindigkeit weist nach, daß auch unter Bedingungen, für die einige der Gesetze der Newtonschen Mechanik nicht mehr zutreffen, die Zunahme der Energie (kinetischen Energie) eines Elektrons immer noch gleich ist der Arbeit, die aus dem Produkt von elektrostatischer Kraft und zurückgelegter Entfernung berechnet wird.

Wenn wir Gl. (1.13) und Gl. (1.14) akzeptieren, so können wir aus ihnen eine Beziehung zwischen Energie und Impuls für ein Teilchen erhalten – diese Beziehung soll allgemeingültig sein. Zu diesem Zweck multiplizieren wir die jeweils entsprechenden Seiten der beiden Gleichungen miteinander und integrieren anschließend:

$$E\,dE = c^2 p\,dp.$$

Daher ist

$$E^2 = c^2 p^2 + E_0^2 \tag{1.15}$$

$E_0^2$ ist hier die Integrationskonstante, explizit als das Quadrat eines konstanten Energiebetrages geschrieben.

Von diesem Ergebnis ausgehend kann man weitere Überlegungen anstellen. Wir können z.B. die aus Gl. (1.13) gewonnene Beziehung $cp = Ev/c$ in Gl. (1.15) einsetzen; dann erhalten wir unmittelbar das folgende Ergebnis:

$$E(v) = \frac{E_0}{\left(1 - \frac{v^2}{c^2}\right)^{\frac{1}{2}}} \tag{1.16}$$

Wenn $v \ll c$, kann durch folgenden Reihenansatz das obige genaue Ergebnis angenähert werden, wobei Terme höherer Potenz als $v^2/c^2$ nicht berücksichtigt werden. Näherung, für ($v \ll c$)

$$E(v) \approx E_0 + \frac{1}{2} \cdot \frac{E_0}{c^2} v^2 \tag{1.17}$$

Wenn Gl. (1.17) bei niedrigen Geschwindigkeiten mit den Gesetzen der Newtonschen Mechanik in Einklang stehen soll, so muß unter $E_0/c^2$ die klassische träge Masse eines Teilchens verstanden werden: Wir wollen diese mit $m_0$ bezeichnen. Dann führen Gl. (1.8) und (1.16) zu einer expliziten Funktion zwischen träger Masse und Geschwindigkeit

$$m(v) = \frac{m_0}{\left(1 - \frac{v^2}{c^2}\right)^{\frac{1}{2}}} \tag{1.18}$$

Die Größe $m_0$, die in der Newtonschen Mechanik die träge Masse eines Körpers darstellte, erhält nun die neue Bedeutung der *Ruhmasse* eines Körpers mit der Geschwindigkeit $v = 0$. Bei jeder anderen Geschwindigkeit ist die träge Masse größer[1]).

---

[1]) Die Größe $E_0$ (= $m_0c^2$) ist die *Ruhenergie*. Für Elektronen erhalten wir damit $m_0 = 9{,}11 \cdot 10^{-31}$ kg, $E_0 = 8{,}2 \cdot 10^{-14}$ Joule = 0,51 MeV.

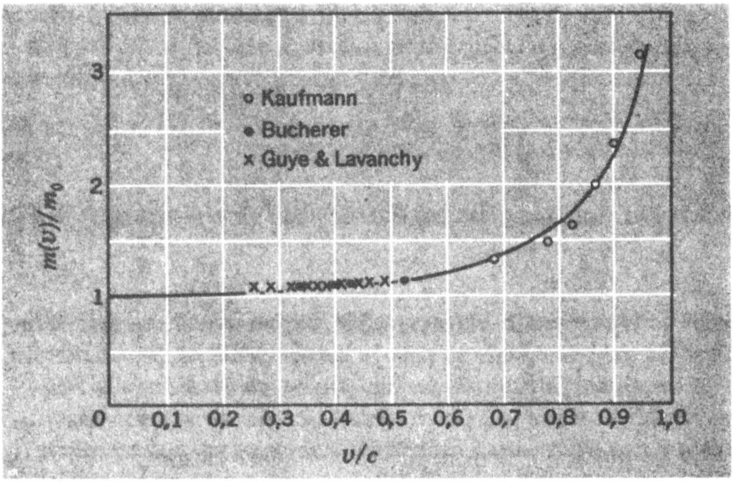


Bild 1.5. Änderung der trägen Masse mit der Elektronengeschwindigkeit. Beruht auf Werten von *Kaufmann* (1910), *Bucherer* (1909) und *Guye* und *Lavanchy* (1915). (Nach *R. S. Shankland*, Atomic and Nuklear Physics (Atom- und Kernphysik), *Macmillan*, New York 1961.)

Wurde das allgemeine Prinzip der Trägheit der Energie einmal akzeptiert, so ist eine Zunahme der der trägen Masse mit der Geschwindigkeit nur der notwendige Schluß daraus. Die besondere Form der Funktion, wie sie Gl. (1.18) zeigt, ist in Bild 1.5 graphisch dargestellt, das auch einige experimentelle Ergebnisse über die elektrische und magnetische Ablenkung energiereicher Elektronen enthält.

Gl. (1.15) und Gl. (1.18) sind zwei der Hauptergebnisse der neuen Mechanik; die erste, die Beziehung zwischen Energie und Impuls, erweist sich von besonderer Bedeutung und Anwendbarkeit. Die kinetische Energie eines Teilchens jedoch, die in der klassischen Mechanik eine so wichtige Größe war, steht nun an zweiter Stelle, sie ist jetzt nur mehr die Differenz zwischen Gesamtenergie E und Ruhenergie $E_0$:

$$E_k = m_0 c^2 \left[ \frac{1}{\left(1 - \frac{v^2}{c^2}\right)^{\frac{1}{2}}} - 1 \right] \tag{1.19}$$

$E_k$ bleibt natürlich eine Größe von praktischer Bedeutung, da $E_k$ ein Maß für die zusätzliche Energie darstellt, die auf ein Teilchen durch die von äußeren Kräften geleistete Arbeit übertragen wird. Beachten Sie, daß $E_k$ *nicht* durch Einsetzen des aus Gl. (1.18) gewonnenen Wertes in den Ausdruck $mv^2/2$ gewonnen werden kann – ein häufiger Fehler, da die Versuchung, an der Newtonschen Form der kinetischen Energie festzuhalten, recht groß ist.

Auf Grund der Wichtigkeit soll nochmals auf die Bedeutung des m (v), wie in Gl. (1.18) definiert, hingewiesen werden. Dieser Ausdruck beschreibt die Trägheit eines sich mit der Geschwindigkeit **v** bewegenden Körpers, dessen Impuls **p** durch die Gleichung

$$\mathbf{p} = m(v)\,\mathbf{v} \tag{1.20}$$

gegeben ist. Er beschreibt auch den gesamten Energieinhalt eines Körpers, so daß

$$E = m(v)\,c^2 \tag{1.21}$$

Es sind nun eher die Größen **p** und E, als m (v) selbst, die bei irgend einem tatsächlichen dynamischen Vorgang eine Rolle spielen. In diesem Sinne ist die veränderliche Masse m (v) nur ein bequemes Hilfsmittel, das uns erlaubt, an der Form der Newtonschen Regel – Impuls ist Masse mal Geschwindigkeit – festzuhalten. Viele Physiker ziehen es vor, mit *Masse* ausschließlich die Ruhmasse $m_0$ zu bezeichnen, eine eindeutig definierte Eigenschaft eines Teilchens – aber das ist im wesentlichen eine Geschmackssache [1]). Welche Bezeichnungen immer wir zu verwenden gedenken, wir sind uns einig, daß Gl. (1.20) und Gl. (1.21) den Impuls und die Gesamtenergie eines Teilchens beschreiben, wobei m (v) durch Gl. (1.18) gegeben ist.

Der Bruch $\dfrac{1}{\left(1-\dfrac{v^2}{c^2}\right)^{\frac{1}{2}}}$ erscheint in der speziellen Relativitätstheorie so oft, und ist so umständlich in der Schreibweise, daß er in fast allen Arbeiten über Relativität durch das Symbol $\gamma$, ersetzt wird.

Wir setzen

$$\gamma(v) = \frac{1}{\left(1-\dfrac{v^2}{c^2}\right)^{\frac{1}{2}}} \tag{1.22}$$

und erhalten dann

$$m = \gamma\, m_0 \tag{1.23}$$

$$\mathbf{p} = \gamma\, m_0 \mathbf{v} \tag{1.24}$$

$$E = \gamma\, m_0 c^2 \tag{1.25}$$

Bei der Verwendung der Gleichungen (1.23) bis (1.25) müssen wir uns immer vergegenwärtigen, daß $\gamma$ nach Gl. (1.22) von der Geschwindigkeit v abhängt.

---

[1]) Es ist auch evident, daß bei fast jedem Teilchen auch die Ruhmasse Komponenten enthält, die von der Bewegung und der kinetischen Energie der Bestandteile stammen.

## 1.7. Stimmt die neue Mechanik?

Wir müssen uns tatsächlich fragen, ob Gl. (1.19) die beobachtete Beziehung zwischen Geschwindigkeit und kinetischer Energie korrekt beschreibt, z.B. im Linac-Experiment. Wenn wir das Ergebnis umordnen, erhalten wir

$$1 + \frac{E_k}{m_0 c^2} = \left(1 - \frac{v^2}{c^2}\right)^{\frac{1}{2}}$$

Daher ist

$$1 - \frac{v^2}{c^2} = \left(1 + \frac{E_k}{m_0 c^2}\right)^{-2}$$

oder

$$v^2 = c^2 \left[1 - \left(1 + \frac{E_k}{m_0 c^2}\right)^{-2}\right] \tag{1.26}$$

Die Ruhenergie $m_0 c^2$ erweist sich offensichtlich als eine natürliche Einheit zur Messung der zusätzlichen Energie $E_k$, die durch einen Beschleunigungsprozeß auf das Teilchen übertragen wird. Wir können nun eine Tabelle zusammenstellen, die die Abhängigkeit der Geschwindigkeit von $E_k$ für ein beliebiges Teilchen zeigt (Tabelle 1.4).

Da für Elektronen $m_0 c^2 = 0{,}51$ MeV, können wir leicht $v^2$ (in $m^2/s^2$) in Abhängigkeit von $E_k$ (in MeV) als Kurve darstellen. Diese Kurve wurde in die Veranschaulichung der Ergebnisse des Grenzgeschwindigkeitsexperimentes eingezeichnet (Bild 1.3). Wir ersehen daraus, daß die Theorie und das Experiment sehr gut über-

**Tabelle 1.4.** Geschwindigkeit in Abhängigkeit von der kinetischen Energie für Teilchen

| $\frac{E_k}{m_0 c^2}$ | $\left(1 + \frac{E_k}{m_0 c^2}\right)^{-2}$ | $\frac{v^2}{c^2}$ | $\frac{v}{c}$ | $v^2$ in $10^{16}$ $m^2/s^2$ |
|---|---|---|---|---|
| 0.1 | 0.8264 | 0.1736 | 0.417 | 1.56 |
| 0.2 | 0.6944 | 0.3056 | 0.553 | 2.75 |
| 0.3 | 0.5917 | 0.4083 | 0.639 | 3.67 |
| 0.5 | 0.4444 | 0.5556 | 0.745 | 5.00 |
| 1.0 | 0.2500 | 0.7500 | 0.866 | 6.75 |
| 2.0 | 0.1111 | 0.8889 | 0.943 | 8.00 |
| 5.0 | 0.0278 | 0.9722 | 0.986 | 8.87 |
| 10.0 | 0.0083 | 0.9917 | 0.996 | 8.93 |
| 30.0 | 0.0010 | 0.9990 | 0.999 | 8.99 |

einstimmen, was für die Richtigkeit der revidierten Mechanik sprechen würde, ebenso wie die in Bild 1.5 dargestellte gemessene Änderung der Masse mit der Geschwindigkeit.

Wenn wir für Photonen $v^2$ in Abhängigkeit von $E_k$ graphisch darstellen wollen, müßten wir nur $m_0 = 1{,}672 \cdot 10^{-27}$ kg setzen, und wir erhalten daraus $m_0c^2 =$ 0,938 GeV = 938 MeV, die restlichen noch benötigten Daten liefert Tabelle 1.4. Daß die so erhaltenen Ergebnisse für Photonen stimmen, wird beim Betrieb großer Nuklearbeschleuniger bestätigt: es steht jede Menge von Beweismaterial zur Verfügung, daß Gl. (1.26) für Teilchen aller Arten gilt.

Das Phänomen der Grenzgeschwindigkeit c ist vielleicht der bemerkenswerteste Zug dieser modifizierten Bewegungsgesetze. Es bedeutet nämlich, daß beliebig viel Energie (und Masse) auf atomare Teilchen übertragen werden kann, ohne daß deren Geschwindigkeit merklich geändert würde. Um die Einzelheiten dieses Phänomens zu untersuchen, schreiben wir Gl. (1.16) in der folgenden Form:

$$\left(1 - \frac{v^2}{c^2}\right)^{\frac{1}{2}} = \frac{E_0}{E}$$

Daher ist

$$\frac{v^2}{c^2} = 1 - \left(\frac{E_0}{E}\right)^2 \qquad (1.27a)$$

und

$$\frac{v}{c} = \left[1 - \left(\frac{E_0}{E}\right)^2\right]^{\frac{1}{2}}$$

Für den Fall, daß $E \gg E_0$, erhalten wir näherungsweise

$$\frac{v}{c} \approx 1 - \frac{1}{2}\left(\frac{E_0}{E}\right)^2 \qquad (1.27b)$$

Der Harvard- M.I.T. Elektronenbeschleuniger hat z.B. als Injektor einen Linearbeschleuniger (ähnlich dem im Grenzgeschwindigkeitsfilm verwendeten), der den Elektronen eine Energie von 15 MeV verleiht. Der Hauptbeschleuniger bringt die Elektronen auf ungefähr 5 GeV (= 5000 MeV). Mit diesen Werten finden wir, daß

Injektion aus Linac (15 MeV) $\frac{v}{c} \approx 0{,}9995$,

Endenergie (5 GeV) $\frac{v}{c} \approx 0{,}99999995$.

Die Änderung von v/c nach der Vorbeschleunigung entspricht also nur etwa einem Faktor von $5 \cdot 10^{-4}$. Man könnte diese großen Nuklearbeschleuniger sehr treffend „Ponderatoren“ [1]) nennen, viel eher als Beschleuniger, denn sie tun nichts anderes (diese Behauptung ist jedenfalls eine sehr gute Näherung), als den in sie injizierten Teilchen mehr Masse zu verleihen, und das ohne die Geschwindigkeit als solche merklich zu erhöhen.

## 1.8. Bewegung unter Einwirkung einer konstanten Kraft

Das einfachste dynamische Problem der klassischen Mechanik ist die Bewegung eines Körpers unter dem Einfluß einer konstanten Kraft. Wir wollen untersuchen, wie dieses Problem für die neue Mechanik zu modifizieren ist. Eine Kraft F wirke für die Zeit t auf einen Körper (wir nehmen eine eindimensionale Bewegung an); der Körper ist anfangs in Ruhe, und erreicht schließlich die Geschwindigkeit v. Dann gilt

$$Ft = mv = \frac{m_0 v}{\left(1 - \frac{v^2}{c^2}\right)^{\frac{1}{2}}} \tag{1.28}$$

und daher ist

$$1 - \frac{v^2}{c^2} = \left(\frac{m_0 v}{Ft}\right)^2$$

$$c^2 = v^2 \left[1 + \left(\frac{m_0 c}{Ft}\right)^2\right]$$

und

$$v(t) = \frac{c}{\left[1 + \left(\frac{m_0 c}{Ft}\right)^2\right]^{\frac{1}{2}}} \tag{1.29}$$

Dieses Ergebnis sieht recht kompliziert aus. Betrachten wir daher die beiden Grenzfälle:

(a) $Ft \ll m_0 c$:

$$\left(\frac{m_0 c}{Ft}\right)^2 \gg 1$$

---

1) Diese Bezeichnung wurde zuerst ungefähr 1945 von Prof. *A. G. Hill* vom M.I.T. (Massachusetts Institute of Technology) vorgeschlagen.

Folglich ist

$$v(t) \approx \frac{c}{\frac{m_0 c}{Ft}} = \frac{Ft}{m_0}$$

(b) $Ft \gg m_0 c$:

$$\left(\frac{m_0 c}{Ft}\right)^2 \to 0$$

Daher ist

$$v(t) \approx c$$

Fall (a) entspricht der gewöhnlichen Newtonschen Mechanik. Fall (b) ist ein Beispiel für die uns nun bekannte Eigenschaft einer Bewegung unter dem Einfluß einer beliebigen Kraft – nämlich die konstante Grenzgeschwindigkeit c – gleichgültig, wie groß die Kraft ist, oder wie lange sie auf den Körper einwirkt.

## 1.9. Einsteins Kasten wird „zerlegt"

Nach unseren jetzigen, durch die spezielle Relativitätstheorie ausgedrückten Ansichten ist die Lichtgeschwindigkeit im freien Raum eine obere Grenze nicht nur für die Geschwindigkeit von Materieteilchen wie Elektronen, sondern auch für die Geschwindigkeit, mit der sich eine Wechselwirkung beliebiger Art ausbreiten kann: Gravitationswirkung, Einwirkung nuklearer oder elektrischer Kräfte, etc. Wäre das nicht so, so könnte man daraus ein Paradoxon aufstellen, in dem Ursache und Wirkung ihre Rollen tauschen, je nach dem eigenen Standpunkt (siehe Diskussion der Kausalität am Ende des Kapitel 4). Wir werden uns noch mit diesem Paradoxon beschäftigen.

Eine wichtige Folgerung aus der physikalischen Geschwindigkeitsgrenze c ist, daß der klassische Begriff des idealen starren Körpers in der speziellen Relativitätstheorie keinen Platz findet. Genaugenommen ist dieser Begriff auch in der klassischen Mechanik nicht gerechtfertigt. Unter einem starren Körper verstehen wir nämlich ein Objekt, entlang dem eine physikalische Information in beliebig kurzer Zeit übertragen werden kann, so daß dieses Objekt momentan in Bewegung versetzt wird, wenn an irgend einem Punkt in ihm eine Kraft angreift. Bei einem gewöhnlichen Kasten wird die Information, daß das eine Ende von Strahlung getroffen wurde, durch eine elastische Welle übertragen, die, wie wir wissen, um viele Größenordnungen langsamer ist als ein Lichtsignal. Das Argument des Einsteinschen Kastenexperimentes kann daher in der ursprünglichen Form nicht aufrechterhalten werden.

Am „Empfangs"-ende des Kastens wäre die erste Andeutung, daß am anderen Ende etwas geschehen ist, die Ankunft der Strahlung selbst. Wir können die Gültigkeit des Argumentes jedoch wie folgt wiederherstellen.

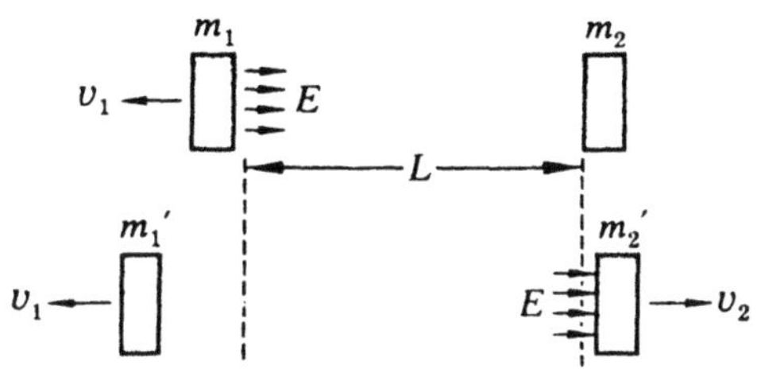


Bild 1.6. *Einsteins* Kasten wird „zerlegt". Rückstoßprozesse in zwei nicht verbundenen Massen als Folge eines von $m_1$ emittierten und in $m_2$ absorbierten Strahlungsenergiestoßes.

Irgendeine Verbindung zwischen den beiden Enden wird ignoriert. Wir betrachten die Enden als zwei separate Massen $m_1$ und $m_2$ (Bild 1.6) und nehmen an, das eine Ende mit der Anfangsmasse $m_1$ emittiere zur Zeit $t = 0$ die Energie E und erfahre dadurch eine Massenänderung zu $m_1'$. Es gewinnt eine Geschwindigkeit $v_1$, die durch

$$v_1 = \frac{-\frac{E}{c}}{m_1'}$$

gegeben ist. Wenn $m_1$ sich ursprünglich in der Lage $x = 0$ befand, so wird die Lage dieses Endes zu einem späteren Zeitpunkt durch

$$x_1(t) = -\frac{E}{m_1' c}\, t \tag{1.30}$$

gegeben. Wenn die Energie zur Zeit $t = L/c$ bei $m_2$ ankommt, so verursacht sie einen Rückstoß und eine Maßänderung; wir erhalten für die Lage von $m_2$

$$x_2(t) = L + \frac{E}{m_2' c}\left(t - \frac{L}{c}\right) \tag{1.31}$$

Die Gesamtmasse sei M, und die Lage des Massenzentrums sei $\bar{x}$ bevor die Strahlung von $m_1$ emittiert wurde, und $\bar{x}'$ nach der Absorption in $m_2$.

Es ist dann

$$M\bar{x} = m_1 \cdot 0 + m_2 \cdot L \tag{1.32}$$

und

$$M\bar{x}' = m_1' \left(\frac{-E}{m_1' c} \cdot t\right) + m_2' \left[L + \frac{E}{m_2' c} \left(t - \frac{L}{c}\right)\right]$$

d.h.

$$M\bar{x}' = -\frac{E}{c} t + m_2' L + \frac{E}{c} t - \frac{E}{c^2} L \tag{1.33}$$

Daher ist, wenn $\bar{x}' = \bar{x}$,

$$\Delta m_2' = m_2' - m_2 = \frac{E}{c^2} = -\Delta m_1' \tag{1.34}$$

So wird dem Prinzip der Trägheit der Energie eine gesicherte theoretische Grundlage verliehen, seine wahre Rechtfertigung erfolgte aber bereits durch das Verhalten von Teilchen in Experimenten.

## 1.10. Bemerkungen

In diesem Kapitel haben wir mehrere Beweise vorgelegt, die zeigen sollten, daß Teilchen mit sehr hohen Geschwindigkeiten sich nicht nach den Regeln der Newtonschen Mechanik verhalten. Indem wir dieses Verhalten analysierten, und indem wir *Einsteins* Annahme, daß sich das Massenzentrum eines isolierten Systems nicht spontan verschiebt, akzeptierten, konnten wir einige Beziehungen (die experimentell anscheinend für alle erreichbaren Geschwindigkeiten gültig sind) zwischen Energie, Impuls und Masse feststellen. Das ermöglichte uns, ziemlich rasch zu einigen wichtigen Ergebnissen der Dynamik zu gelangen. Andererseits ist es klar, daß die von uns verwendeten Argumente einiges an Mutmaßung enthielten; sie sind einleuchtend, aber keineswegs unwiderlegbar. Außerdem könnte man mit einigem Recht fragen, was all das mit dem zu tun hat, an das man im Zusammenhang mit der Relativitätstheorie sofort denkt, z.B. die Lorentzkontraktion, Bezugssysteme, Raum-Zeit, das Michelson-Morley-Experiment usw. Diese fragliche Verbindung ist jedoch sehr, sehr eng. Abgesehen von einem kleinen Hinweis in unserer Diskussion der Ergebnisse des Grenzgeschwindigkeitsexperimentes haben wir uns bisher nicht mit diesen grundlegenden Aspekten der Relativität beschäftigt. Das geschah aus gutem Grund: Jedes einzelne der erwähnten Experimente wurde in einem einzigen Bezugssystem durchgeführt – im Labor des Experimentators. Überall begegneten wir jedoch den Begriffen Entfernung, Zeit und Geschwindigkeit; ohne diese können dynamische Probleme weder formuliert noch diskutiert werden.

Eine drastische Revision unserer Ideen von Raum und Zeit wurde besonders dringlich, als wir versuchten, optische Phänomene zu erklären. Die Entwicklung dieses Problems, die ihren Höhepunkt im Michelson-Morley-Experiment findet, ist Thema des 2 Kapitels. Wir werden dann auch sehen, wie *Einstein* es durch sein Beharren auf einer grundlegenden Überprüfung der dynamischen Messung ermöglichte, alle Einzelprobleme in ein einziges dynamisches Schema einzupassen. Die gleichen Begriffe von Raum und Zeit sind für optische und elektromagnetische Phänomene anwendbar, wie auch für das Nicht-Newtonsche Verhalten, das wir in diesem Kapitel diskutierten. Wir beabsichtigen, im folgenden die unangenehme Lage zu beschreiben, in die uns einige Phänomene der Optik bringen, um zu zeigen, wie es *Einstein* gelang, den scheinbaren Konflikt zwischen Optik und Newtonscher Mechanik zu beseitigen, und schließlich einige der Anwendungsmöglichkeiten der Einsteinschen Formulierung des Relativitätsprinzipes zu erläutern.

## 1.11. Aufgaben

**1.1.** Ein Elektronenschwarm von $10^{14}$ Elektronen, der auf 15 MeV pro Elektron beschleunigt wurde, wird in einem Kupferplättchen der Masse 100 g gestoppt. Um wieviel steigt die Temperatur des Plättchens, wenn es wärmeisoliert ist? Die spezifische Wärme von Kupfer ist 0,09 cal/g · grd.

**1.2.** Die Strahlungsintensität der Sonne an der Atmosphärengrenze beträgt ungefähr $8 \cdot 10^{14}$ J/m² min.

a) Welche Kraft etwa übt diese Strahlung auf den reflektierenden Ballonsatelliten Echo II aus? Echo II ist ein sphärischer Hohlkörper mit dem Radius 20,4 m. Die Ballonhaut besteht aus einer Schicht Mylar-Plastik, die $9 \cdot 10^{-6}$ m dick ist und sich zwischen zwei Aluminiumschichten befindet, die eine Dicke von je $4{,}5 \cdot 10^{-6}$ m haben. Die Dichte von Mylar ist $10^3$ kg/m³; diejenige von Aluminium $2{,}7 \cdot 10^3$ kg/m³.

b) Vergleichen Sie diese Kraft mit der Kraft, die durch die Gravitation der Sonne auf den Ballon wirkt.

**1.3.** a) Auf der Erdoberfläche erhalten wir bei senkrechtem Strahleneinfall pro Minute etwa 2 cal/cm² an Strahlungsenergie von der Sonne. Welche Gesamtkraft würde auf die ganze Erde von der Sonnenstrahlung ausgeübt, wenn die gesamte Erde total absorbiert? Vergleichen Sie diese Kraft wieder mit der Gravitationswirkung der Sonne auf die Erde.

b) Welchen Radius müßte ein Staubteilchen im Raum haben, damit die Anziehungskräfte durch die Sonnengravitation und die Abstoßungskräfte durch die Strahlung im Gleichgewicht wären?

**1.4.** Ein rechteckiges Plättchen aus Aluminiumfolie, 10 cm lang, mit der Gesamtmasse 100 mg, ist im Vakuum vertikal an einem dünnen Faden aufgehängt (Bild 1.7). Die Periode der Torsionsschwingung ist 40 s. Berechnen Sie die stastische Ablenkung eines jeden Endes des Plättchens, wenn 1 Watt Strahlungsenergie auf einen vom Mittelpunkt 4 cm entfernten Fleck fällt. 60 % der Strahlung soll reflektiert werden. Das Trägheitsmoment eines Stäbchens der Masse M und der Länge L an einer durch seinen Mittelpunkt gehenden Achse beträgt $ML^2/12$.

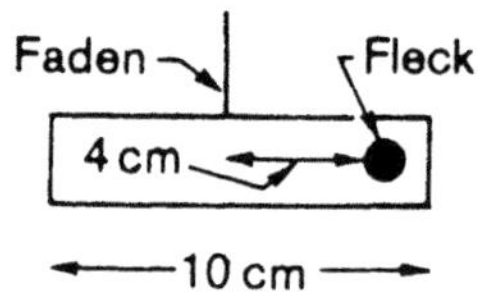


Bild 1.7

**1.5.** Man sagt, ein ganz geöffneter Sonnenschirm würde an einem heiteren Tag genügend Strahlungsenergie pro Sekunde auffangen, um damit eine Waschmaschine betreiben zu können. Diese Behauptung sei die Grundlage für die Berechnung des ungefähren Massenverlustes der Sonne pro Zeiteinheit.

**1.6.** Wenn das gesamte Licht einer Abendstunde in New York in einer Schachtel konzentiert werden könnte, um wieviel schwerer wäre dann diese Schachtel?

**1.7.** Eine mit einer Blitzlichtlampe verbundene Batterie auf einer Waagschale ist durch ein Gegengewicht genau ausgewogen. Die Batterie kann einen durchschnittlichen Strom von 1 A bei einer mittleren Spannung von 1 V 3 h lang aufrechterhalten. Wenn nun diese ganze Energie abgestrahlt würde, wie hoch müßte größenordnungsmäßig die Empfindlichkeit $\Delta M/M$ der Waage sein, damit der Ausschlag erkennbar wird?

**1.8.** a) Sir *Arthur Eddington* bemerkte einmal, daß 1g Elektronen, wenn man sie in einer Kugel von 10 cm Radius einschließen könnte, durch ihre elektrische potentielle Energie einem Massenäquivalent von 10 Millionen Tonnen entsprächen. Prüfen Sie diese Behauptung selbst; nehmen Sie dabei an, die Elektronen würden eine Kugel mit homogener Ladungsdichte bilden. (Die elektrostatische potentielle Energie einer Kugel der Ladung Q vom Radius r ist $3\,k\,Q^2/5\,r$; Q ist die Ladung in Coulomb, r der Radius in Metern, und k die Konstante des Coulombschen Gesetzes $F = k\,Q_1Q_2/r^2$, ist $9 \cdot 10^9\ N \cdot m^2/C^2$.)

b) Problem a) klingt wohl etwas weit hergeholt. Berechnen Sie nun aber die Masse aller Elektronen in einer Wasserkugel von 10 cm Radius. Ohne die positiven Kernladungen ergäbe dies fast genau die von *Eddington* beschriebene Situation.

**1.9.** Ein exzentrischer Milliardär beschließt, die $10^6\ l$ Wasser in seinem Schwimmbad durch Kochen zu sterillisieren. Zum Erhitzen verwendet er die Fusionsreaktion

$$^1H + {}^3He \rightarrow {}^4He + \text{Strahlungsenergie}$$

Nehmen wir für das Heizsystem einen Nutzeffekt von 20 % an – was kostet ihn dann das Tritium ($^3H$), das er braucht, um die Temperatur des Wassers von 20 °C auf 100 °C zu bringen? Um 1 g Wasser um 1 grd zu erwärmen, benötigt man 4,2 Joule. 1 $cm^3$ Tritium in Gasform (bei Normaldruck und -temperatur) kostet etwa 5 Dollar.

Massen der Atome: $^1H$ 1,0081 atomare Masseneinheiten
$^3H$ 3,0170 atomare Masseneinheiten
$^4He$ 4,0039 atomare Masseneinheiten

**1.10.** Ein sphärischer Kernreaktor der Masse $10^{30}$ kg im interstellaren Raum ist vollkommen von einer dünnen elastischen Kugelschale aus Materie mit der Masse $10^{26}$ kg umgeben (Bild 1.8). Der Reaktor verliert pro Sekunde $10^{10}$ kg seiner Masse durch die Emission elektromagnetischer Strahlung. (Wenn Ihnen das nach der Beschreibung eines Sternes klingt, so ist das kein Zufall.) Diese Strahlung wird durch die den Reaktor umgebende Schale von Materie vollkommen absorbiert. Wie groß muß der Radius der Kugelschale sein, damit die auf sie wirkende Anziehungskraft des Reaktors gerade durch die abstoßende Wirkung der Strahlung aufgewogen wird? (Untersuchen Sie die Kräfte, die auf einen kleinen Teil der Kugelschale wirken.)

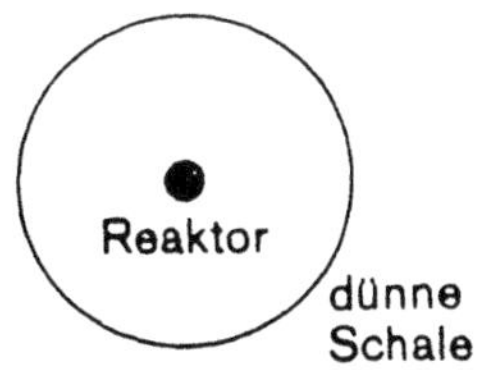

Bild 1.8

**1.11.** a) Die bei der Bildung von CO und C und O entstehende Wärme ist etwa 20 kcal/Mol. Um welchen Bruchteil ist Kohlenmonoxid leichter als die beiden Komponenten, wenn diese Wärme abgestrahlt wird?

b) Wenn die Kerne der häufigen Isotope C und O ($^{12}C$ und $^{16}O$) zum normalen $^{28}Si$ verschmolzen werden könnten, um wieviel wäre der Siliciumkern nach Entweichen der überschüssigen Energie leichter als die Kerne aus denen er entstand?

c) Der Prozeß (b) ist nicht sehr wahrscheinlich, es sei denn die beiden miteinander reagierenden Kerne könnten entgegen ihrer elektrischen Abstoßung bis in einen gegenseitigen Abstand von $10^{-14}$ m gebracht werden. Welche Größenordnungen müßte die Temperatur eines Gemisches von C und O haben, damit das überhaupt möglich wird? Im Coulombschen Gesetz ($F = kQ_1Q_2/r^2$) ist k gleich $9 \cdot 10^9$ N $\cdot$ m$^2$/C$^2$.

**1.12.** a) Ein Körper der Masse $m_1 + \Delta m$ ist durch eine Feder mit der Federkonstante k und vernachlässigbarer Masse mit einem Körper der Masse $m_2 - \Delta m$ verbunden (Bild 1.9). Das System ruht auf einem reibungslosen Tisch. Ein Strahlungsenergiestoß wird vom ersten Körper emittiert und vom zweiten absorbiert, die Massen der Körper ändern sich dadurch auf $m_1$ und $m_2$, und das System wird in Schwingung versetzt. Ist die Laufzeit der Strahlung verglichen mit der Schwingungsperiode vernachlässigbar klein, dann können Sie zeigen, daß die maximale Dehnung der Feder durch

$$x = c\,\Delta m \left(\frac{m_1 + m_2}{m_1 m_2 k}\right)^{\frac{1}{2}}$$

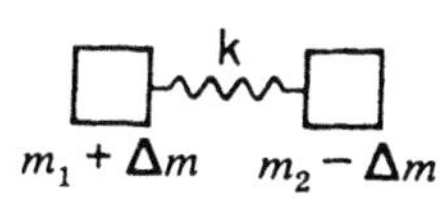

Bild 1.9

gegeben ist.

b) Untersuchen Sie qualitativ, was geschehen würde, wenn die Feder ohne Begrenzung immer stärker und stärker gemacht werden könnte.

**1.13.** In der Diskussion von *Einsteins* Kastenexperiment nehmen wir an, daß die Laufzeit der Strahlungsenergie bei Vernachlässigung der Rückstoßstrecke des Kastens durch L/c gegeben ist (L ist die Länge des Kastens). Wir ignorieren dabei auch den Masseverlust des Kastens durch Emission von Strahlungsenergie. Zeigen Sie, daß bei entsprechender Berücksichtigung dieser beiden Effekte noch immer das Ergebnis $m = E/c^2$ erhalten wird.

**1.14.** Nachdem *Einstein* die Beziehung $m = E/c^2$ für die träge Masse der Strahlungsenergie gewonnen hatte, überlegte er (im Jahre 1911) ob man nicht durch Einsetzen eben dieses Wertes m in das universelle Gravitationsgesetz die Ablenkung der Lichtstrahlen eines entfernten Sternes durch die Sonne beschreiben könnte. Durch diese Ablenkung wird die scheinbare Richtung dieses Sternes ein wenig verschoben. Der deutsche Astronom *J. Soldner* hatte, was *Einstein* nicht bekannt war, bereits im Jahre 1901 (!) eine im wesentlichen ähnliche Berechnung durchgeführt, indem er das Licht einfach als sich mit der Geschwindigkeit c bewegende Newtonsche Teilchen beschrieb.

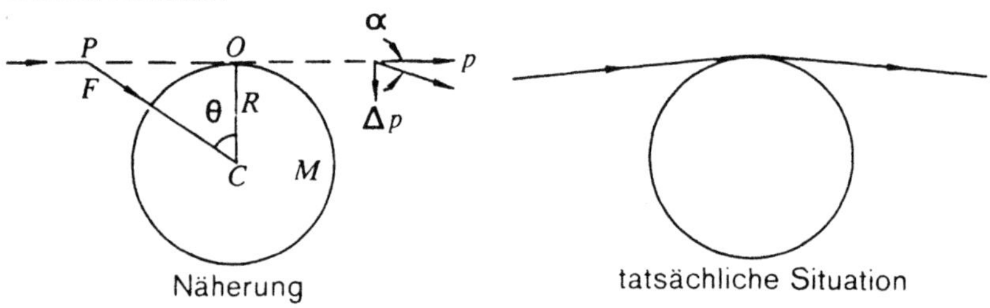


Bild 1.10

Berechnen Sie die Ablenkung α eines Photons, das den Rand der Sonne gerade streift, und nehmen Sie dazu an, daß das Photon in erster Näherung auf gerader Bahn mit der Geschwindigkeit c vorbeischießt, daß aber die auf die Flugbahn senkrechte Komponente der Schwerkraft (F cos Θ) über die gesamte Flugstrecke integriert dem Photon eine transversale Impulskomponente verleiht (Bild 1.10)

$$\Delta p = \int F \cos \Theta \, dt$$

so daß die Ablenkung α gleich $\Delta p/p$ ist; p ist hier gleich $E/c$. x sei die entlang der Flugbahn gemessene Entfernung. Der Ursprung von x sei im Berührungspunkt von Bahn und Sonnenrand, die Grenzen von x seien $\pm \infty$, außerdem ist $dt = dx/c$, und $CP^2 = x^2 + R^2$.

Wir erhalten $\alpha = 2\, GM/c^2 R$. Nach Überprüfung dieser Gleichung können Sie die Zahlen einsetzen, um für α einen numerischen Wert in Bogensekunden zu erhalten. Man glaubt, daß dieses Resultat im Prinzip falsch ist. In der allgemeinen Relativitätstheorie führt *Einstein* einen weiteren Faktor von 2 in die theoretische Ablenkung ein.

**1.15.** Einem Teilchen wird eine kinetische Energie verliehen, die n mal so groß ist wie seine Ruhenergie $m_0 c^2$. Berechnen Sie

a) seine Geschwindigkeit,

b) seinen Impuls.

**1.16.** a) Durch welche Spannung müßte ein Elektron aus der Ruhelage beschleunigt werden, damit seine Masse um 0,4 % größer wird?

b) Wie hoch wäre seine Geschwindigkeit unter diesen Bedingungen?

**1.17.** Ein Proton wird in einem Synchrotron durch das Äquivalent von 500 MV beschleunigt.

a) Drücken Sie seine Masse als das Vielfache seiner Ruhmasse aus

b) Seine Geschwindigkeit würde welchem Bruchteil der Lichtgeschwindigkeit entsprechen?

**1.18.** Bestimmen Sie die Geschwindigkeit des Massenzentrums eines Systems, das aus einem Photon der Energie $h\nu$ und einem stationären Atom der Ruhmasse $m_0$ besteht. Wie müßten Sie Ihre Antwort modifizieren, wenn das Atom sich im angeregten Zustand befände? Sieht das auch nichtrelativistisch vernünftig aus?

**1.19.** a) Der Bruch v/c wird oft mit dem Symbol $\beta$ bezeichnet. Zeigen Sie, daß für $\beta \ll 1$ das Folgende bis zu Gliedern der Größenordnung $\beta^2$ gilt:

$$E = m_0c^2 + \frac{m\,v^2}{2} = m_0c^2\left(1 + \frac{\beta^2}{2}\right),$$

$$E_k = \frac{m_0v^2}{2} = \frac{m_0c^2\beta^2}{2},$$

$$pc = m_0vc = m_0c^2\beta,$$

$$\gamma = 1 + \frac{\beta^2}{2}.$$

b) Zeigen Sie, daß für $\gamma = \epsilon^{-1} \gg 1$ das Folgende bis zu Gliedern der Größenordnung $\epsilon^2$ gilt:

$$\beta = 1 - \frac{\epsilon^2}{2},$$

$$E = \epsilon^{-1}\,m_0c^2,$$

$$\frac{E_k}{E} = 1 - \epsilon,$$

$$\frac{pc}{E} = 1 - \frac{\epsilon^2}{2},$$

$$\frac{E_k}{pc} = 1 - \epsilon + \frac{\epsilon^2}{2}.$$

**1.20.** a) Der Brechungsindex der Luft für sichtbares Licht ist etwa 1,000277. Wie hoch müßte die kinetische Energie eines Elektrons sein, damit seine Geschwindigkeit in einer evakuierten Röhre der eines sich durch Luft ausbreitenden Lichtsignals gleichkäme?

b) Welche Kraft würde ein Elektronenstrom, der einem elektrischen Strom von 16 mA entspräche, auf einen Materieblock ausüben, in dem die Elektronen abgestoppt werden?

**1.21.** a) Welchen relativen Fehler macht man, wenn man $mv^2/2$ für die kinetische Energie eines Körpers einsetzt, dessen Geschwindigkeit

1. 3 m/s,
2. 300 m/s (Schallgeschwindigkeit in Luft),
3. $10^4$ m/s (die Fluchtgeschwindigkeit – Geschwindigkeit, die es einem Körper ermöglicht, die Anziehungskraft der Erde zu überwinden),
4. 0,1 c,
5. 0,9 c

ist.

b) Der experimentelle Fehler bei der Messung von v sei ungefähr 1 %. Wie groß kann v sein, bevor relativistische Korrekturfaktoren merkliche Größen erreichen?

**1.22.** Ein Elektron, das sich mit der Geschwindigkeit von 0,5 c in die x-Richtung bewegt, tritt in ein Gebiet des Raumes ein, in dem ein homogenes elektrisches Feld in der y-Richtung herrscht. Zeigen Sie, daß die x-Komponente der Geschwindigkeit des Teilchens kleiner wird. (Nach *E. M. Purcell*, Electricity and Magnetism (Elektrizität und Magnetismus), McGraw-Hill, New York 1963.)

1.23. Ein Teilchen der Ruhmasse m, der Ladung Q, und der Anfangsgeschwindigkeit $v_0$ tritt in einen Teil des Raumes ein, in dem ein homogenes elektrisches Feld E senkrecht zur Bewegungsrichtung ($v_0$) gegeben ist. Suchen Sie die daraus resultierende Bahn des Teilchens, und zeigen Sie, daß diese Flugbahn eine Parabel ist, wenn die Teilchengeschwindigkeit sehr viel geringer als c ist. (Nach *H. Goldstein*, Classical Mechanics (Klassische Mechanik), Addision-Wesley, Reading, Mass. 1950.)

1.24. Ein homogener Stab der Masse m und der Länge $2\,l$ dreht sich mit der Kreisfrequenz $\omega \ll c/l$ um seinen Mittelpunkt. Sein Drehimpuls und seine kinetische Energie sind

$$L = \frac{m\,l\,\omega}{3}\left(1 + A\frac{\omega^2 l^2}{c^2} + \ldots\right)$$

$$E_k = \frac{m l^2 \omega^2}{6}\left(1 + B\frac{\omega^2 l^2}{c^2} + \ldots\right)$$

Berechnen Sie A und B.

1.25. Der „klassische"Radius des Elektrons, $r_0$, eine Kombination aus verschiedenen physikalischen Konstanten, hat den numerischen Wert $2{,}818 \cdot 10^{-15}$ m. Das Elektron hat auch, wie wir wissen, einen inneren Drehimpuls, den Spin, gleich $\hbar/2 = 5{,}272 \cdot 10^{-35}$ J · s. Nehmen Sie an, das Elektron sei eine homogene Kugel mit dem Radius $r_0$, die mit einer Kreisfrequenz $\omega$ rotiert: berechnen Sie den numerischen Wert von $\omega$. (Nichtrelativistische Behandlung.) Halten Sie das für ein vernünftiges Modell? Warum nicht? Das Trägheitsmoment einer homogenen Kugel ist $2\,m^2/5$.

1.26. Berechnen Sie den relativistischen Massenzuwachs (in %), der der kinetischen Energie eines Elektrons entspricht, das sich auf der ersten Bohrschen Kreisbahn eines a) Wasserstoff- (Z = 1), b) eines Uranatoms (Z = 92) bewegt. Die Kreisbahn wird durch $F = mv^2/r$ und durch $mvr = \hbar = 1{,}05 \cdot 10^{-34}$ J · s definiert. Die Kraft F ist gegeben durch $F = kQ_1Q_2/r^2$. $Q_1 = Ze$, $Q_2 = e = 1{,}6 \cdot 10^{-19}$ C, und $k = 9 \cdot 10^9$ N m$^2$/C$^2$.

## 2. Sonderbare Effekte bei der Ausbreitung des Lichtes

Gibt es irgend einen Punkt auf den Sie mich aufmerksam machen wollen?
Auf den sonderbaren Vorfall mit dem Hund in der Nacht.
Der Hund tat aber nichts in der Nacht.
Das war der sonderbare Vorfall, bemerkte Sherlock Holmes.

*Die Memoiren von Sherlock Holmes* (1893)

Wir müssen diese Ergebnisse dahingehend auslegen, daß keine Verschiebung der Interferenzbanden erfolgt.

*A. A. Michelson* (1881)

Das in Kapitel 1 angesammelte Beweismaterial läßt keinen Zweifel mehr zu, eine Geschwindigkeit, die gleich ist der Geschwindigkeit des Lichtes im Vakuum, ist von tiefer physikalischer Bedeutung. Wenn wir diese Tatsache jedoch mit dem klassischen Schema der Mechanik in Übereinstimmung bringen wollen, geraten wir in einige Schwierigkeiten. Auf den ersten Blick nämlich scheint eine universelle Geschwindigkeit ein Widerspruch an sich zu sein. Wir wissen, daß die Geschwindigkeit in verschiedenen Bezugssystemen verschiedene Beträge hat. Wie kann man dann aber *eine* Geschwindigkeit in die Gleichungen der Dynamik einsetzen? Inwiefern ist es gerechtfertigt, von *der* Geschwindigkeit des Lichtes zu sprechen, ohne sich dabei auf ein bestimmtes Bezugssystem zu beziehen? Wenn wir z.B. der Schallgeschwindigkeit einen bestimmten Wert zuordnen, so wissen wir genau, daß dieser nur für die Geschwindigkeit einer Welle in einem bestimmten Medium gilt. Wo andere nur zögernde und unvollständige Versuche unternahmen, konnte *Einstein* eine klare Lösung dieser Probleme liefern (wie wir in Kapitel 3 sehen werden) und das machte ihn zum wahren Schöpfer der speziellen Relativitätstheorie. Ein Schlüsselfaktor seines Erfolges war seine Fähigkeit, die volle Bedeutung der Dinge, die *nicht* geschehen, zu erkennen. Das berühmteste dieser Phänomene ist das Ergebnis des *Michelson-Morley-Experimentes* – wie es allgemein genannt wird. Es gibt jedoch noch eine Reihe anderer optischer Phänomene – einige von ihnen waren lange vor dem Michelson-Morley-Experiment bekannt – die Hinweise für die Lösung des Problems enthalten. Im vorliegenden Kapitel wollen wir einige der wichtigsten Erscheinungen besprechen, die bei der Ausbreitung des Lichtes sowohl im Vakuum als auch in transparenten stofflichen Medien auftreten.

## 2.1. Die Natur des Lichtes

Die Ausbreitung des Lichtes bedeutet unter anderem den Abtransport von Energie von einer Quelle. Dieser Prozeß ist am einfachsten als ein von einer Quelle emittierter Partikelstrom darzustellen; das hatte schon *Pythagoras* im 6. Jahrhundert v. Chr. vorgeschlagen. Dieses Bild liefert eine einfache Erklärung für die geradlinige Ausbreitung des Lichtes, bewiesen durch die scharfen Konturen von Schatten, und für die Tatsache, daß Licht sich ohne Schwierigkeiten auch im Vakuum ausbreiten kann. Das Jahr 1667 brachte die erste klare Darstellung einer anderen Theorie – daß Licht eine Schwingung sei, die durch irgend ein Medium verbreitet würde. Diese Ansicht führte *Robert Hooke* in seinem berühmten Buch *Micrographia* aus. Ungefähr zur gleichen Zeit wurden auch einige der Phänomene erstmals beobachtet, die mit einer Korpuskulartheorie des Lichtes schwerlich zu vereinen waren: die bunten Farben dünner Luftschichten zwischen Glasflächen und das Eindringen des Lichtes in bestimmte Gebiete eines geometrischen Schattens. *Huygens* entwickelte in seiner *Abhandlung über das Licht*[1]) diese Theorie ausführlich, und zeigte, wie man damit Reflektion und Brechung erklären kann.

Bislang sind die Korpuskulartheorie und die Wellentheorie die einzigen eindeutig definierten Modelle, durch die wir das Licht und seine Ausbreitung erklären können. Lange Zeit – eigentlich bis ins 20. Jahrhundert – meinte man, die beiden Theorien müßten sich gegenseitig ausschließen; ein Akzeptieren der einen Variante müsse gleichbedeutend mit einer Zurückweisung der anderen sein. Heute läßt unser erweitertes Wissen uns erkennen, daß sowohl das Photonen als auch das Wellenverhalten des Lichtes anerkannt werden muß. Man kann die Gegebenheiten nicht in die Form einer der beiden Theorien pressen. Wir haben es größtenteils *Einstein* zu verdanken, daß wir lernten, uns auf reine Beobachtungsfakten zu beschränken, und nicht durch das Festklammern an einer bestimmten Theorie aus diesen Fakten mehr herauslesen zu wollen, als sie tatsächlich aussagen. Genaugenommen sind die Welleneigenschaften des Lichtes nicht zu leugnen: Beugung, Interferenz, Polarisation, etc. Die Erfahrung sagt uns jedoch, daß Wellen üblicherweise ein Medium zur Ausbreitung benötigen. Was wäre daher natürlicher, als zuerst eine detailierte Beschreibung der Eigenschaften eines Mediums, das Träger der Lichtwellen sein kann, zu konstruieren, und dann dieses Medium zu entdecken? Die Suche nach diesem Medium brachte jedoch nur Enttäuschungen. *Einstein* zeigte, daß die Suche nach dem *Träger der Lichtwellen* – dem *Äther* – fruchtlos und unnötig war. Der Äther brachte die Physiker auf die falsche Fährte. In dieser Abhandlung sollten wir den Äther vielleicht überhaupt nicht erwähnen, da wir ihn später doch sang- und klanglos begraben müssen. Man kann aber kaum die Geburt der speziellen

---

[1]) *C. Huygens*, Abhandlung über das Licht (1678 verfaßt, 1690 veröffentlicht) ungekürzte Neuveröffentlichung der ersten englischen Ausgabe Treatise on Light von 1912, Übersetzung und Einführung von *S. P. Thompson*, Dover, New York.

Relativitätstheorie in ihrem vollen Umfange verstehen, wenn man sich nicht vorher die Bedeutung, und den Anschein der Realität, die dem Äther einst beigemessen wurden, ein wenig vor Augen hält. Im nächsten Abschnitt werden wir uns daher kurz mit dem Hintergrund dieser Theorie beschäftigen.

## 2.2. Der Äther – Träger des Lichtes

Ein Bericht über die Physik des 19. Jahrhunderts wäre im wesentlichen eine Geschichte des Triumphes der Wellentheorie des Lichtes. Am Anfang des Jahrhunderts (1801–1804) standen *Thomas Youngs* quantitative Untersuchungen der Interferenzphänomene. Ab 1818 veröffentlichte *Fresnel* Berechnungen, die die Interferenz, Beugung und Polarisation in allen Einzelheiten erklären. Da *Huygens* gezeigt hatte, daß eine Wellentheorie ebenso wie eine Teilchentheorie geeignet war, die Lichtstrahleigenschaften – geradlinige Ausbreitung und die Reflektions- und Brechungsgesetze – zu erklären, war die Vorstellung von Licht als Schwingung in einem Medium, analog den transversalen Wellen an einer Schnur, unangreifbar. Was konnte man jedoch über die Eigenschaften dieses Mediums aussagen – man nannte diesen scheinbaren *Träger des Lichtes Äther* in dem diese Schwingungen erfolgen sollten?

Bis etwa 1850 konnte man sich die Ausbreitung des Lichtes nur rein mechanisch vorstellen. Daraus entstanden natürlich beachtliche Schwierigkeiten, denn wie konnte das Licht eine so hohe Geschwindigkeit haben? Das war schwer zu verstehen. Die erste quantitative Messung der Lichtgeschwindigkeit stammt von dem dänischen Astronomen *Olaf Roemer* im Jahre 1675. Er bemerkte systematische Variationen in den Zeiten, zu denen die Jupitermonde in den Schatten des Planeten eintraten (mit irdischen Uhren gemessen), und war scharfsinnig genug zu erkennen, daß diese Variationen von der Lage der Erde und der entsprechenden Zeit, die das Licht für eine variable Strecke braucht, abhingen. Eine Wellengeschwindigkeit von einigen hunderttausend Kilometern pro Sekunde war um viele Größenordnungen höher als die Geschwindigkeit, die bei mechanischen Prozessen möglich war, und erforderte ein Medium, das einesteils so dünn war, daß es keine merkbare Verringerung der Planetengeschwindigkeiten verursachte, andererseits, aus dem Gleichgewicht gebracht, ideal elastisch reagieren sollte, da die Ausbreitungsgeschwindigkeit einer Welle von den elastischen Eigenschaften des Mediums abhängt. Es war auch unbefriedigend, daß der einzige Hinweis auf die Eigenschaften diese Mediums der gemessenen Wert $c$ sein sollte; a priori wußte man gar nichts.

Die Lage änderte sich radikal, als 1861 *James Clerk Maxwell* seine elektromagnetische Theorie des Lichtes veröffentlichte. Nun war es möglich, den numerischen Wert der Lichtgeschwindigkeit in einem beliebigen Medium aus meßbaren elektrischen und magnetischen Eigenschaften des Mediums *vorauszusagen*. Die Kluft zwischen

Äther und gewöhnlicher Materie war enger geworden, doch gelang es dem Äther weiterhin, sich auf mysteriöse Weise dem experimentellen Zugriff zu entziehen. Die Wellentheorie hatte jedoch ihre höchste Rechtfertigung erhalten, und der Äther schien von nicht zu leugender Realität.

Nimmt man den Äther als existent an, so ist der Begriff der „Geschwindigkeit des Lichtes" ganz eindeutig zu verstehen. Jede Welle hat in Bezug auf das Medium, in dem sie sich bewegt, eine ganz bestimmte Geschwindigkeit. Die Größe dieser Geschwindigkeit kann eine Funktion der Wellenlänge sein (wie bei der Dispersion), ist aber im übrigen, zumindest für ein isotropes Medium (ein Medium mit keinen bevorzugten Richtungen) eindeutig definiert. Im besonderen sollte die Lichtgeschwindigkeit in einem Medium in keiner Weise von der Bewegung der Lichtquelle selbst abhängen – das steht im Gegensatz zu dem Mechanismus der Teilchenemission, bei dem die Geschwindigkeit *relativ zur Quelle* die eindeutig definierte Größe sein würde. Die Wellentheorie wurde jedoch akzeptiert, bevor experimentell nachgewiesen wurde, daß der gemessene Wert von c tatsächlich nicht von der Geschwindigkeit der Lichtquelle abhängt. Wäre *Huygens* das schon bekannt gewesen, so hätte er das sicherlich als einen weiteren Beweis für die Unzulässigkeit des Teilchenmodells des Lichtes angesehen. Die Wellentheorie schien jedoch durch andere Beweisketten hinreichend gestützt, und die Wirkung einer Bewegung der Quelle wurde erst untersucht, als die Wellentheorie ihrerseits in ernste Schwierigkeiten geraten war. In den Kapiteln 3 und 5 finden Sie mehr über Strahlungsexerperimente mit sich bewegenden Quellen; hier wollen wir nur das Ergebnis erwähnen: Die Geschwindigkeit der Lichtquelle teilt sich nicht der von ihr emittierten Strahlung mit.

Wir wollen uns nun in die Lage eines Physikers etwa um 1900 versetzen, und einige der eindrucksvollsten optischen Phänomene vom Standpunkt der Wellentheorie betrachten.

## 2.3. Aberration der Gestirne

Im Jahre 1725 versuchte der britische Astronom *James Bradley* die Entfernung einiger Sterne zu messen, indem er die scheinbare Änderung ihrer Lage durch die Bewegung der Erde um die Sonne bestimmte. Als Basis hoffte er den Durchmesser der Ekliptik verwenden zu können und die Entfernung der Sterne auf die gleiche Weise zu bestimmen, wie ein Geometer durch Triangulation Entfernungen mißt. Er stellte jedoch einen Effekt fest, der aber kein Parallaxeneffekt war, da er nicht vom Stand der Erde, sondern von ihrer *Bewegung* an einer bestimmten Stelle der Ekliptik abhing. Die wahre Parallaxe ist für die meisten Sterne unmeßbar klein.

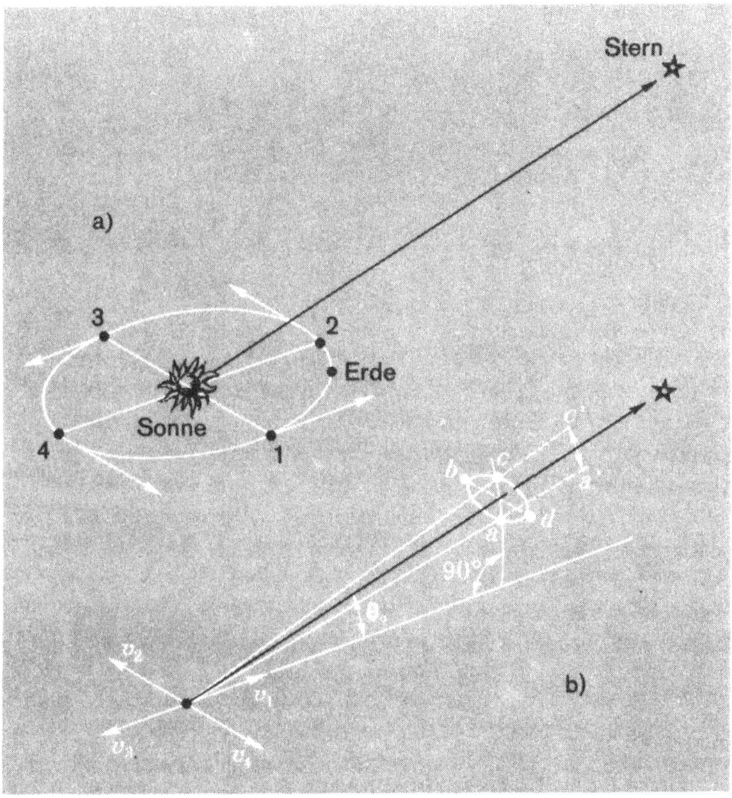


Bild 2.1. Aberration der Sterne

a) Ein weit entfernter Stern wird der Reihe nach aus den Lagen 1, 2, 3 und 4 gesehen, da die Erde sich um die Sonne bewegt.

b) Legt man ein Koordinatensystem, dessen Achsen im Raum feststehen, in die Erde, so scheint der Stern sich auf der Ellipse a-b-c-d zu bewegen. Dieser Effekt hängt von den Richtungsänderungen der Erdgeschwindigkeit ab und nicht von der Lageänderung der Erde.

Bild 2.1 stellt die Ekliptik dar und einen Stern aus vier verschiedenen Lagen der Erde in jeweils dreimonatigen Intervallen gesehen. Der Winkel $\Theta_0$ ist die wahre Höhe des Sternes von der Bahnebene der Erde (Ekliptikebene) aus gerechnet. Man erwartet, daß durch die Lageänderung der Erde die Sternhöhe in Lage 2 ein Maximum und in Lage 4 ihr Minimum hat. *Bradley* fand jedoch, daß die Höhe in Lage 3 am größten, und in Lage 1 am kleinsten ist.

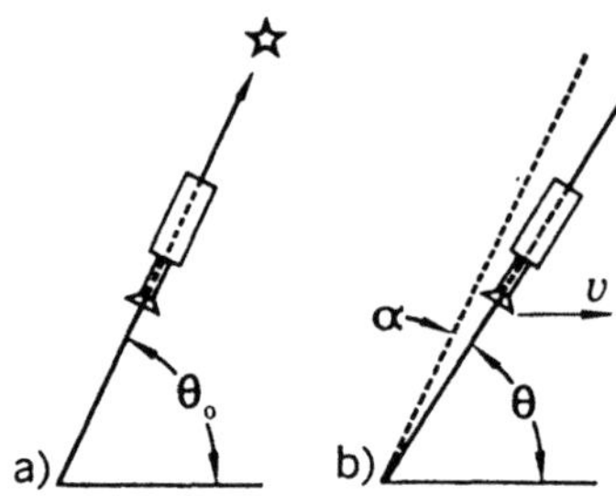


Bild 2.2. Grundlage der Aberration
a) Ein stationäres Teleskop ist auf einen Stern gerichtet.
b) Ein bewegtes Teleskop, auf den gleichen Stern gerichtet.

Dieses Phänomen kann so wie in Bild 2.2 dargestellt erklärt werden. Auf einer sich nicht bewegenden Erde (a) muß ein Teleskop nach der wahren Höhe $\Theta_0$ gerichtet werden, damit der vom Stern ausgesandte Lichtstrahl mit der Achse des Instrumentes zusammenfällt, und so im Zentrum des Gesichtsfeldes ein Bild erzeugt. Auf einer bewegten Erde (b) hingegen müßte das Teleskop einen etwas anderen Winkel $\Theta$ haben. Die Differenz der beiden Winkel ist die Aberration $\alpha$. Ein ähnliches Phänomen können wir beobachten, wenn es regnet. Wenn die Regentropfen bei vertikalem Fall eine Geschwindigkeit w haben, und wir uns in einem Fahrzeug mit der Geschwindigkeit v bewegen, so scheinen die Tropfen in einer Richtung zu fallen, die mit der Vertikalen den Winkel arctan (v/w) einschließen.

Wäre die Geschwindigkeit der Erde immer gleich gerichtet, könnte man keine Aberration feststellen – die *Änderungen in der Richtung der Geschwindigkeit* der Erde während eines Jahres verursachen die scheinbare Lageänderung eines Sternes. Quantitativ können wir diesen Effekt mit Hilfe von Bild 2.1 bestimmen. In der Lage 1 und in der Lage 3 schließen der Geschwindigkeitsvektor der Erde und die Richtung Sonne-Stern einen Winkel $\Theta_0$ ein. In den Lagen 2 und 4 steht der Geschwindigkeitsvektor der Erde senkrecht auf der Geraden Sonne-Stern, der Winkel der Aberration erreicht daher in diesen beiden Lagen den höchstmöglichen Wert ($\pm$ v/c). In den Lagen 1 und 3 ist eine Situation wie die in Bild 2.2 abgebildete gegeben; in diesem Fall hat der Aberrationswinkel nur den Wert v sin $\Theta_0$/c. Im Laufe eines Jahres scheint der Stern daher eine elliptische Bewegung auszuführen; die Hauptachse dieser Ellipse (als Winkel 2 $\beta$ gemessen) ist 2 v/c, die Nebenachse ist durch 2 $\beta$ sin $\Theta_0$ gegeben. Die Länge der Hauptachse sollte für alle Sterne identisch sein, die Länge der Nebenachse hängt von der Höhe $\Theta_0$ des Sternes relativ zur Ekliptikebene ab.

Die Beobachtungen *Bradleys* stimmten genau mit dieser Beschreibung überein. Bild 2.3 zeigt graphisch die Ergebnisse einiger Beobachtungen des Sternes $\gamma$-Draconis; es ist die scheinbare Lageänderung des Sternes während eines Zeitraumes von 12 Monaten durch die Änderungen der Nord-Südkomponenten darge-

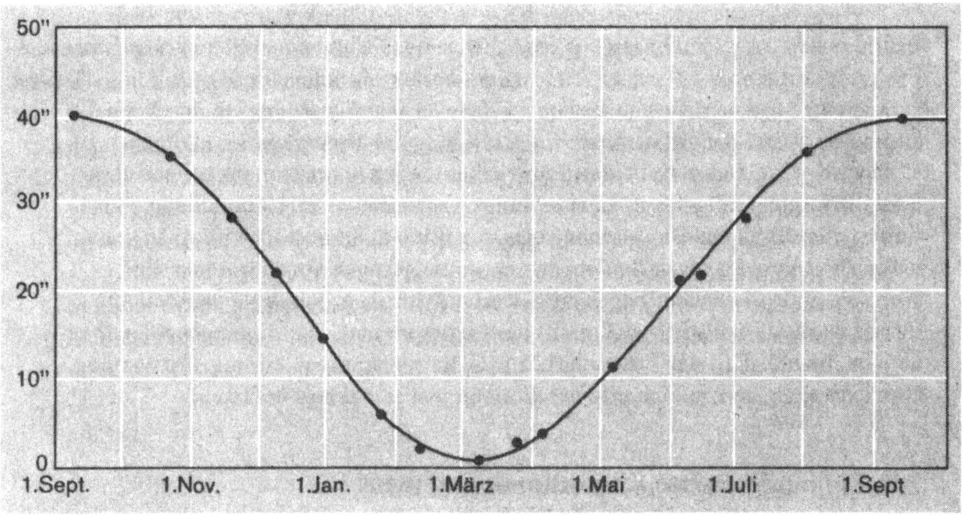


Bild 2.3. Bradleys Werte der Nord-Südkomponente der Aberration des Sternes $\gamma$-Draconis (1727–1728).

stellt [1]). Die Ost-West-Komponente der Aberration wurde nicht aufgezeichnet (man muß die praktischen Schwierigkeiten berücksichtigen, die eine Messung dieser Komponente bereiten würde). Bradleys Daten beziehen sich also auf die Nebenachse der Aberrationsellipse.

Die Umlaufsgeschwindigkeit der Erde beträgt etwa 30 km/s, der Wert von 2 v/c ergibt sich also zu $2 \cdot 10^{-4}$ Grad, das sind etwa 41 Bogensekunden. Eine typische Aberrationsellipse hätte etwa die Größe und die Umrisse eines Rugby-Balles aus etwa 1 . . . 2 km gesehen. In Bild 2.3 ist $\Theta_0 = 75°$. Die berechnete Schwankung zwischen Maximum und Minimum der Höhe, mit einer Veränderung nach der Sinusfunktion (warum?) zwischen beiden Extremen beträgt 39,6″. Der beobachtete Änderungsbereich stimmt mit diesem theoretischen Wert sehr genau überein. *Brådley* selbst konnte seine Theorie nicht quanitativ überprüfen, da damals die Lichtgeschwindigkeit noch nicht genau genug bestimmt war. Stattdessen benützte er die Meßwerte der Aberrationswinkel, um den Wert von c zu verbessern, in der Überzeugung, daß seine Auslegung des Phänomens im Grunde richtig sei. Die Bahngeschwindigkeit der Erde war zu dieser Zeit recht genau bekannt.

---

[1]) Daten von *J. Bradley*, Phil. Trans. Roys. Soc., **35**, 637 (1729). Eine interessante und detailierte Beschreibung der Arbeiten *Bradleys* finden Sie bei *A. Stewart*, "The Discovery of Stellar Aberration" („Die Entdeckung der Aberration der Gestirne"), Sci. Am., **210**(3), 100 (1964).

Wenn wir das Phänomen der Aberration im Hinblick auf eine Theorie des Lichtes analysieren, liefert ganz offensichtlich ein Teilchenmodell eine sehr passende Erklärung. Erinnern wir uns an das Analogon mit dem fallenden Regen. Dieser Effekt kann aber auch mit Hilfe von Wellen erklärt werden, die sich durch den Äther ausbreiten, wenn der Äther durch die Bewegung der Erde nicht im geringsten gestört wird. Wird andererseits der unmittelbar die Erde umgebende Äther durch deren Bewegung mitgeführt, gäbe es keine Aberration [1]). Die Vorstellung eines Äthers, der durch das Hindurchbewegen der Erde nicht gestört wird, mag wohl vielen Physikern als etwas an den Haaren herbeigezogen vorgekommen sein, aber da gerade die Wellentheorie die Oberhand hatte, schien sie unvermeidlich. Es war dann nur natürlich, daß man sich fragte, ob man nicht irgendwie den Wert der Geschwindigkeit der Erde relativ zum Äther bestimmen könnte. Wir werden als nächstes einige Experimente beschreiben, die sich damit befassen.

## 2.4. Ein modifiziertes Aberrationsexperiment

Nehmen wir an, ein Teleskop sei auf einen Stern ausgerichtet, dessen wahre Richtung mit der Erdbahnebene einen Winkel von 90° einschließt. Der unbekannte Aberrationswinkel sei $\alpha$ (Bild 2.4a), und die ebenfalls nicht bekannte Geschwindigkeit der Erde relativ zum Äther sei v. Nun stellen Sie sich vor, das Rohr des Teleskopes sei ganz mit Wasser gefüllt, das den Brechungsindex n hat. Da die Lichtgeschwindigkeit in Wasser geringer ist als in Luft oder im Vakuum, wird die Zeit, die das Licht benötigt, um das Rohr des Teleskopes zu durchlaufen, um den Faktor n erhöht. Man würde daher erwarten, daß man, um das Bild des Sternes im Mittelpunkt des Gesichtsfeldes zu halten, das Teleskop um den neuen Aberrationswinkel $\beta$ neigen müsse, und daß man den Wert dieser Einstellungskorrektur zur Berechnung der Geschwindigkeit v verwenden könne. Auf den ersten Blick wird man zu der

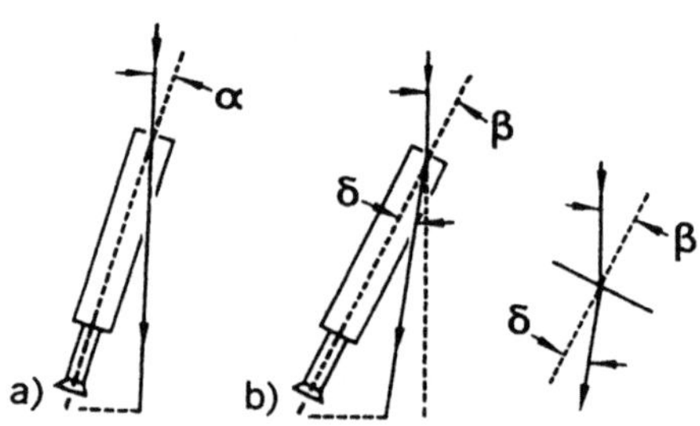


Bild 2.4. Schema des Experimentes von *Airy* zum Nachweis einer Bewegung der Erde relativ zum Äther durch Anvisieren eines Sternes mit
a) einem normalen Teleskop,
b) mit demselben, jedoch wassergefüllten Teleskop.

[1]) Eigentlich ist dieser Schluß nicht unwiderlegbar; andererseits wären zu komplizierte Bedingungen erforderlich, damit erzwungene „Konvektion" des Äthers *und* Aberration zugleich vorstellbar werden.

Ansicht neigen, daß der Winkel $\beta$ einfach durch nv/c gegeben sei, aber bei der Analyse dieses Experimentes muß man sich vor Augen halten, daß nun auf der einen Seite der Objektivlinse Luft, auf der anderen Wasser ist, und daß deshalb die einfallenden Lichtstrahlen zur Achse des Instrumentes gebrochen werden, wie man aus Bild 2.4b ersieht. Im Inneren des Teleskops würden die Lichtstrahlen einen Winkel $\delta$ mit der Achse einschließen, so daß

$$n = \frac{\sin\beta}{\sin\delta} \approx \frac{\beta}{\delta}$$

Da das Licht das Teleskop mit der Geschwindigkeit c/n durchmißt, und das Teleskop sich horizontal dazu mit der Geschwindigkeit v bewegt, lautet die Bedingung für die Zentrierung des Sternbildes im Teleskop

$$\delta \approx \frac{v}{\frac{c}{n}} = \frac{nv}{c} \tag{2.1}$$

(Beachten Sie, daß die Winkel in Bild 2.4 übertrieben groß dargestellt sind.) Wir kennen nun nicht die wahren Werte von $\alpha$, $\beta$ und $\delta$, aber wir können ja die Änderung der Richtung des Teleskopes messen, und erhalten dann

$$\beta \approx n\delta \approx \frac{n^2 v}{c}; \qquad \alpha \approx \frac{v}{c}\ .$$

Daher ist

$$\beta - \alpha \approx (n^2 - 1)\frac{v}{c} \tag{2.2}$$

Da alle diese Größen mit Ausnahme von v direkt gemessen werden können, sollten wir damit v bestimmen können. Genau dieses Experiment wurde im Jahre 1871 von Sir *George Airy* ausgeführt. Sein Resultat? Es gab nicht die geringste Änderung der scheinbaren Lage des Gestirns!

Wie kann dieses negative Ergebnis erklärt werden? Es wurde übrigens von dem genialen *J. A. Fresnel,* der dieses Experiment bereits etliche Jahre vorher vorgeschlagen hatte, vorausgesagt. *Fresnels* Voraussage basierte jedoch nicht auf der Unmöglichkeit, eine absolute Bewegung festzustellen, sondern auf einer teilweisen Mitführung des Mediums durch das Licht. Er hatte das bereits 1818 angenommen, nachdem sein Landsmann *Arago* festgestellt hatte, daß die Brechung des Sternenlichtes so erfolgt, als ob die Erde im Äther ruhe.

In dieser Hinsicht kann Airys Experiment sehr leicht analysiert werden. Nehmen wir an, das Wasser, das sich ja senkrecht zum Licht bewegt, führe dieses mit einem Bruchteil f seiner eigenen Geschwindigkeit v mit. Das Experiment zeigte, daß der Winkel $\beta$ gleich dem ursprünglichen Aberrationswinkel $\alpha$ ist ($\alpha = v/c$), und daß daher der Winkel $\delta$ gleich $\alpha/n$ ist. Die Länge des Teleskopes sei $l$; dann ist die Zeit, die das Licht für das Durchlaufen des wassergefüllten Teleskopes braucht, $t = nl/c$. In der Zeit t aber legt das Teleskop die Strecke vt zurück; soll das Licht das Teleskop wieder durch das Zentrum des Okulars verlassen, so muß die seitliche Versetzung des Lichtes eben diesem Wert entsprechen. Gemessen von der Lage des Okulars zu dem Zeitpunkt, an dem der Lichtstrahl am oberen Ende des Teleskops eintritt, ist die Versetzung des Lichtstrahls gleich der Summe aus $l\delta$, die durch die Brechung verursachte Komponente, und aus fvt, die durch die Mitführung durch das Wasser bedingte. Wir haben also

$$vt = l\delta + fvt$$

Aber

$$l = \frac{ct}{n} \quad \text{und} \quad \delta = \frac{\alpha}{n} = \frac{v}{nc}$$

Daher ist

$$vt = \frac{ct}{n}\,\frac{v}{nc} + fvt$$

woraus wir erhalten

$$f = 1 - \frac{1}{n^2} \tag{2.3}$$

Die Größe f ist als der *Fresnelsche Mitführungskoeffizient* bekannt.

Es wäre wohl reichlich sonderbar, wenn in der Natur tatsächlich genau der Mitführungskoeffizient existierte, durch den Airys Experiment, und andere ähnliche auch, zu den gleichen Ergebnissen führten, als man sie erhielte, wenn die Erde sich relativ zum Äther in Ruhe befände. Kann man vielleicht diese Mitführung irgendwie als *positiven* Effekt darstellen, anstatt als ein negatives Ergebnis? Man kann es – wie *H. L. Fizeau* in seinem berühmten Experiment im Jahre 1851 zeigte.

## 2.5. Fizeaus Messung des Mitführungskoeffizienten

*Fizeau* verwendete einen Apparat wie Bild 2.5 zeigt. Ein Lichtstrahl von der Quelle S fällt auf die Glasplatte P, die mit einer halbdurchlässigen Metallschicht überzogen ist und so eine Zweiteilung des Lichtstrahls hervorruft. Der eine Teilstrahl läuft geradlinig weiter, bis er auf den Spiegel $M_1$ auftritt. Der andere Strahl wird um 90° reflektiert und trifft $M_3$. Wie das Bild zeigt erreicht man schließlich durch einen dritten Spiegel $M_2$, daß die zwei Strahlen ein Rechteck beschreiben, jedoch in entgegengesetzter Richtung. Wenn sie wieder in P eintreffen, gelangt von beiden Strahlen ein Teil des Lichtes in das Teleskop T.

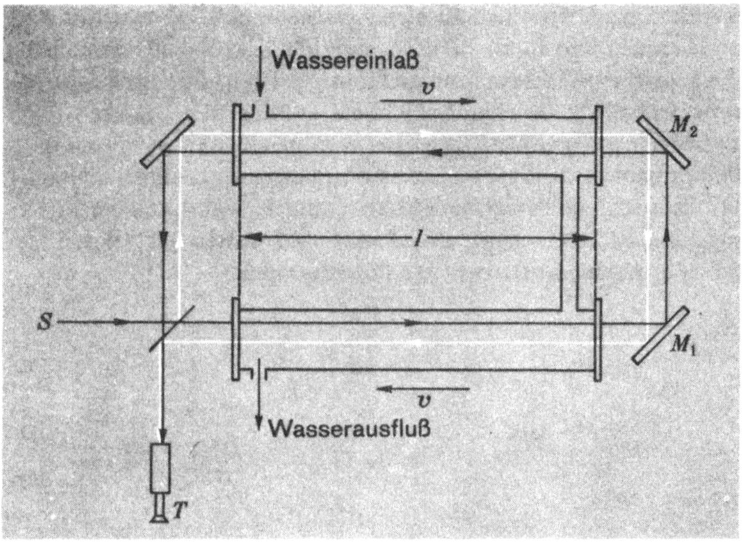


Bild 2.5. Schema des Fizeauschen Apparates zur Feststellung der Mitführung des Äthers.

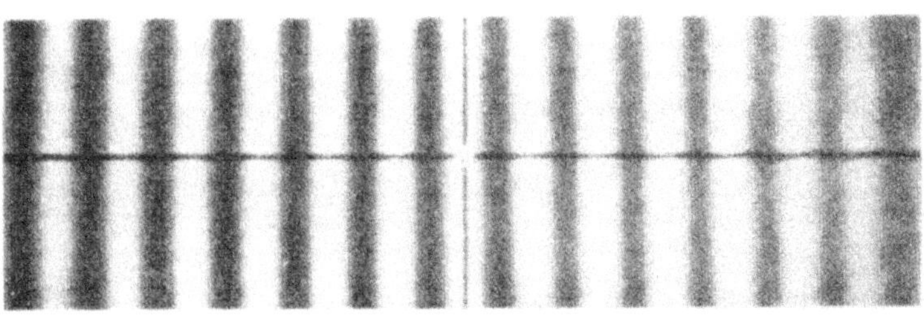

Bild 2.6. Interferenzstreifen in einem Apparat wie ihn *Fizeau* verwendete. (Foto mit freundlicher Genehmigung von G. C. Babcock, Michelson Laboratory China Lake, Calif.)

Diese Anordnung stellt ein optisches Interferometer dar. Wird monochromatisches oder nahezu monochromatisches Licht verwendet, so erscheinen Interferenzstreifen im Teleskop. Ein Interferenzstreifen entspricht einem ganz bestimmten Unterschied der optischen Weglänge der beiden interferierenden Strahlen. Mit optischer Weglänge bezeichnen wir die Strecke, die im Vakuum dem tatsächlichen Weg entspricht. Eine Strecke d in einem Medium mit dem Brechungsindex n entspricht also einer optischen Weglänge nd; es kann dann die Strecke als Vielfaches der Wellenlänge des Lichtes ausgedrückt werden. Bild 2.6 zeigt, was man im Teleskop sehen würde.

Um einen Mitführungseffekt zu erzielen, verwendet man zwei wasserdurchflossene Rohre mit ebenen Endplatten, die so angeordnet sind, daß der eine Lichtstrahl sich in, der andere gegen die Strömungsrichtung des Wassers bewegt. Außerhalb der Wasserröhren sind die Bedingungen für beide Strahlen die gleichen. Um den Unterschied in den optischen Weglängen zu berechnen, brauchen wir uns daher nur mit den Prozessen innerhalb der Röhren zu befassen. Wir können diesen Unterschied für die beiden Strahlen als Zeitdifferenz ausdrücken. Wenn die Röhren die Länge $l$ haben, und die Strömungsgeschwindigkeit des Wassers v ist (unter Berücksichtigung des Mitführungskoeffizienten f), so setzen wir

$$\Delta t = \frac{2\,l}{\frac{c}{n} - fv} - \frac{2\,l}{\frac{c}{n} + fv}$$

woraus wir

$$\Delta t \approx \frac{4\,n^2 fvl}{c^2} \tag{2.4}$$

erhalten.

Das ergibt für den Unterschied der optischen Weglängen c $\Delta$t. Dieser Unterschied, als Vielfaches ($\delta$) der Wellenlänge $\lambda$ des Lichtes ausgedrückt, ist c $\Delta t/\lambda$:

$$\delta = \frac{4\,n^2 fvl}{\lambda\,c} \tag{2.5}$$

In Fizeaus Experiment lauteten die Werte ungefähr

$$\begin{aligned} l &= 1{,}5 \text{ m} \\ v &= 7 \text{ m/s} \\ \lambda &= 5{,}3 \cdot 10^{-7} \text{ m} \\ n &= 1{,}33 \text{ (Brechungsindex von Wasser)} \\ \delta &= 0{,}23 \text{ Interferenzstreifen} \end{aligned}$$

Setzen wir diese Werte in Gl. (2.5) ein, so erhalten wir den beobachteten Wert von f:

$$f_{beob} \approx 0{,}48$$

Der nach Gl. (2.3) berechnete Wert von f ist

$$f_{ber} = 0{,}43$$

Das wäre eine Bestätigung der Mitführungshypothese. Dieses Experiment wurde jedoch im Jahre 1886 von *Michelson* und *Morley* sehr viel genauer ausgeführt, und noch später war es Thema einer Reihe interessanter Untersuchungen von *P. Zeeman* und seinen Kollegen in Holland in den Jahren 1914–1922.

Das Ergebnis von Fizeaus Experiment bestätigt die Beobachtungen über die Aberration von Sternen. Beides kann dahingehend ausgelegt werden, daß ein bewegter Körper seine Bewegung in keiner Weise dem Äther mitteilt, sei er nun innerhalb oder außerhalb des Äthers. In einem bewegten durchsichtigen Medium wird nach dieser Theorie das Licht teilweise durch das Medium, teilweise durch den Äther, der dieses durchdringt, verbreitet. Da der Äther in Ruhe verbleibt, sieht es aus, als würde dem Licht nur ein Bruchteil der Geschwindigkeit des Mediums mitgeteilt. Nach wie vor ist also noch die Frage unbeantwortet: Kann man die Bewegung der Erde durch den Äther irgendwie nachweisen?

## 2.6. Vorgeschichte zum Michelson-Morley-Experiment

England 1879: *Clerk Maxwell* dankt für den Erhalt einiger astronomischer Tabellen, die ihm *D. P. Todd* vom U. S. Nautical Almanac Office in Washington schickte. Diese Tabellen enthielten Beobachtungsdaten über den Planeten Jupiter. *Maxwell* fragte in seinem Brief, ob es wohl möglich sei, die Geschwindigkeit des Sonnensystems relativ zum Äther zu bestimmen, indem man den Eintritt der Jupitermonde in den Planetenschatten beobachtet. (Wir erwähnten schon, wie es *Roemer* gelang, durch Untersuchung der zeitlichen Verschiebungen zwischen diesen Mondbedeckungen die Lichtgeschwindigkeit zu messen.)

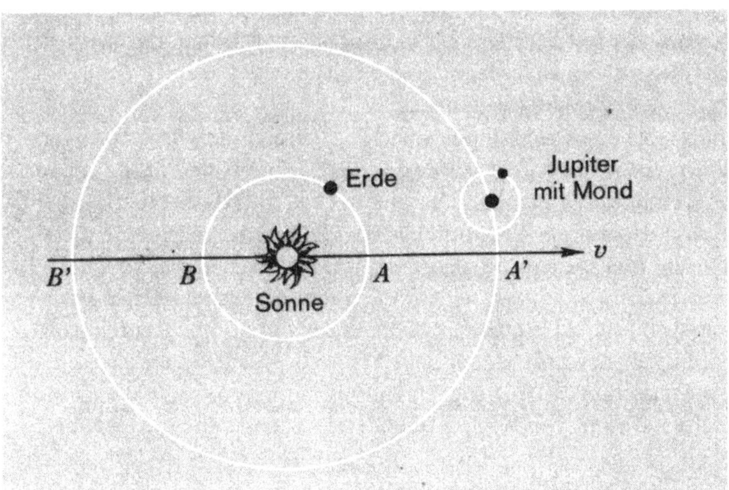


Bild 2.7. Bahnen der Erde, des Jupiter und eines Jupitermondes. Die Unterschiede in den Zeiten, zu denen sich der Mond für die Erde hinter Jupiter befindet, hängen von der gegenseitigen Lage und Bewegung der beiden Planeten ab.

Im wesentlichen war *Maxwells* Idee sehr einfach. Die Umlaufszeit des Jupiters beträgt 12 Erdjahre, er hat sich daher in dem halben Jahr, in dem die Erde sich von A nach B bewegt, nur um weniges auf seiner Bahn verschoben (Bild 2.7). Wenn man die scheinbaren Zeiten dieser Mondbedeckungen einmal aus A, einmal aus B feststellt, kann man daraus auf die Zeit schließen, die das Licht zum Durchlaufen des Ekliptikdurchmessers $\overline{AB}$ braucht. Das war eigentlich *Roemers* Entdeckung. Werden diese Zeiten hingegen gemessen, wenn Jupiter sich in A' und etwa sechs Jahre später in B' befindet, so hoffte man daraus erkennen zu können, ob sich das ganze Sonnensystem tatsächlich mit einer Geschwindigkeit v im lichttragenden Äther bewegt. Bezeichnen wir den Erdbahndurchmesser mit *l*, dann sollten wir

$$t_1 = \frac{l}{c+v}, \quad t_2 = \frac{l}{c-v}$$

erhalten; die Zeitdifferenz $\Delta t$ ist dann durch

$$\Delta t = t_2 - t_1 \approx \frac{2\,l\,v}{c^2} = \frac{2\,v}{c}\,t_0 \tag{2.6}$$

gegeben. $t_0$ beträgt etwa 16 min. Wenn wir $\Delta t$ zu 1 s bestimmen, so entspricht das einem v von 150 km/s. Das ist ein ziemlich hoher Wert, verglichen mit den bekannten Geschwindigkeiten der Sterne relativ zum Sonnensystem (20 km/s wäre ein typischer Wert), aber er ist nicht zu groß. Unglücklicherweise bereitet es einige Schwierigkeiten, eine solche Zeitdifferenz bei sechs Jahre auseinanderliegenden Messungen überhaupt festzustellen. Die astronomischen Daten, die *Maxwell* zur Verfügung standen, waren außerdem für eine solche Analyse auch nicht genau genug, worauf *Todd* in einer Antwort hinwies.

*Maxwell* hatte, als er diese Methode vorschlug, gezeigt, daß das ein Experiment erster Ordnung ist – der Effekt müßte der ersten Potenz des Verhältnisses v/c proportional sein. *Maxwell* bemerkte in seinem Brief an *Todd*, daß dies eben sein Experiment von den auf der Erde durchgeführten unterscheide, denn diese Experimente über die Lichtgeschwindigkeit müßten gezwungenermaßen einen Lichtstrahl verwenden, der wieder an seinen Ausgangspunkt zurückkehrt. Die Zeit, die der Lichtstrahl für eine solche „Rundreise" benötigt, hängt prinzipiell von der Geschwindigkeit der Erde relativ zum Äther ab; der Effekt ist jedoch zweiter Ordnung. Wenn nun die Weglänge in einer Richtung *l* ist, und die Erde sich mit der Geschwindigkeit v in Wegrichtung bewegt, dann wäre die Gesamtzeit

$$t = \frac{l}{c+v} + \frac{l}{c-v} = \frac{2\,l\,c}{c^2 - v^2} \approx \frac{2\,l}{c}\left(1 + \frac{v^2}{c^2}\right)$$

Die durch die Erdbewegung bedingte Zeitdifferenz ist dann

$$\Delta t \approx \frac{2\,l}{c}\,\frac{v^2}{c^2} \tag{2.7}$$

*Maxwell* hielt diesen Effekt für unmeßbar klein. Wenn v die Bahngeschwindigkeit der Erde ist, so ist $v/c = 10^{-4}$, und der Bruchteil der Zeitänderung wäre daher nur $10^{-8}$, was doch sicher außerhalb der Beobachtungsgrenzen liegt – dachte *Maxwell.* Sein Brief wurde aber von *A. A. Michelson* gelesen, dem Mann, der im Alter von nur 25 Jahren die Lichtgeschwindigkeit in vorbildlicher Weise gemessen hatte [1]). *Michelson* nahm keineswegs fraglos hin, daß es unmöglich sei, nach Gl. (2.7) eine Bewegung nachzuweisen. Im Gegenteil – er begann sich den Kopf zu zerbrechen, wie das doch zu ermöglichen sei. Zwei Jahre später, 1881, konnte er bereits Ergebnisse vorweisen. Im nächsten Abschnitt beschreiben wir seinen Versuch das berühmteste Experiment, unsere Bewegung durch den absoluten Raum (dargestellt durch den Äther) nachzuweisen.

## 2.7. Das Michelson-Morley-Experiment

*Michelson,* der erste amerikanische Nobelpreisträger (1907) in den Naturwissenschaften, erdachte ein neues Gerät von beispielloser Genauigkeit und Empfindlichkeit zur Messung des Effektes, den *Maxwell* schon als unmeßbar abgeschrieben hatte. Das Schema dieses Gerätes – allgemein als *Michelson-Interferometer* bekannt – ist in Bild 2.8 dargestellt. Licht von der Quelle S fällt auf die

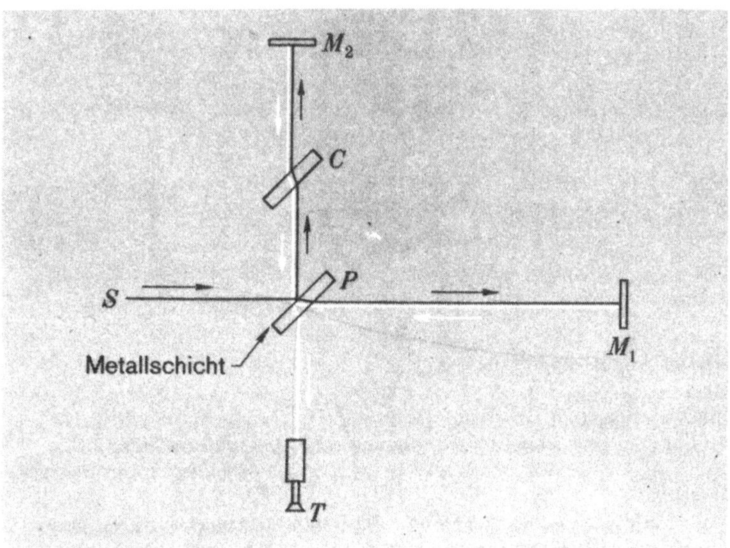


Bild 2.8. Schematische Anordnung des Michelson-Interferometers.

1) *Michelson,* ein junger Marineinstrukteur, war eben gerade zum Nautical Almanac Office abkommandiert worden – und dort arbeitete der mit *Maxwell* korrespondierende *Todd.*

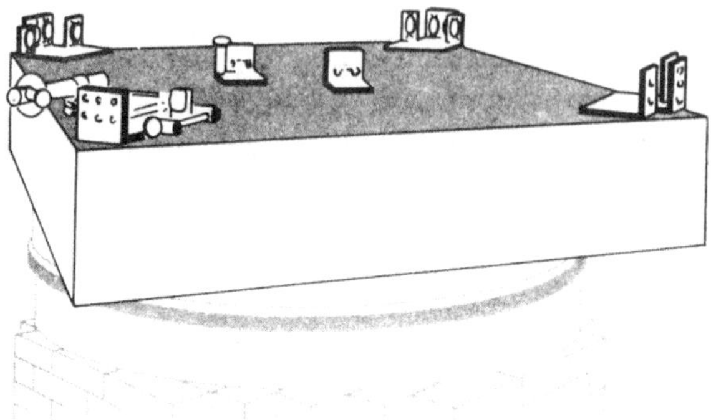

a)

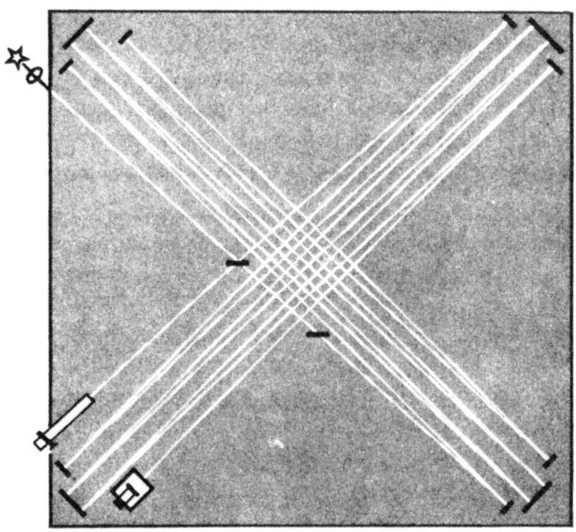

b)

Bild 2.9. Das Michelson-Morley-Experiment

a) Skizze des Gerätes.
b) Aufsicht auf das optische System.
c) Änderung der Lage der Interferenzstreifen während einer Umdrehung des Gerätes. (Bilder entstammen *A. A. Michelson,* Studies in Optics (Optische Studien), Univ. Chicago, Phoenix Books 1962.)
d) Die Photographie zeigt Interferenzstreifen bei zwei Umdrehungen des Gerätes, aus einer späteren Wiederholung des Experimentes durch *G. Joos* im Jahre 1930 (Aus Joos, Lehrbuch der theoretischen Physik, Akademische Verlagsgesellschaft, Leipzig).

Die Tabelle 2.1 faßt die Ergebnisse verschiedener Durchführungen des Michelson-Morley-Experiments zusammen. ($\delta_{ber}$ = Verschiebung der Interferenzstreifen nach Gl. (2.14), für v = 30 km/s.)

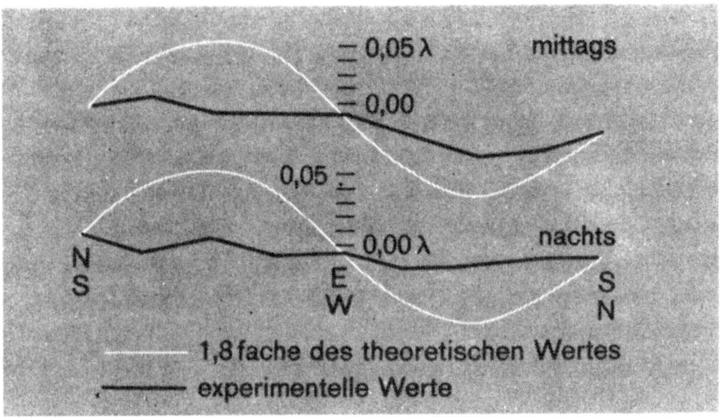


c)

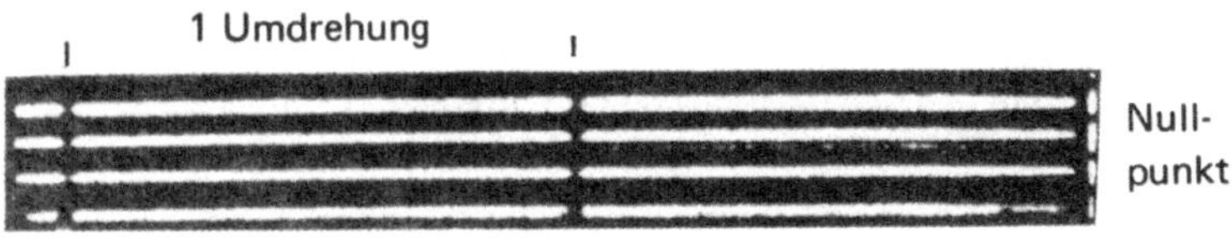


d)

**Tabelle 2.1.** Durchführung des Michelson-Morley-Experiments [1])

| Experimentator, Jahr | lin cm | $\delta_{ber}$ | $\delta_{beob}$ (obere Grenze) | Verhältnis |
|---|---|---|---|---|
| Michelson; 1881 | 120 | 0.04 | 0.02 | 2 |
| Michelson und Morley; 1887 | 1100 | 0.40 | 0.01 | 40 |
| Morley und Miller; 1902–1904 | 3220 | 1.13 | 0.015 | 80 |
| Miller, 1921 | 3220 | 1.12 | 0.08 | 15 |
| Miller; 1923–1924 | 3220 | 1.12 | 0.03 | 40 |
| Miller (Sonnenlicht); 1924 | 3220 | 1.12 | 0.014 | 80 |
| Tomaschek (Sternlicht); 1924 | 860 | 0.3 | 0.02 | 15 |
| Miller; 1925–1926 | 3200 | 1.12 | 0.08 | 13 |
| Kennedy; 1926 | 200 | 0.07 | 0.002 | 35 |
| Illingworth; 1927 | 200 | 0.07 | 0.0004 | 175 |
| Piccard und Stahel; 1927 | 280 | 0.13 | 0.006 | 20 |
| Michelson et al.; 1929 | 2590 | 0.9 | 0.01 | 90 |
| Joos; 1930 | 2100 | 0.75 | 0.002 | 375 |

[1]) Aus einem Überblick von *Shankland* et al., Rev. Mod. Phys., **27**, 167 (1955).

geneigte Glasplatte P, die auf der Vorderseite mit einer halbdurchlässigen Metallschicht überzogen ist. Durch diese wird das Licht in zwei Teilstrahlen aufgespalten. Der eine Teil geht durch die Glasplatte hindurch und trifft den Spiegel $M_1$, wird reflektiert und kehrt von diesem auf dem gleichen Weg zum Teilungspunkt zurück; ein Teil davon wird durch die Glasplatte reflektiert und gelangt so zum Teleskop T. Der Weg des zweiten Teilstrahls verläuft durch Reflektion von der Glasplatte zum Spiegel $M_2$ und zurück. Die Kompensationsplatte C ist aus Gründen der optischen Symmetrie nötig, damit dieser Strahl die gleiche Glasdicke zu durchlaufen hat wie der erste Teilstrahl, bevor er sich mit diesem wieder vereinigt und ins Teleskop einfällt. Mit monochromatischem Licht sieht man dann Interferenzstreifen im Teleskop. Die Anordnung selbst sieht man in Bild 2.9.

Wenn die Platte P um 45° geneigt ist, und die Oberflächen der beiden Spiegel annähernd senkrecht aufeinander stehen, erhält man Interferenzstreifen, ähnlich wie sie ein sehr schmaler Keil verursacht. Durch entsprechende Justierung der Spiegel können die Streifen horizontal orientiert werden. Im Teleskop sieht man dann Bild 2.10. Sind die optischen Weglängen ($\overline{PM}_1$ und $\overline{PM}_2$), die einen bestimmten Interferenzstreifen erzeugen, durch $l_1$ und $l_2$ bezeichnet, so erhalten wir die Bedingung

$$2(l_1 - l_2) = m\lambda \qquad (2.8)$$

m ist eine ganze Zahl. Wenn $l_1$ oder $l_2$ etwa durch Verschiebung eines der beiden Spiegel um $\lambda/2$ variiert wird, dann bewegt sich das Muster in Bild 2.10 um ein Interferenzintervall gegen das Fadenkreuz XX′ des Teleskops.

Bild 2.10. Gerade Interferenzstreifen beim Michelson-Interferometer. (Photo *Jon Rosenfeld*, Education Research Center, M. I. T.)

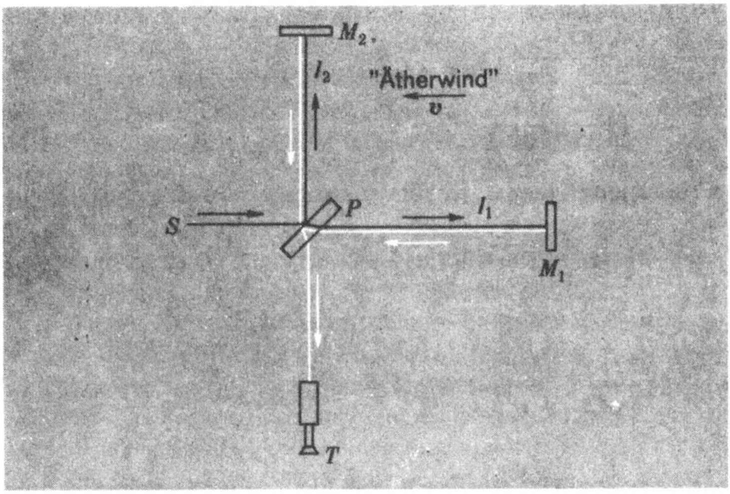


Bild 2.11. Darstellung des „Ätherwind" Prinzips beim Michelson-Morley-Experiment.

Nehmen wir nun an, Michelsons ganzer Apparat bewege sich mit der Geschwindigkeit v in die Richtung $PM_1$ in Bezug auf das Inertialsystem, das durch den hypothetischen Äther definiert ist. Vom Standpunkt des Experimentators, vom Labor aus gesehen, scheint ein „Ätherwind" am Apparat vorbeizustreichen (Bild 2.11). Der Lichtstrahl, der sich von P nach $M_2$ bewegen soll, muß also einen solchen Winkel mit der Windrichtung einschließen, daß die Richtung der resultierenden Geschwindigkeit in $PM_2$ fällt. Aus dem gewöhnliche Galileischen Gesetz der Addition von Geschwindigkeiten folgt, daß die Größe der resultierenden Geschwindigkeit relativ zum Interferometer gleich $(c^2 - v^2)^{1/2}$ ist. Der Lichtstrahl zwischen P und $M_1$ hätte daher (wiederum auf das Interferometer bezogen) die resultierende Geschwindigkeit c − v, wenn er sich nach $M_1$ hin bewegt, und eine resultierende Geschwindigkeit c + v auf dem Rückweg. Wir können daraus die Zeit berechnen, die das Licht für den Weg von P zu den Spiegeln und zurück benötigt:

$$t_1 = \frac{l_1}{c - v} + \frac{l_1}{c + v}$$

d.h.

$$t_1 = \frac{2\, l_1\, c}{c^2 - v^2} = \frac{\frac{2\, l_1}{c}}{1 - \frac{v^2}{c^2}} \tag{2.9}$$

$$t_2 = \frac{2\,l_2}{(c^2 - v^2)^{\frac{1}{2}}} = \frac{\frac{2\,l_2}{c}}{\left(1 - \frac{v^2}{c^2}\right)^{\frac{1}{2}}} \tag{2.10}$$

Daraus ergibt sich eine Zeitdifferenz $\Delta$, die für $v \ll c$ annähernd durch

$$\Delta = t_1 - t_2 \approx \frac{2\,l_1}{c}\left(1 + \frac{v^2}{c^2}\right) - \frac{2\,l_2}{c}\left(1 + \frac{v^2}{2\,c^2}\right)$$

d.h.

$$\Delta \approx \frac{2\,(l_1 - l_2)}{c} + \frac{2\,l_1\,v^2}{c^3} - \frac{l_2\,v^2}{c^3} \tag{2.11}$$

gegeben ist.

Wird nun der ganze Apparat um 90° gedreht, so daß $\overline{PM_2}$ in die Bewegungsrichtung des Ätherwindes fällt, so erhalten wir eine neue Zeitdifferenz $\Delta'$:

$$\Delta' = t_1' - t_2' \approx \frac{2\,l_1}{c}\left(1 + \frac{v^2}{2\,c^2}\right) - \frac{2\,l_2}{c}\left(1 + \frac{v^2}{c^2}\right)$$

d.h.

$$\Delta' \approx \frac{2\,(l_1 - l_2)}{c} + \frac{l_1\,v^2}{c^3} - \frac{2\,l_2\,v^2}{c^3} \tag{2.12}$$

Eine Änderung der Zeitdifferenz bewirkt eine Verschiebung des Interferenzmusters um $\delta$ Interferenzstreifen, und $\delta = c\,(\Delta - \Delta')/\lambda$, d.h.

$$\delta = \frac{(l_1 + l_2)\,v^2}{\lambda\,c^2} \tag{2.13}$$

Wenn $l_1 = l_2 = l$, können wir dieses Ergebnis auch folgendermaßen anschreiben

$$\delta = \frac{2\left(\frac{v}{c}\right)^2}{\frac{\lambda}{l}} \tag{2.14}$$

Die Werte von $\lambda$, $l$ und c sind bekannt, aber was sollen wir für v setzen? *Michelson* und alle anderen, die sich mit diesem Problem befaßten, waren sich einig, daß die Bahngeschwindigkeit der Erde – etwa 30 km/s – davon eine eindeutig definierbare Komponente sei. Das würde dann, wie wir gesehen haben, $v/c \approx 10^{-4}$ ergeben. Wir können weiter $\lambda \approx 6 \cdot 10^{-7}$ m setzen, und $l$ war in Michelsons erstem Apparat 1,2 m, daher ist $\lambda/l \approx 5 \cdot 10^{-7}$. Daraus ergibt sich $\delta$ zu 0,04 Interferenzstreifen.

Das ist natürlich nur ein schwacher Effekt, aber *Michelson* hätte ihn, geschickt wie er war, sicher messen können. Er war ohne Zweifel höchst erstaunt und enttäuscht, als sich bei einer 360°-Umdrehung seines Interferometers keine Verschiebung der Interferenzstreifen zeigte. In seiner ersten Arbeit bemerkte er darüber lakonisch: „Wir müssen diese Ergebnisse dahingehend auslegen, daß keine Verschiebung der Interferenzbanden erfolgt". Er fügte dem noch hinzu: „Die Hypothese eines stationären Äthers erweist sich damit als falsch."

Dieses negative Ergebnis war so unerwartet, und so schwer zu erklären, daß man sich überall intensiv bemühte (insbesondere der niederländische Physiker *H. A. Lorentz*) diese Tatsache mit anderen optischen Phänomenen, wie wir sie schon in diesem Kapitel beschrieben haben, in Einklang zu bringen. *Lorentz* entwarf eine Theorie, die eine teilweise Mitführung des Äthers durch die Erde erlaubte, ohne dabei den Aberrationsexperimenten in irgendeiner Weise zu widersprechen. Das ließ eine genauere Wiederholung des Michelson-Versuches wünschenswert erscheinen, und *Rayleigh* schrieb deswegen an *Michelson.* So kam es, daß *Michelson,* nun in Zusammenarbeit mit *E. W. Morley,* sich nochmals eingehender mit diesem Problem beschäftigte, und aus Gründen größerer Genauigkeit diesmal mit den zehnfachen optischen Weglängen, verglichen mit dem ersten Experiment, arbeitete. In diesem Fall hätte die Verschiebung des Interferenzmusters 0,4 Interferenzstreifen betragen sollen, beobachtet wurde jedoch nur ein Effekt von maximal 0,005 Interferenzstreifen. Diese im Jahre 1887 erstmals ausgeführte, verbesserte Version des Versuches wurde lange Zeit als eine der Hauptstützen der speziellen Relativitätstheorie angesehen. Bild 2.9 zeigt eine Skizze des von *Michelson* und *Morley* verwendeten Apparats und Tabelle 2.1 gibt Beispiele für Ergebnisse wieder.

## 2.8. Abschließende Bemerkungen

Die in dem vorliegenden Kapitel beschriebenen Phänomene erscheinen geeignet, jedermann zur Verzweiflung zu bringen, der an der Vorstellung von Licht als Wellen im Äther festhalten will. Jedes Experiment, das unsere Bewegung durch dieses Medium aufzeigen soll, führt nur zu dem Ergebnis, daß keine solche Bewegung existiert, oder, daß das Medium selbst nicht existiert. Das Ergebnis des Michelson-Morley-Versuchs kann ebenso wie die Aberration der Sterne leicht durch das ballistische Modell des Lichtes erklärt werden; bei diesem Modell bezieht sich die eindeutig definierbare Geschwindigkeit auf die Quelle und nicht auf das Medium. Das würde sehr gut mit dem übereinstimmen, was *Galilei* als erster erkannte – daß die gleichförmige Bewegung eines Schiffes etwa, oder irgend eines anderen Inertialsystemes, einem Beobachter in diesem System keinerlei Hinweise auf die Geschwindigkeit des Systems selbst gibt. Nach Ansicht der meisten Physiker des auslaufenden 19. Jahrhunderts war ein Teilchenmodell jedoch nicht haltbar; man fühlte sich gezwungen, alle Erklärungen im Rahmen einer Wellentheorie zu suchen[1]. Wie viele Beweise zeigten, waren die einzigen nicht ergebnislosen Versuche diejenigen, die sich mit eindeutig definierten *Relativgeschwindigkeiten* befaßten. Im Falle der Aberrationsexperimente war es die Bahngeschwindigkeit der Erde an einem bestimmten Punkt relativ zur Geschwindigkeit an einem anderen Punkt. Bei Fizeaus Versuch war es die Strömungsgeschwindigkeit des Wassers relativ zum ganzen Apparat. Von besonderer Bedeutung vom Standpunkt der Wellentheorie war der scheinbare Widerspruch, der durch die Existenz der Aberration bei gleichzeitigem Fehlen jeglicher Interferenzverschiebung beim Michelson-Morley-Versuch hervorgerufen wurde.

In Tabelle 2.2 stellen wir das ganze Beweismaterial sowie die Ergebnisse der verschiedenen Diskussionen zusammen, um einen vereinfachten Überblick über die Für und Wider der beiden Modelle – Licht definiert als sich im Raum fortbewegende Teilchen, oder als Wellen, die sich durch ein Medium ausbreiten – zu geben. Vielleicht wird Ihnen das eine bessere Vorstellung von der Bedeutung der einzelnen Beweisführungen für das ganze Problem der Lichtausbreitung vermitteln.

**Tabelle 2.2.** Beweise zugunsten der einzelnen Theorien über die Natur des Lichtes

| | Korpuskulartheorie | Wellen- bzw. Äthertheorie |
|---|---|---|
| 1. Geradlinige Ausbreitung des Lichts | ✓ | gilt, wenn Wellenlänge $\ll$ Strahlenbreite |
| 2. Interferenz- und Beugungseffekte | keine überzeugende Erklärung | ✓ |
| 3. Polarisation des Lichtes | keine überzeugende Erklärung | ✓ |
| 4. Lichtgeschwindigkeit ist unabhängig von der Geschwindigkeit der Quelle | eindeutiger Widerspruch | ✓ |
| 5. Lichtgeschwindigkeit in Luft ist größer als in Wasser | eindeutiger Widerspruch | ✓ |
| 6. Experimente von Fizeau und Airy (mit wassergefülltem Teleskop) | bedingt teilweise Mitführung des Lichtes durch das Medium | bedingt teilweise Mitführung des Lichtes durch das Medium |
| 7. Aberration der Sterne (Bradley) | ✓ | gilt, wenn die Erde sich im Äther bewegt |
| 8. Michelson-Morley-Experiment | ✓ | bedingt, daß die Erde sich relativ zum Äther *nicht* bewegt |

[1] Die Tatsache, daß Licht sich in Luft schneller ausbreitet als in Wasser (erstmalig von *Fizeau* und *Foucault* 1850 experimentell nachgewiesen) ist wohl der stärkste Beweis gegen jede Korpuskulartheorie, da eine solche gerade das Gegenteil erwarten ließe.

Wenn man diese Tabelle als eine Art Punktkarte ansieht, so erkennt man, daß jedes der beiden theoretischen Modelle einige Gutpunkte aufzuweisen hat dank der Phänomene, die mit dem betreffenden Modell einfach und überzeugend zu erklären sind. Die Korpuskulartheorie jedoch wird scheinbar durch die Tatsachen, daß erstens die Lichtgeschwindigkeit nicht von der Geschwindigkeit der Lichtquelle abhängt, und zweitens, daß Licht sich in Luft schneller ausbreitet als in Wasser (oder einem anderen dichteren Medium), sozusagen außer Konkurrenz gestellt. Was nun die Wellentheorie anbelangt, mit der wir uns in diesem Kapitel hauptsächlich beschäftigt haben, so sehen wir einen Widerspruch in der Unvereinbarkeit der letzten beiden Effekte in der Tabelle (Aberration und der Michelson-Morley-Versuch). *Einstein* erkannte als erster, daß ein bloßes Zurechtflicken der überlieferten Theorien keinen Ausweg aus dieser Situation bot. Seine Lösung jedoch war endgültig und berücksichtigte alle Einzelheiten – wir besprechen sie im wesentlichen in Kapitel 3.

## 2.9. Aufgaben

2.1. a) Der Boß von SPECTRE hat sich einen teuflischen Plan zur Vernichtung seines Todfeindes 007 ausgedacht: Er läßt einen giftigen Regen über dem einsamen Tal fallen, in dem sich James Bond und seine Gefährtin gerade aufhalten. Glücklicherweise ist Bonds neuestes „gadget" ein Regenschirm. Wenn der Regen mit einer Geschwindigkeit von 10 m/s fällt, in welchem Winkel muß 007 den Regenschirm halten, damit er und seine Freundin trocken bleiben – wenn die beiden mit 16 km/h laufen, um den nächsten Bus, der das einsame Tal verläßt, zu erreichen?

b) Ein Stern scheint von der Erde aus gesehen am Himmel eine Ellipse zu beschreiben, deren Nebenachse unter einem Winkel von 36″ gesehen wird. In welchem Winkel steht dieser Stern zur Ekliptik?

c) Die scheinbare elliptische Bewegung in Aufgabe b) sei ein reiner Parallaxeneffekt. Wie weit ist dann dieser Stern etwa von der Sonne entfernt (in Lichtjahren)?

2.2. Das folgende Beispiel soll mit Werten aus dem Fizeauschen Experiment über Äthermitführung (in der Wiederholung von *Michelson* und *Morley*, 1886) gerechnet werden:

| | |
|---|---|
| mittlere Wellenlänge des verwendeten Lichts | 5700 Å |
| Länge der Röhren | 6,15 m |
| Strömungsgeschwindigkeit des Wassers | 7,65 m/s |
| mittlere Verschiebung des Interferenzmusters durch Umkehren der Strömungsrichtung | 0,86 ± 0,01 |

Vergleichen Sie den Wert des „Mitführungskoeffizienten", der sich daraus ergibt mit dem Wert $1-1/n^2$ für Wasser ($n = 1,33$).

2.3. Das Fizeau-Experiment erfordert eine schnelle Strömung des Wassers im Apparat, die oft zu Turbulenz führt. Eine Alternativlösung zur Vermeidung von Turbulenz ist, zwei identische wassergefüllte Röhren auf einer Platte rotieren zu lassen (Bild 2.12).

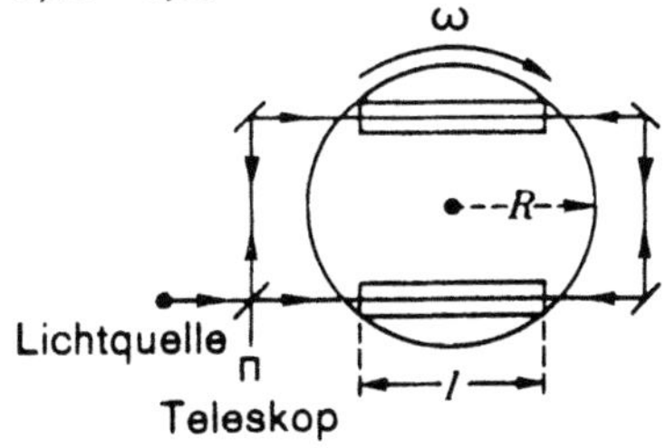


Bild 2.12

a) Beweisen Sie, daß der Unterschied in den optischen Weglängen für die beiden Strahlen gleich $2n^2 f l\, \omega\, (4\, R^2 - l^2)^{1/2}/c$ ist. In dieser Gleichung ist n der Brechungsindex von Wasser, f der Mitführungskoeffizient, $\omega$ die Kreisfrequenz der Rotation, und c die Lichtgeschwindigkeit.

b) Wenn $f = 1 - n^{-2}$, $n = 1{,}33$, $l = 20$ cm, $R = 20$ cm, und $\lambda = 5300$ Å, wie schnell muß dann die Drehscheibe rotieren, damit sich eine maximale Differenz der optischen Weglängen zu $0{,}2\ \lambda$ ergibt?

**2.4.** In einer modernen Version des Fizeau-Experimentes bildet ein Laser eine Seite einer Dreiecksanordnung von Spiegeln (Bild 2.13). Ein Glasplättchen (Dicke 1 cm, n = 1,5) wird in eine andere Seite des Dreiecks eingeschoben. Der Laserstrahl kann das Dreieck in beiden Richtungen umlaufen. Wenn das Glasplättchen festsitzt, ist die optische Weglänge in beiden Richtungen gleich groß. Nun soll sich aber das Glasplättchen mit einer Geschwindigkeit von 1 cm/s in die angezeigte Richtung bewegen. Berechnen Sie den Unterschied in den optischen Weglängen. Dieser Unterschied ist zwar minimal, führt aber zu einer Aufspaltung der Laserfrequenz, und kann daher, wenn Teile der gegenläufigen Strahlen richtig abgestimmt in einem Detektor vereint werden, in eine Schwebung im hörbaren Bereich umgewandelt werden.

*Anmerkung:* Ein bedeutender Unterschied zum Fizeau-Experiment ist hier dadurch gegeben, daß die Grenzen des Mediums ihre Lage verändern, während das Licht hindurchläuft. Berücksichtigen Sie das in Ihrer Rechnung.

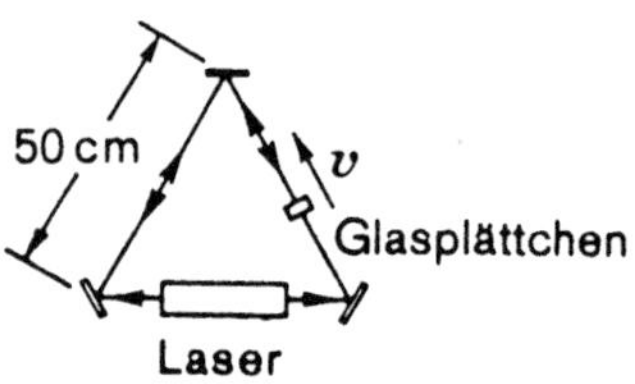


Bild 2.13

**2.5.** Im Text haben wir erwähnt, wie *Roemer* die Lichtgeschwindigkeit aus den scheinbaren Variationen der Zeitintervalle zwischen Bedeckungen der Jupitermonde bestimmte. Bei einer quantitativen Analyse dieses Effektes seien die Punkte P und Q die Punkte auf der Erdbahn, von denen zwei aufeinanderfolgende Bedeckungen der Jupitermonde beobachtet wurden (Bild 2.14).

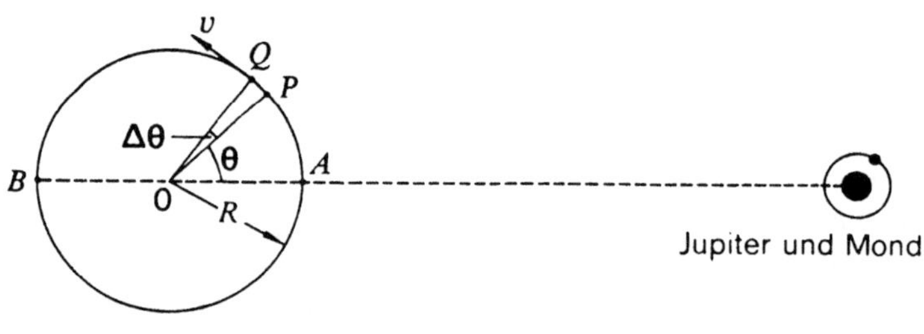


Bild 2.14

a) Beweisen Sie, daß mit einem wahren Zeitintervall $\tau$ (gleich der Umlaufszeit eines Mondes) zwischen den Bedeckungen, das beobachtete Zeitintervall sich zu $\tau + \Delta\tau$ ergibt; es gilt $\Delta\tau \approx R\, \Delta\Theta \sin\Theta/c$ und $\Delta\Theta \approx v\tau/R$. Daraus können sie ableiten, daß die aufsummierte Zeitverschiebung während der Bewegung der Erde von A nach B gleich 2 R/c ist (die Eigenbewegung des Jupiters können Sie vernachlässigen).

b) Die Umlaufszeit des zweiten Jupitermondes, Europa, beträgt 3,55 Tage. Wie hoch beläuft sich die maximale Differenz zwischen dieser echten und der von der Erde aus beobachteten Zeitdifferenz zwischen zwei aufeinanderfolgenden Bedeckungen? Berechnen Sie auch die aufsummierte Zeitverschiebung zwischen den Bahnpunkten A und B. (Bahngeschwindigkeit der Erde = 30 km/s; Bahnradius = $1{,}49 \cdot 10^8$ km.)

**2.6.** Eine Seite eines Michelson-Interferometers sei eine geschlossene Röhre der Länge 0,2 m mit transparenten Endstücken, durch die das Licht ungehindert durchfällt. Mit einer Wellenlänge von $5{,}9 \cdot 10^{-7}$ m ergibt sich ein bestimmtes Interferenzmuster. Die Röhre wird nun evakuiert. Um wieviel Interferenzstreifen wird sich das Interferenzmuster verschieben? Die Lichtgeschwindigkeit in Luft beträgt $(1-2{,}9 \cdot 10^{-4})$c.

**2.7.** Beim Michelson-Morley-Versuch des Jahres 1887 betrug die Länge einer Interferometerseite 11 m. Eine Natriumdampflampe lieferte Licht der Wellenlänge $5{,}9 \cdot 10^{-7}$ m. Dieser Versuch eignet sich zum Nachweis jeder Interferenzmusterverschiebung, die größer als 0,005 Interferenzstreifen ist. Wie groß darf dann nur die Geschwindigkeit der Erde bezüglich des hypothetischen Äthers sein?

**2.8.** Die Ätherwindtheorie des Michelson-Morley-Versuches wird im Text für den speziellen Fall untersucht, bei dem die Seiten des Interferometers parallel beziehungsweise in rechtem Winkel zur Windrichtung liegen. Betrachten Sie den allgemeinen Fall einer Anordnung im Winkel Θ wie im Bild 2.15 gezeigt wird. Beweisen Sie, daß bei gleichen Seitenlängen $l$ die Zeitdifferenz für die beiden Wege in guter Näherung durch

$$\Delta t(\Theta) = \frac{v^2 l}{c^3} \cos 2\Theta$$

gegeben ist.

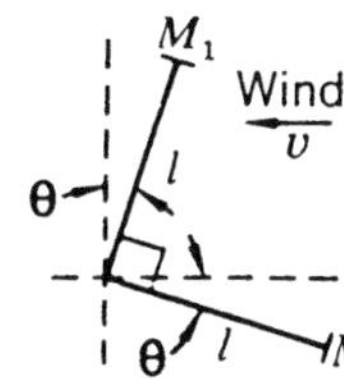


Bild 2.15

**2.9.** Ein Michelson-Interferometer für Schallwellen wird aus einem Lautsprecher als Quelle, einem Mikrophon als Detektor, einem dünnen Blatt Papier zur Aufspaltung des Schallstrahls, und zwei Holzplatten als Spiegel zusammengesetzt (Bild 2.16). Die Seiten des Interferometers haben die gleiche Länge $l$, und der ganze Apparat kann in Drehung versetzt werden. Ein in Richtung und Geschwindigkeit konstanter Wind streicht am Apparat vorbei. Pro Sekunde wird ein sehr kurzer Schallimpuls erzeugt. Beantworten Sie die folgenden Fragen mit Hilfe des Resultates von Aufgabe 2.8.

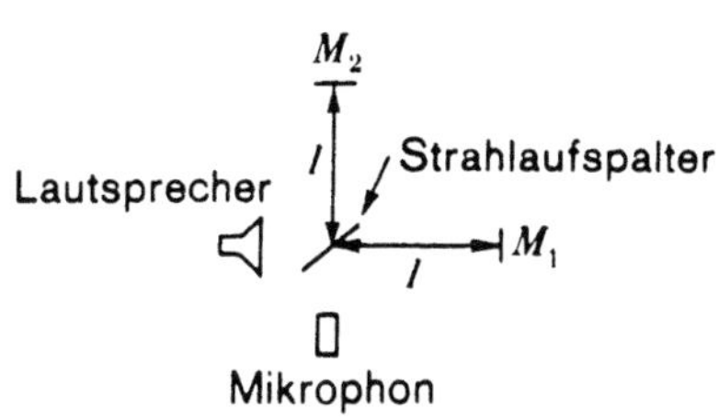


Bild 2.16

a) In den meisten Stellungen des Interferometers erhält man im Mikrophon zwei Töne in schneller Folge. Warum?

b) Bei bestimmten Stellungen des Interferometers ist das Intervall zwischen den beiden Echos maximal. Wie viele solche Stellungen gibt es in einer vollen Umdrehung des Interferometers? Welche Stellungen sind das, wenn man sich auf die Windrichtung bezieht?

c) Die Länge der Interferometerweiten sei 3 m, das maximale Zeitintervall zwischen den Echos sei $10^{-5}$ s: wie hoch ist die Windgeschwindigkeit? Die Schallwellen sollen in Bezug auf Luft eine konstante Geschwindigkeit – 300 m/s – haben.

## 3. Einstein und die Lorentz-Einstein-Transformationen

Im Herbst des Jahres 1905 veröffentlichte Einstein eine Arbeit, die die Relativitätstheorie von Poincaré mit einigen Erweiterungen diskutierte und die ziemliche Aufmerksamkeit erregte.

*E. T. Whittaker*
History of the Theories of Aether and Electricity (1953)

Dieses Zitat wurde wegen seiner eklatanten Unterschätzung der Verdienste Einsteins berühmt. Siehe Diskussion im Nachwort dieses Buches.

### 3.1. Einleitung: Die Kontraktionshypothese

Warum blieb das Michelson-Morley-Experiment ergebnislos? Mit dieser Frage beschäftigten sich einige der genialsten Physiker des 19. Jahrhunderts. Über die Tatsachen gab es keinen Zweifel. Sie wurden, wie wir in Kapitel 2 zeigten, durch eine Reihe optischer Beobachtungen gestützt und liefen alle auf das gleiche Ergebnis hinaus, daß die Natur uns anscheinend keinerlei Hinweise auf unsere Bewegung relativ zu einem angenommenen, grundlegenden Bezugssystem gibt. Das entsprach auch der Ansicht der meisten Physiker: Der Äther existierte, und daher gab es auch eine Bewegung relativ zu ihm, die aber offensichtlich durch verschiedene Effekte kompensiert wurde. Der berühmteste dieser kompensierenden Effekte wurde von dem Irländer *G. F. Fitzgerald* und, unabhängig von ihm, von dem Niederländer *H. A. Lorentz* im Jahre 1892 erdacht: Er sollte eine Erklärung des Michelson-Morley-Versuches ermöglichen, nämlich durch die Kontraktion eines Körpers in Richtung seiner Bewegung durch den Äther. Wenn der Kontraktionsfaktor $(1 - v^2/c^2)^{1/2}$ beträgt, dann ergibt sich klarerweise keine Verschiebung der Interferenzstreifen. Das erkennt man auch fast auf einen Blick, wenn man sich die Anordnung vorstellt (siehe Kapitel 2), bei der die Seiten des Michelson-Interferometers parallel bzw. in rechtem Winkel zur Erdbewegung stehen. Die Zeiten, die das Licht jeweils auf den beiden möglichen Wegen unterwegs ist, wurden schon aus den Gleichungen 2.9 und 2.10 abgeleitet:

$$t_1 = \frac{\dfrac{2l_1}{c}}{1 - \dfrac{v^2}{c^2}} \qquad t_2 = \frac{\dfrac{2l_2}{c}}{\left(1 - \dfrac{v^2}{c^2}\right)^{\frac{1}{2}}} \tag{3.1}$$

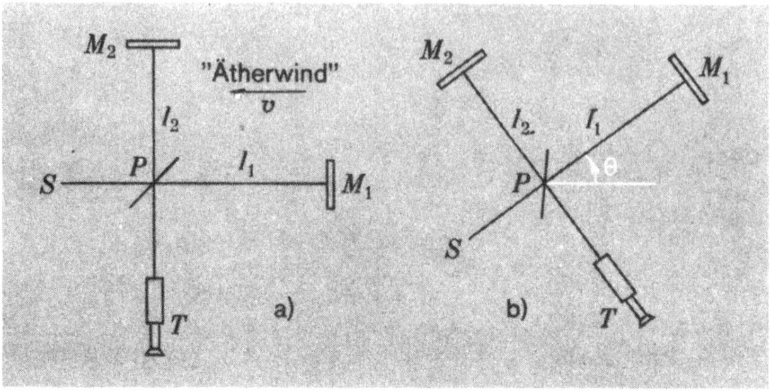


**Bild 3.1**

a) Michelson-Morley-Apparat, Dessen eine Seite parallel zur Richtung des hypothetischen „Ätherwindes" ist.

b) Der gleiche Apparat, jedoch in beliebiger Orientierung.

Ein Stab mit der ursprünglichen Länge $l_0$ behalte diese Länge bei, wenn er sich in rechtem Winkel zu seiner Erstreckung bewegt, und werde auf $l_0\,(1 - v^2/c^2)^{1/2}$ verkürzt, wenn er sich parallel zu seiner Länge bewegt. In Bild 3.1a erhalten wir dann

$$l_1 = l_{10}\left(1 - \frac{v^2}{c^2}\right)^{\frac{1}{2}} \qquad l_2 = l_{20}$$

Daraus ergibt sich

$$t_1 = \frac{\dfrac{2\,l_{10}}{c}}{\left(1 - \dfrac{v^2}{c^2}\right)^{\frac{1}{2}}} \qquad t_2 = \frac{\dfrac{2\,l_{20}}{c}}{\left(1 - \dfrac{v^2}{c^2}\right)^{\frac{1}{2}}}$$

und

$$t_1 - t_2 = \frac{\dfrac{2\,(l_{10} - l_{20})}{c}}{\left(1 - \dfrac{v^2}{c^2}\right)^{\frac{1}{2}}} \tag{3.2}$$

Wenn die beiden Interferometerarme durch eine 90°-Drehung ihre Rollen tauschen, dann hat diese Zeitdifferenz natürlich immer noch den gleichen Wert. Diese beiden Lagen sind nun offensichtlich ausgesuchte Fälle, aber weitere Berechnungen zeigen, daß die Zeitdifferenz weiterhin richtig mit Gl. (3.2) erhalten wird, wenn man berücksichtigt, daß die zu v parallele Komponente in der Länge kontrahiert wird, die zu v in rechtem Winkel stehende Komponente jedoch unverändert bleibt. Die Beziehung zwischen $l_1$ und ursprünglicher Länge $l_{10}$ für den Arm 1 lautet daher folgendermaßen:

$$l_{10}^2 = (l_1 \sin\Theta)^2 + \frac{(l_1 \cos\Theta)^2}{\left(1 - \frac{v^2}{c^2}\right)} \tag{3.3}$$

Überzeugen Sie sich selbst, daß diese Bedingung und die analoge für Arm 2 für einen beliebigen Winkel Θ die Gl. (3.2) ergeben.

## 3.2. Einsteins Neuformulierung der Relativitätstheorie

Durch geniale Überlegungen, letztlich aber Überlegungen ad hoc, faßte *Einstein* diese Tatsachen zu einem Ganzen von zwingender Logik zusammen. Er ließ sich nicht von vorgefaßten Ansichten zu falschen Schlüssen verleiten. Er baute seine Gedankengänge auf einem Minimum an Daten auf und kam so zu einer grundlegenden Revision der Ideen. In einem Fachgebiet mit bedeutenden Wissenschaftlern bedeutete das eine erstaunliche Leistung. Zu Beginn seiner grundlegenden Arbeit, mit der er die Relativitätstheorie schuf[1]), bemerkt *Einstein,* daß ja auch bei solchen Phänomenen, wie etwa der Wechselwirkung zwischen einem Magnet und einem Leiter, nur die relative Bewegung und nicht die absolute Bewegung des einen oder des anderen von Bedeutung sei. Er fährt dann fort:

> Beispiele dieser Art, und die erfolglosen Versuche, eine Bewegung der Erde relativ zum „Lichtmedium" nachzuweisen, lassen vermuten, daß es bei elektrodynamischen wie auch mechanischen Phänomenen keinerlei Eigenschaften gibt, die die Vorstellung der absoluten Ruhelage rechtfertigen könnten. Sie beweisen eher, daß ... für alle Bezugssysteme, für die die Gesetze der Mechanik gelten, die gleichen elektrodynamischen und optischen Gesetze gelten müssen. Wir wollen nun weiter gehen und diese Annahme ... als Postulat auffassen, und noch ein zweites Postulat einführen, das nur scheinbar mit dem ersten unvereinbar ist, daß nämlich das Licht sich überall im leeren Raum mit der endlichen Geschwindigkeit c ausbreitet, und daß diese nicht von der Bewegung der Lichtquelle abhängt.

---

[1]) *A. Einstein,* Ann. Phys. **17**, 891 (1905).

Mit diesen Worten verkündete *Einstein* die Universalität von c und die Gleichberechtigung aller Inertialsysteme in allen Fällen. In der Geschichte der Entwicklung der physikalischen Theorien und Ideen war das ein großes Ereignis. Der Wiener Kosmologe *Hermann Bondi* hatte dazu einiges Interessantes zu bemerken[2]):

> Aus den Ideen, die den Newtonschen Prinzipien zugrundeliegen, folgt, daß diese elementare Größe, die Geschwindigkeit des Lichtes, in keiner Weise durch das Inertialsystem beeinflußt werden darf, aus dem sie beobachtet wird. Die Bestätigung, daß das der Fall ist . . . ist als spezielle Relativitätstheorie bekannt . . . In gewisser Weise ist also die Relativitätstheorie äußerst konservativ; die Prinzipien, die als für die Dynamik geltend erkannt wurden, sollen für die gesamte Physik gelten. Die spezielle Relativitätstheorie ist eine notwendige Folgerung aus dem unentbehrlichen Prinzip der Einheitlichkeit der Physik – es wäre ja unlogisch anzunehmen, alle Inertialsysteme seien vom Standpunkt der Mechanik gleichberechtigt, und trotzdem durch optische Messungen unterscheidbar. Es erscheint uns heute unglaublich, daß eine solche Diskriminierung im 19. Jahrhundert nicht nur möglich war, sondern sogar als gegeben angenommen wurde. Aber zu dieser Zeit war es sicher nicht leicht zu erkennen, was sich als wichtiger herausstellen würde – die Universalität des Newtonschen Relativitätsprinzips oder die Absolutheit der Zeit.

Dieser letzte Satz *Bondis* führt uns unmittelbar zum Kern der Gedankengänge *Einsteins.* Der Haken des ganzen Problems lag in der Natur der Zeit. Erst durch die Einsicht *Einsteins* erkannte man, daß eine Analyse darauf basieren müsse. Ebenso bedeutungsvoll ist aber auch *Einsteins* Ansicht, daß alle beobachtbaren physikalischen Phänomene allein von *Relativ*bewegungen bestimmt würden. Bevor wir jedoch das Entstehen der speziellen Relativitätstheorie selbst beschreiben, müssen wir noch einiges über das Relativitätsprinzip im allgemeinen sagen, und auch das Newtonsche Relativitätsschema, das, wie *Bondi* zeigt, sehr viel mit Einsteins neuer Mechanik gemeinsam hat, ein wenig beschreiben.

## 3.3. Die Relativität bei Galilei und Newton

Was verstehen wir unter einem Relativitätsprinzip? Es ist eine Aussage über die Naturgesetze, die durch Beobachtungen in den verschiedenen Bezugssystemen abgeleitet werden. Diese Aussage ist explizit und basiert auf der Erfahrungstatsache, daß es Gruppen von Bezugssystemen gibt, für die die Gesetze der Physik in stets genau gleicher Form gelten. Beobachter, die in diesen Systemen an sich verschiedene Messungen ausführen, gelangen dennoch zu den gleichen Ergebnissen über Kraftgesetze usw. Ein Relativitätsprinzip entspricht, anders ausgedrückt, der

---

2) *H. Bondi,* Endeavour, **20,** 121 (1961).

Feststellung, daß es in der Natur keine Bevorzugung gibt. Eine ganze Gruppe von Bezugssystemen ist bezüglich des Naturgesetzes gleichberechtigt. *Bondi* beschrieb das fast genau so in einem Artikel, in dem er die Relativitätstheorie diskutiert[1]):

> Ziel jeder physikalischen Theorie muß es sein, in möglichst prägnanter Weise eine Vielzahl verschiedener Phänomene zu beschreiben. In vielen Fällen wird es dann nötig, im Rahmen der Theorie auch eine Anleitung zu geben, wie diese Theorie auf verschieden schnell bewegte Systeme anzuwenden ist. Eine derartige Anleitung, eigentlich ein Übersetzungscode, ist üblicherweise als mathematisches System von Transformationsgesetzen dargestellt.
>
> Es liegt in der Natur der Transformationsgesetze, daß die meisten Größen verändert werden, einige jedoch unverändert bleiben. Diese letzteren heißen Transformationsinvarianten und bestimmen die Natur der jeweiligen Transformation. Die physikalische Definition dieser Invarianten nennt man Relativitätsprinzip; die grundlegenden Gleichungen einer Theorie beschreiben meistens das auf sie anwendbare Relativitätsprinzip.

In diesem Sinn ist die Relativität bereits in der Newtonschen Mechanik enthalten, die Inertialsystemen eine besondere Bedeutung zuschreibt – d.h., Bezugssystemen (die durch irgend eine konstante Geschwindigkeit miteinander verbunden sind), in denen Galileis Trägheitsgesetze gelten.

*Galilei* verdanken wir die erste eingehende Untersuchung dieser Probleme. In seinem berühmten Werk, in dem er dem kopernikanischen Bild des Sonnensystems dem ptolemäischen gegenüber den Vorzug gibt, führt er aus, daß das vertikale Fallen eines Körpers keineswegs eine stationäre Erde bedingt[2]). Als Analogon hierfür verwendete er das Beispiel eines Steines, der von der Mastspitze eines Schiffes fallen gelassen wird. Ob das Schiff nun in Ruhe ist oder sich mit einer konstanten Geschwindigkeit bewegt, der Stein wird immer einen Punkt unmittelbar am Fuß des Mastes treffen. Ein Beobachter kann also aus dem Aufschlagpunkt keinerlei Schlüsse auf die Bewegung des Schiffes ziehen. Der Weg eines fallenden Steines ist – im gleichen Bezugssystem beobachtet – immer eine Gerade, egal ob das System relativ zur Erde in Ruhe oder in konstanter Bewegung ist. So ausgedrückt ist dieses Ergebnis die Verkörperung eines Relativitätsprinzipes, da es die Aussage enthält, daß ein bestimmtes Naturgesetz, z.B. das Gesetz des freien Falls, für alle sich nur durch eine konstante horizontale Geschwindigkeit unterscheidenden Bezugssysteme gleichermaßen gilt.

Wenn wir ein und dasselbe fallende Objekt aus zwei verschiedenen Bezugssystemen beobachten, so führt uns das zu Ergebnissen, die mit den obigen in enger Beziehung stehen. Ein Stein wird wieder von der Mastspitze eines in Fahrt befindlichen Schiffes fallen gelassen. Was beobachtet man dabei vom Land aus, und was

---

1) *H. Bondi*, Rept. Progr. Phys., **22**, 97–120 (1959).

2) *Galilei*, Dialogue Concerning the Two Chief World Systems – Ptolemaic and Copernican (Dialog über die zwei hauptsächlichen Weltsysteme – das ptolemäische und das kopernikanische Weltbild), übersetzt von *Stillman Drake*, Univ. California Press, Berkeley 1953.

auf dem Schiff? In letzterem Falle ist der Fallweg eine Gerade, in ersterem eine Parabel. Analysieren wir nun diese Bewegungen nach der Newtonschen Mechanik, so entdecken wir, daß sie, obwohl verschieden, zu identischen Schlüssen über die Größe der Beschleunigung und daher über die Kraft, die die Bewegungen verursacht, führen.

Die Beziehungen zwischen der Messung einer gegebenen Bewegung in einem, und der in einem anderen Bezugssystem, werden durch ein System von Transformationsgleichungen ausgedrückt. In der Newtonschen Mechanik sind die betreffenden Gleichungen nach *Galilei* benannt, weil er als erster das Trägheitsprinzip erkannte. Diese Gleichungen setzen die Messungen von Lage, Zeit, Geschwindigkeit, und Beschleunigung in einem Inertialsystem S in Beziehung zu den entsprechenden Messungen in einem zweiten System S′, das relativ zu S eine konstante Geschwindigkeit in der x-Richtung hat:

$$\left.\begin{aligned} x' &= x - vt \ (\text{und } x = x' + vt) \\ y' &= y \\ z' &= z \\ t' &= t \\ u'_x &= u_x - v \ (\text{und } u_x = u'_x + v) \\ a'_x &= a_x \end{aligned}\right\} \quad \text{Galilei-Transformation} \qquad (3.4)$$

Jeder Schüler Newtons hätte natürlich die ersten drei Gleichungen zur Definition einer Beziehung zwischen zwei relativ zueinander bewegten Inertialsystem als hinreichend angesehen. Man hätte es für unnötig gehalten, die Beziehung $t' = t$ anzugeben, da der Begriff der absoluten Zeit das eigentliche Fundament der Newtonschen Mechanik war. „Die absolute, wahre und mathematische Zeit an sich verfließt aus ihrer Natur heraus gleichmäßig und ohne irgend eine Beziehung zur Umgebung“ [1]). Mit dieser universellen Zeit, und den ersten drei Gleichungen in (3.4) ist die Beziehung zwischen der Zeitmetrik in verschiedenen Inertialsystemen vollkommen definiert, und die Beschleunigung ist in allen diesen Bezugssystemen *gleich groß. In der Newtonschen Mechanik ist die Beschleunigung eine Invariante.*

Wir werden hier noch ein wenig weiter gehen und untersuchen, ob und wie sich die Form eines bestimmten physikalischen Gesetzes durch die Transformation auf ein anderes Bezugssystem ändert, danach werden wir Einsteins Ideen eingehender untersuchen können.

---

1) *Newton*, Principia, Buch I, Schollium (Nach den Definitionen).

## 3.4. Die Transformation des Newtonschen Bewegungsgesetzes

Die Hauptaussage der Newtonschen Mechanik ist F = ma. Was verstehen wir nun unter einer Transformation dieses Gesetzes? Solange nicht ein explizites Kraftgesetz gegeben ist, ist F = ma lediglich eine Definition von F. Wir wollen uns also mit der Kraft beschäftigen, die durch die Wechselwirkung zweier Körper entsteht. Diese Kraft sei eine Funktion nur der gegenseitigen Entfernung und unabhängig von den Geschwindigkeiten oder Beschleunigungen der Körper. Wir können dann setzen

$$F_{12} = f(x_2 - x_1) \tag{3.5}$$

Das ist die Kraft, die von dem ersten Körper auf den zweiten ausgeübt wird. Die Bewegungsgleichung des Körpers 2 bezüglich des Inertialsystems S lautet daher

$$f(x_2 - x_1) = m_2 a_2 \tag{3.6}$$

Mit Hilfe der Galilei-Transformation (Gl. (3.4)) kann man die Gl. (3.6) so umformen, daß sie nur mehr Größen enthält, die sich auf S' beziehen. Der transformierte Ausdruck für die Kraft ist dann

$$F_{12}' = f(x_2' - x_1')$$

Es ist aber auch

$$x_2' - x_1' = (x_2 - vt) - (x_1 - vt) = x_2 - x_1$$

Daher ergibt sich

$$F_{12}' = f(x_2 - x_1) = F_{12}$$

Mit der rechten Seite der Gl. (3.6) führt uns die Galilei-Transformation zu a = a'; die träge Masse m ist in der Newtonschen Mechanik eine Konstante: $m_2 = m_2'$. Wir können daher setzen

$$F_{12}' = f(x_2' - x_1') = m_2' a_2' \tag{3.7}$$

Dieses zugestandenermaßen sehr einfache Beispiel zeigt uns, daß das Newtonsche Bewegungsgesetz durch die Galilei-Transformation nicht verändert wird. Das gilt genauso für ein komplizierteres Kraftgesetz, solange dieses sich nur auf die *relative* Lage und die Geschwindigkeit der beiden in Wechselwirkung stehenden Teilchen stützt. Diese Eigenschaft der Unveränderlichkeit nennen wir *Invarianz*. Hängt die Kraft jedoch von *absoluten* Lagen und Geschwindigkeiten ab – wenn sie z.B. einen Term wie $x_2^2 - x_1^2$ enthält, dann wird die Bewegungsgleichung nicht mehr in allen Inertialsystemen die gleiche Form haben. In unserer Erfahrungswelt gibt es eine derartige Situation aber nicht, durch die die Gesetze der Physik in unserem Labor anders aussehen könnten als in einem Zug oder einem Flugzeug mit konstanter

Geschwindigkeit. Stellen Sie sich zum Beispiel den Zusammenstoß zweier Billiardkugeln vor – wobei dieses einfache Phänomen von verschiedenen Inertialsystemen aus beobachtet werden soll. Jeder Beobachter wird diesen Zusammenstoß aus seiner eigenen Perspektive analysieren, und Größen wie Lage, Geschwindigkeit usw., mit Bezug auf sein eigenes System messen. Ein solcher Satz von Werten wird generell mit denen anderer Bezugssysteme nicht übereinstimmen, die aus den Messungen abgeleiteten dynamischen Gesetze für den Zusammenstoß jedoch zeigen in allen Systemen die gleiche Form. Wären die physikalischen Gesetze nicht für alle Beobachter identisch, so wäre das ein Hinweis auf die Einzigartigkeit bestimmter Bezugssysteme, und es wären dann nicht alle Inertialsysteme gleichberechtigt.

In der Optik des 19. Jahrhunderts nahm man an, daß der Äther als Träger des Lichts ein grundlegendes und bevorzugtes Bezugssystem definiert, und daß dieses System tatsächlich existiert; zu welchen Schwierigkeiten und Widersrüchen diese Annahme führte, haben wir im vorigen Kapitel gesehen. Es gibt keine positiven Beweise für die Existenz eines solchen Bezugssystems; unsere gesamte physikalische Erfahrung ist hingegen bestens vereinbar mit der Gleichberechtigung aller Inertialsysteme. Wie wir in Kapitel 1 sahen, werden die Voraussagen der Newtonschen Mechanik durch die Erfahrung aber nicht bestätigt, sobald es sich um genügend hohe Geschwindigkeiten handelt. Was stimmt nun nicht – oder positiv ausgedrückt – mit welchem Schema könnte man alle Erfahrungstatsachen aufeinander abstimmen? Es zeigte sich, daß man die Lösung folgendermaßen formulieren kann:

**Alle Inertialsysteme sind tatsächlich unter allen Bedingungen gleichberechtigt, doch müssen die Bewegungs- und Transformationsgesetze modifiziert werden.**

Wir werden im folgenden (wie es auch *Einstein* tat) die Galilei-Transformationen durch einen Satz neuer Transformationen – die Lorentz-Einstein-Transformationen – ersetzen, die es uns ermöglichen, das Newtonsche Relativitätsprinzip beizubehalten und trotzdem die Abweichungen vom Newtonschen Verhalten zu berücksichtigen. Wir wollen Einsteins Grundgedanken und Ideen zuerst nochmals zusammenfassen.

## 3.5. Einstein und die Universalität der Lichtgeschwindigkeit c

Die neue Idee, von der *Einstein* ausging, war zwar sehr tiefgreifend, aber sie war höchst einfach zu verstehen. *Einstein* zeigte, daß bislang die Analyse von Bewegungen auf einer Abstraktion beruht hatte – auf der Existenz einer universellen, absoluten Zeit. Er stellte fest, daß dies unhaltbar sei, und daß es ein grundlegendes Prinzip sein müsse, daß „die einzige Rechtfertigung eines physikalischen Begriffes in seinen klaren und eindeutigen Beziehungen zu beobachtbaren Fakten liege“ [1]).

---

[1]) Zitat aus einer Vorlesung *Einsteins* 1921 (abgedruckt in seinen Ideen und Ansichten).

Über die Zeit mag man zwar metaphysische Vorstellungen haben – was aber die Messung der Zeit betrifft, muß man sich auf Beobachtungen mit gewöhnlichen physischen Vorrichtungen – nämlich Uhren – beschränken. Einige Beispiele für Methoden der Zeitmessung:

eine mechanische Uhr mit Feder, Unruh und Zahnrädern,
die Rotation der Erde,
ein Strahl von Ammoniakmolekülen in einem Maser,
ein Quarzkristall,
bestimmte radiaktive Partikel,
der menschliche Puls.

Wenn wir die Bewegung eines Körpers quantitativ beschreiben wollen, so müssen wir seine Koordinaten als Funktion der Zeit angeben können. Was bedeutet das? Wieder zitieren wir aus *Einsteins* Arbeit von 1905, wo es besser beschrieben wird, als man es mit irgendwelchen Umschreibungen könnte:

Wir müssen immer in Betracht ziehen, daß alle Feststellungen, bei denen die Zeit eine Rolle spielt, der Feststellung der Gleichzeitigkeit gewisser Ereignisse entsprechen. Wenn ich z.B. sage. „der Zug kommt um 7 Uhr an", dann meine ich eigentlich damit: „Die 7 Uhr-Stellung des kleinen Zeigers meiner Uhr und die Ankunft des Zuges sind gleichzeitige Ereignisse".

Das ist ganz klar, beinahe trivial. Im weiteren zeigt *Einstein*, daß erst dann ein Problem daraus wird, wenn wir, wie bei der Beschreibung der Bewegung eines Körpers, eine zeitliche Beziehung zwischen Ereignissen an verschiedenen Orten herstellen wollen. Wir wollen zum Beispiel die Geschwindigkeit eines Körpers bestimmen und stellen seine Lage $\mathbf{r}_1$ zur Zeit $t_1$ und seine Lage $\mathbf{r}_2$ zur Zeit $t_2$ fest. Dann ist

$$\mathbf{v} = \frac{\mathbf{r}_2 - \mathbf{r}_1}{t_2 - t_1}$$

Nach *Einsteins* Analyse heißt das, daß wir gleichzeitig mit der Ankunft des Körpers in $\mathbf{r}_1$ die Zeitablesung $t_1$, und gleichzeitig mit der Ankunft des Körpers in $\mathbf{r}_2$ die zweite Zeitablesung $t_2$ vornehmen müssen. Welche Methode der Zeitmessung wir auch immer verwenden, unsere Beobachtungsdaten sind sinnlos, solange wir nicht definieren können, was unter Gleichzeitigkeit für zwei verschiedenen Orte gemeint ist. Dabei gäbe es keinerlei Probleme, wenn man eine Information mit unendlicher Geschwindigkeit übertragen könnte – aber eben das ist unmöglich. Stattdessen verwenden wir zur Übertragung einer Information elektromagnetische Signale die sich im Vakuum mit sehr hoher, aber endlicher Geschwindigkeit ausbreiten, und versuchen so, die Zeitmessungen an verschiedenen Orten in eine Beziehung zu einander zu setzen. So etwa argumentierte *Einstein* und überlegte weiter:

Nehmen wir an, wir haben an zwei verschiedenen Stellen, A und B, unsere Beobachter stationiert. Die Uhr in A kann das Zeitintervall zwischen Ereignissen in der unmittelbaren Umgebung von A messen. Die Uhr in B kann analog das

Zeitintervall zwischen Ereignissen in unmittelbarer Umgebung von B messen. Wir haben also eine „A-Zeit" und eine „B-Zeit". Um nun eine Zeit einführen zu können, die für A und B *gleichermaßen* gilt, *definieren* wir, daß *die Zeit, die ein Lichtsignal von* A *bis* B *braucht, gleich der Zeit ist, die ein Lichtsignal von* B *bis* A *braucht.* Wird also ein Lichtsignal zur Zeit $t = 0$ von A ausgesendet, durch einen Spiegel in B reflektiert und kommt es in A zur Zeit $t = t_0$ zurück, so ist die Zeit, zu der das Lichtsignal B erreicht, als $t_0/2$ *definiert.* Das ist also ein spezielles Schema zur Synchronisierung von Uhren, die sich an verschiedenen Orten befinden.

Diese Definition der Beziehung zwischen Zeitmessungen an verschiedenen Orten wird gestützt durch die wiederum per definitionem gegebene Tatsache, daß die Lichtgeschwindigkeit im Vakuum unter allen Bedingungen den gleichen Wert haben muß. *Einstein* baute diese Aussage in der ursprünglichen Formulierung der speziellen Relativitätstheorie ein. Seine Theorie begründet sich tatsächlich nur auf die beiden folgenden Postulate:

Postulat 1: **Alle Inertialsysteme sind bezüglich aller Gesetze der Physik gleichberechtigt.**

Postulat 2: **Die Lichtgeschwindigkeit im leeren Raum hat immer und überall den konstanten Wert c.**

Es ist bemerkenswert, daß die gesamte neue Dynamik auf diesen zwei kurzen Aussagen aufgebaut werden kann. Nur ein überragender Geist konnte diese Möglichkeit erkennen.

## 3.6. Das zweite Postulat und Beweise aus Beobachtungsmaterial

*Einsteins* zweites Postulat der Universalität und Konstanz der Lichtgeschwindigkeit c war eine bedeutende Neuerung. Seine Formulierung ließ scheinbar eine unabhängige experimentelle Prüfung unmöglich erscheinen. Man hat jedoch festgestellt, daß dieses wesentliche Charakteristikum der speziellen Relativität doch durch Beobachtungen untermauert und bewiesen werden kann (ein Großteil dieser Beobachtungsdaten standen jedoch erst lange nach der Entwicklung der Relativitätstheorie zur Verfügung) [1]. Wir wollen dies anhand einiger besonderer Experimente zeigen.

### 3.6.1. Das Michelson-Morley-Experiment

In diesem Versuch waren die Interferometerarme von gleicher Länge. Bei einer 360°-Drehung ergab sich keine Verschiebung der Interferenzstreifen – eine volle Drehung braucht nur einige Minuten, in dieser kurzen Zeit hat sich also die

[1]) *H. P. Robertson* diskutierte dies in einem Artikel in einer Sonderausgabe der Reviews of Modern Physics, mit der *Einsteins* 70. Geburtstag gefeiert wurde [Rev. Mod. Phys., 21, 378 (1949)].

Bewegung des Labors kaum geändert. Daß dieses Experiment ergebnislos blieb, ist in Konsistenz mit der Aussage, daß die Lichtgeschwindigkeit relativ zu einem Bezugssystem, das sich mit beliebiger (unbekannter) Geschwindigkeit durch den Raum bewegt, in allen Richtungen den gleichen Wert haben muß.

### 3.6.2. Das Kennedy-Thorndike-Experiment[1])

Im Jahre 1923 führten *R. J. Kennedy* und *E. M. Thorndike* ein Experiment durch, das dem Michelson-Morley-Experiment sehr ähnlich war, sich von ihm aber in zwei wesentlichen Punkten unterschied. Zum ersten waren die Arme des Interferometers verschieden lang. Der Unterschied betrug etwa 16 cm, das entsprach einem Wert durch den man deutliche Interferenzstreifen erhalten konnte. Zum zweiten war die Lage des Apparates im Labor fixiert, und die Interferenzstreifen wurden mehrere Monate lang beobachtet, was größte Anforderungen an die mechanische Stabilität und Konstanz der Apparate stellte. Man fand keinerlei Interferenzmusterverschiebungen die sich auf die tägliche oder jahreszeitliche Änderung in der Bewegung des Labors hätten zurückführen lassen. Analog zu der obigen Interpretation des Michelson-Morley-Experiments kann die Ergebnislosigkeit des Kennedy-Thorndike-Experimentes als Beweis dafür aufgefaßt werden, daß die Zeit, die das Licht für die Extrastrecke $2\,|l_2 - l_1|$ des längeren Interferometerarmes benötigt, in allen Bezugssystemen gleich ist, auch wenn diese sich verschieden schnell bewegen. (Nur ganz nebenbei sei gesagt, daß die Kontraktionshypothese zwar zu Erklärung des Michelson-Morley-Versuchs herangezogen werden kann, das Kennedy-Thorndike-Experiment damit jedoch keineswegs erklärt wird. Nach Gl. (3.2), die eine Lorentz-Fitzgerald-Kontraktion verkörpert, wird sich die mit der Ätherwindhypothese berechnete Zeitdifferenz immer noch mit der Geschwindigkeit ändern, außer in dem Sonderfall, wo $l_{10} = l_{20}$. Das allein bedeutet, daß wir unsere Zeit- und Streckenmessung modifizieren müssen.)

### 3.6.3. Licht von einer bewegten Quelle

Ein wesentliches Merkmal des zweiten Postulates *Einsteins* ist, daß die Geschwindigkeit, mit der sich ein Lichtsignal von einer Quelle entfernt, vollkommen unabhängig von der Geschwindigkeit der Quelle selbst ist. In unserer ersten Diskussion des Michelson-Morley-Versuches (Kapitel 2) stellten wir fest, daß dies tatsächlich der Fall sei. Lange Zeit glaubte man einen Beweis dafür in optischen Beobachtungen naher Doppelsterne zu finden. Die zwei Partner eines solchen binären Systems haben große Relativgeschwindigkeiten, und immer wenn der eine Stern eine Bewegungskomponente in Richtung Erde aufweist, bewegt sich der andere von der Erde fort. Man überlegte nun: Übertragen sich diese Geschwindigkeiten auf

[1]) *R. J. Kennedy* und *E. M. Thorndike*, Phys. Rev., **42**, 400 (1932).

das emittierte Licht, würde die *scheinbare* Bewegung der Sterne nicht mehr den den Gravitationsgesetzen entsprechenden Newtonschen Bahnen folgen. Solche Abweichungen wurden jedoch nicht beobachtet. In neuerer Zeit tauchte aber das Argument auf, daß die Lichtgeschwindigkeit im interstellaren Raum sowieso keinesfalls von der Bewegung der primären Quelle beeinflußt werden könnte, da ja diese Doppelsterne von einer Gaswolke umgeben seien, die das von den beiden Sternen emittierte Licht zuerst absorbiere und dann wieder aussende [1]). In der Folge wurden jedoch auch auf der Erde Versuche mit sehr schnell bewegten Lichtquellen ausgeführt, die in überzeugendster Weise *Einsteins* zweites Postulat in dieser Hinsicht bestätigen. In einem solchen Experiment, das nicht mit sichtbarem Licht, sondern mit hochenergetischen Photonen durchgeführt wurde, bestand die Quelle aus instabilen Partikeln (den neutralen $\pi$-Mesonen) die sich mit 99,975 % der Lichtgeschwindigkeit bewegen. Die Geschwindigkeit der in Bewegungsrichtung emittierten Photonen betrug relativ zur Bewegung der Quelle $(2{,}9977 \pm 0{,}0004) \cdot 10^8$ m/s. [2]) Ein Blick auf Tabelle 1.2 zeigt, daß das mit den besten, für stationäre Quellen bestimmten Werten außerordentlich gut übereinstimmt. In den Kapiteln 5 und 6 werden wir die Strahlung bewegter Quellen in Zusammenhang mit dem relativistischen Additionstheorem der Geschwindigkeiten und den entsprechenden Phänomenen ausführlicher diskutieren.

## 3.7. Die Relativität der Gleichzeitigkeit

Aus *Einsteins* Vorschrift für die Synchronisation von Uhren folgt direkt, daß die Gleichzeitigkeit eine relative und nicht eine absolute Eigenschaft ist. Mit dieser Folgerung wollen wir uns nun noch etwas näher beschäftigen.

Drei Beobachtungsstationen A, B und C befinden sich z.B. in gleichen Abständen auf der x-Achse des Inertialsystems S, in dem sie ruhen. Wir können dann ein einfaches x-t-Koordinatensystem aufstellen, in das wir die „Weltlinien" (um sich der üblichen Terminologie zu bedienen) einzeichnen, die die Entwicklung des Systems in bezug auf Zeit und Raum darstellen (Bild 3.2 a). Die Weltlinie eines beliebigen Teilchens ist ganz einfach die graphische Darstellung seiner Lage als Funktion der Zeit; die Weltlinie gibt also ein Gesamtbild der Geschichte eines Teilchens in Bezug auf ein bestimmtes System. In unserem Beispiel sind die Weltlinien von A, B und C natürlich nur t-Achse parallele Gerade, da $x = \text{const.}$ Zur Zeit $t = 0$ werde ein Licht- oder Radiosignal von B ausgesandt. Es bewegt sich auf der x-Achse in beide Richtungen mit der gleichen Geschwindigkeit – was ja durch die Universalität von c bedingt ist. Dieses Signal wird durch die beiden geneigten

---

[1]) *J. G. Fox*, Am. J. Phys., **30**, 297 (1962).

[2]) *T. Alväger, F. J. M. Farley, J. Kjellman* und *I. Wallin*, Phys. Letters, **12**, 260 (1964).

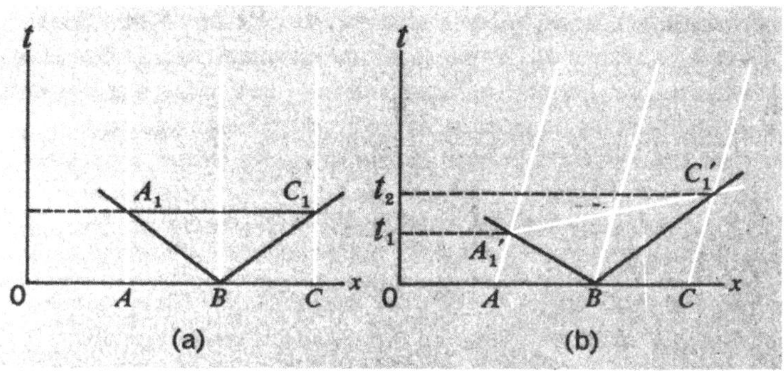


**Bild 3.2**

a) Raum-Zeit-Diagramm mit Darstellung eines Experimentes zur Definition der Gleichzeitigkeit für die Beobachtungspunkte A und C (die in diesem System ruhen) durch Aussendung eines Lichtsignales von B, das sich genau in der Mitte zwischen den beiden anderen Stationen befindet.

b) Das entsprechende Experiment für den Fall, daß A, B und C sich relativ zum Bezugssystem bewegen.

Geraden $x = x_B \pm ct$ beschrieben. Die Ankunft des Signals in A und in C wird daher durch die Schnittpunkte $A_1$ bzw. $C_1$ dargestellt. Die Gleichzeitigkeit dieses Ereignisses für A und B ist ***definiert*** durch die Gerade $\overline{A_1 C_1}$, die parallel zur x-Achse, und daher die Ortslinie aller Punkte mit dem gleichen t-Wert ist.

Nehmen wir nun aber an, daß A, B und C in einem Inertialsystem S′ ruhen, das sich relativ zu S mit der Geschwindigkeit v in der x-Richtung bewegt (Bild 3.2b). In diesem Fall sind die Weltlinien von A, B und C geneigt. Ein zur Zeit t = 0 von B ausgesandte Signal sei wiederum (in S) durch die Geraden $x = x_B \pm ct$ beschrieben, und die Ankunft des Signals in A und C sei gegeben durch die Schnittpunkte $A_1'$ bzw. $C_1'$. Es ist evident, daß diese Ereignisse für S nicht gleichzeitig sind, da die Linie $\overline{A_1' C_1'}$ ja nicht parallel zur x-Achse liegt. Um es konkreter auszudrücken: Das Signal kommt in A früher an als in B, da sich A (für einen Beobachter in S) dem Signal entgegenbewegt, während C ihm sozusagen davonläuft. B liegt jedoch in beiden Systemen genau auf halbem Wege zwischen A und C. Akzeptieren wir die Universalität von c und die Äquivalenz aller Inertialsysteme, dann ***müssen*** $A_1'$ und $C_1'$ für das System S′ gleichzeitige Ereignisse sein. (Ein ***Ereignis*** ist in der Relativitätstheorie vollkommen durch seine Raum-Zeit-Koordinaten in einem bestimmten Bezugssystem charakterisiert.) ***Für jeden Beobachter ist die Gleichzeitigkeit eine Funktion des verwendeten Bezugssystems.***

Man fragt sich natürlich, warum diese Definition der Gleichzeitigkeit ausgerechnet auf der Geschwindigkeit c aufgebaut wird und nicht auf irgend einer anderen Signalgeschwindigkeit. Der Grund hierfür liegt in der Universalität von c. c wird hierbei nicht nur als Lichtgeschwindigkeit, sondern als die höchstmögliche Geschwindigkeit überhaupt aufgefaßt. Ein noch einleuchtenderer Grund, zumindest auf lange Sicht, besteht in der Tatsache, daß uns die Wahl von c tatsächlich zu dem Ergebnis führt, daß jedes nur bekannte physikalische Gesetz für alle Inertialsysteme die gleiche Form hat.

Wir haben oben die qualitativen Aspekte der Relativität der Gleichzeitigkeit diskutiert, und müssen uns daher im folgenden den quantitativen Gesichtspunkten der Zeit- und Raumbestimmungen nach der speziellen Relativitätstheorie widmen.

## 3.8. Die Lorentz-Einstein-Transformationen

In Bild 3.3 ist die Definition der Gleichzeitigkeit in den Punkten A und C veranschaulicht, die sich relativ zu einem Inertialsystem S mit der Geschwindigkeit v bewegen. Eine ähnliche Darstellung diskutierten wir bereits in Bild 3.2. Es wurden hier jedoch noch die Geraden eingezeichnet, die die Koordinatenachsen des Systems S′ darstellen, relativ zu denen die Punkte A und C sich in Ruhe befinden. Wie sind wir dabei vorgegangen? Die Achse t′ ist leicht zu bestimmen: Sie ist die Gerade x′ = 0, also die Weltlinie des Ursprungs von S′. Da sich weiter das

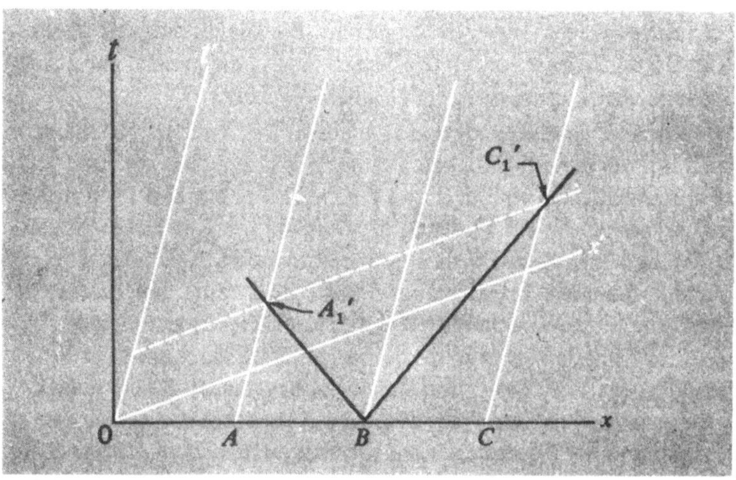


**Bild 3.3**

Bestimmung der Koordinatenachsen (x, t) und (x′, t′) für zwei relativ zueinander bewegte Systeme.

System S′ relativ zum System S mit der Geschwindigkeit v in x-Richtung bewegt, ist die Lage dieses Ursprungs in S durch die Gleichung x = vt gegeben, wenn beide Systeme S und S′ zur Zeit t = 0 den gleichen Ursprung haben.

Und wie erhalten wir die Achse x′? Sie ist einfach die Ortslinie der Punkte für die t′ = 0. Jede Gerade der Form t′ = const ist also parallel zu dieser Achse x′. Die Gerade $\overline{A_1' C_1'}$ ist eine solche, da $A_1'$ und $C_1'$ Ereignisse sind, mit denen die Gleichzeitigkeit in S′ bestimmt wird. Wir können also die Achse x′ als Parallele von $\overline{A_1' C_1'}$ konstruieren, die wir der Einfachheit halber durch 0 gehen lassen. 0 wird somit durch x = 0, t = 0, und x′ = 0, t′ = 0 beschrieben. Die Divergenz der Achsen x und x′ entspricht klarerweise nicht einer geometrischen Neigung der beiden relativ zueinander. Diese Neigung ist rein formal zu verstehen, sie existiert nur in Bezug auf den abstrakten Raum, der durch die Koordinaten x und t bestimmt wird.

Ein derartiges Diagramm weist eines der Charakteristika der kinematischen Transformationen der speziellen Relativitätstheorie auf: In Bild 3.4 stellt jeder Punkt P in der Bildebene ein sogenanntes *Punktereignis* dar, das durch die Werte x und t oder x′ und t′ charakterisiert sein kann. Nach unserer Konstruktion müssen x′ und t′ lineare Funktionen von x und von t sein. Analog sind auch x und t lineare Funktionen von x′ und von t′. Wäre das nicht so, dann würde eine Bewegung, die

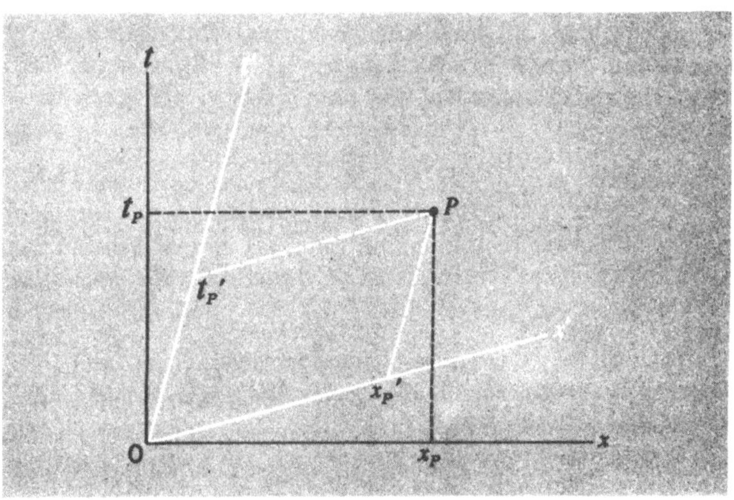


**Bild 3.4**
Raum-Zeit-Koordinaten eines gegebenen Punktereignisses in zwei verschiedenen Inertialsystemen.

in einem Bezugssystem (z.B. S) als geradlinige gleichförmige Bewegung beobachtet wird, im System S' keine gleichförmige geradlinige Bewegung mehr sein. Das widerspricht dem Galileischen Trägheitsgesetz, und steht auch nicht im Einklang mit unserer Hauptbedingung der Dynamik, daß alle Inertialsysteme gleichwertig seien.

Die durch das Relativitätsprinzip bedingte Symmetrie gibt den Beziehungen die folgende Form:

$$x = ax' + bt'$$

wobei

$$x' = ax - bt \tag{3.8}$$

Diese Gleichungen wurden in einer der Galilei-Transformation möglichst ähnlichen Form abgefaßt (Gl. (3.4)). Für genügend kleine Werte der Geschwindigkeit v des Systems S' relativ zu S müssen sie ohnedies in die Form der Galilei-Transformation zurückgeführt werden können. Die Bewegung des Ursprungs von S in Bezug auf S' wird erhalten, wenn wir in der ersten Gleichung $x = 0$ setzen. Analog dazu wird die Bewegung des Ursprungs von S' in Bezug auf S durch Einsetzen von $x' = 0$ in die zweite Gleichungen definiert. Die respektiven Geschwindigkeiten sind entgegengerichtet, haben aber den gleichen Betrag v. Damit erhalten wir die Beziehung

$$\frac{b}{a} = v \tag{3.9}$$

Als nächstes wollen wir uns mit der Beschreibung eines Lichtsignales in S bzw. S' befassen, das sich in die positive x-Richtung bewegt. Das Signal werde von 0 (Bild 3.3) emittiert. Der zurückgelegte Weg wird dann in S bzw. in S' durch die einfachen Gleichungen

$$x = ct, \quad x' = ct' \tag{3.10}$$

beschrieben. Wenn wir diese Ausdrücke für x und x' in die Gleichungen (3.8) einsetzen, erhalten wir

$$\begin{aligned} ct &= (ac + b)t' \\ ct' &= (ac - b)t \end{aligned} \tag{3.11}$$

Mit Hilfe dieser beiden Gleichungen können wir t und t' eliminieren, und mit der Bedingung $b = av$ aus Gl. (3.9) ergibt sich

$$c^2 = a^2 (c^2 - v^2)$$

Es ist daher

$$a = \left(1 - \frac{v^2}{c^2}\right)^{-\frac{1}{2}} \tag{3.12}$$

Diesen Koeffizienten a kennen wir bereits: Er ist mit dem Faktor $\gamma(v)$ identisch, den wir aus unserer dynamischen Analyse in Kapitel 1 erhielten (siehe Gl. (1.22)). Wir können nun die Gleichungen (3.8) in eine explizite Form bringen:

$$x = \left(1 - \frac{v^2}{c^2}\right)^{-\frac{1}{2}} (x' + vt') = \gamma\,(x' + vt')$$

und

$$x' = \left(1 - \frac{v^2}{c^2}\right)^{-\frac{1}{2}} (x - vt) = \gamma\,(x - vt) \qquad (3.13)$$

wobei

$$\gamma(v) = \left(1 - \frac{v^2}{c^2}\right)^{-\frac{1}{2}}$$

Diese Gleichungen unterscheiden sich von den Galilei-Transformationen durch den Faktor $\gamma$ ($\geqslant 1$) der hier als Faktor auf der rechten Seite auftritt. Es ist offensichtlich, daß die Galileischen Gleichungen für die Gleichungen (3.13) den Grenzfall für $v/c \to 0$ bilden.

Mit den Gleichungen (3.13) ist es nur mehr eine Sache elementarer Algebra, die Ausdrücke für t und t′ zu berechnen:

$$\left.\begin{aligned} t &= \gamma\left(t' + v\frac{x'}{c^2}\right) \\ t' &= \gamma\left(t - v\frac{x}{c^2}\right) \end{aligned}\right\} \qquad (3.14)$$

Um diese Beziehungen auf die Galileische Bedingung $t = t'$ zurückführen zu können, muß sowohl $x \ll ct$ als auch $v/c \ll 1$ gelten. Die Gleichungen (3.13) und (3.14) sind die modifzierten Versionen der Transformationen, die x und t für zwei Inertialsysteme, die sich relativ zueinander in der x-Richtung bewegen, in Beziehung setzen.

Zur Vervollständigung unserer Untersuchung der Transformation gemessener Größen in zwei relativ zueinander bewegten Bezugssystemen brauchen wir noch eine Beziehung für Strecken (y oder z) im jeweiligen System, die senkrecht zur Bewegungsrichtung der Systeme liegen. Wenn der Raum isotrop ist, sind natürlich alle Lageänderungen, die transversal zur definierten Bewegungsrichtung der Systeme erfolgen, äquivalent. Die entsprechenden Transformationen sind dann auch sehr einfach:

$$y = y', \quad z = z' \qquad (3.15)$$

Diese Beziehungen müssen auf Grund des Argumentes gelten, daß es uns ansonsten – wenn dies nicht stimmte – möglich wäre, absolute Lageänderungen und Bewegungen nachzuweisen. Stellen wir uns zum Beispiel zwei identische quadratische Netze vor, die x, y-Koordinatensysteme darstellen sollen. Das eine befinde sich im Bezugssystem S, das andere im Bezugssystem S'. Solange die Netze noch relativ zueinander in Ruhe sind, muß geprüft werden, ob die Netzabstände wirklich identisch sind. Sie werden nun in Relativbewegung entlang x versetzt, wobei auf der y-Achse von S in Abständen von 10 cm angebrachte Markierungsstifte Streifen im Koordinatennetz S' ziehen. Analog dazu hinterlassen Markierungsstifte in 10 cm Abstand an der y'-Achse Striche im Netz S. Jedem der beiden Inertialsysteme wurde so die Spur der wechselseitigen Beeinflussung aufgeprägt. Die Streifen können nur zu x parallele Gerade sein, ansonsten wäre tatsächlich die Bestimmung von absoluten Lagen entlang x möglich. Bild 3.5 zeigt nun die Striche, die im Koordinatennetz S von den in $y' = 10$ cm, 0 cm und $-10$ cm montierten Markierungsstiften gezogen werden. Wir müssen daraus schließen, daß nicht nur die 10 cm Teilstrecken des S-Netzes nach der Messung in S kürzer geworden sind, sondern daß auch die 10 cm Strecken von S in S' länger als 10 cm sind. Das würde jedoch einer Asymmetrie gleichkommen, die durch die Richtung der Bewegung bedingt wäre – gleich ob diese nun auf der x-Achse nach rechts oder links erfolgt. Ein derartiges Ergebnis widerspricht ganz elementar unseren Vorstellungen von der Homogenität und Isotropie des Raums. Deshalb muß das Maß für eine transversale Strecke (y oder z) für alle Inertialsysteme, die sich relativ zueinander entlang x bewegen, identisch sein. Diese Regel ist in den Gleichungen (3.15) ausgedrückt.

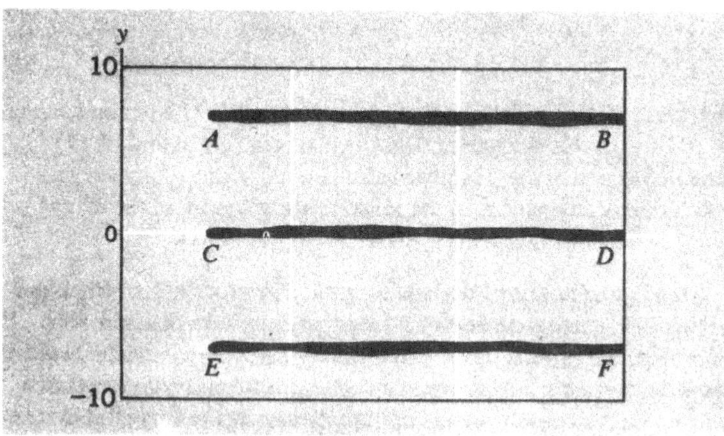


**Bild 3.5**

Gedankenexperiment zum Vergleich transversaler Streckeneinheiten (y-Achse) für zwei in x-Richtung relativ zueinander bewegte Systeme.

Aus praktischen Gründen, und für späteres Nachschlagen stellen wir den ganzen Satz der Transformationsgleichungen zusammen, und zwar nach beiden Aspekten – d.h., S'-Koordinaten als Funktion solcher von S, und umgekehrt.

**Die Lorentz-Einstein-Transformationen**

$$x' = \gamma(x - vt) \qquad x = \gamma(x' + vt')$$
$$y' = y \qquad y = y'$$
$$z' = z \qquad z = z'$$

$$t' = \gamma\left(t - v\frac{x}{c^2}\right) \qquad t = \gamma\left(t' + v\frac{x'}{c^2}\right)$$

$$\gamma = \left(1 - \frac{v^2}{c^2}\right)^{-\frac{1}{2}}, \text{ wobei v die in S gemessene Geschwindigkeit von S' ist} \qquad (3.16)$$

Das obige System von Transformationsgleichungen wurde von *H. A. Lorentz* im Jahre 1904 als Grundlage für eine Modifizierung der elektromagnetischen Theorie eingeführt, um so die Ergebnislosigkeit des Michelson-Morley-Experimentes und die als gegeben angenommene Existenz eines durch den Äther definierten, bevorzugten Inertialsystems vielleicht doch auf einen Nenner bringen zu können. Unabhängig von *Lorentz* leitete etwa ein Jahr später *Einstein* diese Gleichungen ab, als er den ganzen Problemkreis auf neuartige und gründliche Weise anging.

## 3.9. Mehr über die Lorentz-Transformationen [1])

Bei der Ableitung der Lorentz-Transformation im vorangehenden Abschnitt betrachteten wir nur die Bedingungen, die für ein sich in der x-Richtung ausbreitendes Lichtsignal gelten. Man hätte die Transformation allgemeiner ableiten können, indem man die Bedingungen aus Einsteins zweitem Postulat für einen beliebig gerichteten Lichtstrahl anwendet. Da wir die Transformationsgleichungen jedoch schon so aufgestellt haben, wollen wir sie zur Diskussion eines scheinbaren Paradoxons, das sich aus Einsteins Postulat ergibt, verwenden: Im Ursprung des Systems S befinde sich eine Lichtquelle, die zur Zeit t = 0 Licht (ins Vakuum) emittiert. Zu einem späteren Zeitpunkt t hat das Licht das sich in einer Kugelwelle ausbreitete, in allen Richtungen die Entfernung r vom Ursprung des Systems S durchmessen. Diese Kugel, die also sozusagen durch die „Enden" der Lichtstrahlen gebildet wird, ist durch r = ct beschrieben. Wir das gleiche Phänomen dann aus S' beobachtet, das

[1]) Wir anerkennen, daß diese Transformationsgleichungen von *Lorentz* und von *Einstein* abgeleitet wurden, werden jedoch der Kürze halber im folgenden die gebräuchlichen Bezeichnung verwenden.

sich relativ zu S mit der Geschwindigkeit v bewegt, so gleicht die Ausbreitung des Strahlungsausbruches wiederum der einer Kugelwelle, deren Mittelpunkt aber diesmal der Ursprung von S′ ist, obwohl die Ursprünge von S und S′ definitionsgemäß nur zur Zeit t = t′ = 0 übereinstimmen.

Verfolgen wir einmal den Weg, der zu diesem Ergebnis führt. Dazu müssen wir die Gleichung r = ct in Form von Lage- und Zeitkoordinaten des Systems S′ darstellen. Die Gleichung, die sich dann ergibt, quadrieren wir und erhalten

$$x^2 + y^2 + z^2 = c^2 t^2$$

Nun berücksichtigen wir das rechte System von Gleichungen in (3.16). Man erhält dann

$$\gamma^2 (x' + vt')^2 + (y')^2 + (z')^2 = \gamma^2 c^2 \left( t' + v \frac{x'}{c^2} \right)^2$$

Wir sehen, daß die doppelten Produkte auf beiden Seiten gleich sind und sich daher aufheben. Fassen wir die übrigen Glieder zusammen, so erhalten wir

$$\gamma^2 (x')^2 \left(1 - \frac{v^2}{c^2}\right) + (y')^2 + (z')^2 = \gamma^2 (t')^2 (c^2 - v^2)$$

Da aber

$$\gamma^2 \left(1 - \frac{v^2}{c^2}\right) = 1$$

ist, ergibt sich

$$(x')^2 + (y')^2 + (z')^2 = c^2 (t')^2$$

Das ist die Gleichung einer Kugel mit dem Radius r′, wenn

$$r' = ct'$$

Dieses Ergebnis, das auf den ersten Blick dem gesunden Menschenverstand zu widersprechen scheint, ist eine unvermeidliche Konsequenz aus der Relativität der Gleichzeitigkeit. Punkte, die für das System S *gleichzeitig* (zur Zeit t) erreicht werden, treffen im System S′ zu *verschiedenen* Zeiten ein, und zwar derart, daß in beiden Bezugssystemen die Ausbreitung des Lichtes durch die mit der Geschwindigkeit c erfolgende Ausbreitung einer Kugelwelle korrekt beschrieben wird.

## 3.10. Raum-Zeit-Diagramme nach Minkowski

Unsere Argumente in diesem Kapitel wurden anschaulich durch graphische Darstellungen untersucht, deren Raum- und Zeitachsen die Beschreibung der eindimensionalen Bewegung erlauben. Derartige Diagramme wurden erstmals 1908

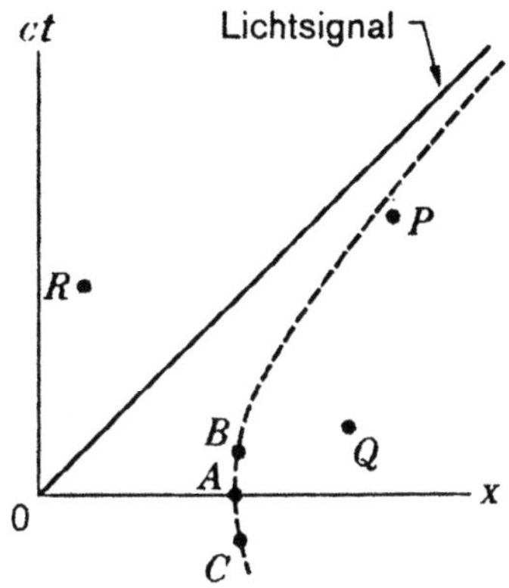


**Bild 3.6**
Minkowski-Diagramm für drei verschiedene Koordinatensysteme mit einer Eich-Hyperbel zur Bestimmung der Einheitsstrecke in der x-Richtung eines jeden Systemes.

von *H. Minkowski* in die spezielle Relativitätstheorie eingeführt, und werden daher allgemein *Minkowski-Diagramme* genannt. In jedem solchen Raum-Zeit-Diagramm kann, wie wir sahen, ein einzelnes Ereignis – das Auftreffen eines Lichtsignals auf einen Detektor oder das Ticken einer Uhr – eindeutig durch einen Punkt P dargestellt werden (Bild 3.6). Eine detailierte Beschreibung des Ereignisses in Form numerischer Werte von x und t kann auf unendlich viele Arten erfolgen, die dem jeweils verwendeten Bezugssystem entsprechen. Ein Punktereignis wird im Bezugssystem S durch die Koordinaten (x, t) und im System S′ durch die Koordinaten (x′, t′) beschrieben. Stimmen die Ursprünge der beiden Systeme S und S′ zur Zeit t = t′ = 0 überein, dann ist die Beziehung zwischen (x, t) und (x′, t′) durch die Lorentz-Transformationsgleichung (3.16) gegeben.

Für die Zeitkoordinate verwendet man aus praktischen Gründen lieber ct als t – dann haben nämlich beide Koordinaten, ct und x, die Dimension einer Strecke. Wenn der Streckenmaßstab für beide Koordinaten gleich gewählt wird, dann ist die Weltlinie eines Lichtsignals, das von x = 0 zur Zeit t = 0 emittiert wird, die Symmetrale des Winkels, den die beiden Achsen einschließen. Das gilt für alle Bezugssysteme. Ist ein beliebiges System (S z.B.) durch einen rechten Winkel zwischen den Achsen ct und x charakterisiert, dann schließen die Achsen anderer Bezugssysteme (z.B. S′ und S″) keine rechten Winkel ein. In Bild 3.6 hat zum Beispiel das System

S' gebenüber S eine Geschwindigkeit in der positiven x-Richtung, und S'' hat eine solche in der negativen x-Richtung. Das System, das wir mit einem rechten Winkel zwischen Raum- und Zeitachse darstellten, wird dadurch aber in keiner Weise bevorzugt.

Um die Raum- bzw. Zeitkoordinate eines Punktereignisses P ablesen zu können, ziehen wir durch den Punkt Geraden parallel zur Raumachse und zur Zeitachse des verwendeten Bezugssystemes und lesen an den Schnittpunkten ab. In Bild 3.6 ist S' das betrachtete Bezugssystem, und $\overline{0Q}$ ist daher der Betrag von x' und $\overline{0R}$ der von ct'. Wir müssen uns jedoch klar darüber sein, daß in einem Diagramm wie Bild 3.6 *die Skalenteilung, die eine Streckeneinheit darstellt, für die verschiedenen Achsen* x, x', x'' usw. *nicht gleich groß ist.* Das heißt, wenn wir die gleichseitige Hyperbel

$$x^2 - (ct)^2 = 1 \tag{3.17}$$

in das Diagramm einzeichnen, dann definieren deren Schnittpunkte A, B und C mit den Achsen x, x' und x'' in jedem Fall die für das betreffende System geltende Streckeneinheit ($\overline{0A}$, $\overline{0B}$, $\overline{0C}$). Wir werden im nächsten Abschnitt diskutieren, wieso ein derartiger Vorgang gerechtfertigt ist.

## 3.11. Eine Raum-Zeit-Invariante

Wenden wir uns nun wieder den elementaren kinematischen Beziehungen in den Lorentz-Transformationen zu. Die spezielle Relativitätstheorie entstand aus der Erkenntnis *Einsteins,* daß die Begriffe „Wo" und „Wann" keine absolute Bedeutung haben. Können wir aus diesem Zusammenbruch aller absoluten Werte denn nichts eindeutig Definierbares retten? Wir können: Stellen Sie sich vor, daß im System S ein Ereignis zur Zeit t und an der Stelle x stattfindet. Ein Beobachter in einem anderen System S', das sich relativ zu S bewegt, beobachtet das Ereignis mit den Koordinaten x' und t', so daß

$$x' = \gamma(x - vt)$$

$$t' = \gamma\left(t - v\frac{x}{c^2}\right)$$

Betrachten wir $(ct')^2 - (x')^2$:

$$(ct')^2 - (x')^2 = \gamma^2 \left[(ct - v\frac{x}{c})^2 - (x - vt)^2\right]$$

$$= \gamma^2 \left[(c^2 - v^2)\, t^2 - \left(1 - \frac{v^2}{c^2}\right) x^2\right]$$

d.h.,

$$(ct')^2 - (x')^2 = (ct)^2 - (x)^2 = s^2 \tag{3.18}$$

die Größe $s^2$ ist für alle Inertialsysteme gleich, sie ist also eine *Invariante.*

Daraus ergibt sich sofort die Skalenteilung der Achsen eines Minkowski-Diagramms. Setzen wir nämlich $s^2 = -1$, dann liefert Gl. (3.18) die beiden Aussagen

$$\begin{aligned} x^2 - (ct)^2 &= 1 \\ (x')^2 - (ct')^2 &= 1 \end{aligned} \tag{3.19}$$

Nehmen wir die Achsen x und ct als orthogonal an, dann ist die erste dieser beiden Beziehungen die Gleichung der gleichseitigen Hyperbel in Bild 3.6. Die x-Achse des Systems S ist durch $ct = 0$ definiert, und der Schnittpunkt dieser Geraden mit dem rechten Ast der Hyperbel ergibt, wie man sieht, den Punkt $x = 1$. Ganz analog dazu definiert die Gerade $ct' = 0$ die $x'$-Achse des Systems $S'$, und aus der zweiten Gleichung in (3.19) ist leicht zu erkennen, daß der Schnittpunkt der Geraden mit der Hyperbel den Punkt $x' = 1$ ergibt. Diese Hyperbel ist also sozusagen eine Eichkurve für alle in einem einzigen Minkowski-Diagramm darstellbaren Inertialsysteme. Tatsächlich bedeutet das, daß die Hyperbel mit der Gleichung (3.17) nicht nur die Beziehung zwischen x und t für eine beliebige Anzahl verschiedener Ereignisse darstellt, sondern auch in Raum-Zeitkoordinaten der geometrische Ort aller Punktereignisse ist, die durch $t = 0$ und $x = 1$ in ihrem Inertialsystem definiert sind.

Was bedeutet nun diese Invariante $s^2$? Die Dimension ihrer Quadratwurzel ist natürlich die einer Strecke. Man ist daher versucht, s als Maß für den „Abstand“ (in Raum-Zeit-Koordinaten) anzusehen, um den ein Punktereignis vom Ursprung dieser Raum-Zeit-Koordinaten entfernt ist. $s^2$ kann jedoch, wie wir gesehen haben, positiv, negativ oder null sein, so daß s reell oder imaginär werden kann. Eine Interpretation der physikalischen Bedeutung von s ist also rein formell. Führen wir ict als Variable ein, so können wir die Gleichungen (3.19) in eine Aussage umformen, die im wesentlichen die gleiche Form hat wie der Pythagoreische Lehrsatz. Das ebnet natürlich den Weg zu der Vorstellung von der Zeit als einer vierten Dimension, und den daraus folgenden Schlüssen. Den grundlegenden Aussagen der Raum-Zeit-Transformation wird durch derartige Überlegungen wenig hinzugefügt; deshalb werden wir uns auch nicht weiter damit beschäftigen. Wir stellen lediglich fest, daß $s^2$ in seiner Eigenschaft als Invariante eine für die Charakterisierung von Ereignissen außerordentlich praktische Größe ist, und daß der Sonderfall $s^2 = 0$ die Weltlinie eines Lichtsignals definiert, das durch den Ursprung der Raum-Zeit-Koordinaten geht ($x = 0, t = 0$).

## 3.12. Aufgaben

**3.1.** Beweisen Sie, daß die Lorentzkontraktion in der Bewegungsrichtung eine orientierungsunabhängige Zeitdifferenz der Lichtsignale in einem Michelson-Interferometer mit nicht gleich langen Seiten verursacht (siehe Gl. (3.2)).

**3.2.** In dem im Text beschriebenen Kennedy-Thorndike-Versuch betrug der Längenunterschied zwischen den Interferometerarmen etwa 16 cm.

a) Wenn die Sonne im Äther ruht, dann ist die Geschwindigkeit des Apparates in jedem Augenblick gleich der Vektorsumme der Bahngeschwindigkeit der Erde **v** (30 km/s) und der Oberflächengeschwindigkeit **u** der Erdrotation (etwa 0,5 km/s am Äquator). Zeigen Sie, daß die maximale Interferenzstreifenverschiebung $\delta$ (= c $\Delta t/\lambda$) die innerhalb eines Tages zu beobachten ist, nach Gl. (3.2) durch

$$\delta \approx \frac{4\,u\,v\,(l_{10} - l_{20})}{c^2\,\lambda}$$

gegeben ist. Bestimmen Sie den numerischen Wert von $\delta$ für $\lambda = 6 \cdot 10^{-7}$ m.

b) Aus astronomischen Beobachtungen ist zu entnehmen, daß die Sonne relativ zum Galaxiszentrum eine Geschwindigkeit von ungefähr 220 km/s hat. Wenn man annimmt, daß das Zentrum der Galaxis im Äther ruhe, welche maximale Interferenzstreifenverschiebung würde dann beim Kennedy-Thorndike-Versuch im Verlauf eines Jahres erscheinen?

**3.3.** Das Bild 3.7 zeigt ein Doppelsternsystem mit zwei Sternen A und B, die sich mit gleichen Umlaufszeiten auf kreisförmigen Bahnen um ihren gemeinsamen Schwerpunkt bewegen. Die Erde befinde sich in der Ebene dieser Umlaufsbahnen in einer Entfernung R (viele Lichtjahre). Die Bahngeschwindigkeit von A sei u; seine Momentangeschwindigkeit ist dann $v_r = u \cos \Theta$ – das ist jedoch nur die Komponente in Richtung Erde. Wenn von A emittiertes Licht die Erde erreicht, dann kann mit der beobachteten Dopplerverschiebung (Änderung der Wellenlänge charakteristischer Spektrallinien) die Geschwindigkeit $v_r$ im Augenblick der Emission bestimmt werden.

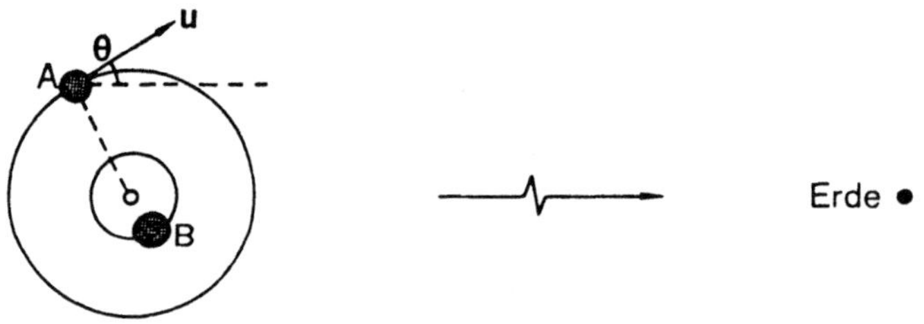


Bild 3.7

a) Würde die Lichtgeschwindigkeit durch die Bewegung von A in Richtung Erde so modifiziert, daß die Geschwindigkeit des von A ausgesandten Lichtes c + $v_r$ betrüge, so würde der Wert von $v_r$ *nach spektroskopischen Beobachtungen von der Erde* eine *scheinbare* zeitliche Variation aufweisen, die durch die folgende Gleichung gegeben ist (wenn $u \ll c$):

$$v_r = u \sin \frac{2\pi}{T} \left( t - \frac{R}{c} + \frac{R\,v_r}{c^2} \right)$$

Beweisen Sie das. (Man wird sich vielleicht fragen, inwiefern es gerechtfertigt ist, die Geschwindigkeit eines Sternes aus der Doppler-Verschiebung seiner Spektrallinien abzuleiten, wenn wir uns über die Natur und Geschwindigkeit des Lichtes im Ungewissen sind. Wir kennen jedoch auf der Erde ausgeführte Experimente über die Dopplerverschiebung für irdische Lichtquellen mit bekannten Geschwindigkeiten, so daß wir einiges Vertrauen in diese Messungen setzen dürfen.)

b) Für den Dopplerstern Castor C gelten die Werte u = 120 km/s, T = 0,81 Tage, R = 48 Lichtjahre. Besagt die obige Hypothese, daß die beobachtete Radialgeschwindigkeit als Funktion der Zeit wesentlich von der Gleichung $v_r = u \sin 2\pi (t - R/c)/T$ abweichen muß? *A. H. Jay* und *R. F. Sandford* (Astrophys. J., **64**, 250 (1926)) bewiesen experimentell, daß sie nicht abweicht. (Nach *J. H. Smith*, Introduction to Special Relativity (Einführung in die spezielle Relativitätstheorie), Benjamin, New York 1965.)

**3.4.** Mit der Angabe, daß

$$x' = \gamma (x - vt)$$

und

$$t' = \gamma \left(t - \frac{vx}{c^2}\right)$$

sollen die Gleichungen abgeleitet werden, die x und t als Funktionen von $x'$ und $t'$ darstellen.

**3.5.** Ein Ereignis hat die Koordinaten $x' = 60$ m, $t' = 8 \cdot 10^{-8}$ s in einem Bezugssystem $S'$ ($y' = 0$, $z' = 0$). Das System $S'$ bewege sich relativ zum System S mit einer Geschwindigkeit 3 c/5 in die x-Richtung. Zur Zeit $t = 0$, $t' = 0$ koinzidieren die Ursprünge der beiden Systeme S und $S'$. Berechnen Sie die Raum-Zeit-Koordinaten des Ereignisses in S.

**3.6.** Die Raum-Zeit-Koordinaten zweier Ereignisse wurden im System S wie folgt bestimmt:

Ereignis 1: $x_1 = x_0$, $t_1 = x_0/c$, ($y_1 = 0$, $z_1 = 0$)
Ereignis 2: $x_2 = 2x_0$, $t_2 = x_0/2c$, ($y_2 = 0$, $z_2 = 0$)

a) Es gibt ein System, in dem diese Ereignisse gleichzeitig sind. Welche Geschwindigkeit hat dieses System relativ zu S?

b) Bestimmen Sie den Wert t an dem die beiden Ereignisse im neuen System beobachtet werden.

**3.7.** Das Bezugssystem $S'$ hat relativ zu S eine Geschwindigkeit v = 0,6 c. Die Uhren in beiden Systemen werden so eingestellt, daß $t = t' = 0$ in $x = x' = 0$.

a) In S wird zur Zeit $t = 2 \cdot 10^{-7}$ s ein Ereignis beobachtet, dessen zweite Koordinate x = 50 m ist. Zu welcher Zeit wird das Ereignis in $S'$ festgestellt?

b) Es werde ein zweites Ereignis (Koordinaten 10 m, $3 \cdot 10^{-7}$ s) in S beobachtet. Bestimmen Sie das in $S'$ gemessene Zeitintervall zwischen den beiden Ereignissen.

**3.8.** Zwei Inertialsysteme S und $S'$ bewegen sich mit der Geschwindigkeit c/2 relativ zueinander. Zeichnen Sie ein Minkowski-Diagramm für diese beiden Systeme. In Ihrer Zeichnung seien die Achsen x und ct des Systems S rechtwinklig zueinander.

a) Zeichnen Sie Eich-Hyperbeln, die eine Bestimmung der Einheitsstrecken für die Achsen x, $x'$, ct, und $ct'$ erlauben.

b) Tragen Sie die folgenden Punktereignisse in das Diagramm ein:

(1) $x = 1$, $ct = 1$;
(2) $x' = 1$, $ct' = 1$;
(3) $x' = 2$, $ct' = 0$;
(4) $x = 0$, $ct = 2$.

c) Bestimmen Sie an Hand Ihres Diagrammes die Koordinaten dieser Ereignisse im System $S'$ bzw. S.

3.9. a) Prüfen Sie, ob eine Drehung der Koordinaten (x, y) um einen Winkel $\Theta$ durch die Gleichungen

$$x' = x \cos \Theta + y \sin \Theta$$
$$y' = -x \sin \Theta + y \cos \Theta$$

bestimmt wird.

b) Zeigen Sie, daß die Lorentz-Transformation einer Drehung der Koordinaten (x, ict) um einen Winkel $\Theta = \arctan (i\beta)$ entspricht, wobei $\beta = v/c$ ist.

Eine Reihe anderer Aufgaben, die sich auch mit der Anwendung der Lorentz-Transformationen befassen, sind im Anschluß an Kapitel 4 gestellt.

# 4. Relativität und die Messung von Längen und Zeitintervallen

In der klassischen Physik war man immer der Ansicht gewesen, daß Uhren im Ruhezustand und Uhren in Bewegung im gleichen Rhythmus arbeiteten, daß ein Stab in Bewegung und ein Stab in Ruhe die gleiche Länge hätten. Wenn die Lichtgeschwindigkeit für alle Koordinatensysteme die gleiche ist, wenn die Relativitätstheorie gilt, dann müssen wir diese Vorstellung aufgeben. Es ist immer schwer, seine vorgefaßte Meinung abzulegen, aber das ist der einzige Weg.

*A. Einstein* und *L. Infeld*
The Evolution of Physics (1938)

In den vorangehenden Kapiteln suchten wir primär die Notwendigkeit einer Revision der Kinematik und Dynamik aufzuzeigen, und anschließend das Wesentliche der Ideen *Einsteins* zu beschreiben. Im folgenden werden wir die Anwendung seiner Theorie auf eine Reihe dynamischer Probleme untersuchen. Einige einleitende Bemerkungen sind sicher angebracht.

Eine erste Begegnung mit *Einsteins Relativitätstheorie* wird bei manchen vielleicht Eindrücke wie die folgenden hervorrufen:

1. Hier liegt ja etwas ganz Anderes vor als die Mechanik *Galileis* und *Newtons.*
2. Die Rechnungen enthalten einen Haufen algebraischer Zaubertricks, manche kann man lernen, das meiste davon ist aber ziemlich verwirrend und hat nicht viel tatsächliche Bedeutung.

Eine solche Einstellung ist sehr verständlich. Gleichgültig seit wie lange man sich mit den Ergebnissen der speziellen Relativitätstheorie abgefunden hat – sie behalten immer ziemlich viel der Intuition Widersprechendes an sich. In unserer täglichen, direkt erlebten Erfahrungswelt gibt es keine Geschwindigkeiten, die höher als $10^{-6}$ c (Düsenflugzeuge) sind, ja selbst die Besatzung eines Erdsatelliten kommt nur auf $2 \cdot 10^{-5}$ c. Die Relativität *hat* jedoch tatsächliche Bedeutung, und ihre Aussagen sind *nicht* eine Sache für sich, verglichen mit den Aussagen *Newtons* und *Galileis.* Das sollten wir uns immer vor Augen halten. Auch sollten Sie sich bei jeder sich bietenden Gelegenheit davon überzeugen, daß die Bewegungs- und Transformationgleichungen der speziellen Relativitätstheorie in Newtonsche zurückzuführen sind, sofern es sich um Geschwindigkeiten handelt, die sehr viel kleiner als c sind.

## 4.1. Beobachter

In der Literatur über die Relativität werden sehr oft *Beobachter* erwähnt, deren Aufgabe es ist, Ort und Zeit bestimmter Ereignisse festzustellen. An einer Stelle des letzten Kapitels haben wir selbst solche hypothetische Beobachter eingeführt. Fast immer wird der Beobachter als in dem einen oder anderen System in Ruhe befindlich beschrieben. Indem man sich in zwei Systemen z.B. je einen Beobachter vorstellt, gelangt man zu zwei verschiedenen Raum-Zeit-Beschreibungen des gleichen Ereignisses. All das klingt harmlos und vernünftig. Es gibt auch Leute, die wie Bishof *Berkeley* spekulieren, ob man überhaupt von einem Ereignis sprechen dürfe, wenn niemand da ist, der es beobachten könnte [1]). Diese Terminologie birgt jedoch gewisse Gefahren. Wie *Einstein* zeigte, ist es von wesentlicher Bedeutung, daß man sich immer darüber klar ist, daß die Aufgabe eines Beobachters lediglich die Feststellung von Koinzidenzen ist, d.h. von Ereignispaaren, die die gleichen Raum-Zeit-Koordinaten haben. In diesem Sinne ist die Ablesung einer Uhr an einem bestimmten Punkt in dem gegebenen Bezugssystem ein Ereignis; mit derartigen Ereignissen werden wir uns im vorliegenden Kapitel im wesentlichen beschäftigen. Die Phänomene, die wir üblicherweise als physikalische Ereignisse bezeichnen – z.B. der Zusammenstoß zweier Körper oder die Emission eines Photons von einem Atom – müssen für unsere Zwecke als Geschehnisse betrachtet werden, die zeitlich mit Ereignissen zusammenfallen, die durch das Ablesen von Uhren beschrieben werden. Wenn man das Ablesen von Uhren erwähnt, so klingt das vielleicht geschraubt und langweilig – aber wir möchten dadurch die Bedeutung einer absolut wesentlichen Tatsache betonen: Wir haben es eindeutig mit einem Problem der *Messung* zu tun.

Um mit möglichen Mißverständnissen und falschen Vorstellungen aufzuräumen, oder um sie erst gar nicht aufkommen zu lassen, fügen wir die folgenden Bemerkungen hinzu:

1. Obwohl ein Ereignis definitionsgemäß durch einen Punkt in den Raum-Zeit-Koordinaten dargestellt ist, kann es trotzdem eine bleibende Spur hinterlassen. Ein Verbrecher berührt zum Beispiel ein Glas und hinterläßt einen Fingerabdruck. Die Berührung des Glases ist ein Ereignis, da es an einem bestimmten Ort und zu bestimmter Zeit in einem gegebenen Bezugssystem stattfand. Eine Sekunde später ist der Fingerabdruck, obwohl das Glas nicht bewegt wurde, an einem anderen Punkt des Raum-Zeit-Koordinatensystems. Der Punkt bleibt jedenfalls als Spur des stattgefundenen Ereignisses bestehen. Ein noch passenderes Beispiel wäre eine Uhr, die zu Boden fällt und sofort stehenbleibt. Wird sie dort, wo sie hinfiel, liegengelassen, so ist es eine bleibende Aufzeichnung des Ereignisses „Uhr trifft Boden". Jeder Beobachter, auch wenn er viel später erst den Schauplatz betritt, kann die

[1]) Für den Physiker ist natürlich im allgemeinen die Realität eines Ereignisses gegeben, wenn es nur *prinzipiell* beobachtbar ist.

Raum- und Zeitkoordinaten des Ereignisses ablesen, wobei das Bezugssystem durch den Boden (für die Raumkoordinaten) und durch die Zeiger der Uhr (für die Zeitkoordinate) definiert ist.

2. Das letzte Beispiel sollte zeigen, daß ein Beobachter keineswegs nur in seinem eigenen Bezugssystem Messungen ausführen darf. Das wird durch eine ganze Reihe der verschiedensten alltäglichen Erfahrungstatsachen recht gut veranschaulicht. Man ist zum Beispiel Passagier in einem Zug, der gerade eine Station durchrast. Auf dem Bahnsteig steht ein Schild mit einem Pfeil in Fahrtrichtung, und der Aufschrift „New York – 10 Meilen". Über dem Schild befindet sich eine Bahnhofsuhr, die 10.53 zeigt. Als Beobachter in einem bestimmten Bezugssystem (dem Zug) kann man trotzdem die Raum-Zeit-Koordinaten des Ereignisses „Zug passiert Station" für das relativ zu einem selbst bewegte System Bahnhof-Umgebung feststellen [1]). Sehr oft jedoch treffen wir auf Feststellungen wie diese: „Ein Beobachter A im Bezugssystem S beobachtet ein Ereignis mit der Lage x zur Zeit t; das gleiche Ereignis findet für den Beobachter B im Bezugssystem S′ zur Zeit t′ und in der Lage x′statt." Damit ist lediglich gemeint, daß das Ereignis in dem einen System die Raum-Zeit-Koordinaten (x, t) hat und im anderen (x′, t′). Durch solche Formulierungen wird leicht das Bild eines Beobachters heraufbeschworen, der in der Isolierzelle seines eigenen Bezugssystemes sitzt und nichts anderes tun kann als Lage- und Zeitmessungen in seinem System auszuführen. Unser Beispiel mit dem Zugreisenden zeigt, daß diese Einschränkung ganz unnötig ist. Der Reisende kann nämlich nicht nur die Bahnshofuhr, sondern auch seine eigene ablesen. Es *kann* natürlich auch Situationen geben, in denen der Beobachter sich auf Ablesungen der Instrumente in seinem eigenen System beschränken muß, aber es ist trotzdem nicht ausgeschlossen, daß er irgendwie Informationen über Beobachtungsergebnisse aus einem anderen System erhält. Eine solche Mitteilung von Informationen ist durchaus nicht außergewöhnlich.

3. Der letzte und vielleicht gefährlichste Aspekt bei der Einführung des mit einem System verbundenen Beobachters ist, daß man leicht den Eindruck bekommt, dieser Beobachter könne aus einer Art Vogelschau die Gesamtheit seines Bezugssystems, bzw. seinen Zustand in einem gegebenen Augenblick sehen. *Das ist vollkommen falsch.* Ein einzelner Beobachter ist nicht allgegenwärtig; zu einem gegebenen Zeitpunkt kann er sich nur der Ereignisse bewußt sein, die in seiner unmittelbaren Umgebung stattfinden – etwa daß ein Photonenstrahl seine Netzhaut trifft. Erzeugen diese Photonen das visuelle Bild eines entfernten Objektes, dann stellen sie dieses Objekt natürlich so dar, wie es zu einem früheren Zeitpunkt war – genau um die Laufzeit des Lichtes früher. Ein Beobachter an einem bestimmten Ort kann

---

[1]) Wir betrachten die Zeitspanne, die das Licht von der Bahnhofsuhr bis zu unserem Passagier braucht, als vernachlässigbar klein.

zwar sehr wohl Informationen erhalten, aus denen er sich dann eine Beschreibung dessen ableiten kann, was sich in seinem Bezugssystem zu einem bestimmten Augenblick *abspielte*, er *kann* jedoch *nie* diese komplette Beschreibung im gleichen Augenblick bereits besitzen. Man muß sehr auf der Hut sein vor ungenauen Redewendungen wie: „Ein mit dem System S verbundener Beobachter beobachtet ein Ereignis in der Lage x zur Zeit t“, oder „Einem Beobachter im System S scheint es, daß ...“ Fast immer sind derartige Feststellungen lediglich Angaben der in S gemessenen Raum-Zeit-Koordinaten eines bestimmten Ereignisses. Beabsichtigt man aber wirklich von Beobachten oder Sehen zu sprechen, dann muß ein weiterer Effekt – die Übertragung von Informationen von einem Punkt zum anderen – berücksichtigt werden.

Diese Diskussion soll also, die Aufmerksamkeit auf das Wesentliche lenken – auf die Bestimmung von Punktereignissen durch Raum-Zeit-Messungen in einem bestimmten Bezugssystem. Sprechen wir trotzdem manchmal von Beobachtern, so erwähnen wir sie nur in ihrer Rolle als Aufzeichner dieser Messungen – es sei denn wir sagen ausdrücklich, daß das in anderem Sinne zu verstehen sei.

## 4.2. Punktereignisse und ihre Transformation

Der Begriff eines individuellen Punktereignisses, den wir in Kapitel 3 einführten, ist ein grundlegendes Erfordernis für eine erfolgreiche Anwendung der relativistischen Kinematik. Jedes Ereignis ist, wie wir erkannten, vergänglich – es wird durch einen einzigen Punkt im Raum-Zeit-Diagramm dargestellt. Die Raum-Zeit-Koordinaten des Ereignisses sind jedoch nach Messungen in verschiedenen Inertialsystemen verschieden. Das gilt selbstverständlich in gleicher Weise für das Schema *Galileis* und *Newtons* wie in der speziellen Relativitätstheorie. Die Einstein-Lorentz-Transformationen traten aber an Stelle der Galileischen, und lassen sich in diese zurückführen, wenn der Wert von c im Effekt als unendlich angesehen werden kann.

Unsere Ausführungen in diesem Kapitel drehen sich um die Lorentz-Transformationen. Es ist daher vielleicht günstig, wenn wir sie in der üblichen Form nochmals anschreiben:

$$\left.\begin{aligned} x' &= \gamma(x - vt) & \qquad x &= \gamma(x' + vt') \\ y' &= y & y &= y' \\ z' &= z & z &= z' \\ t' &= \gamma\left(t - v\frac{x}{c^2}\right) & t &= \gamma\left(t' + v\frac{x'}{c^2}\right) \end{aligned}\right\} \qquad (4.1)$$

wobei

$$\gamma = \left(1 - \frac{v^2}{c^2}\right)^{-\frac{1}{2}}$$

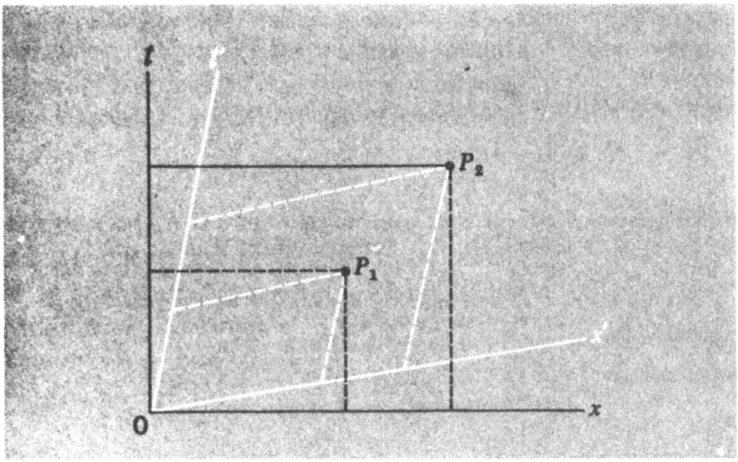


Bild 4.1
Zwei verschiedene Punktereignisse. Beide können sowohl in S als auch in S' dargestellt werden.

Hat ein Punktereignis in S die Koordinaten (x, y, z, t) und in S' die Koordinaten (x', y', z', t'), dann sind die Beziehungen zwischen Messungen in S und S' durch die Gleichungen (4.1) gegeben. Die linke Gruppe von Gleichungen beschreibt die Transformation von S zu S', die rechte die entsprechende Transformation von S' zu S. Aus jedem einzelnen dieser Sätze von Transformationsgleichungen kann natürlich der andere abgeleitet werden. Die Gleichungen (4.1) sind ganz einfach ein Rezept für die Aufstellung von Beziehungen zwischen zwei Beschreibungen des gleichen Punktereignisses.

Haben wir zwei Punktereignisse, so kann jedes der beiden durch Raum-Zeit-Koordinaten in S bzw. S' dargestellt werden. Für eine Dimension können wir ein x-t-Diagramm zeichnen und die einzelnen Punktereignisse wie in Bild 4.1 darin eintragen. Es ist also:

Für Ereignis 1:

$$x_1' = \gamma(x_1 - vt_1) \qquad x_1 = \gamma(x_1' + vt_1')$$
$$t_1' = \gamma\left(t_1 - v\frac{x_1}{c^2}\right) \qquad t_1 = \gamma\left(t_1' + v\frac{x_1'}{c^2}\right)$$

Für Ereignis 2:

$$x_2' = \gamma(x_2 - vt_2) \qquad x_2 = \gamma(x_2' + vt_2')$$
$$t_2' = \gamma\left(t_2 - v\frac{x_2}{c^2}\right) \qquad t_2 = \gamma\left(t_2' + v\frac{x_2'}{c^2}\right)$$

Wir können dann auch den räumlichen und zeitlichen Abstand der Ereignisse in den beiden Systemen bestimmen, indem wir setzen

$$x_2' - x_1' = \gamma\,[(x_2 - x_1) - v(t_2 - t_1)] \tag{4.2}$$

$$t_2' - t_1' = \gamma\,[(t_2 - t_1) - v\,\frac{x_2 - x_1}{c^2}] \tag{4.3}$$

*Beispiel:* Das Bezugssystem S' hat relativ zu S die Geschwindigkeit v = 0,6 c. Die Uhren werden so eingestellt, daß t = t' = 0 in x = x' = 0. Zwei Ereignisse finden statt. Ereignis 1 hat die Koordinaten $x_1 = 10$ m, $t_1 = 2 \cdot 10^{-7}$ s ($y_1 = 0$, $z_1 = 0$). Ereignis 2 hat die Koordinaten $x_2 = 50$ m, $t_2 = 3 \cdot 10^{-7}$ s ($y_2 = 0$, $z_2 = 0$). Berechnen Sie den Abstand der Ereignisse in S'.

Als erstes berechnet man

$$\frac{v^2}{c^2} = \frac{9}{25}$$

und daher ist dann

$$\gamma = \left(1 - \frac{v^2}{c^2}\right)^{-\frac{1}{2}} = \frac{5}{4}$$

und schließlich

$$x_2' - x_1' = \frac{5}{4}\,[(50 - 10) - \frac{3}{5}\,(3 \cdot 10^8)\,(3 - 2) \cdot 10^{-7}]\ \text{m} = 27{,}5\ \text{m}$$

## 4.3. Zeitmessungen

Gerade hinsichtlich der Zeitmessung führt uns unsere Intuition am ehesten auf falsche Wege. *Die* Zeit gibt es nicht. „Die Zeit" ist nicht eine metaphysische Abstraktion, sondern nur die Ablesung von einer Uhr. Würden alle Messungen in einem einzigen Inertialsystem ausgeführt, dann gäbe es überhaupt kein Problem. Wir könnten überall die Uhren durch eine Art Radiosignal synchronisieren. Wird diese Methode aber auf zwei relativ zueinander bewegte Inertialsysteme angewendet, so zeigt sich, daß die Synchronisierung von Uhren an verschiedenen Orten kein absoluter Vorgang ist; für jedes Bezugssystem gilt ein eigenes Gleichzeitigkeitskriterium, aus dem wir dann die Transformationsgleichungen für Zeitmessungen ableiten:

$$t' = \gamma\left(t - v\,\frac{x}{c^2}\right) \qquad\qquad t = \gamma\left(t' + v\,\frac{x'}{c^2}\right)$$

Betrachten wir ein Beispiel für die eigentliche Aussage dieser Gleichungen:

Stellen Sie sich vor, wir hätten zwei Gruppen absolut identischer Uhren – unendlich viele in jeder Gruppe – die entlang einer Geraden (der x- oder x'-Achse) aufgereiht sind. Alle Uhren in S werden so eingestellt, daß sie die Zeit t in dem

Augenblick anzeigen, der im System S für alle Uhren als gleichzeitig anzusehen ist. Die Uhren im System S' werden analog nach dem Gleichzeitigkeitskriterium dieses Systems synchronisiert. Die Uhren in S' haben jedoch relativ zu denen in S eine Geschwindigkeit v in Richtung der x-Achse, und umgekehrt. Es folgt daraus:

1. In S vorgenommene Ablesungen des Zeigerstandes der S'-Uhren zu einem bestimmten Zeitpunkt t (gemessen in S) zeigen eine fortschreitende Änderung der Zeitablesung (t') mit der in S festgestellten Lage (x).

Und analog:

2. In S' vorgenommene Ablesungen des Zeigerstandes der S-Uhren zu einem bestimmten Zeitpunkt t' (gemessen in S') zeigen eine fortschreitende Änderung der Zeitablesung (t) mit der in S' festgestellten Lage.

Das Ablesen der Zeigerstellung ist eine Messung – eine Messung in einem bestimmten Punkt, zu einer bestimmten Zeit, in einem bestimmten Bezugssystem.

*Beispiel:* Berechnen Sie die in S' gemessene Zeitdifferenz zwischen denselben beiden Ereignissen, die im Beispiel des vorigen Abschnittes untersucht wurden.

Mit Gl. (4.3) erhalten wir

$$
\begin{aligned}
t_2' - t_1' &= \gamma\left[\left((t_2 - t_1) - \frac{v}{c}\,\frac{x_2 - x_1}{c}\right)\right] \\
&= \frac{5}{4}\left[(3-2)\,10^{-7} - \frac{3}{5}\left(\frac{50-10}{3\cdot 10^8}\right)\right] \text{s} \\
&= 2{,}5 \cdot 10^{-8}\ \text{s}
\end{aligned}
$$

In den Beispielen verwendeten wir zwei beliebige und zueinander in keiner Beziehung stehende Ereignisse, und zeigten, wie ihr räumlicher und zeitlicher Abstand in einem anderen Bezugssystem zu berechnen ist. Wir wollen uns nun einem spezielleren und diffizileren Problem zuwenden. Wie bestimmt man in einem beliebigen Bezugssystem die Koordinaten zweier Punktereignisse, deren räumlicher Abstand mit einigem Recht als Maß für die Länge eines bestimmten Objektes angesehen werden kann, bzw. deren zeitlicher Abstand mit dem gleichen Recht als Maß für das Zeitintervall zwischen den Tickgeräuschen einer bestimmten Uhr genommen werden kann? Dadurch werden uns wohl sehr deutlich die Konsequenzen und die Tragweite der neuen Raum-Zeit-Beschreibung von Ereignissen vor Augen geführt. Wir werden mit der Frage konfrontiert, was tatsächlich mit dem Ausführen einer Messung gemeint ist – da die stillschweigend hingenommenen, doch unhaltbar gewordenen Annahmen der klassischen Mechanik über Bord geworfen wurden. Aus dieser Analyse wurde endlich die so gefeierte Lösung geboren: daß ein bewegtes Objekt eine scheinbare Kontraktion aufweist, und daß bewegte Uhren scheinbar langsamer laufen.

## 4.4. Lorentzkontraktion

Ein in einem Inertialsystem S ruhendes Objekt (alle räumlichen Koordinaten, x, y und z sind konstant) ändert dauernd seine Zeitkoordinate. Es wird also durch eine unendliche Folge von Raum-Zeit-Ereignissen beschrieben. Eine Punktmasse, die in einem Inertialsystem S ruht, wird in einem Raum-Zeit-Diagramm durch eine Gerade dargestellt, die die Ortslinie aller Punktereignisse ist, die die gleichen Raumkoordinaten (x, y, z) bezüglich S haben.

Die zwei zur t-Achse parallelen Geraden in Bild 4.2 mit den Gleichungen $x = x_1$ und $x = x_2$ können daher die Weltlinien der zwei Enden eines Körpers sein, dessen Länge in S immer $l_0$ ist:

$$l_0 = x_2 - x_1$$

Wie müßten wir aber nun vorgehen, wollten wir eine Methode zur Bestimmung der Länge eines Körpers unter Verwendung von Messungen aus einem anderen Bezugssystem S' erhalten? Die Sache ist ganz einfach: Wir bestimmen die Koordinaten der beiden Enden des Körpers in einem für S' gleichzeitigen Zeitpunkt t'. Jede Gerade t' = const (Bild 4.2) schneidet natürlich die Weltlinien der beiden Enden des Körpers im x-t-Diagramm in zwei Punkten. Diese zwei Punktereignisse ($P_1$ und $P_2$) haben die Koordinaten $(x'_1, t'_1)$ und $(x'_2, t'_2)$, und $t'_1 = t'_2 = t'$. Die in S' gemessene Länge des Objektes ist dann durch

$$l = x'_2 - x'_1$$

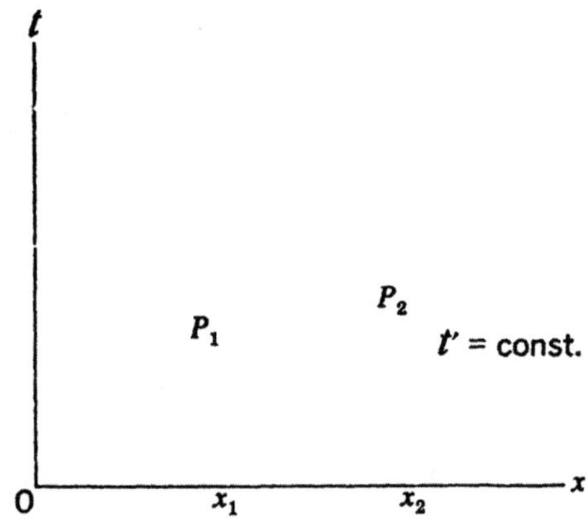


Bild 4.2

Lorentzkontraktion. Das räumliche Intervall zwischen den Endpunkten eines in S ruhenden Objektes wird zur Zeit t' im System S' gemessen.

gegeben. Bei einer Messung in S haben die gleichen beiden Punktereignisse die Koordinaten $x = x_1$ bzw. $x = x_2$ für jeden in S bestimmten Zeitpunkt. Unter Verwendung der Lorentz-Transformationen erhalten wir

$$x_1 = \gamma\,(x_1' + vt')$$
$$x_2 = \gamma\,(x_2' + vt')$$

daher ist

$$x_2 - x_1 = \gamma\,(x_2' - x_1')$$

und

$$l = \frac{l_0}{\gamma} = l_0 \left(1 - \frac{v^2}{c^2}\right)^{\frac{1}{2}} \tag{4.4}$$

Das entspricht genau der Lorentz-Fitzgerald-Kontraktion, mit der man die Ergebnislosigkeit des Michelson-Morley-Versuchs zu erklären suchte. Sie sollten sich vollkommen klar sein, was eigentlich mit $l$ dargestellt wird. $l$ ist der Abstand der Enden eines Objektes im für das System S′ gleichen Augenblick. Das Gleichzeitigkeitskriterium ist für verschiedene Bezugssysteme natürlich verschieden, daher sind auch die Ergebnisse von Längenmessungen in verschiedenen Systemen verschieden. Das klingt wohl zuerst etwas sonderbar, aber nach *Einstein* ist das eine grundlegende Eigenschaft aller physikalisch sinnvollen Messungen.

*Anmerkung:* Lassen Sie sich durch einen flüchtigen Blick auf Bild 4.2 bitte nicht in die Irre leiten. In der Darstellung ist $l$ (die Strecke $\overline{P_1 P_2}$) länger dargestellt als $l_0$ (gegeben durch $x_2 - x_1$). Wenn Sie sich jedoch an die Diskussion der Minkowski-Diagramme im 3. Kapitel erinnern, so ist Ihnen klar, daß diese Tatsache bedeutungslos ist: Wir sagten, die Einheitsstrecke werde in diesen Diagrammen durch Strecken verschiedener Länge auf der x- bzw. x′-Achse definiert. Wenn wir das berücksichtigen, dann wird sich bei einer Messung $l$ immer kürzer als $l_0$ ergeben.

## 4.5. Die Zeitdilatation

Landläufige Vorstellungen führen einen am meisten bezüglich der Zeit in die Irre, wie wir bereits zeigten. Das ist wohl am besten in dem Phänomen verkörpert, das als *Zeitdilatation* bekannt ist. Die wesentlichen Züge dieses Phänomens sind: Ein Zeitabschnitt, der mit einer ***einzigen*** Uhr gemessen wurde, wird mit der Messung dieser Zeitspanne in einem Bezugssystem verglichen, relativ zu dem sich diese Uhr bewegt. Bei jedem derartigen Vergleich stellt sich heraus, daß die Zeitspanne, die durch diese eine Uhr festgestellt wurde, geringer ist als die Differenz der zwei Zeitablesungen, die diese Zeitspanne in dem anderen System definieren. Anders ausgedrückt, das Zeitmaß der einen bewegten Uhr scheint ausgedehnt – weshalb man eben von Zeitdilatation spricht.

Wir wollen uns nun überlegen, wie dieser bemerkenswerte Effekt mit der speziellen Relativitätstheorie zusammenhängt. Eine Uhr ruhe im System S im Punkt $x = x_0$. Zwei verschiedene Ablesungen der Uhr sollen als zwei Ereignisse angesehen werden:

Ereignis 1: $(x_0, t_1)$ Ereignis 2: $(x_0, t_2)$

Wir berechnen nun die Zeitkoordinaten dieser beiden Ereignisse für das System S', das relativ zu S die Geschwindigkeit v hat. Mit den Lorentz-Transformationen erhalten wir

$$t_1' = \gamma \left( t_1 - v \frac{x_0}{c^2} \right)$$

$$t_2' = \gamma \left( t_2 - v \frac{x_0}{c^2} \right)$$

Daher ist

$$t_2' - t_1' = \gamma (t_2 - t_1)$$

Wir setzen $t_2 - t_1 = \tau_0$ und $t_2' - t_1' = \tau$, und erhalten dann

$$\tau = \gamma \tau_0 = \frac{\tau_0}{\left(1 - \frac{v^2}{c^2}\right)^{\frac{1}{2}}} \tag{4.5}$$

Vergleichen Sie Gl. (4.5) mit (4.4). Die *Länge* eines Körpers ist in dem System, in dem er ruht, *größer*, während die *Zeitdifferenz* zwischen zwei Ereignissen (den zwei Ablesungen einer Uhr) in dem System, in dem die Uhr ruht, *geringer* ist als in jedem anderen System.

Das Phänomen der Zeitdilatation erscheint uns weit weniger geheimnisvoll, sobald wir erkennen, daß es im wesentlichen nur eine Folge davon ist, daß wir ja zwei aufeinanderfolgende Ablesungen *einer* Uhr mit den Ablesungen von *zwei verschiedenen* Uhren vergleichen. Das in Gl. (4.5) ausgedrückte Ergebnis enthält also im wesentlichen nicht nur die Zeitanzeige einer Uhr, sondern auch den Vorgang der *Synchronisation* verschiedener Uhren. Bei den Messungen, die wir beschrieben haben, werden drei Uhren benötigt; zwei von ihnen befinden sich im gleichen Inertialsystem, jedoch auf verschiedenen Raumkoordinaten dieses Systemes. Wir können annehmen, daß die drei Uhren absolut identisch sind – z. B. Quarz-Oszillatoren, für die genau die gleichen dynamischen Gesetze in allen Inertialsystemen gelten. Wenn alle drei in einem bestimmten System ruhen, dann arbeiten sie mit gleicher Geschwindigkeit. Um einen Zeitdilatationseffekt beobachten zu können, müssen zwei dieser Uhren, die getrennt, aber relativ zueinander in Ruhe sind, so schnell werden, daß die beiden t = 0 zum gleichen Zeitpunkt (in ihrem System gemessen) anzeigen. Dabei wird Einsteins Definition der Gleichzeitigkeit (Synchronisation durch Austausch von Licht- oder Radiosignalen) angewendet. Wir benützten die Lorentz-Transformationen – das heißt, diese Synchronisationen wurden ausgeführt; wir können daher einen Zeitdilatationseffekt feststellen.

## 4.6. Nachweis der Zeitdilatation mit Mesonen aus der kosmischen Strahlung

Das sehr bemerkenswerte Ergebnis aus Gl. (4.5) nimmt den Galilei-Transformationen eine wesentliche Grundlage. In der Alltagssprache ausgedrückt, besagt dieses Ergebnis einfach, „bewegte Uhren laufen langsamer". Aber auch nach all den Diskussionen im vorigen Abschnitt kann man kaum umhin sich zu fragen, ob ein derartig bizarres Ergebnis tatsächlich wahr sein kann? Wir müssen diese Frage bejahen, und verweisen gleichzeitig auf das eindeutige Beweismaterial, das für dieses Phänomen aus dem Zerfall sehr schneller Teilchen erhalten werden kann.

Der radioaktive Zerfall ist eines jener zahlreichen Phänomene, bei denen aus individuell zufälligen Prozessen doch ein sehr klares und eindeutiges Bild geschaffen wird. Für jeden Typ instabiler Partikel ist es möglich, den Bruchteil der zum Zeitpunkt $t_0$ ermittelten Gesamtmenge festzustellen, der zur Zeit t noch nicht zerfallen ist. Man kann also auch vorhersagen – innerhalb der durch endliche Zahlen bedingten Fehlergrenzen – daß das gleiche Resultat auch für jede andere Probemenge der gleichen Sorte Teilchen gelten wird. Instabile Teilchen sind also, rein statistisch gesehen, eine Art Uhr; eine Messung der noch unzerfallenen Menge informiert über die abgelaufene Zeit. Bekanntlich wurde dieser Effekt bei der Untersuchung unserer historischen und geologischen Vergangenheit benützt, indem man die noch vorhandenen Mengen verschiedener langlebiger Isotope, die in der Natur vorkommen, feststellte. Gl. (4.5) besagt aber, daß auch diese radioaktiven Uhren dem gleichen Effekt unterworfen sind wie andere Uhren: Haben wir zwei Gruppen instabiler Partikel, verleihen der einen Gruppe eine Geschwindigkeit v relativ zu unserem eigenen Bezugssystem, lassen die andere Gruppe jedoch im Ruhezustand, so wird die durch die bewegte Gruppe dargestellte radioaktive Uhr langsamer laufen als die der ruhenden Gruppe. In einer bestimmten von uns gemessenen Zeitspanne werden in der bewegten Gruppe weniger Zerfallsprozesse vorkommen, als man in dieser Zeit normalerweise erwarten würde – und wenn v fast gleich c ist, wird dieser Unterschied sehr stark sein.

Ein geradezu klassischer Nachweis der Zeitdilatation wurde durch den Versuch von *B. Rossi* und *D. B. Hall* [1]) im Jahre 1941 geboten. Man bediente sich bei diesem Experiment der $\mu$ Mesonen (Myonen), die entstehen, wenn kosmische Strahlung in die Erdatmosphäre eindringt. Vor einiger Zeit wurde der Versuch wiederholt und die Untersuchungen wurden in einem Film zusammengestellt [2]). Im wesentlichen geht das Experiment so vor sich:

1. Ein $\mu$ Meson ist ein geladenes Teilchen, das in ein Elektron (+ oder −), ein Neutrino ($\nu$) und ein Antineutrino ($\bar{\nu}$) zerfällt:

$$\mu^{\pm} \rightarrow e^{\pm} + \nu_1 + \bar{\nu}_2$$

(Wir sollten vielleicht hinzufügen, daß $\nu_1$ und $\bar{\nu}_2$ ihrer Natur nach verschieden sind – wir werden uns mit diesen Neutrinos hier aber ohnehin nicht befassen.)

2. Da die Mesonen durch kosmische Strahlung erzeugt werden, ist die Hauptkomponente ihrer Bewegungsrichtung in der Atmosphäre nach unten gerichtet. Ihre Geschwindigkeit ist nahezu c.

3. Mit Detektoren, Geräten zum Nachweis geladener Partikel, kann man die Auftreffzeit eines $\mu$ Mesons festhalten, und nach einer zu bestimmenden Zeitspanne das Entstehen des energiereichen Elektrons, das beim Zerfall produziert wird, beobachten. Dieses zweite Stadium bedeutet, daß das Meson im Detektor zur Ruhe gekommen ist, und daß daher der Zerfall ruhender Mesonen aufgezeichnet wird.

4. In Stadium 3 kann man die Zeitintervalle zwischen Aufschlag und Zerfall einer für statistische Behandlung genügend hohen Anzahl von Mesonen bestimmen.

5. Lassen wir das statistische Ergebnis von Stadium 4 gelten, dann können wir den Bruchteil einer Anzahl von Mesonen vorherbestimmen, der beim Durchlaufen einer bestimmten Strecke *(l)* und während der Zeitspanne ($\approx l/c$) durch Zerfall verlorengehen sollte. Wir müssen dabei natürlich den Verlust von Mesonen durch Zusammenstoß mit Luftmolekülen in Betracht ziehen.

6. Die Anzahl der pro Zeiteinheit einfallenden Mesonen wird auf einem Berggipfel und in Seehöhe gemessen. Weit mehr Mesonen als man nach Stadium 5 erwarten würde, bleiben nach Durchlaufen dieses Höhenunterschiedes übrig.

In den genannten Film [3]) wird der Ablauf des Versuchs etwa wie folgt beschrieben:

Wir befinden uns auf dem Gipfel des Mt. Washington in New Hampshire. Hier wollen wir die ankommenden Mesonen zählen, und dann später im Meeresniveau die Anzahl der dort ankommenden unterwegs nicht zerfallenen Mesonen bestimmen.

---

1) *B. Rossi* und *D. B. Hall*, Phys. Rev., 59, 223 (1941).

2) Zeitdilatation – ein Versuch mit $\mu$ Mesonen, von *D. H. Frisch* und *J. H. Smith*, Education Devlopment Center, Newton, Mass., 1963. Siehe auch *D. H. Frisch* und *J. H. Smith*, Am. J. Phys., 31, 342–355 (1963.

3) Der Text wurde mit Genehmigung des Autors aus dem Drehbuch entlehnt.

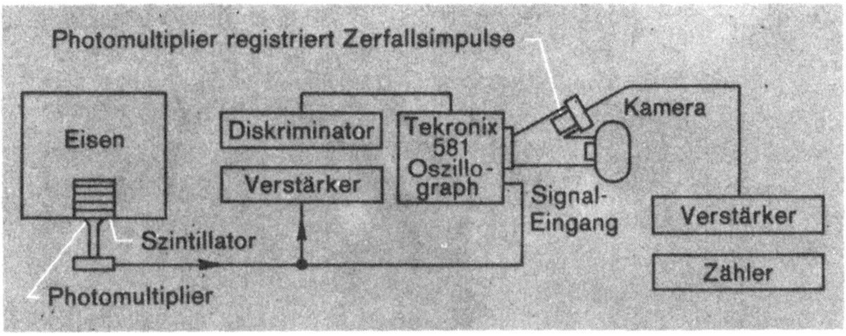


Bild 4.3
Schaltschema nach *Frisch* und *Smith*, „Messung der relativistischen Zeitdilatation mit $\mu$-Mesonen" ("Measurement of the Relativistic Time-Dilatation Using Mu-Mesons"), Am. J. Phys., 31, 342 (1963).

Durch einen Vergleich dieser Zahlen soll bewiesen werden, daß bewegte Uhren langsamer gehen. Zuerst aber müssen wir diese Mesonen irgendwie registrieren können.

Jedesmal, wenn ein $\mu$-Meson durch einen Plastik-Szintillator hindurchgeht, wird ein Lichtimpuls emittiert (Bild 4.3). Diese Lichtimpulse werden mit dem Photovervielfacher in elektrische Signale umgewandelt. Kommt ein $\mu$-Meson im Szintillator zur Ruhe und zerfällt, emittiert es einen zweiten Lichtblitz. Der Oszillograph wurde so geschaltet, daß er nur diese Zerfallsimpulse registriert. Das Licht der Zerfallsimpulse auf dem Schirm des Oszillographen fällt in einen zweiten Photovervielfacher. Der Zähler registriert die $\mu$-Mesonen, die den Plastik-Szintillator trafen und in ihm zerfielen. Mit einer Polaroidkamera können wir festhalten, wann der Zerfall stattfindet.

Wir messen die Zerfallszeiten zahlreicher Mesonen und tragen sie in ein Diagramm ein. Das betreffende Meson, dessen Zerfallszeit durch eine entsprechende Strecke im Diagramm dargestellt wird, existierte 4,85 $\mu$s (Bild 4.4).

Erst nach vielen hundert Zählungen können wir erkennen, wie die Zerfallszeiten der einzelnen Mesonen sich zu einem bestimmten Verteilungsmuster zusammenfügen. Wir stellten daher mehrere einstündige Meßserien auf. Das Bild 4.5 zeigt das fertige Diagramm, das als Meßprotokoll von 568 Teilchenzählungen in einer Stunde entstand.

Da wir die Geschwindigkeit der Mesonen (nahezu Lichtgeschwindigkeit) kennen, können wir die Ordinate auch in je 1000 Fuß statt in Mikrosekunden einteilen, und untersuchen, wie viele Mesonen 6300 Fuß unterhalb unseres Berggipfels, im Meeresniveau, noch nicht zerfallen sein können. Wir spannen bei 6300

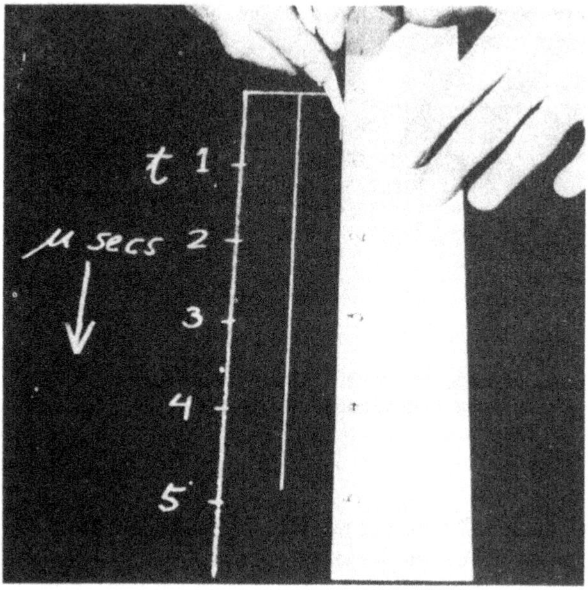


Bild 4.4

Bild 4.5

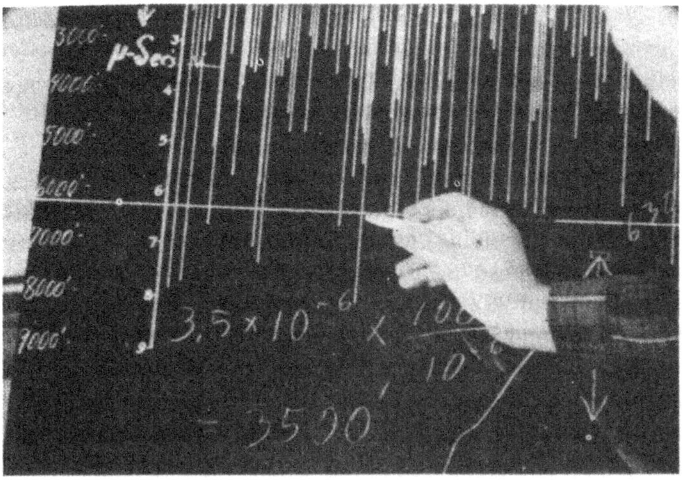


Bild 4.6

Bild 4.7

Fuß oder 6,3 $\mu$ s eine Schnur quer über die Tafel (Bild 4.6) und zählen die Mesonen, die auf diesem Weg nicht zerfallen sein dürfen (es sind 27), wenn wir annehmen, daß die $\mu$-Mesonen in Bewegung auf die gleiche Weise zerfallen, wie wenn sie relativ zu uns ruhen. Mit dieser Überzeugung kann man dann natürlich in Meeresnivaus das Experiment wiederholen und erwarten, daß wieder 27 Mesonen pro Stunde im Szintillator stecken bleiben und zerfallen.

Wir haben genau das getan. Wir zählten 568 Mesonen auf dem Gipfel des Mt. Washington, und wollen nun sehen, wie viele davon hier im Meeresniveau übriggeblieben sind. Wir befinden uns in Cambridge, Massachusetts, und zählen die Mesonen, die von der in 6000 Fuß Höhe angekommenen Anzahl noch übrig sind. Wie viele sind es pro Stunde? Vier null neun, vier zehn, vier zwölf – nun ist die Stunde um (Bild 4.7). Statt der erwarteten 27 zählten wir 412 Mesonen, die im Meeresniveau noch nicht zerfallen waren. 412 unzerfallene Mesonen entsprechen 0,7 $\mu$ s auf unserer Tafel mit der Verteilung des Mesonenzerfalls – wir können dieses Diagramm wie eine Uhr benützen. 0,7 dividiert durch 6,3 gibt 1/9. Diese Mesonen, die sich relativ zu uns mit 99 % der Lichtgeschwindigkeit bewegen, stellen also eine um 1/9 zu langsam gehende Uhr dar, wenn man dieses Ergebnis mit der Zerfallsverteilung von relativ zu uns ruhenden Mesonen vergleicht.

Fassen wir die Meßergebnisse zusammen. Tabelle 4.1 gibt die zeitliche Verteilung des Zerfalls einer Anzahl $\mu$-Mesonen in Ruhe. Im Film über diesen Versuch registriert das Zählgerät in 2000 m Seehöhe im Mittel 568 einfallende Myonen pro Stunde. Mit einer Geschwindigkeit von $\approx$ c brauchen Mesonen etwa 6,5 $\mu$ s, um aus dieser Höhe das Meeresniveau zu erreichen, so daß man also nach Tabelle 4.1 in Seehöhe nur mehr ein Zählergebnis von etwa 25 Mesonen pro Stunde erwartet hätte. Bei der tatsächlichen Messung zählte man jedoch 400 Mesonen in der Stunde zuviel. Nach der „Uhr" der bewegten Mesonen wurde dieser Höhenunterschied also in weniger als 1 $\mu$ s – genauer, etwa 0,7 $\mu$ s – durchlaufen!

**Tabelle 4.1:** Zerfall ruhender Myonen

| abgelaufene Zeit in $\mu$s | Anzahl der noch nicht zerfallenen Myonen |
|---|---|
| 0 | 568 |
| 1 | 373 |
| 2 | 229 |
| 3 | 145 |
| 4 | 99 |
| 5 | 62 |
| 6 | 36 |
| 7 | 17 |
| 8 | 6 |

Der Zeitdilatationsfaktor von etwa 9 wird natürlich durch einen bestimmten Wert von v bedingt. Mit Gl. (4.5) ist

$$1 - \frac{v^2}{c^2} = \left(\frac{\tau_0}{\tau}\right)^2 \approx \frac{1}{81}$$

woraus wir

$$\frac{v}{c} \approx 0,994$$

erhalten. Es sollte vielleicht erwähnt werden, daß die Energien der durch kosmische Strahlung erzeugten Myonen stark variieren. Man kann aber einen bestimmten Wert von v/c aussondern, indem man nur diejenigen Mesonen berücksichtigt, die in einer bestimmten, relativ geringen Schichtdicke eines Materials (Plastik-Szintillator) nach Durchlaufen einer bestimmten Schichtdicke von Materie (Eisen + Luft) steckenbleiben. Myonen mit einer geringeren Geschwindigkeit als der ausgewählten werden abgestoppt, bevor sie die Plastikschicht erreichen, solche mit höherer durchschlagen die Plastikschicht. Solche Myonen werden in beiden Fällen nicht registriert, denn ein Myon muß, um gezählt zu werden, im Plastik-Szintillator zur Ruhe kommen und dort zerfallen.

Dieses Experiment zeigt, daß die Zeitdilatation nicht nur in der Theorie existiert, sondern experimentell nachweisbar ist und daß sie für Uhren, die sich relativ zu einem gegebenen Bezugssystem mit nahezu c bewegen, einen sehr wesentlichen Effekt darstellt.

## 4.7. Eine weitere Interpretationsmöglichkeit für das Zeitdilatationsexperiment

In der Diskussion des Zeitdilatationseffektes bei $\mu$-Mesonen stellten wir unsere Betrachtungen bezüglich eines durch unser Labor definierten Bezugssystems an. In diesem System läuft die bewegte „Uhr“ der schnellen Mesonen zu langsam. Wie aber sieht das Ergebnis aus, wenn wir das Phänomen mit Messungen aus einem Inertialsystem beschreiben, das sich mit den Mesonen mitbewegt? Für dieses System zerfallen die Mesonen im Ruhezustand. Aus der Sicht dieses neuen Bezugssystems (bzw. aus der Sicht eines Mesons sozusagen) bewegen sich Erde und Atmosphäre mit nahezu Lichtgeschwindigkeit aufwärts. Zuerst flitzt eine Bergspitze vorbei, und wenig später kommt der Grund an. Wenn nun Bezugssysteme mit gleichförmiger Relativbewegung äquivalent sind, müssen die Meßwerte für den Zerfall ruhender Myonen im Labor (Tabelle 4.1) auch für Myonen gelten, die in dem neuen Bezugssystem ruhen. An dem Resultat, daß statt der erwarteten 5 % etwa 75 % der Mesonen zwischen Berggipfel und Meeresniveau nicht zerfallen sind, ändert sich jedoch nichts. Diese scheinbare Unstimmigkeit ist leicht zu erklären. Für die schnell bewegten Mesonen scheint die Strecke zwischen Berggipfel und Meeresniveau stark verkürzt. Wir wollen diesen Effekt nun quantitativ untersuchen.

Die von den Mesonen zurückgelegte Vertikaldistanz sei die durch gewöhnliche Vermessung festgestellte Höhe H – im Bezugssystem S der Erde also. Die Mesonen haben eine abwärts gerichtete Vertikalgeschwindigkeit v. Die Zeit in der die Strecke H zurückgelegt wird, ist somit im System S gleich H/v ($\approx$ H/c). Diese Zeitspanne ist dann nach der Zeitdilatationsgleichung (4.5) für das System S′ der Mesonen durch $\Delta t' = \Delta t (1 - v^2/c^2)^{1/2}$ gegeben [1]). Diese Zeit kann natürlich auch durch die im System S' gemessene Vertikaldistanz H' dividiert durch die Geschwindigkeit mit der sich die Atmosphäre an den Mesonen vorbeibewegt ausgedrückt werden. Diese Geschwindigkeit ist wiederum v, da es eine Grundbedingung einer Relativitätstheorie ist, daß für zwei Bezugssysteme die Größe der Relativgeschwindigkeit übereinstimmen muß; nur das Vorzeichen der Geschwindigkeit ändert sich je nach Bezugssystem. Wir haben also die Beziehungen

$$\Delta t = \frac{H}{v}$$

$$\Delta t' = \frac{H'}{v}$$

Daher ist

$$\frac{H'}{H} = \frac{\Delta t'}{\Delta t} = \left(1 - \frac{v^2}{c^2}\right)^{\frac{1}{2}}$$

oder

$$H' = H \left(1 - \frac{v^2}{c^2}\right)^{\frac{1}{2}} \tag{4.6}$$

Anders ausgedrückt: Nach Messungen im Bezugssystem der Mesonen ist die Strecke zwischen Bergspitze und Meeresniveau durch die Lorentzkontraktion (Gl. (4.4)) verändert worden. Die Tatsache, daß Beobachter in verschiedenen Bezugssystemen zu gleichen Ergebnissen über die Anzahl der instabilen Teilchen, die zwischen zwei Punktereignissen nicht zerfallen sind, gelangen, kann also entweder der Lorentzkontraktion oder der Zeitdilatation zugeschrieben werden – das ist nur eine Sache des Standpunktes.

Dieses Beispiel sollte aufs neue zeigen, daß die Zeitdilatation einerseits durch die Definition der Gleichzeitigkeit, andererseits durch eine bestimmte Art von Messung bedingt ist. Diesen Effekt mit „bewegte Uhren laufen langsamer" zu beschreiben, ist zwar recht bequem, aber wir machen es uns damit zu leicht, denn eine solche Phrase kann recht irreführend sein. Einesteils besagt dieser Satz, daß Bewegung irgendeine absolute Eigenschaft besitzt – was relativistischen Vorstellungen natürlich zuwiderläuft. Weiteres besagt eine solche Aussage – und das ist genauso unmöglich – daß irgend eine wesentliche Änderung im Gang der Uhr selbst

[1]) Bei der Ableitung von Gl. (4.5) ist zu berücksichtigen, daß die eine Uhr (die nun durch eine Gruppe von Mesonen dargestellt ist) im System S und nicht in S' ruhte. Die Aussage des Ergebnisses ist im wesentlichen jedoch immer die gleiche: Die einzelne Uhr registriert eine kürzere Zeitspanne als die Uhren im anderen Bezugssystem.

stattfindet, daß die physikalischen Grundlagen ihres Funktionierens irgendwie verändert werden; es ist jedoch eine grundlegende Bedingung der Relativitätstheorie, daß gerade das Gegenteil zutrifft – daß der Gang der Uhr für ihr eigenes Bezugssystem in keiner Weise verändert wird. Wir müssen uns klar darüber sein, daß wir von bewegten Objekten nur sprechen können, wenn wir uns dabei auf ein bestimmtes System (meist unser eignes) beziehen. Solange man sich das immer vor Augen hält, darf man von bewegten Uhren oder bewegten Meterstäben sprechen. Trotzdem: Achtung!

## 4.8. Mehr über Zeit- und Längenmessungen

Es wird Ihnen bei den letzten Abschnitten aufgefallen sein, daß fixen Bezugssystemen (die zumindest in unserer Vorstellung mit einem bestimmten Objekt fest verbunden sind und sich mit diesem immer mitbewegen) eine besondere Bedeutung zugemessen wird. Diese Bezugssysteme heißen *Ruhsysteme,* und Messungen in ihnen werden mit dem Präfix *Eigen-* gekennzeichnet. Das bedeutet keineswegs eine Abweichung von relativistischen Ideen. Obwohl es für jeden Beobachter oder jedes Objekt ein eindeutig definiertes Ruhsystem gibt, haben wir keinen augenfälligen Grund, ein bestimmtes System zu bevorzugen. Die Länge eines Körpers in seinem Ruhsystem heißt *Eigenlänge;* wir bezeichnen sie mit $l_0$. Jede andere Messung der Länge unterscheidet sich von der Eigenlänge. Wie wir gesehen haben, ist eine solche Messung um einen der Lorentzkontraktion entsprechenden Faktor kleiner als $l_0$. Nach der neu eingeführten Terminologie können wir ganz analog den Begriff der *Eigenzeit* einführen. Das ist die an einem bestimmten Punkt in einem bestimmten Bezugssystem (dem Ruhsystem des Punktes) gemessene Zeit. Die Messung des Zeitintervalls zwischen zwei Ereignissen ergibt keine Eigenzeit, es sei denn beide Ereignisse werden auf ein und dieselbe Uhr bezogen. Analysieren wir den Versuch mit dem Myonenzerfall aus dieser Sicht, dann kann das Phänomen der Zeitdilatation als Manifestation des Unterschiedes zwischen Eigenzeit und Nicht-Eigenzeit aufgefaßt werden. Es mag lehrreich sein, die Ergebnisse der Zeitdilatation und der Längenkontraktion aufs neue abzuleiten. *Einsteins* zweites Postulat (über die Universalität von c) soll dabei auf einige hypothetische, aber sehr spezifische Messungen von Eigengrößen und Nicht-Eigengrößen angewandt werden.

Nehmen wir an, eine Uhr ruhe im System S′ und bewege sich relativ zu einem anderen System S mit konstanter Geschwindigkeit. Es ist bedeutungslos, welche Art von Uhr wir betrachten. Würden nämlich verschiedene Arten von Uhren auf gleichförmige Bewegungen nicht in der gleichen Weise reagieren, dann böte uns das eine Möglichkeit, diese Bewegung absolut zu bestimmen, d.h., ohne Bezug auf die Umgebung zu nehmen. Ein Nachweis absoluter Geschwindigkeiten ist aber mit dem Relativitätsprinzip nicht vereinbar. Bei der Wahl der Uhr stehen uns also alle

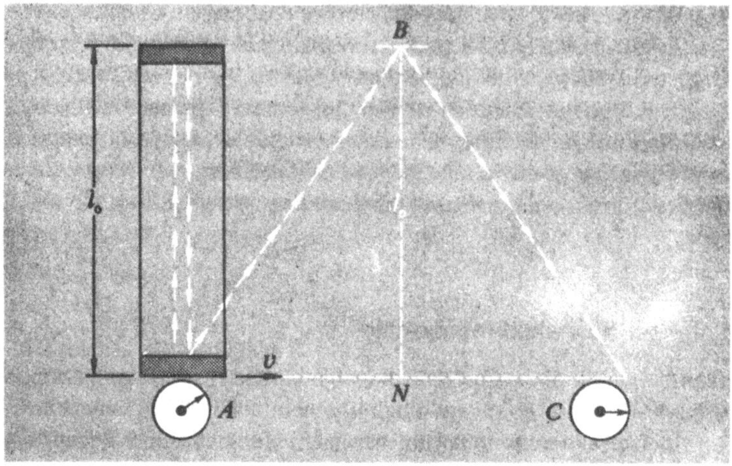


Bild 4.8
Lichtimpulsuhr zur Erklärung der Zeitdilatation.

Möglichkeiten offen; wir werden aber eine Uhr aussuchen, deren Funktionsweise leicht zu analysieren ist. Diese Uhr besteht aus einer Schachtel, in der sich zwei Spiegel befinden. Zwischen den beiden Spiegeln bewegt sich ein Lichtstrahl hin und her. Jedesmal, wenn der Lichtstrahl zurückkehrt, rückt ein Zeiger auf einem Zifferblatt um eine Einheit weiter [1]). Wenn der Abstand der beiden Spiegel (die Eigenlänge dieser Uhr) $l_0$ beträgt, dann entspricht eine Einheit auf dem Zifferblatt $2\,l_0/c$ (Eigenzeit). Eine solche Uhr bewege sich nun senkrecht zu ihrer Länge mit der Geschwindigkeit v relativ zu einem anderen Inertialsystem S (Bild 4.8). In diesem Bezugssystem ist der Weg des Lichtimpulses $\overline{ABC}$, der Lichtstrahl braucht für ihn die Zeit $\Delta t$, die durch die Differenz der Ablesungen von zwei Uhren (in A und C), die im Ruhezustand synchronisiert wurden, bestimmt ist. Wenn wir die Beweisführung für die Invarianz transversaler Strecken aus Kapitel 3 akzeptieren, können wir setzen

$$\overline{AN} = \overline{NC} = v\,\frac{\Delta t}{2} \qquad\qquad \overline{BN} = l_0$$

Daher ist

$$\overline{AB} + \overline{BC} = 2\left[l_0^2 + \left(v\,\frac{\Delta t}{2}\right)^2\right]^{\frac{1}{2}}$$

---

[1]) Diese idealisierte Uhr existiert in der Literatur über Relativität schon eine geraume Zeit. Sie besitzt mehr als flüchtige Ähnlichkeit mit einem Arm eines Michelson-Interferometers.

Aber die Lichtgeschwindigkeit ist für alle Beobachter, die feststellen, daß die vom Lichtimpuls zurückgelegte Gesamtstrecke gleich c Δt ist (bezogen auf S'), die gleiche. Daher

$$c\,\Delta t = 2\left[l_0^2 + \left(v\frac{\Delta t}{2}\right)^2\right]^{\frac{1}{2}}$$

$$\Delta t = \frac{2\,l_0}{(c^2 - v^2)^{\frac{1}{2}}}$$

Das auf der bewegten Uhr gemessene Eigenzeitintervall beträgt jedoch nur $2\,l_0/c$. Daher ist

$$\Delta t = \frac{\Delta t'}{\left(1 - \frac{v^2}{c^2}\right)^{\frac{1}{2}}} \tag{4.5a}$$

Das ist wiederum die Zeitdilatationsformel.

In sehr ähnlicher Weise kann die Beweisführung für die Längenkontraktion aufgebaut werden. Diesmal soll unsere Uhr sich aber in Richtung ihrer Länge mit der Geschwindigkeit v relativ zu dem zweiten Bezugssystem S bewegen. Wieder ist das Eigenzeitintervall, in dem das Licht sich hin und zurück bewegt, durch $2\,l_0/c$ gegeben, und mit Gl. (4.5a) können wir diese Zeitspanne auch für S berechnen. Wir können diese Zeit aber auch aus der Länge des Lichtweges in S bestimmen. Dabei sei $l$ die Länge der Uhr in S (Bild 4.9). Der Lichtstrahl soll dann die Zeit $\Delta t_1$ für die Strecke $\overline{A_1 B_1}$ (in diesem Punkt wird er reflektiert) brauchen, und die Zeit $\Delta t_2$ für den Rückweg $B_2 A_3$. Es ist dann

$$l + v\,\Delta t_1 = c\,\Delta t_1 \qquad l - v\,\Delta t_2 = c\,\Delta t_2$$

$$\Delta t = \Delta t_1 + \Delta t_2 = \frac{2\,l\,c}{c^2 - v^2} = \frac{\frac{2\,l}{c}}{1 - \frac{v^2}{c^2}}$$

Nach Gl. (4.5a) erhielten wir aber auch

$$\Delta t = \frac{\frac{2\,l_0}{c}}{\left(1 - \frac{v^2}{c^2}\right)^{\frac{1}{2}}}$$

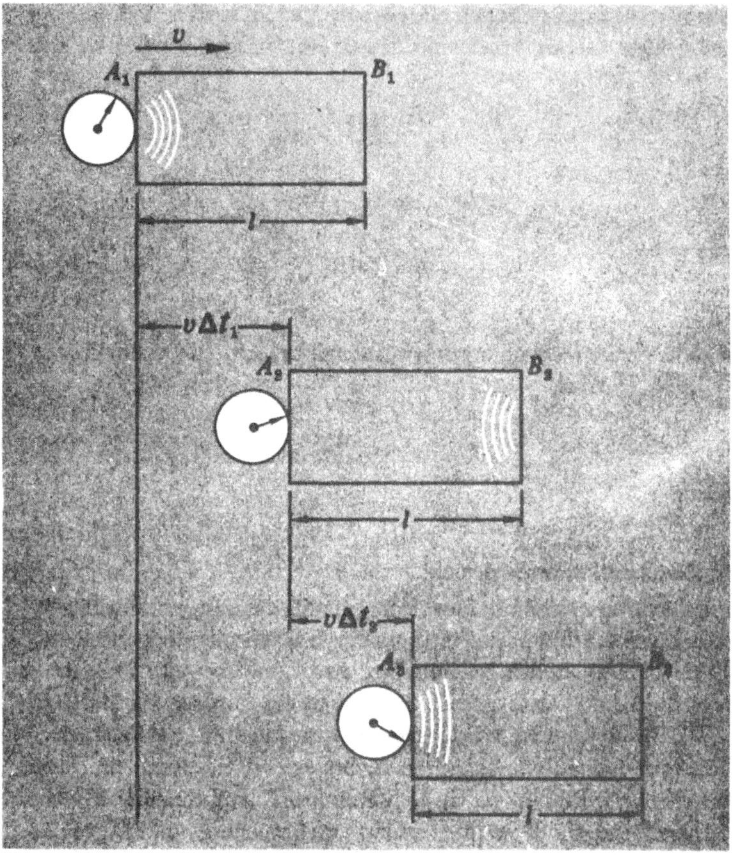


Bild 4.9 Lichtimpulsuhr zur Erklärung der Lorentzkontraktion.

Diese beiden letzten Gleichungen ergeben, wenn wir sie gleichsetzen

$$l = l_0 \left(1 - \frac{v^2}{c^2}\right)^{\frac{1}{2}}$$

das ist genau Gl. (4.4).

Diese Analyse ist natürlich nur eine Beschreibung der Lorentz-Transformationen für Zeit- und Längenmessungen an Hand eines konkreten Beispiels.

Wir müssen noch eine letzte Bemerkung über das Problem der Registrierung von Punktereignissen machen, die irgendwo innerhalb eines gegeben Bezugssystems auftreten. Haben wir ein Raum-Zeit-Koordinatensystem eingeführt, so müssen wir auch noch eine Möglichkeit finden, die Zeit zu bestimmen, zu der ein Ereignis stattfindet. Am besten geht das, indem man Geräte zur Zeitaufzeichnung (Uhren) möglichst dicht über das ganze Koordinatennetz verteilt (etwa eine an jedem Schnittpunkt der Netzgeraden). Andernfalls müßten für die Zeit, die man zur Übertragung von Informationen von einem Netzpunkt zu einem zentralen Punkt braucht, Korrekturen angebracht werden. Alle diese Zeitßmeßgeräte müssen natürlich so eingestellt werden, daß sie $t = 0$ gleichzeitig anzeigen. Warum muß man sich aber eigentlich immer auf die Einsteinsche Methode (Austausch von Licht- oder Radiosignalen und Korrektur für die Laufzeit des Signals) stützen? Könnte man nicht alle Uhren einfach durch Vergleich in diesem zentralen Punkt synchronisieren, und sie dann an ihren Platz bringen? Die Zeitdilatation erlaubt diese so einfache Lösung leider nicht. Während die Uhren vom Koordinatenursprung zu ihren Plätzen gebracht werden, sind sie natürlich bewegte Uhren und man darf nicht vergessen, daß sie deshalb scheinbar Zeit verloren haben, wenn man sie am Ziel dann mit Uhren vergleicht, die mit Radiosignalen synchronisiert wurden. Diese fehlende Zeitspanne ist $\Delta t - \Delta t'$ und ist damit nach Gl. (4.5a) nahezu gleich $\frac{1}{2} v^2 \; \Delta t/c^2$ für $v/c \ll 1$. Ist die Uhr einmal am Zielpunkt angelangt und befindet sie sich in Ruhe, so wird sie wieder mit normaler Geschwindigkeit laufen, der ursprüngliche Fehler bleibt aber natürlich erhalten. Da $\Delta t = s/v$ (s ist die Entfernung eines bestimmten Punktes vom Ursprung), ist der Fehler für einen gegebenen Wert von s proportional zu v und kann beliebig verringert werden, wenn man nur $v/c$ klein genug annimmt. Es ist also, mit anderen Worten, durchaus vertretbar, für ein ganzes Bezugssystem eine Standardzeit einzuführen – aber nur unter entsprechend eindeutig definierten Bedingungen.

## 4.9. Ein Michelson-Morley-Versuch mit Laserlicht

Aus der Untersuchung über Lichtimpulsuhren im Abschnitt 4.8 ergibt sich, daß zwei solche identische Uhren, die rechtwinklig zueinander orientiert sind, gleich schnell laufen, daß aber beide Uhren um den gleichen Betrag zu langsam gingen, wenn sie aus einem Bezugssystem abgelesen würden, relativ zu dem sie sich mit einer bestimmten Geschwindigkeit bewegen. Das ist nun nichts anderes als der Michelson-Morley-Versuch und erklärt, warum dieser ergebnislos blieb. Mit zwei Laserstrahlen konnte man jedoch ein noch vollkommeneres Analogon dieses Versuches schaffen. Diese moderne Überprüfung der Grundlagen der speziellen Relativitätstheorie wird mit dem in Bild 4.10 schematisch dargestellten Gerät durchgeführt [1]).

---

[1]) *T. S. Jaseja, A. Javan, J. Murray* und *C. H. Townes,* Phys. Rev., **133**, A 1221 (1964).

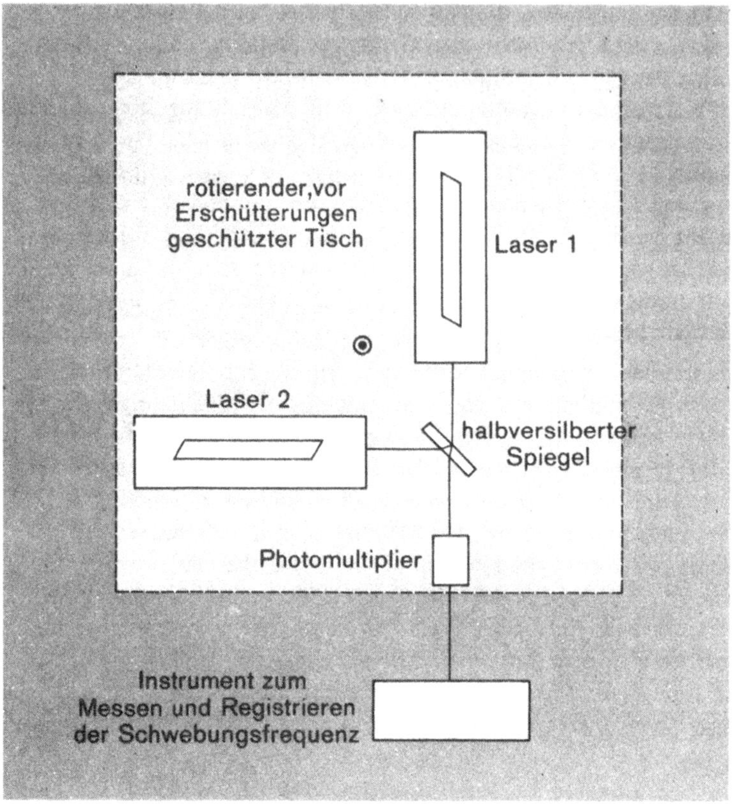


Bild 4.10

Schematische Versuchsanordnung zum Vergleich der Frequenzen zweier Laserstrahlen, die senkrecht zueinander gerichtet sind – eine moderne Version des Michelson-Morley-Versuches von *T. S. Jaseja* et al.

Obwohl die Arbeitsfrequenz eines Lasers durch die Breite einer atomaren Spektrallinie (in diesem Fall der Spektrallinie des Neonatoms) bestimmt ist, ist der genaue Wert der Frequenz doch von der Lichtgeschwindigkeit und der Entfernung zwischen den beiden Spiegeln an den Enden des Lasers abhängig[1]). Der Laser realisiert daher sehr gut unsere Vorstellung von einer Lichtimpulsuhr. Bei diesem Versuch war die charakteristische Frequenz der Laserstrahlen $3 \cdot 10^{14}$ Hz (bei einer Bandbreite von nur 20 Hz!). Die bei einer Drehung des Gerätes um 90°

[1]) Diese Frequenz ist durch $nc/2L$ gegeben. $L$ ist die Länge des Lasers, $n$ ist eine große ganze Zahl. Versuchen Sie, diese Bedingung selbst abzuleiten und zu erklären.

entstehende Differenz zwischen den Frequenzen der beiden Laser (die Schwebungsfrequenz) wurde aufgezeichnet. Innerhalb der Genauigkeitsgrenzen dieser Messung (etwa ± 3 kHz/s) konnte keine Änderung dieser Schwebungsfrequenz festgestellt werden (wenn man von den durch lokale magnetische Felder verursachten absieht). Die Genauigkeit entspricht weniger als einem Tausendstel der Änderung, die sich mit einer Ätherwindhypothese ergäbe. Somit ist dieser Versuch die bisher empfindlichste Methode, die Isotropie des Raumes bezüglich der Geschwindigkeit von Lichtsignalen nachzuweisen.

## 4.10. Die Relativität ist tatsächlich relativ

Obwohl die relativistischen Transformationen auf der vollkommenen Gleichberechtigung aller Inertialsysteme beruhen, scheint den Phänomenen der Längenkontraktion und Zeitdilatation doch irgendwie etwas Paradoxes anzuhaften. Stellen wir uns vor, zwei identische Meterstäbe seien relativ zueinander in Richtung ihrer Längsachsen in Bewegung. Befindet man sich ihm Ruhesystem des einen, dann scheint die Länge des anderen kürzer als 1 m zu sein. Der Schluß drängt sich auf, daß dann der eigene Meterstab einem Beobachter im Ruhesystem des anderen Meterstabes länger als 1 m erscheinen müsse. Lassen Sie sich aber durch derartige Trugschlüsse nicht verwirren. Es sollte Ihnen inzwischen klar geworden sein, daß jedes Inertialsystem sozusagen für sich und *nur* für sich selbst sprechen kann: Beobachtungen in einem System beschreiben Ereignisse ausschließlich aus der Sicht dieses Systems. Die Beobachtungen, die A sagen lassen, daß der Meterstab von B kürzer sei, sind Beobachtungen des Beobachters A alleine; Schlüsse, die aus diesen Beobachtungen gezogen werden, gelten nur für A und nicht auch für B. B kann eigene Beobachtungen, die analog, aber nicht auch identisch mit denen von A sind, anstellen: Aus diesen schließt B, daß der Meterstab von A kürzer sei. Beide haben recht. Trotzdem liegt darin kein Widerspruch, denn es ist physikalisch unmöglich, daß zwei aus verschiedenen Systemen stammende Beobachtungsgruppen sich auf ein und dasselbe Bezugssystem beziehen.

Diese gegenseitige Beziehung zwischen verschiedenen Systemen kann mit Minkowski-Diagrammen sehr schön dargestellt werden. In Bild 4.11 sind zweimal zwei Bezugssysteme S und S′ in dem üblichen Zusammenhang dargestellt. Von zwei Objekten (beide haben die Länge einer Eigenstreckeneinheit) ruhe eines in S das andere in S′. Bild 4.11a zeigt die Weltlinien der Enden des ersten Objektes. Bezeichnet man das linke Ende als Ursprung, dann sind diese Weltlinien identisch mit der ct-Achse und der Geraden $\overline{AQ}$. Bild 4.6b zeigt analog die Weltlinien der Enden des zweiten Objektes – die ct′-Achse und die Gerade $\overline{B'R'}$. In beiden Diagrammen wurde die Eichkurve eingezeichnet; sie ist durch die Gleichung

$$x^2 - (ct)^2 = (x')^2 - (ct')^2 = 1$$

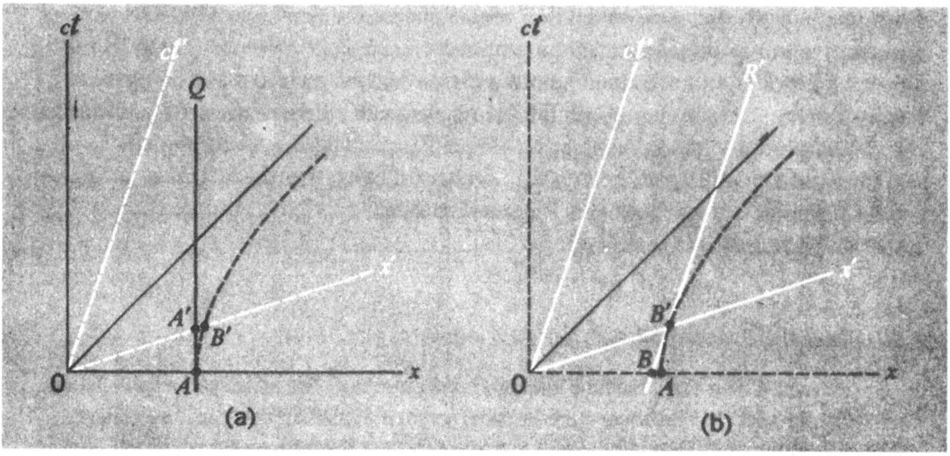


Bild 4.11. Mit Minkowski-Diagrammen kann die symmetrische Natur der Lorentzkontraktion nachgewiesen werden.

a) Ein Körper mit der Länge einer Streckeneinheit ($\overline{0A}$) der in S ruht, erscheint in S' kürzer als die Längeneinheit.

b) Ein Körper der Einheitslänge ($\overline{0B}'$) in S' wird in S kürzer als die Längeneinheit sein.

definiert. Wie wir in Kapitel 3 feststellten, schneidet diese Kurve die x-Achse eines beliebigen Bezugssystemes in einem Abstand vom Ursprung, der für dieses System die Einheitsstrecke darstellt. Die Kurve geht daher, wie in beiden Diagrammen von Bild 4.11 gezeigt ist, durch den Punkt A der x-Achse, also ist $\overline{0A} = 1$, und durch den Punkt B' auf der x'-Achse, so daß $\overline{0B}' = 1$.

In Bild 4.11a ist die Weltlinie $\overline{AQ}$ eine Tangente der Eichhyperbel in Punkt A, und in Bild 4.11b ist die Weltlinie $\overline{B'R'}$ eine Tangente der Eichhyperbel in B'. Das ist dadurch begründet, daß bei diesen Minkowski-Diagrammen die Zeitachse eines jeden Systems parallel zu der Tangente an die Hyperbel in dem Punkt ist, in dem eben diese Hyperbel die entsprechende x-Achse schneidet. Das ist leicht zu beweisen, indem man die Hyperbelgleichung mit den Raum- und Zeitkoordinaten von S darstellt, und die Steigung in jedem Punkt bestimmt:

$$x^2 - (ct)^2 = 1$$

Also ist

$$2x - 2\,(ct)\,\frac{d\,(ct)}{dx} = 0 \qquad \text{oder} \qquad \frac{d\,(ct)}{dx} = \frac{x}{ct} \tag{4.7}$$

Berechnen wir nun die Steigung in dem Punkt, in dem die x'-Achse die Hyperbel schneidet. Diese x'-Achse ist durch die Gerade t' = 0 dargestellt. Mit den Lorentz-Transformationen erhalten wir aber

$$t' = \gamma \left( t - v \frac{x}{c^2} \right)$$

Für diesen Punkt ist daher

$$t = v \frac{x}{c^2}$$

die Steigung in B' ist also mit Gl. (4.7)

$$\frac{d(ct)}{dx} = \frac{x}{ct} = \frac{x}{\frac{vx}{c}} = \frac{c}{v} \qquad (4.7a)$$

Die Achse ct' des Systems S' ist aber gleichzeitig die Gerade x' = 0, und da wir, wiederum aus den Lorentz-Transformationen, die Bedingung

$$x' = \gamma (x - vt)$$

erhalten, lautet die Gleichung der ct'-Achse, ausgedrückt in den Koordinaten x und ct, folgendermaßen:

$$x - \frac{v}{c}(ct) = 0$$

Die Steigung dieser Geraden ist dann

$$\text{Steigung der } ct'\text{-Achse im System } S = \frac{ct}{x} = \frac{c}{v} \qquad (4.7b)$$

was beweist, daß die obige Konstruktion korrekt ist.

Nachdem wir nun mit ein wenig analytischer Geometrie das Problem gelöst haben, wird auch klar, daß die Weltlinie $\overline{AQ}$ (des rechten Endes des in S ruhenden Objektes) die x'-Achse des Systems S' im Punkt A' schneiden muß, der weniger weit vom Ursprung entfernt ist als der Punkt B', der die Einheitsstrecke ($\overline{OB'}$) definiert. Ganz analog schneidet die Weltlinie $\overline{B'R'}$ (des rechten Endes des in S' ruhenden Objektes) die x-Achse von S im Punkt B, der vom Ursprung 0 weniger als eine Einheitsstrecke $\overline{OA}$ entfernt ist. Durch diese Diskussion wird offensichtlich, daß die Frage „Findet die Fitzgerald-Lorentz-Kontraktion *tatsächlich* statt?" vom relativistischen Standpunkt aus keine einzige unzweideutige Antwort hat. Was jedoch wichtig ist, das ist die genaue Festlegung, welche tatsächlichen Beobachtungen ausgeführt werden müssen, damit man die Länge eines relativ zu uns bewegten Objektes bestimmen kann. Der Vorgang ist ganz einfach der: Wir bestimmen die Lage der Endpunkte des Objektes jeweils in einem für uns identischen Augenblick. Was könnte man denn sonst tun [1])? Eine beobachtete *Kontraktion* ist also nicht ein in der Materie stattfindender Prozeß, sondern *ausschließlich ein durch den Meßvorgang bedingtes Phänomen.*

Die vollkommene Symmetrie der Zeitdilatation kann auf ähnliche Weise aufgezeigt werden. Im Falle zweier, relativ zueinander gleichförmig bewegter Systeme wird immer ein Eigenzeitintervall (mit einer in diesem System ruhenden Uhr gemessen) mit einem Nicht-Eigenzeit-Intervall verglichen, das mit voneinander ähnlich entfernten Uhren bestimmt wurde. Wir wollen das noch ein wenig ausführlicher diskutieren. Nehmen wir an, in einem System S ruhten in gleicher Entfernung voneinander fünf Uhren. Diese Uhren seien nach der für S geltenden Definition der Gleichzeitigkeit synchronisiert. Dieses ganze System (S) soll sich nun mit der Geschwindigkeit v relativ zu einem anderen System (S′) nach links bewegen. Nach dem Gleichzeitigkeitskriterium von S′ weisen diese Uhren in jedem in S′ bestimmten Augenblick (t′) eine progressive Abweichung in ihren Zeitangaben auf, wie in Bild 4.12a gezeigt wird. Diese Situation kann auch, wie in Bild 4.12b, als Raum-Zeit-Diagramm dargestellt werden. Die vertikalen Geraden sind die Weltlinien der Uhren, die Punkte A, B, C, D und E sind die Raum-Zeit-Koordinaten der Uhren zu einem bestimmten Zeitpunkt t′ im System S′. Dieser Zeitpunkt t′ ist durch eine Gerade dargestellt, die zur x′-Achse von S′ parallel sein muß. Mit den Lorentz-Transformationen erhalten wir

$$t' = \gamma \left(t - v\frac{x}{c^2}\right)$$

Wenn die Uhr C im Punkt x = 0 im System S zum Zeitpunkt t′ die Zeit $t_0$ anzeigt, dann ist

$$t' = \gamma\, t_0$$

Setzen wir diesen Wert für t′ in die Gleichung aus der Lorentz-Transformation ein, so ergibt sich, daß die Zeit, die eine Uhr in S mit irgend einem anderen x-Wert anzeigt, durch

$$t(x) = t_0 + v\frac{x}{c^2} \tag{4.8}$$

gegeben ist. Dieser progressive „Fehler“ (Fehler aus der Sicht eines S′-Beobachters) steht natürlich in direkter Beziehung zu der Radiosignalmethode zur Definition der Gleichzeitigkeit. Wird nämlich ein Signal von C ausgesandt, dann bewegen sich die Uhren D und E für einen S′-Beobachter dem Signal entgegen, während die Uhren

[1]) Wenn man von dem gleichwertigen Vorgang absieht, bei dem die Zeiten festgehalten werden, zu denen die beiden Enden einen Fixpunkt unseres Systems passieren. Damit wird die Geschwindigkeit des Körpers relativ zu unserem System bestimmt.

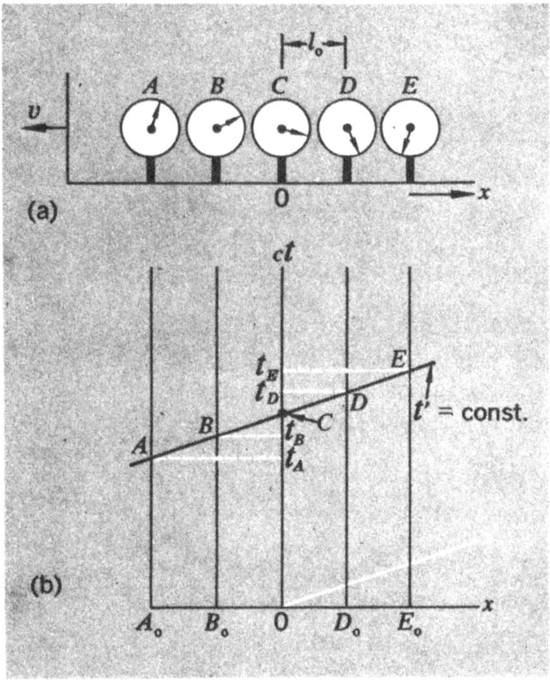


Bild 4.12

a) Die Zeiten, die eine Reihe von in S synchronisierten Uhren in einem bestimmten Augenblick in S′ zeigen würden.

b) Raum-Zeit-Diagramm für dieses Beispiel.

A und B ihm sozusagen davonlaufen. Beobachter des Systems S werden, da sie das nicht wissen, ihre Uhren zu viel vorstellen, wenn sie sich in $x > 0$ befinden, oder zu weit zurückstellen, wenn sie sich in $x < 0$ befinden. Genau das drückt Gl. (4.8) aus.

Wir wollen uns nun der Zeitdilatation selbst und ihrer symmetrischen Natur zuwenden. Nehmen wir an, es wären zwei Inertialsysteme gegeben, S und S′. In jedem der beiden Systeme sei eine Anzahl synchronisierter Uhren in gleichen Abständen $l_0$ (nach Messungen in diesem betreffenden System) entlang der x-Achse angeordnet. Das eine der beiden Systeme habe die Geschwindigkeit + v, das andere die Geschwindigkeit − v in Richtung der x-Achse gegenüber einem dritten Inertialsystem S″. Da die Formel für die Lorentzkontraktion nur $v^2$ enthält, erscheinen dem S″ Beobachter die Uhren beider Systeme gleich verteilt. Zur weiteren Vereinfachung unserer Analyse wollen wir annehmen, daß der progressive Fehler zwischen zwei aufeinanderfolgenden Uhren im System S oder S′ für das System S″ genau eine Sekunde betrage (bei einer Ablesung von den Uhren selbst); diese Fehler haben natürlich entgegengesetzte Vorzeichen, da ja die Geschwindigkeiten entgegengerichtet sind. Wir wollen nun die Ablesungen der Uhren in S und S′ (wie

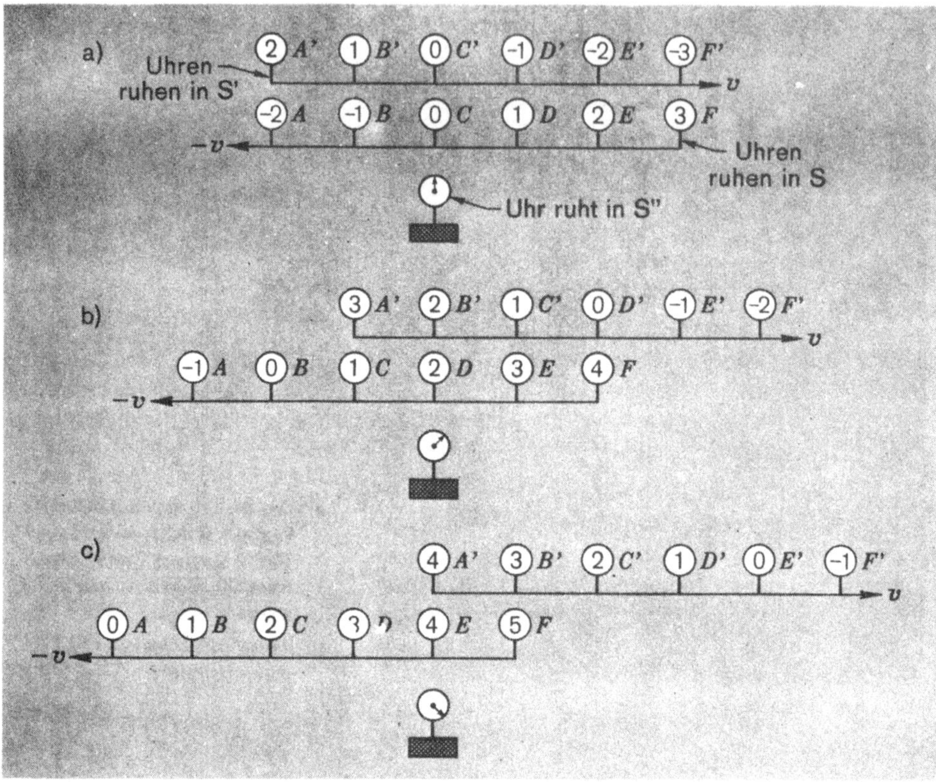


Bild 4.13. Zwei Reihen von Uhren, die beide für sich synchronisiert sind, und die sich relativ zu einem Bezugssystem S″ mit gleichen, aber entgegengerichteten Geschwindigkeiten bewegen. Bilder a), b) und c) zeigen die Zeiten, die man von diesen Uhren im System S″ zu drei aufeinanderfolgenden Zeitpunkten ablesen könnte.

sie ein Beobachter in S″ durchführt) zu dem Zeitpunkt festhalten, in dem sich die Uhren der beiden Systeme gegenüber stehen. Bild 4.13 zeigt, wie die Ergebnisse von drei derartigen aufeinanderfolgenden Beobachtungen aussehen können. Wenn wir uns vorstellen, daß wir uns mit irgend einer Uhr eines der beiden Systeme mitbewegen, würden wir erkennen, daß diese Uhr immermehr nachgeht, wenn man ihre Zeitangabe mit der der Nachbaruhren vergleicht. Die Uhr B′ in S′ ist zum Beispiel der Uhr B um 2 s voraus (a); in (b) stimmt sie mit D überein, und geht schließlich um 2 s nach verglichen mit Uhr F (c). Ganz analog verliert jede Uhr gegenüber den Uhren von S′ mit jedem Abschnitt 2 s. F ist also F′ um 6 s voraus in (a), D′ um 4 s voraus in (b), und der Uhr B′ um 2 s voraus in (c). Dieser Effekt ist vollkommen symmetrisch, sofern wir in den beiden Systemen entsprechende Beobachtungsmethoden wählen. Die Relativität ist also wirklich relativ [1]).

## 4.11. Raum-Zeit-Intervalle und Kausalität [2])

In Kapitel 3 wurde die invariante Größe $s^2$ eingeführt. Sie kann aus den Raum- und Zeitkoordinaten eines gegebenen Punktereignisses abgeleitet werden. Diese Koordinaten können aus jedem System einer Menge von Inertialsystemen bestimmt werden, wenn sie in Raum und Zeit den gleichen Urpsrung haben. Diese Beziehung, die bereits mit Gl. (3.18) einmal angegeben wurde, lautete:

$$(ct')^2 - (x')^2 = (ct)^2 - (x)^2 = s^2$$

Betrachen wir zwei verschiedene Ereignisse, dann erhalten wir in allen Inertialsystemen den gleichen Wert für $(\Delta s)^2$, der für jedes System durch $(c\,\Delta t)^2 - (\Delta x)^2$ definiert ist. (Da außerdem $y' = y$, und $z' = z$ ist, gilt diese Aussage ohne weiteres auch für den dreidimensionalen Raum.) Die Größe $\Delta s$, die dimensionsmäßig eine Strecke ist, wird als das *Raum-Zeit-Intervall* zwischen zwei Ereignissen bezeichnet; für zwei durch ein Lichtsignal verbundene Ereignisse ist $\Delta s$ gleich null. Als Invariante ist $\Delta s$ von besonderer Bedeutung, was mit Raum-Zeit-Diagrammen sehr gut gezeigt werden kann. Wir wollen dieser Raum-Zeit-Geometrie nicht übermäßige Aufmerksamkeit schenken, doch ist es vielleicht von Vorteil, unsere früheren Interpretationen solcher Diagramme noch ein wenig auszubauen.

In Bild 4.14 ist ein Raum-Zeit-Diagramm für eindimensionale Probleme dargestellt. Darin sind zwei Punktereignisse P und Q eingetragen, sowie die den verschiedenen Inertialsystemen entsprechenden Achsen (x, ct) und (x′, ct′). (Beachten Sie, daß wiederum die Zeitvariablen nicht mit t sondern mit ct definiert sind, damit beide Koordinaten die Dimension einer Länge haben.)

Die zwei Geraden $x = \pm\, ct$ sind die Weltlinien eines Lichtsignals, das durch den gemeinsamen Ursprung 0 geht, sie teilen die gesamte Raum-Zeit in bestimmte Gebiete; bestimmte Regionen, die man mit „anderswo" bezeichnen könnte, sind für einen Beobachter, dessen Weltlinie durch 0 geht, unerreichbar, denn um in

---

1) Diese klare und illustrative Argumentation stammt von *W. Rindler*, Specical Relativity (Die spezielle Relativitätstheorie), Oliver and Boyd, *Edingburgh*, 1966. Die hier verwendeten Ablesungswerte erfordern, daß $v = c/\sqrt{2}$ und $l = \sqrt{2}c$ Lichtsekunden sei. Versuchen Sie das zu beweisen.

2) Dieser Abschnitt kann übersprungen werden, ohne daß man dabei den Zusammenhang verliert.

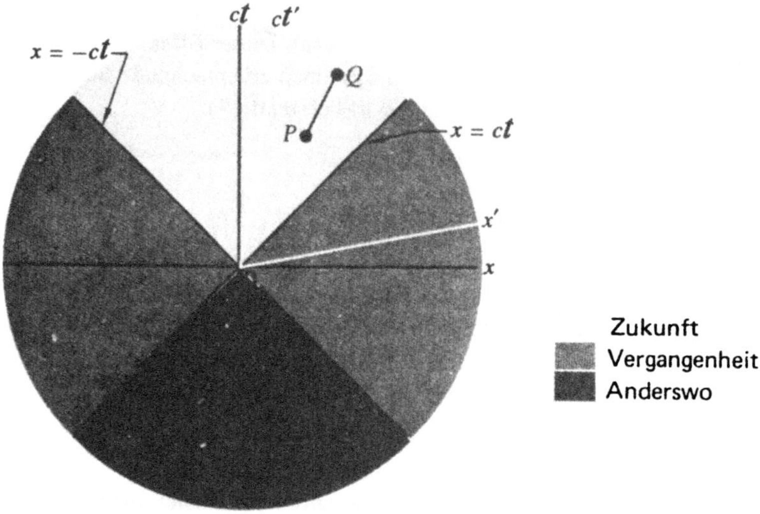


Bild 4.14

Aufteilung von Raum-Zeit (in einer eindimensionalen Welt) in Vergangenheit, Zukunft und „Anderswo" aus der Sicht eines Boebachters in 0. Zwei Ereignisse P und Q sind eingetragen, zwischen denen ein kausaler Zusammenhang bestehen kann, da das Intervall zwischen ihnen „zeitartig" ist.

diese Gebiete von 0 aus zu gelangen, brauchte man eine Geschwindigkeit die größer ist als die Lichtgeschwindigkeit. Wenn die Koordinateneinheiten für x und ct gleich groß sind, dann schließen die Weltlinien des Lichtstrahls mit den Koordinaten einen Winkel von 45° ein, wie aus dem Bild zu ersehen ist.

Die Größe $(\Delta s)^2$, deren Quadratwurzel das Intervall zwischen zwei Ereignissen P und Q ist, kann positiv, negativ oder null sein, je nach dem, ob $c\,\Delta t$ größer, kleiner oder gleich $\Delta x$ ist. Eine Lichtweltlinie verbindet alle Punktereignisse, zwischen denen das Raum-Zeit-Intervall null ist. Wenn, wie in Bild 4.14 $c\,\Delta t > \Delta x$ ist, kann man auf ein Bezugssystem umformen, dessen ct'-Achse parallel zu $\overline{PQ}$ liegt. Das bedeutet, daß P und Q Ereignisse sind, die in S' am *gleichen Ort* stattfinden und lediglich durch ein Zeitintervall getrennt sind. Das Intervall zwischen P und Q heißt in einem solchen Fall *zeitartig*.

Wenn $c\,\Delta t < \Delta x$ ist, kann ganz analog auf ein System umgeformt werden, in dem P und Q *gleichzeitige* Ereignisse sind, die an verschiedenen Orten stattfinden. Die Beziehung zwischen ihnen heißt *raumartig*. Um zwei Ereignisse zu verbinden, die durch ein raumartiges Intervall getrennt sind, wäre eine Geschwindigkeit nötig, die größer ist als c. Wäre das tatsächlich möglich, dann würden damit alle physikalischen Vorstellungen über Kausalität über den Haufen geworfen. Stellen wir uns zum Beispiel vor, ein Ereignis P (x, t) könne ein anderes Ereignis Q(x + Δx, t + Δt) durch die Übermittlung eines Signals mit der Geschwindigkeit u > c verursachen. Für ein anderes Bezugssystem, das sich mit der Geschwindigkeit v bewegt, wäre dann das Zeitintervall zwischen den beiden Ereignissen gegeben durch

$$\Delta t' = \gamma\left(\Delta t - \frac{v\,\Delta x}{c^2}\right) = \gamma\,\Delta t\left(1 - \frac{uv}{c^2}\right) \tag{4.9}$$

Ist also u > c, können wir für den Wert von v (< c) einen Bereich finden, mit dem Δt und Δt′ mit verschiedenen Vorzeichen herauskommen. Alle Beobachter in Inertialsystemen mit Geschwindigkeiten größer $c^2/u$ müßten dann aus ihren Beobachtungen schließen, daß Q das Ereignis P verursacht, und nicht umgekehrt. So etwas aber geht jedem Physiker sehr gegen den Strich, denn damit würden die Gesetze der Physik verschiedenen Beobachtern anders erscheinen – zumindest solange wir eine Grundlage zur Definition der Richtung der Zeit (etwa durch unser eigenes Altern) gegeben haben.

Diese Überlegungen hindern uns jedoch nicht, mit rein *geometrischen* Geschwindigkeiten zu rechnen, die größer als c sind. Man kann zum Beispiel ohne weiteres den Lichtfleck, der auf dem Mond durch einen Laserstrahl von der Erde aus verursacht wird, mit einer Geschwindigkeit über die Mondoberfläche wandern lassen, die viel größer als die Lichtgeschwindigkeit ist. Der Mond ist von der Erde etwa $3{,}8 \cdot 10^8$ m entfernt. Wird also ein Laserstrahler in seiner Aufhängung mit der recht geringen Winkelgeschwindigkeit von 1 rad/s (eine volle Umdrehung in $2\pi$ s) gedreht, dann bewirkt das bereits eine Geschwindigkeit des Lichtflecks, die höher ist als c. Das widerspricht keineswegs den Gesetzen der Mechanik, denn der Weg des Lichtflecks ist ja nur der Ort aller Auftreffpunkte einzelner Photonen, deren jedes die Strecke Erde-Mond mit der Geschwindigkeit c zurücklegt. Diese Supergeschwindigkeit des Lichtflecks ist also nicht mit der Bewegung irgend eines stofflichen Objektes, oder mit dem Transport von Energie, oder mit der Übertragung eines Informationssignales von einem Punkt der Mondoberfläche zu einem anderen verbunden.

Betrachten wir statt einer eindimensionalen Welt eine zweidimensionale, dann lautet die Gleichung für das Raum-Zeit-Intervall

$$(\Delta s)^2 = (c\,\Delta t)^2 - (\Delta x)^2 - (\Delta y)^2 \tag{4.10}$$

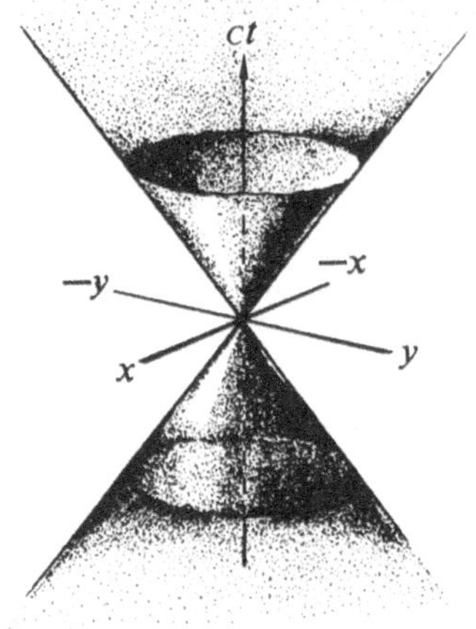


Bild 4.15
Raum-Zeit-Diagramm einer zweidimensionalen Welt, mit dem Lichtkegel.

Ereignisse, deren Raum-Zeit-Intervall relativ zum Ursprung null ist, sind durch die Gleichung

$$x^2 + y^2 = (ct)^2$$

definiert – die Gleichung einer kegelförmigen Fläche, dem sogenannten Lichtkegel, der in Bild 4.15 teilweise gezeichnet ist. Man erhält ein Bild wie 4.14 als Schnitt des Bildes 4.15 in der xt-Ebene. Man kann natürlich noch einen Schritt weitergehen und eine Gleichung für den Lichtkegel unter Einbeziehung aller drei Raumdimensionen aufstellen. Möchte jemand aber ein Bild dieses Lichtkegels, dann muß er sich das schon selbst konstruieren!

## 4.12. Aufgaben

**4.1.** Zwei Ereignisse finden in einem Inertialsystem am gleichen Ort statt. Sie sind durch ein Zeitintervall von 4 s getrennt. Berechnen Sie den räumlichen Abstand der beiden Ereignisse in einem Inertialsystem, in dem die beiden Ereignisse durch ein Zeitintervall von 6 s getrennt sind.

**4.2.** Zwei Ereignisse finden im Inertialsystem S gleichzeitig statt. Sie sind durch eine Strecke von 1 km in Richtung der x-Achse voneinander getrennt. Berechnen Sie das Zeitintervall zwischen diesen beiden Ereignissen in einem System S′, das sich mit konstanter Geschwindigkeit in die x-Richtung bewegt, und in dem die räumliche Trennung der Ereignisse 2 km beträgt.

**4.3.** Wie im Text bereits betont wurde, kann ein Beobachter niemals ein Gesamtbild aller Ereignisse die irgendwo in seinem Bezugssystem stattfinden in einem bestimmten Augenblick erhalten, er kann nur eine Aussage darüber machen, was sich in dem betreffenden Augenblick in seiner eigenen Position abspielt. Ein zur x-Richtung paralleler Meterstab bewege sich mit der Geschwindigkeit 0,8 c in diese Richtung, wobei sein Mittelpunkt den Ursprung zum Zeitpunkt t = 0 passiert. Ein Beobachter befinde sich in x = 0, y = 1 m.

a) Bestimmen Sie die Koordinaten der Endpunkte des Meterstabes zur Zeit t = 0 im Ruhesystem des Beobachters.

b) Zu welchem Zeitpunkt sieht der Beobachter den Mittelpunkt des Stabes den Ursprung passieren?

c) Wo scheinen die Endpunkte zu diesem Zeitpunkt zu sein?

(Eine eingehendere Analyse dieses Problems finden Sie bei *G. D. Scott* und *M. R. Viner*, Am. J. Phys., **33**, 534 (1965).)

**4.4.** Unsere Galaxis hat einen Durchmesser von $10^5$ Lichtjahren. Die höchste bekannte Energie von Partikeln beträgt etwa $10^{19}$ eV. Wie lange braucht ein Proton mit dieser Energie, um die Milchstraße zu durchmessen, und zwar bezogen auf das Zeitmaß des Ruhesystems

a) der Galaxis?
b) des Teilchens?

**4.5.** Ein Raumschiff der Eigenlänge $l_0$ bewegt sich mit der konstanten Geschwindigkeit v relativ zu einem Bezugssystem S (Bild 4.16). Die Spitze des Schiffes (A′) passiert dem Punkt A im System S zum Zeitpunkt t = t′ = 0, und in diesem Augenblick wird von A′ nach B′ ein Lichtsignal ausgesandt.

a) Wann (nach Raumschiffzeit t′) erreicht dieses Signal das Schiffsende B′?
b) Zu welchem Zeitpunkt ($t_1$, gemessen in S) erreicht das Signal das Schiffsende B′?
c) Zu welchem Zeitpunkt ($t_2$, gemessen in S) erreicht das Schiffsende B′ den Punkt A?

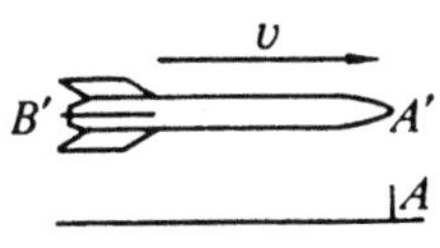


Bild 4.16

**4.6.** Ein Raumschiff der Länge 100 m hat die Geschwindigkeit v (v/c = 0,6). An seiner Spitze ist ein Radioempfänger installiert. Ein Radioimpuls wird von einer stationären Raumstation ausgesandt, wenn das Ende des Raumschiffes sie passiert.

a) Wie weit ist die Spitze der Rakete von der Raumstation in dem Augenblick entfernt, da das Radiosignal von der Station die Spitze erreicht?

b) Wie groß ist nach Raumstationszeit das Zeitintervall zwischen Ankunft des Signals und seiner Aussendung von der Station?

c) Bestimmen Sie dieses Zeitintervall für das Ruhesystem des Raumschiffes.

**4.7.** Ein Elektron (Ruhenergie 0,51 MeV) wird durch einen Spannungsabfall von 0,13 MV von der Ruhelage aus beschleunigt, bis es sich schließlich mit konstanter Geschwindigkeit fortbewegt. (1 MV = $10^6$ V).

a) Wie lange braucht dieses Elektron (nachdem es seine Endgeschwindigkeit erreicht hat) um die Strecke von 8,4 m zwischen zwei Punkten zu durchmessen?

b) Wie groß ist die Entfernung zwischen den beiden Punkten, bezogen auf das Ruhesystem des Elektrons?

**4.8.** Ein Lichtimpuls wird in Punkt $x_1$ auf der x-Achse emittiert und im Punkt $x_2 = x_1 + l$ wieder absorbiert. Berechnen Sie für ein Bezugssystem, das sich mit der Geschwindigkeit $v = \beta c$ in Richtung der x-Achse bewegt,

a) den räumlichen Abstand des Emissionspunktes des Lichtimpulses vom Absorptionspunkt;

b) die Zeitspanne zwischen Emission und Absorption.

**4.9.** Zwei Raumschiffe – beide haben in ihrem eigenen Ruhesystem die Länge 100 m – begegnen sich. Die Instrumente im Raumschiff A registrieren, daß die Spitze des Raumschiffes B $5{,}00 \cdot 10^{-6}$ s braucht, um die volle Länge von A zurückzulegen.

a) Bestimmen Sie die Relativgeschwindigkeit der beiden Raumschiffe.

b) Eine Uhr im vorderen Teil des Raumschiffes B, zeigt genau ein Uhr, wenn dieses Ende die Spitze von A passiert. Welche Zeit zeigt die Uhr, wenn dieses Ende das Heck von A passiert?

**4.10.** Geladene $\pi$-Mesonen (Pionen) entstehen durch hochenergetische Zusammenstöße von Protonen und Neutronen. In ihrem eigenen Ruhesystem zerfallen sie nach dem Gesetz

$$N(t) = N_0 (2)^{-\frac{t}{T}}$$

T ist die Halbwertszeit und beträgt $2 \cdot 10^{-8}$ s. Ein Schwarm von Pionen wird am Zielpunkt eines Teilchenbeschleunigers erzeugt. In einer Entfernung von 30 m vom Zielpunkt sind zwei Drittel der Pionen noch nicht zerfallen. Bestimmen Sie die Energie der Pionen bezogenen auf die Ruhmassenenergie.

**4.11.** Ein Strahl instabiler $K^+$ Mesonen, die sich mit der Geschwindigkeit $c\sqrt{3}/2$ fortbewegen, passiert zwei Zähler, die 9 m voneinander entfernt sind. Die Teilchen erfahren eine vernachlässigbare Verminderung ihrer Geschwindigkeit und einen ebenso geringen Energieverlust dadurch, daß sie den Zähler passieren, sie verursachen jedoch elektrische Impulse, die gezählt werden können. Man stellte fest, daß der erste Zähler 1000 Teilchen und der zweite 250 Teilchen pro Sekunde zählte. Wenn wir annehmen, daß diese Differenz nur durch den Zerfall der Partikel auf dem Weg zwischen den Zählern verursacht wird, wie groß ist dann ihre Halbwertszeit in ihrem eigenen Ruhesystem?

**4.12.** Um 12 Uhr passiert ein Raumschiff die Erde mit der Geschwindigkeit 0,8 c. Beobachter im Raumschiff und auf der Erde sind sich einig, daß es 12 Uhr ist.

a) Um 12.30 Raumschiffzeit passiert das Schiff eine Navigationszwecken dienende interplanetarische Station, deren Position relativ zur Erde konstant ist, und deren Uhren Erdzeit zeigen. Wieviel Uhr ist es auf der Station?

b) Wie weit ist die Station von der Erde entfernt (mit Erdkoordinaten zu bestimmen)?

c) Um 12.30 Raumschiffzeit meldet sich das Raumschiff bei der Bodenstation Erde. Zu welcher Erdzeit kommt das Signal dort an?

d) Die Bodenstation antwortet sofort. Wann kommt das Antwortsignal beim Raumschiff an (Raumschiffzeit)?

Es wäre für Sie von Vorteil, wenn Sie diese Aufgabe sowohl mit Bezug auf das Ruhesystem der Erde als auch das des Raumschiffes behandeln würden.

(Nach *J. H. Smith*, Introduction to Special Relativity (Einführung in die spezielle Relativitätstheorie), Benjamin, New York 1965.)

**4.13.** a) Bei dem im Text beschriebenen Versuch über die Zeitdilatation mit $\mu$-Mesonen wurde eine 76,2 cm dicke Eisenplatte zum Abbremsen der Mesonen verwendet. Man kann mit guter Annäherung behaupten, daß Mesonen auf ihrem Weg durch Eisen im Durchschnitt einen

Energieverlust von 0,118 $m_0c^2$/cm erfahren, gleichgültig wie hoch ihre Energie ist. Wenn der Energieverlust dieser Partikel im Szintillator selbst zwischen null und 0,45 $m_0c^2$ liegt, wie groß war dann die anfängliche Geschwindigkeit der $\mu$-Mesonen, die im Szintillator abgestoppt wurden und zerfielen?

b) Nehmen wir an, alle $\mu$-Mesonen bewegen sich in einer Richtung, die den Winkel $\theta$ mit dem Lot einschließt. Berechnen Sie das Verhältnis zwischen der Anzahl von Mesonen die pro Stunde im Szintillator auf dem Gipfel des Mt. Washington zerfallen, und der Anzahl von Mesonen, die in dem Szintillator im Meeresniveau zerfallen. Zeigen Sie, daß für $\gamma \gg 1$ die Lösung von $\theta$ unabhängig ist. Im eigentlichen Versuch wurde angenommen, daß $\theta = 0$ sei für alle $\mu$-Mesonen; schätzen Sie den Fehler ab, der durch diese Annahme entsteht, wenn das Detektorsystem tatsächlich Mesonen mit einem Einfallswinkel bis zu $\theta = 45°$ registriert.

**4.14.** Zwei Raketen sind durch ein undehnbares Seil der Eigenlänge $l_0$ verbunden. Zur Zeit $t = 0$ starten beide Raketen (aus der Ruhelage) mit genau der gleichen konstanten Beschleunigung relativ zum System S. Zum Zeitpunkt $t = t_1$ hört die Beschleunigung auf, und die beiden Raketen treiben mit der gleichen konstanten Geschwindigkeit (wiederum von S aus gemessen). Warum reißt das Seil? (Eine eingehendere Behandlung dieser Aufgabe finden Sie in Artikeln von *E. Dewan* und *M. Beran*, Am. J. Phys., 27, 517 (1959), und von *E. Dewan*, Am. J. Phys., 31, 383 (1963).)

**4.15.** Ein Lichtimpuls wird von Punkt O emittiert und später in Punkt P wieder absorbiert (Bild 4.17). Im System S hat die Strecke $\overline{OP}$ die Länge $l$ und schließt einen Winkel $\theta$ mit der x-Achse ein. Für das System S', das sich relativ zu S mit der konstanten Geschwindigkeit v in x-Richtung bewegt, ist zu berechnen:

a) Welche Zeit $\tau'$ vergeht zwischen Emission und Absorption des Lichtes?

b) Wie groß ist der räumliche Abstand $l'$ des Emissionspunktes und des Absorptionspunktes.

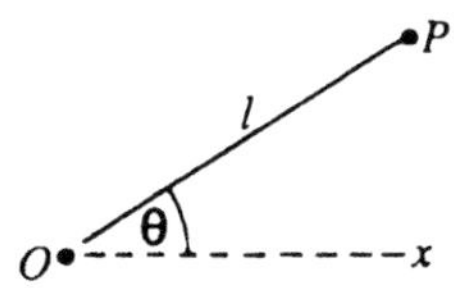


Bild 4.17

**4.16.** Ein Stab der Eigenlänge $l_0$ ruht im System S'. Er liegt in der (x', y')-Ebene und schließt mit der x'-Achse einen Winkel arc sin (3/5) ein. S' bewege sich mit konstanter Geschwindigkeit v parallel zur x-Achse eines anderen Bezugssystemes S.

a) Wie groß muß v sein, damit der Stab in S einen Winkel von 45° mit der x-Achse einschließt?

b) Bestimmen Sie die Länge des Stabes in S unter diesen Bedingungen.

**4.17.** Ein Stab der Eigenlänge L liegt parallel zur x-Achse, bewegt sich aber in eine Richtung, die zur x-Achse einen Winkel von 45° bildet (Bild 4.18). Eine ebenfalls zur x-Achse parallele Platte liegt auf dem Weg des Stabes, es wurde jedoch ein Schlitz der Eigenlänge 1,1 L so ausgeschnitten, daß der Stab ungehindert passieren kann, solange er sich nicht mit relativistischen Geschwindigkeiten bewegt. Was geschieht aber, wenn seine Geschwindigkeit 0,9 c beträgt? Analysieren Sie diese Aufgabe aus der Sicht beider Bezugssysteme.

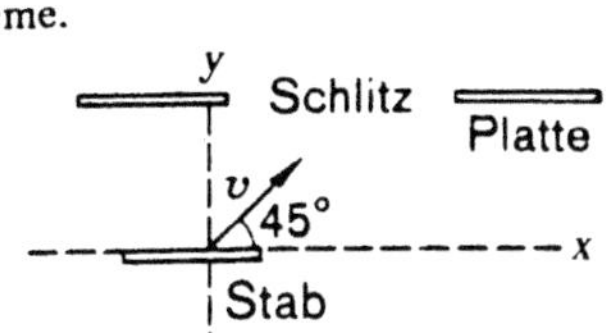


Bild 4.18

**4.18.** Im folgenden sind die Raum- und Zeitkoordinaten von zwei Ereignispaaren angegeben. Bestimmen Sie für jeden Fall das Raum-Zeit-Intervall zwischen Ereignis 1 und 2. Beantworten Sie für jeden Einzelfall die folgenden Fragen:

a) Kann zwischen den beiden Ereignissen ein kausaler Zusammenhang bestehen?

b) Gibt es ein Bezugssystem, in dem die beiden Ereignisse gleichzeitig sind? Wenn ja, dann definieren Sie dieses System.

| | *Ereignis 1* | | | | *Ereignis 2* | | | |
|---|---|---|---|---|---|---|---|---|
| | $x_1$ | $y_1$ | $z_1$ | $t_1$ | $x_2$ | $y_2$ | $z_2$ | $t_2$ |
| Fall A | 0,3 m | 0,5 m | 0 | $2 \cdot 10^{-9}$ s | 0,4 m | 0,7 m | 0 | $3 \cdot 10^{-9}$ s |
| Fall B | 0,7 m | 0,5 m | 0 | $5 \cdot 10^{-9}$ s | 0,4 m | 0,6 m | 0 | $4 \cdot 10^{-9}$ s |

**4.19.** Ein Stern S sei von einer Kugelschale aus Staub umgeben, die den Radius R hat (Bild 4.19). Jegliches vom Stern emittierte Licht werde von der Staubschicht absorbiert und dann erst wieder ausgestrahlt. Der Stern explodiert plötzlich wie eine Nova und sendet einen sehr intensiven Lichtimpuls aus. Ein Beobachter auf der sehr weit entfernten Erde sieht zuerst eine Ausstrahlung in A, und dann erst das von P kommende Licht. Im ganzen gäbe das das Bild eines sich ausdehnenden Lichtringes, dessen Zentrum in A liegt. Zeigen Sie, daß die Geschwindigkeit, mit der der Radius des Ringes zuzunehmen scheint (dr/dt), durch

$$\frac{dr}{dt} = c \cot \theta$$

gegeben ist, und also für Winkel $\theta < 45°$ größer als c ist. Wo bleibt dabei das Kausalitätsprinzip?

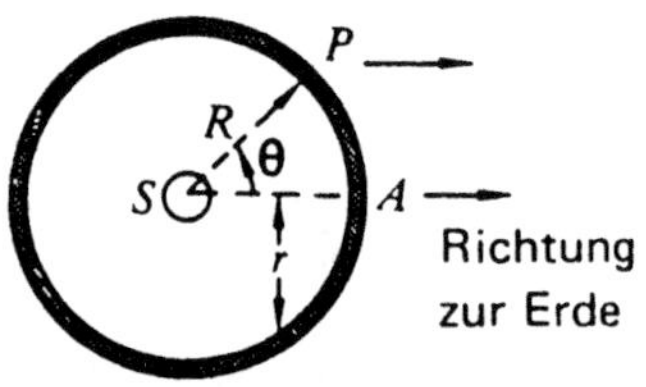


Bild 4.19

# 5. Relativistische Kinematik

Die Lichtgeschwindigkeit bildet die oberste Grenze für Geschwindigkeiten aller stofflichen Körper ... Das einfache Theorem der Addition und Subtraktion von Geschwindigkeiten gilt nicht mehr, oder besser, es gilt nur näherungsweise für geringe Geschwindigkeiten, nicht jedoch für solche nahe der Lichtgeschwindigkeit. Der Wert der Lichtgeschwindigkeit ist in der Lorentz-Transformation explizit enthalten und spielt, ebenso wie die unendliche Geschwindigkeit in der klassischen Mechanik, die Rolle eines Grenzfalls.

*A. Einstein* und *L. Infeld*
The Evolution of Physics (1938)

## 5.1. Die Transformation von Geschwindigkeiten

Mit Hilfe der Lorentz-Transformationen für Länge und Zeit kann der nächste Schritt ohne Schwierigkeiten gegangen werden: Wir wollen uns mit den zeitlichen Ableitungen von Wegstrecken beschäftigen, die in zwei verschiedenen Inertialsystemen gemessen wurden. Obwohl wir uns im allgemeinen mit Bewegungen im dreidimensionalen Raum zu befassen haben, können wir doch die wichtigsten Ergebnisse für zweidimensionale Bewegungen entwickeln, da überhaupt nur eine einzige eindeutig definierte Richtung relevant ist – die Richtung der Relativbewegung der Inertialsysteme. Diese Richtung ist gleichsam eine Symmetrieachse. Jede Ortsveränderung kann in Form von Bewegungskomponenten parallel und senkrecht zu dieser Richtung ausgedrückt werden. Logischerweise sollte man diesen Gegebenheiten vielleicht durch die Verwendung von Zylinderkoordinaten Rechnung tragen. In einem solchen Koordinatensystem wird ein Vektor durch seine Komponente parallel zur Symmetrieachse, die Komponente in rechtem Winkel zu dieser Achse, und einen Winkel, das Azimuth, definiert. Das Azimuth ist der Winkel zwischen einer bestimmten Ebene durch die Symmetrieachse, und einer Ebene, in der die Achse und der Vektor liegen. In vielen Fällen würde der Azimuthwinkel im Ergebnis gar nicht mehr auftreten. Aus Tradition sind wir jedoch an den Gebrauch kartesischer Koordinaten gewöhnt. Hier stehen die y- und z-Achse senkrecht aufeinander und senkrecht zur dritten Achse (x), der Richtung der Relativgeschwindigkeit der Bezugssysteme. Wir werden deshalb, wie bisher, diese Art der Koordinatendarstellung verwenden. Die Transformationen für die x- und y-Richtung sagen jedoch bereits alles aus was wir wissen wollen, und im allgemeinen kann die Transformation der z-Richtung beinahe durch bloßes Hinsehen aus der für die y-Richtung abgeleitet werden. Wir werden daher alle Vektoren so behandeln, als bestünden sie nur aus der x- und der y-Komponente – es sei denn, ganz bestimmte Gründe sprächen gegen eine solche Vereinfachung.

Sehen wir uns einmal die grundlegenden Gleichungen an:

$$
\begin{aligned}
x &= \gamma(x' + vt') \\
y &= y' \\
t &= \gamma\left(t' + \frac{v'_x}{c^2}\right)
\end{aligned}
\tag{5.1}
$$

mit $\gamma(v) = \left(1 - \frac{v^2}{c^2}\right)^{\frac{1}{2}}$

Ein Objekt habe in S′ die Geschwindigkeitskomponenten $u'_x$, $u'_y$. Nach der Definition der Geschwindigkeit ist

$$u'_x = \frac{dx'}{dt'}, \quad u'_y = \frac{dy'}{dt'}.$$

Wie erhalten wir nun eine Beziehung zwischen diesen und den in S gemessenen Geschwindigkeitskomponenten des Objektes, wenn S′ sich relativ zu S mit der Geschwindigkeit v bewegt?

Durch Differenzieren erhalten wir aus den Gleichungen (5.1)

$$
\begin{aligned}
dx &= \gamma(u'_x + v)\, dt' \\
dy &= u'_y\, dt' \\
dt &= \gamma\left(1 + \frac{vu'_x}{c^2}\right) dt'
\end{aligned}
$$

und daraus dann

$$u_x = \frac{dx}{dt} = \frac{u'_x + v}{1 + \frac{vu'_x}{c^2}}, \qquad u'_x = \frac{u_x - v}{1 - \frac{vu_x}{c^2}} \tag{5.2}$$

$$u_y = \frac{dy}{dt} = \frac{\frac{u'_y}{\gamma}}{1 + \frac{vu'_x}{c^2}}, \qquad u'_y = \frac{\frac{u_y}{\gamma}}{1 - \frac{vu_x}{c^2}} \tag{5.3}$$

Bei Gl. (5.2) und Gl. (5.3) haben wir der Vollständigkeit halber auch $u'_x$ und $u'_y$ in Form von Messungen in S ausgedrückt. Sehen wir uns zuerst einmal Gl. (5.2) an. Diese Gleichung drückt das relativistische Additionstheorem von zwei gleichgerichteten Geschwindigkeiten aus. Ist $u'_x$ wie auch v verglichen mit c sehr klein, dann ist $vu'_x/c^2$ eine kleine Größe zweiter Ordnung und kann in den meisten Fällen vernachlässigt werden. Das führt uns wiederum zu der einfachen Addition von Geschwindigkeiten, die den Problemen der alltäglichen Kinematik vollkommen gerecht wird. Ist aber eine oder beide der zusammenwirkenden Geschwindigkeiten von der Größenordnung von c, dann unterscheiden sich die Ergebnisse von denen der Galilei-Kinematik erheblich.

Es sei zum Beispiel $u'_x = v = 0{,}5\,c$; und $u'_x + v = c$. Wir haben dann

$$u_x = \frac{0{,}5\,c + 0{,}5\,c}{1 + (0{,}5)^2} = \frac{4}{5}\,c.$$

Die resultierende Geschwindigkeit ist also um 20 % geringer als die einfache Summe der beiden Geschwindigkeiten. Dieses Gesetz der Addition der Geschwindigkeiten kann allgemeiner interpretiert werden, wenn wir die zusammenwirkenden Geschwindigkeiten als Bruchteil von c ausdrücken:

$$v = \beta_1 c$$

$$u'_x = \beta_2 c$$

Es ist daher

$$\frac{u_x}{c} = \beta = \frac{\beta_1 + \beta_2}{1 + \beta_1\beta_2} \tag{5.4}$$

Solange wir nur Werte von $\beta_1$ und $\beta_2$ verwenden, die kleiner als eins sind (d.h., jede der beiden Geschwindigkeiten ist geringer als c), ist auch $u_x/c$ kleiner als eins. Eine Untersuchung des Wertes von $1 - \beta$ macht dies deutlich:

$$1 - \beta = 1 - \frac{\beta_1 + \beta_2}{1 + \beta_1\beta_2} = \frac{(1 - \beta_1)(1 - \beta_2)}{1 + \beta_1\beta_2}$$

Ist sowohl $\beta_1$ als auch $\beta_2$ ein positiver Bruch, was der Addition gleichgerichteter Geschwindigkeiten entsprechen würde, dann ergibt die rechte Seite der obigen Gleichung einen Wert zwischen eins und null, $\beta$ ist daher größer als null und kleiner als eins.

## 5.2. Strahlung einer schnell bewegten Quelle

Für den speziellen Fall, daß eine der beiden zusammenwirkenden Geschwindigkeiten gleich c sei (z.B. $u'_x = c$), liefert Gl. (5.4) für jeden Wert v das Ergebnis $u_x = c$, da ja $\beta_2$ gleich 1 ist. Das bedeutet also, daß das Licht, das von einer relativ zum Labor bewegten Lichtquelle emittiert wurde, sich auch nur mit der Geschwindigkeit c ausbreitet, unabhängig davon wie schnell sich auch die Lichtquelle selbst bewegt.

Wie wir bereits in Kapitel 3 erwähnten, konnte dieses Ergebnis erst sehr viel später experimentell bestätigt werden, obwohl es doch eine elementare Grundlage zu *Einsteins* Formulierung der speziellen Relativitätstheorie bildete. Ein wesentlicher Grund hierfür liegt darin, daß die Ausbreitung von Licht in einem Medium (auch in einem transparenten Medium) immer von kontinuierlicher Absorption des einfallenden Lichtes begleitet ist, und dieses Licht dann wiederum als Sekundärstrahlung vom Medium emittiert wird. Dieser Lichtumsatz kann schon durch eine sehr dünne Schicht von Materie herbeigeführt werden. So genügt zum Beispiel bei sichtbarem Licht eine Glasplatte von nur $10^{-5}$ cm Dicke oder eine Luftschicht von 0,1 mm bei Normaldruck um die Feststellung einer Bewegung der Primärquelle, so dies prinzipiell möglich wäre, unmöglich zu machen. Dieses Phänomen, die *Extinktion* (obwohl eigentlich keine wesentliche Intensitätsverminderung des Lichtes dadurch bewirkt wird), hat einige Beobachtungen (z.B. die bereits in Kapitel 3 behandelten scheinbaren Bewegungen von Doppelsternen), die man anfänglich als Bestätigung von Einsteins zweitem Postulat (der Invarianz von c) ansah, weitgehend entkräftet. Wir beschreiben im folgenden zwei Versuche, deren Ergebnisse anscheinend *nicht* durch das Extinktionsphänomen beeinträchtigt werden [1]).

Bei dem einen Versuch [2]), der genauestens im Michelson Laboratory der U.S. Marine durchgeführt wurde, verwendete man sichtbares Licht und ein Gerät, das weitgehend an das beim Fizeau-Versuch benützte erinnert (siehe Kapitel 2). Das Licht der Primärquelle S (Bild 5.1) wird von dem Spiegel M zum Strahlteiler P geführt, wo zwei Strahlen entstehen, die sich auf dem Weg $M_1 - M_4$ gegenläufig ausbreiten. Zwei dünne Glasplättchen $P_1$ und $P_2$ wurden auf eine Drehscheibe, deren Achse sich im Punkt 0 befindet, montiert, so daß also $P_1$ und $P_2$ gleiche- und entgegengerichtete Geschwindigkeiten der Größe $v = \omega r$ haben. Die Primärquelle emittiert das Licht in Impulsen, die auf die Kreisfrequenz derart abgestimmt wurden, daß während jeder Umdrehung jeweils bei den gezeigten Stellungen von $P_1$ und $P_2$ einige Mikrosekunden ein Lichtstrahl zwischen den Spiegeln unterwegs ist. Das ganze Gerät befindet sich in gemäßigtem Vakuum (etwa 0,02 mm Hg).

Könnte eine mit der Bewegung der Quelle verbundene Geschwindigkeit auf das Licht übertragen werden, dann müßte die Geschwindigkeit des im Uhrzeigersinn ($\overline{P_1M_1}$ und $\overline{P_2M_4}$) umlaufenden Strahls sowie die des im Gegenuhrzeigersinn ($\overline{P_1M_2}$ und $\overline{P_2P}$) umlaufenden Strahles dadurch modifiziert werden. Wegen des Extinktionseffektes muß jegliche Veränderung der Geschwindigkeit durch Reflexionsprosse an irgend einem der feststehenden Spiegel eliminiert werden. Daraus folgt, daß eine veränderte Geschwindigkeit, so es sie gibt, nur für die Gesamtstrecke $l$ (= $\overline{M_1M_2}$ =

---

1) Die Arbeit "Evidence against Emission Theories" (Beweise gegen Emissionstheorien), von *J. G. Fox*, Am. J. Phys., 33, 1 (1965) behandelt die Gültigkeit dieser Versuche eingehend.

2) *G. C. Babcock* und *T. G. Bergman*, J. Opt. Soc. Am., 54, 147 (1964).

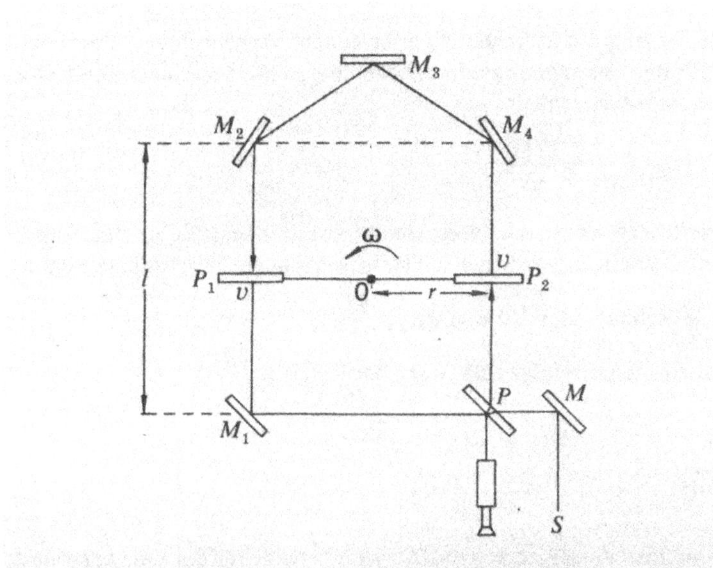


a)

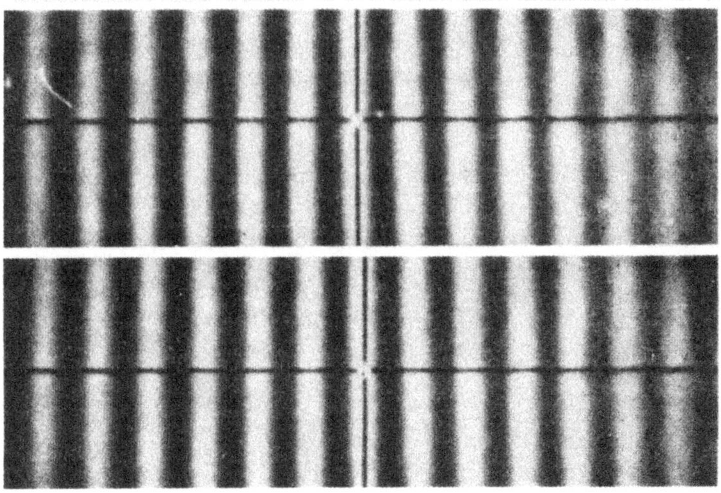

b)

Bild 5.1

a) Schematische Darstellung des Apparates von *Babcock* und *Bergman* zur Untersuchung der Beziehung zwischen Lichtgeschwindigkeit und Geschwindigkeit der Quelle. Können Sie vielleicht einen Grund dafür angeben, warum noch ein weiterer Spiegel $M_3$ in den Lichtweg eingebaut wurde? (Untersuchen Sie die Wege von Lichtstrahlen, die sich entlang der Strecken $\overline{M_1 M_2}$ und $\overline{M_4 P}$ ausbreiten, für verschiedene Entfernungen von der Rotationsachse 0.)

b) Interferenzmuster – das obere wurde bei stillstehender Drehscheibe, das untere mit rotierender (2800 Umdrehungen pro Minute) erhalten. Es ergibt sich keine feststellbare Verschiebung. (Photos mit freundlicher Genehmigung von *G. C. Babcock*, Michelson Laboratory, Naval Weapons Center, China Lake, Kalif.)

$\overline{M_4P}$) für jeden der beiden Lichtstrahlen zu erwarten ist. Angenommen, dem Licht wird ein Bruchteil f der Geschwindigkeit v mitgeteilt, so ergibt sich eine Zeitdifferenz zwischen den beiden Strahlen:

$$\Delta t = \frac{l}{c - vf} - \frac{l}{c + vf} \approx \frac{2 l f v}{c^2}$$

Die entsprechende Interferenzstreifenverschiebung ist dann $c\,\Delta t/\lambda$, und eine Umkehrung der Rotationsrichtung müßte den Effekt verdoppeln. Wir erhielten dann

$$\text{Streifenverschiebung nach Umkehrung} = \frac{4 l v}{\lambda c} f.$$

Im Versuch selbst wurden die folgenden Werte verwendet:

$l = 2{,}76$ m, $\lambda = 4{,}74 \cdot 10^{-7}$ m,

$v = 37{,}5$ m/s $(\beta = 1{,}25 \cdot 10^{-7})$

Für f = 1 ergäbe das eine Verschiebung um 2,9 Interferenzstreifen. Eine sorgfältige Untersuchung der tatsächlichen Interferenzmuster zeigte nicht einmal eine Verschiebung um 0,02 Interferenzstreifen. Man könnte daraus schließen, daß die rotierenden Glasplatten dem sie verlassenden Lichtstrahl weniger als 1 % ihrer Geschwindigkeit übertragen können.

Ein noch einleuchtenderer Versuch über das Theorem der Geschwindigkeitsaddition für den Fall, daß eine der zusammenwirkenden Geschwindigkeiten c ist, ist das in Kapitel 3 beschriebene Experiment. Es ging dort um die von neutralen $\pi$-Mesonen unterwegs emittierte Strahlung[1]). Das neutrale $\pi$-Meson oder Pion kann in zwei Photonen zerstrahlt werden:

$$\pi^0 \to \gamma_1 + \gamma_2$$

Die Pionen wurden dadurch erzeugt, daß im Zielpunkt eines Proton-Synchrotrons[2]) ruhende Nukleonen mit Protonen (Energie nahezu 20 GeV) beschossen wurden. Auf diese Weise entstanden Pionen mit Energien von über 6 GeV, für die $\gamma \geqslant 45$, $v/c \geqslant 0{,}99975$ ist. In Kapitel 6 und 7 finden Sie mehr über die Prozesse, durch die Partikel erzeugt werden. Diese neutralen Pionen haben eine extrem kurze mittlere Lebensdauer – nur etwa $2 \cdot 10^{-16}$ s –, so daß sie trotz des für sie wirksamen hohen Zeitdilatationsfaktors nur eine sehr kleine Strecke (einige Mikron) zurücklegen können, bevor sie zerfallen. Die Zerfallsphotonen, die etwa in einem Bereich von 6°

---

1) *Alväger* et al., loc. cit. (Einen eingehenderen Bericht lieferten die gleichen Autoren, gemeinsam mit *J. M. Bailey* in Arkiv Fysik, **31**, 145 (1966).

2) Bei CERN, dem europäischen Kernforschungszentrum in Genf.

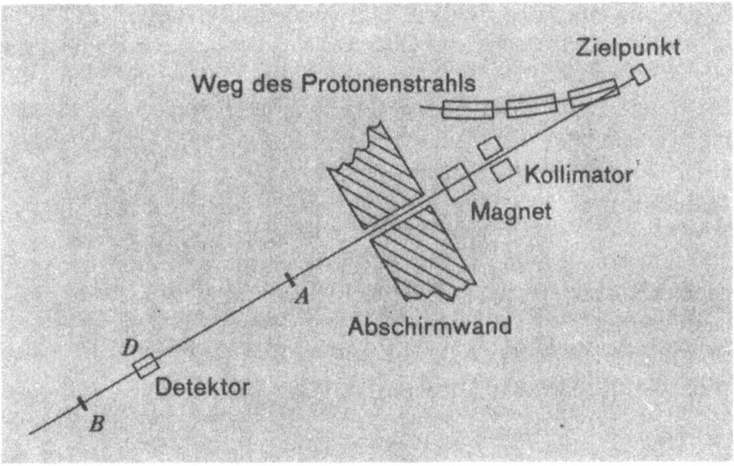


Bild 5.2
Schematische Darstellung der Versuchsanordnung bei dem Experiment von *Alväger* et al. zur Bestimmung der Geschwindigkeit von $\gamma$-Strahlen aus dem Zerfall von $\pi^0$ Mesonen.

um den Protonenstrahl auftreten, wurden gebündelt und geladene Partikel durch ein Magnetfeld abgesondert. Sodann wurde auf dem Weg $\overline{AB}$ (etwa 30 m in Luft) ihre Laufzeit sehr genau bestimmt (Bild 5.2)[1]). Die Zeitbestimmung wird dadurch ermöglicht, daß die Protonen den Beschleuniger in einzelnen rasch aufeinanderfolgenden Schwärmen verlassen, und die Zerfallsphotonen daher ebenfalls in Einzelimpulsen auftreten. Die Zeitspanne zwischen einem Impuls von Protonen im Zielpunkt und zwischen einem Impuls von Photonen im Detektor D kann somit bestimmt werden. Die Änderung dieser Zeitdifferenz – wenn der Detektor von A nach B bewegt wird – wurde aufgezeichnet. Im Endergebnis wurde die Photonengeschwindigkeit, wie bereits in Kapitel 3 zitiert wurde, zu $(2{,}9977 \pm 0{,}0004) \cdot 10^8$ m/s bestimmt, wodurch jede Erhöhung der Photonengeschwindigkeit um mehr als $10^{-4}$ der Geschwindigkeit der Quelle (in diesem Fall der bewegten Pionen) ausgeschlossen wird. Das relativistische Gesetz der Geschwindigkeitsaddition bleibt also auch unter extremen Bedingungen erhalten, und das Versagen des Galilei-Theorems ist unwiderlegbar.

---

[1]) Der Extinktionseffekt konnte in diesem Fall vernachlässigt werden, da der Extinktionsweg für diese hochenergetischen Photonen in Luft unter Normaldruck etwa 5 km beträgt.

## 5.3. Licht im bewegten Medium: Der Mitführungskoeffizient

In den beiden soeben untersuchten Fällen war eine der beiden zusammenwirkenden Geschwindigkeiten gleich der Lichtgeschwindigkeit im Vakuum. Nun soll das relativistische Gesetz für die Addition von Geschwindigkeiten auch auf die Lichtausbreitung in einem bewegten Medium, wie im Fizeauschen Versuch, angewendet werden. Der berühmte *Mitführungskoeffizient* ergibt sich, wie wir sehen werden, als natürliche Konsequenz der neuen Kinematik.

Fällt Licht durch ein Medium wie Glas oder Wasser, so ist dieser Prozeß durch den Brechungsindex n charakterisiert, und die Lichtgeschwindigkeit in diesem Medium ist c/n. Angenommen, das Medium bewegt sich mit der Geschwindigkeit v parallel zur Ausbreitungsrichtung des Lichtes – welche Lichtgeschwindigkeit V wird dann ein ruhender Beobachter registrieren? Mit Gl. (5.2) erhalten wir

$$V = \frac{\frac{c}{n} + v}{1 + \frac{v}{nc}}$$

Für $v \ll c$ können wir diesen Ausdruck nach Potenzen von v/c entwickeln und alle Potenzen, die höher als die erste sind, vernachlässigen

$$\begin{aligned} V &= \frac{c}{n}\left(1 + \frac{vn}{c}\right)\left(1 + \frac{v}{nc}\right)^{-1} \\ &= \frac{c}{n}\left(1 + \frac{vn}{c}\right)\left(1 - \frac{v}{nc} + \ldots\right) \\ &\approx \frac{c}{n}\left(1 + \frac{vn}{c} - \frac{v}{nc}\right) \end{aligned}$$

somit

$$V \approx \frac{c}{n} + \left(1 - \frac{1}{n^2}\right) v \tag{5.5}$$

Die relativistische Zusammensetzung von Geschwindigkeiten führt daher ohne irgendwelche zusätzliche Annahmen genau zu dem Ergebnis, das *Fresnel* und andere Äthertheoretiker mit einer teilweisen Mitführung des Lichtes durch das Medium erklären mußten. Bevor *Einstein* seine Kinematik entwickelte, war dieses Phänomen eine sehr rätselhafte Angelegenheit und die dafür vorgeschlagenen Erklärungen waren, wie wir in Kapitel 2 zeigten, ziemlich gekünstelt. Für *Einstein* war dies ein wichtiges Ergebnis, das bei der Entwicklung der speziellen Relativitätstheorie eine wesentliche Rolle spielte.

## 5.4. Transversalbewegung. Aberration von Gestirnen

Wir wollen nun die Transformation der Geschwindigkeitskomponente behandeln, die senkrecht zur Richtung der Relativbewegung zweier Bezugssysteme steht. Aus Gl. (5.3) erhalten wir

$$u'_y = \frac{\frac{u_y}{\gamma}}{1 - \frac{vu_x}{c^2}}$$

Setzen wir $u_x = 0$ (Sonderfall), ergibt sich

$$u'_y = \frac{u_y}{\gamma} \quad (\text{wenn } u_x = 0) \tag{5.6}$$

Diese scheinbare Verminderung einer transversalen Geschwindigkeitskomponente ist im wesentlichen eine Manifestation der Zeitdilatation, wie wir erkennen, wenn wir die Ableitung von Gl. (5.3) aus Gl. (5.1) untersuchen. Dazu ist eigentlich nichts weiter zu bemerken. Betrachten wir jedoch die allgemeine Form einer transversalen Geschwindigkeitstransformation (Gl. (5.3)) und verbinden diese mit einer Longitudinal-Transformation (Gl. (5.2)) dann gibt uns das eine Möglichkeit, die *Richtungen* bestimmter geradliniger Bewegungen relativ zu zwei verschiedenen Bezugssystemen in Beziehung zu setzen. Eine interessante Anwendungsmöglichkeit für dieses Resultat ist die *Aberration von Sternen.*

Sehen wir das Licht als „Photonenregen" an, so können wir ganz leicht die scheinbare Richtungsänderung eines entfernten Objektes, wie etwa eines Sternes, bestimmen. System S sei das Ruhsystem der Sonne, S′ das der Erde, das sich mit der Bahngeschwindigkeit v relativ zu S bewegt (Bild 5.3). Die Richtung eines Sternes, gemessen von der Ekliptikebene, sei $\Theta$ im System S und $\Theta'$ in S′. Dann sind die Geschwindigkeitskomponenten der einfallenden Photonen in S: $u_x = -c \cos \Theta$, $u_y = -c \sin \Theta$. Mit den Gleichungen (5.2) und (5.3) erhalten wir dann

$$u'_x = \frac{-(c \cos \Theta + v)}{1 + \frac{v}{c} \cos \Theta}$$

$$u'_y = \frac{-c \sin \Theta}{\gamma \left(1 + \frac{v}{c} \cos \Theta\right)} \tag{5.7}$$

Die Resultierende der beiden Komponenten $u'_x$ und $u'_y$ ist natürlich eine Geschwindigkeit mit dem invarianten Wert c. (Prüfen Sie das selbst nach!) Ihre Richtung $\Theta'$ in Bezug auf das System S′ ist ganz einfach mit

$$\cos \Theta' = -\frac{u'_x}{c} = \frac{\cos \Theta + \frac{v}{c}}{1 + \frac{v}{c} \cos \Theta}$$

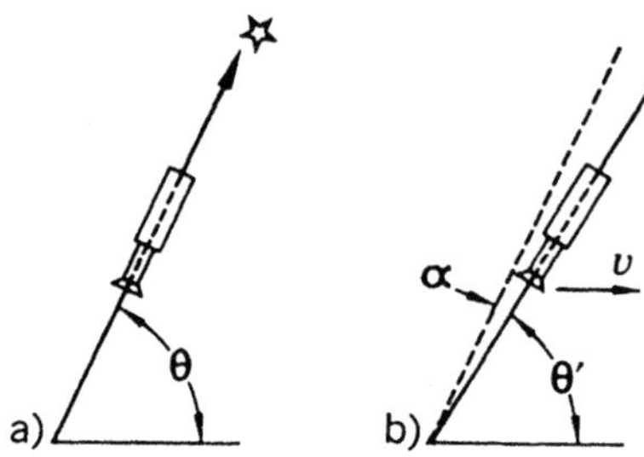


Bild 5.3
Aberration von Sternen.
a) Stationäres Teleskop, auf einen Stern ausgerichtet.
b) bewegtes Teleskop, auf den gleichen Stern gerichtet.

zu bestimmen. Auch hier ist es, wie so oft bei relativistischen Berechnungen, vorteilhaft, den Bruch v/c durch $\beta$ zu ersetzen. Wir können dann schreiben:

$$\cos \Theta' = \frac{\cos \Theta + \beta}{1 + \beta \cos \Theta} \tag{5.8}$$

Dadurch, daß die Erde um die Sonne kreist, bewegen wir uns durch eine Folge von Bezugssystemen – jedes von ihnen kann für eine kurze Zeitspanne näherungsweise als Inertialsystem angesehen werden. Da die Bahngeschwindigkeit der Erde etwa 30 km/s beträgt, ist $\beta$ in Gl. (5.8) etwa von der Größenordnung $10^{-4}$. In diesem Fall ist eine ausgezeichnete Näherung für Gl. (5.8):

$$\cos \Theta' \approx (\cos \Theta + \beta)(1 - \beta \cos \Theta)$$

d.h.

$$\cos \Theta' \approx \cos \Theta + \beta \sin^2 \Theta \tag{5.9}$$

Führen wir durch

$$\Theta' = \Theta - \alpha$$

den Abberationswinkel $\alpha$ ein, so erhalten wir

$$\cos \Theta' = \cos \Theta \cos \alpha + \sin \Theta \sin \alpha$$

$\alpha$ ist jedoch ein sehr kleiner Winkel. Daher kann man mit guter Annäherung $\cos \alpha = 1$ und $\sin \alpha = \alpha$, setzen, so daß sich ergibt

$$\cos \Theta' \approx \cos \Theta + \alpha \sin \Theta \tag{5.10}$$

Ein Vergleich von Gl. (5.9) mit Gl. (5.10) zeigt, daß

$$\alpha \approx \beta \sin \Theta \tag{5.11}$$

was wiederum der näherungsweisen Bestimmung der Aberration nach *Bradleys* Beobachtungen in unserer diesbezüglichen Diskussion in Kapitel 2 entspricht.

## 5.5. Der Dopplereffekt

Einige der bedeutendsten Beobachtungsergebnisse der Atomphysik beziehen sich auf die Messung der Strahlung bewegter Atome oder Atomkerne. Die scheinbare Frequenz (oder Quantenenergie) der emittierten Strahlung hängt von der Relativbewegung von Quelle und Beobachter ab. Der Begriff *Dopplereffekt* schließt alle Aspekte dieses Phänomens ein, durch das die beobachtete Frequenz oder Wellenlänge einer periodischen Störung geändert wird. Der Effekt wurde nach *Christian Doppler* benannt, der im Jahre 1842 die Grundlagen dafür aus der Atomspektroskopie ableitete.

Der akustische Dopplereffekt ist wohl jedermann bekannt: z.B. das plötzliche Absinken der Tonhöhe einer Sirene auf einem Fahrzeug, wenn einen dieses gerade passiert hat. Hier haben wir ein identifizierbares Medium, die Luft, und es ist physikalisch einwandfrei feststellbar, ob sich die Quelle, oder der Beobachter (oder beide) relativ zum Medium bewegt. Im Fall der Lichtausbreitung im Vakuum kann man das nicht feststellen, was die Untersuchung des Phänomens vereinfacht. Es ist jedoch sehr zweckmäßig, uns zuerst noch etwas mit dem akustischen Dopplereffekt zu beschäftigen.

Betrachten wir den Effekt zunächst als eindimensionales Problem: Die Quelle S und der Schallempfänger R bewegen sich entlang der gleichen Geraden (Bild 5.4). Die Geschwindigkeit von S bzw. R relativ zu Luft sei $u_1$ bzw. $u_2$. Die

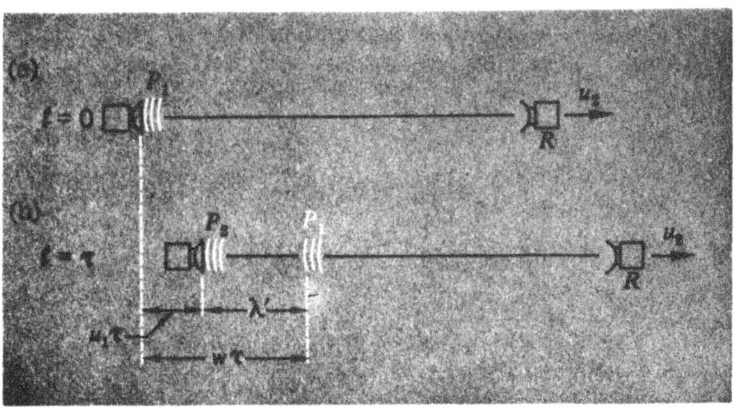


Bild 5.4

Dopplereffekt bei Strahlung von einer bewegten Quelle.

a) Ein erster Impuls verläßt die Quelle zur Zeit t = 0.

b) Ein zweiter Impuls verläßt die Quelle zur Zeit $t = \tau$, Die Bewegung der Quelle ist so gerichtet, daß der Abstand zwischen den einzelnen Impulsen geringer wird als bei einer ruhenden Quelle.

Quelle emittiere ein Signal der Frequenz $\nu$ und der Periode $\tau$ (= $1/\nu$). Um die Untersuchung des Problems noch weiter zu vereinfachen, wollen wir annehmen, daß das Signal in kurzen durch $\tau$ voneinander getrennten Schallimpulsen ausgesendet wird. Jeder dieser Impulse breitet sich mit der Schallgeschwindigkeit w in Luft aus. Wie im Bild dargestellt wird ein Impuls $P_1$ zur Zeit $t = 0$, ein zweiter $P_2$ zur Zeit $t = \tau$ emittiert. Während der Zeitspanne $\tau$ legt der Impuls $P_1$ die Strecke w zurück, und die Quelle S bewegt sich um $u_1 \tau$ weiter. Die Strecke $P_1$ bis $P_2$, die man die effektive Wellenlänge $\lambda'$ nennen könnte (obwohl diese Bezeichnung genaugenommen nur für reine Sinuswellen verwendet werden sollte), ist dann durch

$$\lambda' = (w - u_1)\,\tau = \frac{w - u_1}{\nu}$$

gegeben.

Die Geschwindigkeit der Schallimpulse relativ zu R ist $w - u_2$, so daß das Zeitintervall zwischen dem Ankommen von $P_1$ und dem von $P_2$ in R gleich $\tau'$ ist, und

$$\tau' = \frac{\lambda'}{w - u_2} = \frac{w - u_1}{\nu\,(w - u_2)}$$

Der Reziprokwert von $\tau'$ ist die Effektivfrequenz $\nu'$ [1]). Wir erhalten also

$$\nu' = \nu\,\frac{w - u_2}{w - u_1} = \nu\,\frac{1 - \frac{u_2}{w}}{1 - \frac{u_1}{w}} \tag{5.12}$$

Für eine gegebene *Relativ*geschwindigkeit v zwischen R und S hängt der Wert von $\nu'$ noch von den individuellen Geschwindigkeiten $u_1$ und $u_2$ ab. Zwei besonders interessante Fälle sind die folgenden:

a) ruhende Quelle, bewegter Schallempfänger:

$$(u_1 = 0,\quad u_2 = v)\quad \nu' = \nu\left(1 - \frac{v}{w}\right) = \nu\,(1 - \beta)$$

b) bewegte Quelle, ruhender Empfänger: (5.13)

$$(u_1 = -v,\quad u_2 = 0)\quad \nu' = \frac{\nu}{1 + \frac{v}{w}} = \frac{\nu}{1 + \beta}$$

In beiden Fällen entfernen sich Quelle und Empfänger voneinander, die beobachtete Frequenz ist niedriger als die Frequenz der Quelle. Setzt man $-v$ statt v ein, so erhält man das einer Annäherung von Quelle und Empfänger entsprechende Ergebnis.

---

[1]) Die Begriffe Frequenz und Wellenlänge beziehen sich strenggenommen nur auf Sinuswellen. Jedes andere periodische Signal mit der Wiederholungszeit $\tau$ besitzt ein Frequenzspektrum, das im allgemeinen alle Oberschwingungen der Frequenz $1/\tau$ enthält.

Nach diesem akustischen Vorspiel wollen wir uns dem entsprechenden Problem in der speziellen Relativitätstheorie zuwenden. Die Quelle (z.B. ein Radarimpulssender) befinde sich im Ursprung des Bezugssystems S, der Beobachter bewege sich relativ zu S mit der Geschwindigkeit v, sein Ruhsystem sei S'. Die emittierten Impulse breiten sich mit der Geschwindigkeit c aus. Der erste Impuls werde zur Zeit t = 0 ausgesendet, wenn der Beobachter sich gerade in $x = x_0$ befindet, und der (n + 1)te Impuls werde zur Zeit $t = n\,\tau$ emittiert. Dazwischen befinden sich n Schwingungsperioden, und die gemessene Frequenz der Quelle in S ist daher $\nu = 1/\tau$.

Um nun zu dem Ergebnis zu gelangen, das der Beobachter erhält, zeichnen wir ein x, t-Diagramm und bestimmen darin die Punktereignisse, die die Ankunft des ersten bzw. letzten Impulses in der Position des Beobachters darstellen (Bild 5.5). In der Terminologie der Raum-Zeit-Diagramme bedeutet das, daß wir den Schnitt-

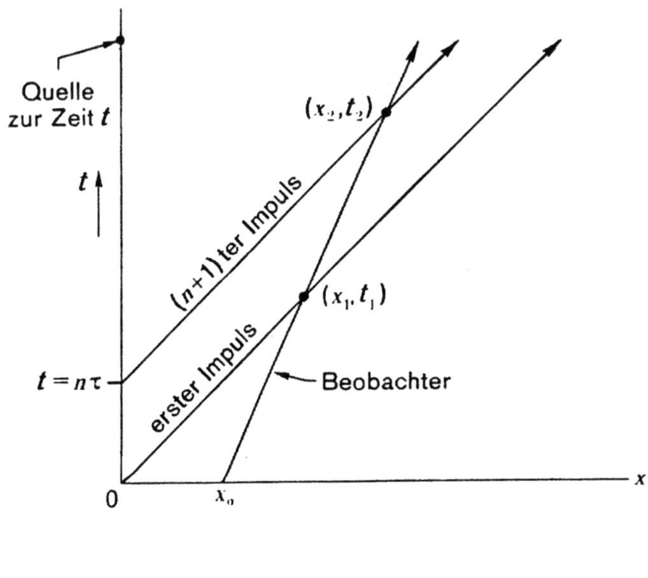


Bild 5.5
Raum-Zeit-Diagramm zur Darstellung und Erklärung der Prozesse bei Aussendung und Empfang von Lichtsignalen, für den Fall einer Relativbewegung zwischen Quelle und Empfänger.

punkt der Weltlinie des Beobachters mit den Weltlinien der beiden Impulse suchen. Nach Messungen in S sollen sich diese Schnittpunkte in $(x_1, t_1)$ und $(x_2, t_2)$ befinden. Dann ist

$$x_1 = ct_1 = x_0 + vt_1$$
$$x_2 = c(t_2 - n\tau) = x_0 + vt_2$$

Daher ist auch

$$t_2 - t_1 = \frac{cn\tau}{c-v}$$

$$x_2 - x_1 = \frac{vcn\tau}{c-v}$$

Für S' erhalten wir jedoch

$$t_2' - t_1' = \gamma\left[(t_2 - t_1) - \frac{v}{c^2}(x_2 - x_1)\right] \quad \text{(mit der Lorentz-Transformation)}$$

$$= \gamma\left(\frac{cn\tau}{c-v} - \frac{v}{c^2}\,\frac{vcn\tau}{c-v}\right)$$

Da in diesem Zeitintervall n Schwingungsperioden des Signals, so wie es der Beobachter empfängt, enthalten sind, ist die scheinbare Periode $\tau'$ daraus so zu bestimmen:

$$\tau' = \frac{\gamma c\tau}{c-v}\left(1 - \frac{v^2}{c^2}\right)$$

$$= \frac{\gamma(1-\beta^2)}{1-\beta}\,\tau \qquad \text{(wenn wir } v/c = \beta \text{ setzen)}$$

$$= \gamma(1+\beta)\,\tau$$

Es ist aber

$$\gamma = (1-\beta^2)^{-\frac{1}{2}}$$

daher ist

$$\tau' = \tau\left(\frac{1+\beta}{1-\beta}\right)^{\frac{1}{2}} \tag{5.14}$$

oder, in Frequenzen ausgedrückt

$$\nu' = \nu\left(\frac{1-\beta}{1+\beta}\right)^{\frac{1}{2}} \tag{5.15}$$

Hätte S' sich S genähert, statt sich von S zu entfernen, würden einfach die Vorzeichen in Zähler und Nenner unter der Wurzel ausgetauscht. Wenn man (Gl. (5.15)) mit den Gleichungen für den akustischen Dopplereffekt (5.13) vergleicht, dann erkennt man, daß das relativistische Ergebnis gleichsam die beiden Fälle (bewegte Quelle, bewegter Beobachter) vereint, und einem der beiden Fälle gleichgesetzt werden kann, wenn Terme höherer Ordnung als eins vernachlässigt werden. Das relativistische Ergebnis hat jedoch eine gewisse Symmetrie, die den Ergebnissen für den akustischen Effekt fehlt.

Das bekannteste Beispiel für diese Art von Dopplereffekt, verursacht durch Relativbewegung von Quelle und Beobachter entlang ihrer Verbindungslinie, ist die *Rotverschiebung* entfernter Milchstraßensysteme. Das Spektrum einer ganzen Galaxis, das sich ja aus den Spektren aller strahlenden Objekte, die ihr angehören, zusammensetzt, ist eigentlich nur ein kontinuierlicher Fleck. Die Astrophysiker können jedoch darin einige sehr deutliche dunkle Linien, d. h. enge Unterbrechungen des ansonsten kontinuierlichen Spektrums, erkennen, die dadurch entstehen, daß die emittierte Strahlung auf ihrem Weg durch kühlere, gas- oder dampfförmige Materie einer Selektivabsorption unterworfen wird, bevor sie die betreffende Galaxis endgültig verläßt. Besonders zwei dieser Linien, die sogenannten H- und K-Absorptionslinien des ionisierten Calciums sind auch dann noch erkennbar, wenn alle anderen Strukturcharakteristika verlorengingen. Ionisierte Calciumatome haben nämlich für Licht dieser bestimmten Wellenlängen einen außerordentlich hohen Wirkungsquerschnitt. Diese Absorptionslinien liegen am äußersten violetten Ende des Spektrums einer stationären Quelle; in den Spektren bestimmter, sehr weit entfernter Galaxien findet man diese Linien jedoch erheblich in Richtung längerer Wellenlängen verschoben. Eine Reihe galaktischer Spektren, geordnet nach zunehmender Dopplerverschiebung, ist in den Bildern 5.6 bis 5.10 dargestellt. Auf diesen Photographien sind die Spektren der betreffenden Galaxien ziemlich undefinierbare helle Streifen, die jedoch immer von den H- und K-Absorptionslinien unterbrochen sind. Zu Vergleichszwecken wurde über und unter dem galaktischen Spektrum noch ein Linienspektrum einer Strahlungsquelle im Labor beigefügt. Im Bild 5.10 z.B. sind die H- und K-Absorptionslinien bis zu einer Wellenlänge von etwa 4750 Å verschoben. Im Spektrum einer ruhenden Quelle befinden sie sich etwa bei 3940 Å. Das ist also eine erhebliche Zunahme der Wellenlänge – fast 25 %! Mit Gl. (5.14) können wir setzen:

$$\lambda' = c\,\tau' = \left(\frac{1+\beta}{1-\beta}\right)^{\frac{1}{2}} c\,\tau = \left(\frac{1+\beta}{1-\beta}\right)^{\frac{1}{2}} \lambda$$

Daher ist

$$\beta = \frac{\left(\frac{\lambda'}{\lambda}\right)^2 - 1}{\left(\frac{\lambda'}{\lambda}\right)^2 + 1} \tag{5.16}$$

Setzen wir $\lambda'/\lambda \approx 4750/3940 = 1{,}21$ ein, so erhalten wir

$$\beta = 0{,}46/2{,}46 \approx 0{,}2$$

Daher ist

$$v = 0{,}2\ c \approx 6 \cdot 10^7\ \mathrm{m/s}$$

Bilder 5.6 bis 5.10. Beweise für eine Expansion des Universums[1])

Es ist äußerst schwierig, die Spektren entfernter Milchstraßensysteme zu fotographieren. Diese Spektren sind so schwach, daß sie auch mit den größten Teleskopen visuell nicht beobachtet werden können. Die Ausrichtung des Teleskops muß daher aus der Position der betreffenden Nebel auf Fotographien berechnet werden. Das Teleskop muß dann mehrere Stunden auf dieses Objekt gerichtet bleiben, damit das Spektrum fotographiert werden kann, das dann schließlich vielleicht nur 2 mal 1 mm groß ist. Das Spektrum ist seiner Art nach dem eines gewöhnlichen Sternes (Spektraltyp G) ähnlich, d.h. es ist ein kontinuierliches Spektrum mit Absorptionslinien. Diese Absorptionslinien sind jedoch alle sehr undeutlich, da sie sozusagen den Durchschnitt aller in der betreffenden Galaxis vorhandenen Objekte repräsentieren. Bis zum Jahre 1917 hatte Slipher bereits die Spektren von 15 Spiralnebeln fotographiert. Er war natürlich erstaunt, als er feststellen mußte, daß die Absorptionslinien von 13 dieser Spektren zum Roten hin verschoben waren. Daraus schloß man, daß sich diese Galaxien von uns entfernen. Aus der beobachteten Rotverschiebung konnte die Geschwindigkeit mit der sie sich im Durchschnitt von uns entfernen berechnet werden: 400 Meilen/s = 640 km/s. 1919 entdeckte *Hubble*, daß alle äußeren Galaxien, deren Spektren photographiert und deren Entfernungen bestimmt worden waren, sich von uns mit Geschwindigkeiten entfernen, die den Entfernungen proportional sind. Das wurde in den folgenden Jahren aufs neue bestätigt durch das umfangreiche Beobachtungsmaterial, das *Humason* durch seine Arbeit mit den Hooker- und Hale-Teleskopen sammelte. (Photographien vom Mount Vilson- und vom Palomar-Observatorium.)

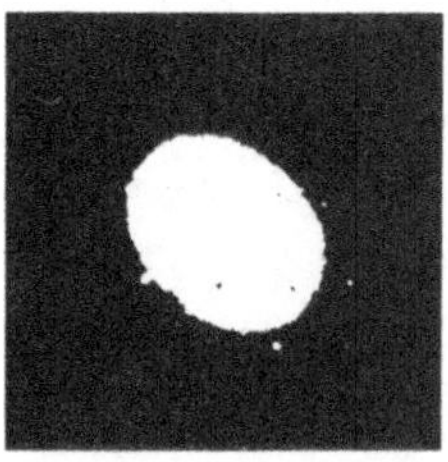

Bild 5.6. Virgo

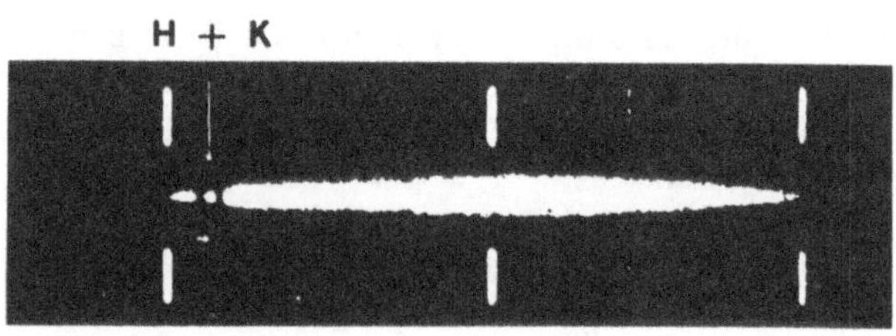


750 Meilen/s = 1200 km/s.

[1]) Entnommen *Ernst* und *De Vries*, Atlas of the Universe, Thomas Nelson, London 1961

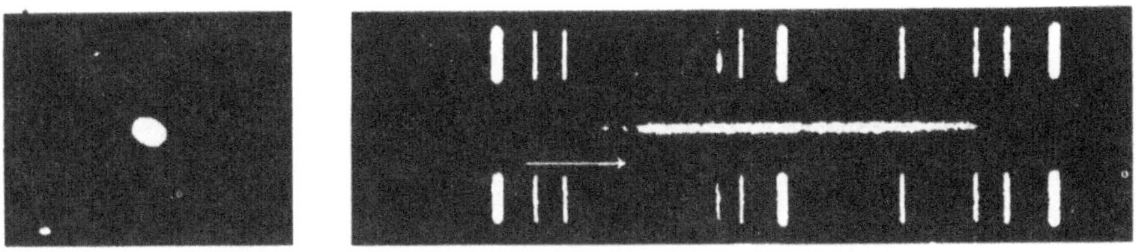

Bild 5.7. Ursa Major 9300 Meilen/s = 14000 km/s.

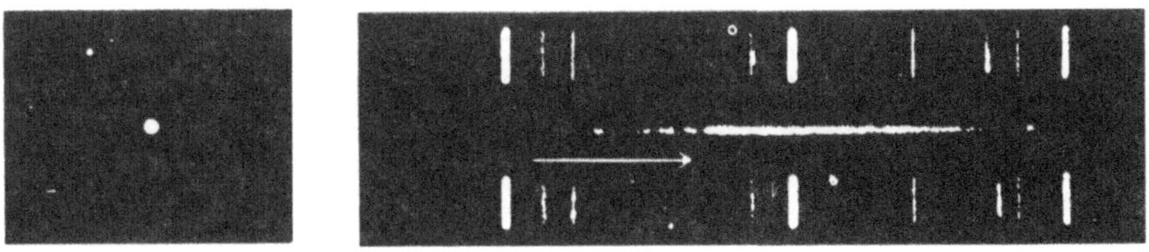

Bild 5.8. Corona Borealis 13400 Meilen/s = 21400 km/s.

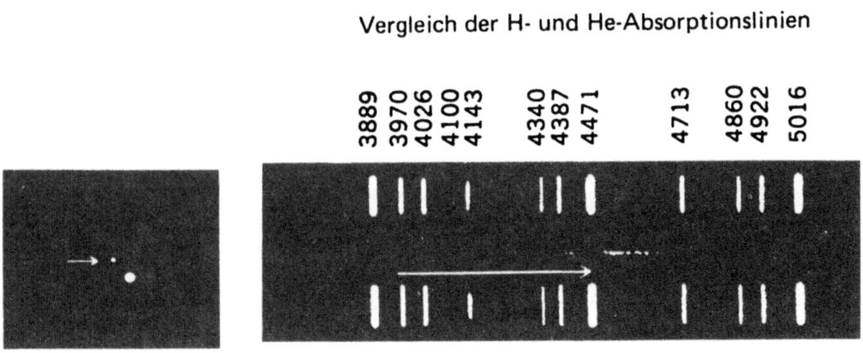


Bild 5.9. Boötes 24400 Meilen/s = 39000 km/s.

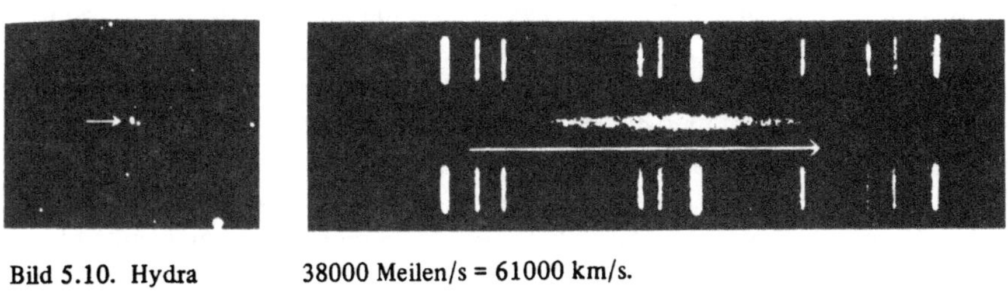

Bild 5.10. Hydra 38000 Meilen/s = 61000 km/s.

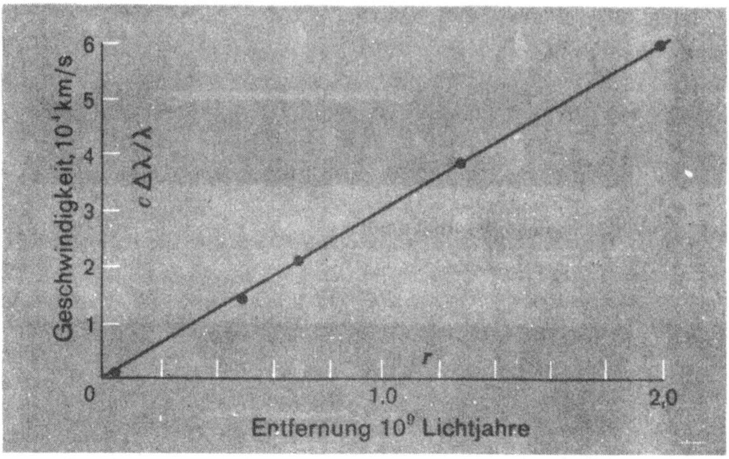


Bild 5.11

Hubbles Gesetz. Die Entfernungen in der Tabelle basieren auf der Revision der Entfernungsskala von 1958. Die Geschwindigkeiten wurden einfach mit $c\,\Delta\lambda/\lambda$ berechnet – ohne Berücksichtigung der relativistischen Modifikation der Dopplerformel.

| Galaxis im Sternbild | Geschwindigkeit $10^4$ km/s | Entfernung Lichtjahre |
|---|---|---|
| Virgo | 0,12 | $0{,}4 \cdot 10^8$ |
| Ursa Major | 1,40 | $5{,}0 \cdot 10^8$ |
| Corona Borealis | 2,14 | $7{,}0 \cdot 10^8$ |
| Boötes | 3,90 | $1{,}3 \cdot 10^9$ |
| Hydra | 6,10 | $2{,}0 \cdot 10^9$ |

Es ist heutzutage wohl allgemein bekannt, wie es dem genialen Astronomen *Edwin Hubble,* der so viel zur Förderung der Erforschung des Raums außerhalb unseres Milchstraßensystems beitrug, gelang, eine lineare Beziehung zwischen der Geschwindigkeit, mit der sich andere Galaxen von der unseren entfernen, und der Entfernung dieser Galaxen aufzustellen. Bild 5.11 zeigt ein Diagramm, in das die Beobachtungsergebnisse der Bilder 5.6 bis 5.10 eingetragen wurden, um so diese aufsehenerregende Beziehung, die als *Hubbles Gesetz* bekannt ist, zu untermauern. Die Bestimmung dieser galaktischen Distanzen ist jedoch nicht so eindeutige und direkt möglich wie die Messung der Dopplerverschiebung, und läuft letzten Endes auf das elementare Problem hinaus, ob der Raum im großen gesehen überhaupt mit der Euklidischen Geometrie beschrieben werden kann. Das geht jedoch über den eigentlichen Bereich unseres Themas hinaus; wenn Sie sich für nähere Details interessieren, finden Sie diese in einem Buch über Astronomie [1]). Wir müssen uns hier auf die Behandlung der eigentlichen Dopplerverschiebung beschränken.

## 5.6. Mehr über Dopplereffekte

Als der erste Sputnik die Erde umrundete, emittierte er ein Signal auf Radiofrequenz, das von vielen Bodenstationen empfangen wurde. Als ein Beispiel sind in Bild 5.12 die Ergebnisse von derartigen Beobachtungen zusammengestellt [2]). Wenn der Satellit weit entfernt ist und sich nähert oder entfernt, so entstehen (wie bei dem vorhin diskutierten eindimensionalen Problem) maximale oder minimale Dopplersche Frequenzverschiebungen. Der Wechsel von erhöhter zu verringerter Frequenz erfolgt jedoch nicht momentan, wie das der Fall wäre, wenn die Quelle, das bewegte Objekt, genau die Position des Beobachters passiert. Dieser Wechsel erfolgt stattdessen nach einer gleichmäßigen Kurve, anhand der man Aussagen über Höhe und Geschwindigkeit der Quelle machen kann. Untersuchen wir einmal eine derartige Situation.

In Bild 5.13 ist die Flugbahn eines Satelliten gezeigt, der die Beobachtungsstation in der Höhe h passiert. Wir wollen die Flugbahn näherungsweise als horizontale Gerade ansehen, so daß die Position des Satelliten durch die folgenden Gleichungen bestimmt ist:

$$x = vt \qquad y = h$$

Zur Zeit t = 0 befindet sich der Satellit genau über der Station.

Der Satellit soll einen Sender enthalten der Impulse der Frequenz $\nu$ aussendet (bezogen auf das Ruhsystem des Satelliten). Zwei aufeinanderfolgende Impulse werden in der Position $x_1$ und $x_2$ zu den Zeiten $t_1$ bzw. $t_2$ emittiert. Das Zeitintervall $\tau$ zwischen den beiden Impulsen ist im Inertialsystem des Satelliten durch $1/\nu$ gegeben, im Ruhsystem des Beobachters ist es jedoch um den Zeitdilatationsfaktor $\gamma$ größer. Wir erhalten also

$$t_2 - t_1 = \gamma\tau = \frac{\gamma}{\nu}$$

---

1) Siehe zum Beispiel *F. Hoyle*, Frontiers of Astronomy (Grenzen der Astronomie), Harper, New York 1955, oder das neuere und sehr gute Buch desselben Autors, Astronomy, Doubleday, New York 1962.

2) *R. R. Brown* et al., (M. I. T. Lincoln Lab.), Proc. IRE **45**, 1552 (1957).

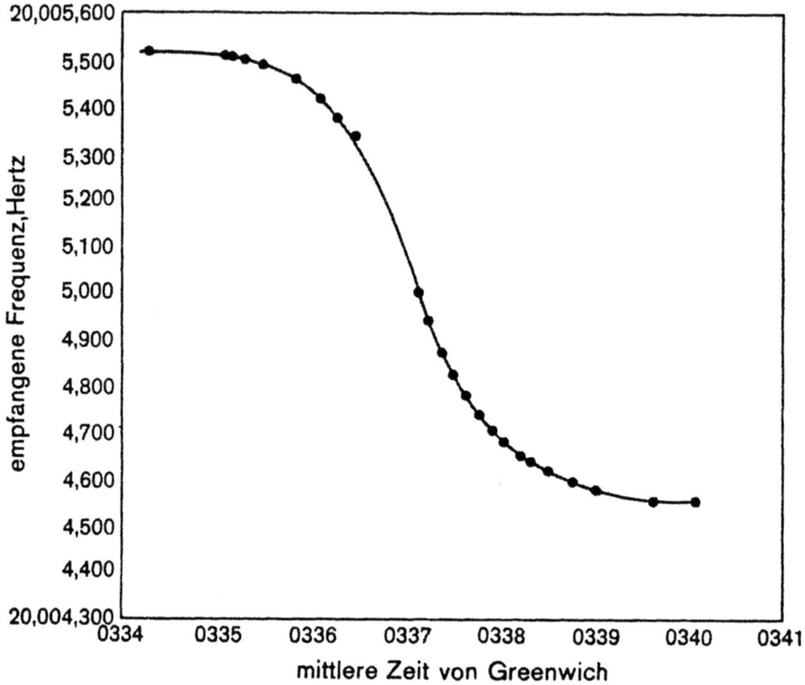


Bild 5.12. Dopplereffekt bei Sputnik I, nach Beobachtungen am M. I. T. Lincoln Laboratory vom 7. Oktober 1957 (nach Daten von *R. R. Brown* et al.).

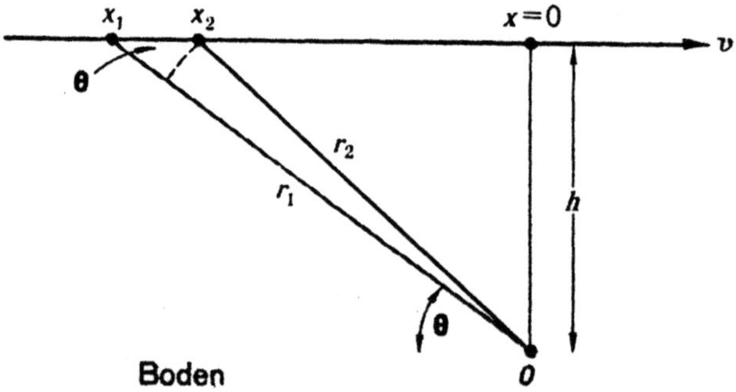


Bild 5.13. Diagramm zur Untersuchung des Dopplereffektes bei Signalen, die in einem Winkel Θ zu der Bewegungsrichtung der Quelle emittiert werden.

Die Impulse brauchen, um O zu erreichen, die Zeit $r_1/c$ bzw. $r_2/c$, so daß das sie trennende gemessene Zeitintervall durch

$$\tau' = t_2 + \frac{r_2}{c} - t_1 - \frac{r_1}{c} = \gamma\tau - \frac{r_1 - r_2}{c}$$

gegeben ist. Ist nun die Strecke $x_2 - x_1$ sehr klein gegen $r_1$ (d.h., wenn der Satellit während einer Periode seiner Radiosignale nur eine sehr kleine Strecke zurücklegt), können wir mit guter Näherung setzen

$$r_1 - r_2 \approx (x_2 - x_1)\cos\Theta = v\gamma\tau\cos\Theta$$

$\Theta$ ist die im Bezugssystem der Bodenstation gemessene Winkelhöhe des Satelliten im Zeitpunkt $t_1$. Wir haben dann

$$\tau' = \gamma\tau\left(1 - \frac{v}{c}\cos\Theta\right)$$

$1/\tau'$ ist aber die empfangene Frequenz $\nu'$ der Signale unter diesen Bedingungen. Daher ist

$$\nu' = \frac{\nu}{\gamma(1 - \beta\cos\Theta)}$$

$$\nu' = \nu\frac{(1-\beta^2)^{\frac{1}{2}}}{1 - \beta\cos\Theta} \tag{5.17}$$

Wollten wir das Diagramm der beobachteten Frequenz in Abhängigkeit von der Zeit (Bild 5.6) selbst konstruieren oder auch nur analysieren, so müßten wir die folgende Beziehung verwenden:

$$\cos\Theta = \frac{-vt}{(h^2 + v^2t^2)^{\frac{1}{2}}} \tag{5.18}$$

Eigentlich hätten wir die spezielle Relativitätstheorie bei der Diskussion des Dopplereffektes von Sputnik I gar nicht verwenden müssen, da die betreffenden Werte wegen der Größenordnung von $\beta^2$ (etwa $10^{-10}$) so gut wie gar keine relativistische Veränderung erfahren, die Probleme somit nichtrelativistisch behandelt werden können. Es ist jedoch nicht abzuleugnen, daß derartige kleinste Veränderungen mit den heute zur Frequenzmessung zur Verfügung stehenden Atomuhren sehr wohl gemessen werden können. Wir werden das jedoch nicht weiter verfolgen. Das Beispiel mit dem Satelliten liefert jedoch einen geeigneten Zusammenhang zur Entwicklung der Theorie von Dopplereffekten bei einer Quelle, die sich in eine beliebige Richtung bewegt. Der eigentliche und wesentliche Anwendungsbereich der Dopplerformel (Gl. (5.17)) liegt bei der Analyse von Strahlung schnellbewegter Atome, Kerne oder Elementarteilchen. Als ein Beispiel dafür werden wir im folgenden ein klassisches Experiment beschreiben, bei dem der Dopplereffekt verwendet wurde, um das Phänomen der Zeitdilatation durch überzeugende quantitative Beweise zu untermauern.

## 5.7. Dopplereffekt und Zeitdilatation

Bereits im Jahre 1907 hatte *Einstein* angeregt, die scheinbare Wellenlänge des Lichtes zu messen, das von schnell bewegten Atomen in rechtem Winkel zu ihrer Bewegungsrichtung emittiert wird. Nach Gl. (5.17) hat die Strahlung, die sich in einem Winkel $\Theta$ zur Bewegungsrichtung ihrer Quelle ausbreitet, eine beobachtete Frequenz $\nu'(\Theta)$:

$$\nu'(\Theta) = \nu \frac{(1-\beta^2)^{\frac{1}{2}}}{1-\beta\cos\Theta}$$

Dadurch wird auch die scheinbare Wellenlänge bestimmt:

$$\lambda'(\Theta) = \lambda \frac{1-\beta\cos\Theta}{(1-\beta^2)^{\frac{1}{2}}} = \gamma\lambda\,(1-\beta\cos\theta) \qquad (5.19)$$

Der Winkel $\Theta$ gibt die vom Beobachter gemessene Richtung an. Setzen wir $\Theta = \pi/2$, dann ist die scheinbare Wellenlänge gerade um den Faktor $\gamma$ größer als $\lambda$. Wenn ein durch etwa 5 kV beschleunigtes Proton ein Elektron einfängt, so entsteht ein Wasserstoffatom, das sich mit einer Geschwindigkeit von etwa $10^6$ m/s bewegt, es ist also $\beta \approx 1/300$, und $\gamma - 1 \approx 5 \cdot 10^{-6}$. Der Ausdruck $\gamma - 1$ ist der Bruchteil der Änderung der gemessenen Frequenz des Lichtes, das von einem bewegten Atom nach der Seite emittiert wird. Für eine Linie im sichtbaren Spektrum bei 5000 Å würde das eine absolute Verschiebung der Wellenlänge um ungefähr 0,025 Å bedeuten. Das ist wohl ein sehr geringer Effekt, er ist aber prinzipiell durchaus meßbar. Dabei wird man jedoch mit einer praktischen Schwierigkeit konfrontiert. Will man nämlich die Existenz dieses transversalen Dopplereffektes (oder Dopplereffektes zweiter Ordnung, wie er auch genannt wird) nachweisen, so muß der Winkel $\Theta$ genau $\pi/2$ sein. Bereits eine Abweichung von $\beta$ Radian (was in diesem Fall einem Winkel von etwa 0,2° entspricht) bewirkt, daß der Dopplerfaktor erster Ordnung (d.h., $1 - \beta\cos\Theta$) den gesuchten Effekt vollkommen unterdrückt.

Im Jahre 1938 veröffentlichten *H. E. Ives* und *G. R. Stilwell* die Ergebnisse eines einzigartigen Experimentes, bei dem diese Schwierigkeit vermieden werden konnte[1]). Die Autoren versuchten nicht, das transversal zur Bewegungsrichtung

[1]) *H. E. Ives* und *G. R. Stilwell*, J. Opt. Sci. Am., 28, 215–226 (1938).

der Atome emittierte Licht zu beobachten, sondern befaßten sich bei ihren Messungen mit dem nach vorne oder nach hinten (relativ zur Bewegungsrichtung) abgestrahlten Licht. Aus Gl. (5.19) erhalten wir

$$\begin{aligned} \lambda'(\pi) &= \lambda \frac{1+\beta}{(1-\beta^2)^{\frac{1}{2}}} = \lambda \left(\frac{1+\beta}{1-\beta}\right)^{\frac{1}{2}} \\ \lambda'(0) &= \lambda \frac{1+\beta}{(1-\beta^2)^{\frac{1}{2}}} = \lambda \left(\frac{1-\beta}{1+\beta}\right)^{\frac{1}{2}} \end{aligned} \tag{5.20}$$

Wir wollen diese Ausdrücke nun als Reihenentwicklung nach steigenden Potenzen von $\beta$ darstellen:

$$\lambda'(\pi) = \lambda\left(1 + \beta + \frac{1}{2}\beta^2 + \ldots\right)$$

$$\lambda'(0) = \lambda\left(1 - \beta + \frac{1}{2}\beta^2 + \ldots\right)$$

Mit der Näherung, daß $\beta^2$ gegen 1 vernachlässigt werden kann, ergibt sich, daß jede Wellenlänge sich von $\lambda$ durch die Dopplerverschiebung erster Ordnung $\beta\lambda$ unterscheidet, d.h., in dem oben behandelten hypothetischen Fall um etwa 15 Å. Bei Effekten zweiter Ordnung erkennt man, daß sich das Mittel von $\lambda'(\pi)$ und $\lambda'(0)$ von $\lambda$ unterscheidet, ja sogar größer als $\lambda$ ist – nämlich um *genau* den Zeitdilatationsfaktor $\gamma$ bzw. um eine Wellenlängenverschiebung $(\gamma - 1)\lambda$. Dies sieht man wenn man direkt in Gl. (5.19) einsetzt. Unter Verwendung von Näherungen zur Vereinfachung können wir setzen:

Effekt erster Ordnung:

$$\Delta\lambda_1 = \beta\lambda = \frac{v}{c}\lambda \tag{5.21a}$$

Effekt zweiter Ordnung:

$$\Delta\lambda_2 = (\gamma - 1)\lambda \approx \frac{1}{2}\frac{v^2}{c^2}\lambda = \frac{1}{2\lambda}(\Delta\lambda_1)^2 \tag{5.21b}$$

Ohne Zeitdilatationseffekt hat $\Delta\lambda_2$ genau den Wert null (Gl. (5.19)); diese Messung spricht also für eine klare Unterscheidung der beiden Versionen der Kinematik.

Bei diesem Experiment bildete eine Wasserstoff-Entladungsröhre die Quelle von $H_2^+$ und $H_3^+$ Ionen. Freie Protonen, $H^+$, wurden nicht in wesentlicher Menge angetroffen, da sie sehr rasch durch Wasserstoffmoleküle eingefangen werden und damit $H_3^+$ Ionen bilden. Diese Ionen konnten, nachdem sie durch eine genau festgelegte Spannung beschleunigt wurden, durch Neutralisation und Dissoziation neutrale, aber immer noch angeregte Wasserstoffatome erzeugen, deren Geschwindigkeiten sich wie $\sqrt{3} : \sqrt{2}$ verhielten, je nachdem, ob sie aus $H_3$ oder $H_2$ erzeugt wurden. Diese Atome emittierten dann Lichtquanten, die den charakteristischen Linien der Balmerserie des atomaren Wasserstoffs entsprachen. Die scheinbare Wellenlänge einer bestimmten Linie – der zweiten Linie der Balmerserie, $H_\beta$ – wurde dann mit äußerster Sorgfalt unter Verwendung eines Beugungsgitters und mit Hilfe photographischer Aufzeichnung bestimmt. Diese Linie ist türkisblau und hat eine Wellenlänge von etwa 4861 Å. In Bild 5.14a ist ein Beispiel für die Untersuchungsergebnisse gegeben: In der Mitte sind die nicht verschobene Linien wiedergegeben, auf beiden Seiten die durch den Dopplereffekt verschobenen Linien für drei verschiedene Spannungen.

Auf den ersten Blick scheinen die Dopplerverschiebungslinien ziemlich symmetrisch relativ zur Linie in der Mitte zu sein. Eine genaue Auswertung der Originalphotographien zeigt jedoch eine systematische Verschiebung der mittleren

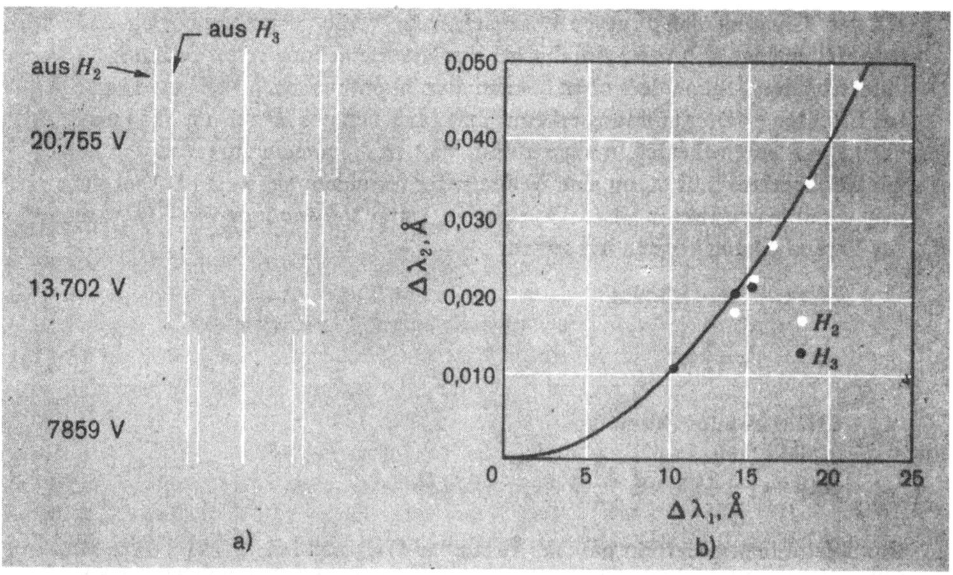


Bild 5.14. Versuch von *Ives* und *Stilwell* (relativistischer Dopplereffekt).

a) Spektrogramm der Balmerlinie $H_\beta$ bei Vorwärts- oder Rückwärtsemission aus verschieden schnell bewegten H-Atomen.

b) Berechnete und beobachtete Wellenlängenverschiebungen zweiter Ordnung, aufgetragen in Abhängigkeit von der Dopplerverschiebung erster Ordnung.

Wellenlänge mit der Geschwindigkeit, wie sie Gl.(5.21b) ausdrückt. Bild 5.14b ist eine Reproduktion des Diagramms aus der Arbeit von *Ives* und *Stilwell;* es zeigt die quadratische Beziehung zwischen Verschiebungseffekten erster und zweiter Ordnung. Dieser Versuch ist schon an sich interessant und gewinnt durch sein Ergebnis noch an Bedeutung, er ist jedoch auch ein ausgezeichnetes Beispiel, das zeigt, was erfahrene Forscher erreichen können, wenn sie eine Forschungsmethode bis zum letzten ausschöpfen.

Die Pointe hierbei ist aber, daß die Autoren dieses Versuches die spezielle Relativitätstheorie gar nicht anerkannten – dabei schrieb man schon das Jahr 1938. Ihrer Ansicht nach bewiesen diese Ergebnisse lediglich, daß bewegte Uhren langsamer laufen (wie schon von *Larmor* und *Lorentz* angeregt wurde) und zwar um genau den gleichen Faktor (und auf genauso reale Weise), um den ein bewegter Stab verkürzt zu sein scheint, wenn seine Längserstreckung parallel zur Richtung seiner absoluten Bewegung durch den Äther verläuft. Langgehegte und liebgewordene Vorstellungen sind wohl nicht so leicht zu beseitigen.

## 5.8. Erneute Suche nach dem Äther

Als *Maxwell* 1879 seinen Brief schrieb, der *Michelson* anregte, eine Ätherströmung zu suchen, konnte man sich noch keine Untersuchungsmethode vorstellen, mit der es möglich wäre, Effekte nachzuweisen, die der ersten Potenz von v/c proportional sind – jedenfalls nicht im Labor. Ein tatsächlich durchführbares Experiment nämlich, wie etwa das von *Michelson,* mußte sich einfach des Prinzips bedienen, bei dem ein Lichtstrahl auf seinem Weg zurückkehrt. Dieser Umstand wieder beschränkte die feststellbaren Effekte auf Terme der Größenordnung von $v^2/c^2$, wie wir bereits in Kapitel 2 feststellten. Die Entwicklung des Molekularstrahl-Masers änderte die Situation von Grund auf: Jetzt waren auch Experimente erster Ordnung möglich, und v konnte daher auch viel niedriger als je zuvor sein.

Dieses Experiment, das von *Cedarholm* und *Townes* [1]) ausgeführt wurde, befaßte sich mit dem Vergleich der Frequenzen zweier ähnlicher Molekularstrahl-Maser, deren Strahlen gegenläufig sind. Die theoretischen Grundlagen dieses Versuchs lassen sich vom Standpunkt einer Äthertheorie in groben Zügen etwa folgendermaßen darstellen. Der Molekularstrahl-Maser ähnelt in gewisser Weise der in Kapitel 4 behandelten Lichtimpulsuhr. Er besitzt eine charakteristische Frequenz, die durch die Zeit bestimmt ist, die die Strahlung benötigt, um den Maser hin- und zurück zu durchqueren. Der Maser ist ein sogenannter *Resonanzraum.* Die Strahlung stammt von einem Molekülstrahl (angeregte Ammoniakmoleküle) die sich mit einer

1) *J. P. Cedarholm* und *C. H. Townes*, Nature, **184**, 1350–1351 (1959). Siehe auch *J. P. Cedarholm* et al., Phys. Rev. Letters, **1**, 342–343 (1958).

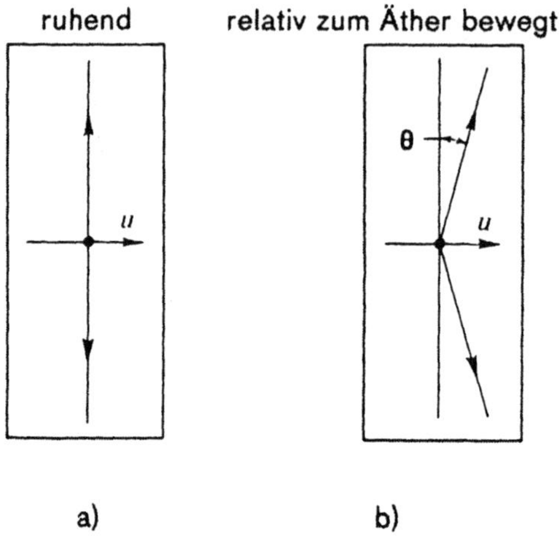


Bild 5.15
Diagramm zur Erklärung der Strahlungsemission von Molekülen bei einem Molekularstrahl-Maser, der sich
a) relativ zum Äther in Ruhe befindet,
b) sich relativ zum Äther bewegt.

Geschwindigkeit u (Bild 5.15a) relativ zum Resonanzraum longitudinal bewegen. Die Maße des Resonanzraumes sind so abgestimmt, daß eine natürliche Frequenz etwa der der Molekularstrahlung entspricht; die eigentliche scharfe Frequenzbegrenzung ist jedoch eine Sache der Moleküle selbst und nicht des Resonanzraumes[1]).

Wenn nun dieser Resonanzraum relativ zum Äther ruht, dann breiten sich die Strahlungsimpulse genau senkrecht zur Bewegungsrichtung der Moleküle aus. Hat jedoch der ganze Apparat die parallel zum Molekülstrahl gerichtete Geschwindigkeit v relativ zum Äther, dann muß die Strahlung, um im Resonanzraum zu verbleiben, in einem Winkel $\pi/2 - \Theta$ zum Molekülstrahl emittiert werden (Bild 5.15b). Der Winkel $\Theta$ ist durch v/c gegeben. Das gleiche trifft auch für das entlang des transversalen Arms des Michelson-Interferometers emittierte Licht zu, wenn wir das Problem mit Bezug auf das Ruhsystems des Äthers und nicht das des Labors ansehen wollen. Mit dem Molekularstrahl-Maser erhalten wir jedoch noch einen neuen Effekt. Da die Strahlung von Molekülen ausgesandt wird, die sich relativ

[1]) Beachten Sie, daß für das Verhalten bei He/Ne-Lasern gerade das Gegenteil zutrifft. Solche Laser wurden bei der modernen Version des Michelson-Morley-Versuches (siehe Kapitel 4) verwendet. In diesem Falle waren es die Dimensionen des Resonanzraumes, nicht die Atome, die die genaue Frequenz bestimmten.

zum Resonanzraum mit der Geschwindigkeit u bewegen, sind die Moleküle also Strahlungsquellen mit der Geschwindigkeitskomponente u Θ in Richtung der Strahlen. Das bewirkt eine Dopplerverschiebung; es ist also

$$\frac{\Delta\nu}{\nu} = \frac{u\,\Theta}{c} = \frac{uv}{c^2} \tag{5.22}$$

Die Frequenzverschiebung ist proportional der ersten Potenz von u. Nimmt man nun zwei gleiche Maser, deren Achsen parallel verlaufen, deren Molekularstrahlen jedoch gegenläufig sind (beide sind außerdem parallel zur Richtung von v), dann wird die Frequenz des einen Masers erhöht, die des anderen verringert. Indem man die Schwingungen der beiden Maser überlagert, erhält man die Schwebungsfrequenz

$$f = \frac{2\,uv}{c^2}\,\nu$$

dreht man das ganze System um 180° und vertauscht damit die Rollen der beiden Maser, so ergibt das eine Nettofrequenzverschiebung von $(4\,uv/c^2)\,\nu$. Die Resonanzfrequenz eines Ammoniakmasers ist etwa $2{,}4 \cdot 10^{10}\ s^{-1}$, und u ist eine für die Wärmebewegung typische Geschwindigkeit, etwa 600 m/s. Wir haben also

$$f \approx \frac{1{,}2 \cdot 10^3 \cdot 2{,}4 \cdot 10^{10}}{9 \cdot 10^{16}}\ v\,s^{-1} \approx 3 \cdot 10^{-4}\ v\,s^{-1}$$

Hier ist v die Geschwindigkeit relativ zum Äther in Meter pro Sekunde. Setzen wir für v die Bahngeschwindigkeit der Erde ($3 \cdot 10^4$ m/s) ein, so ergibt das eine Schwe-

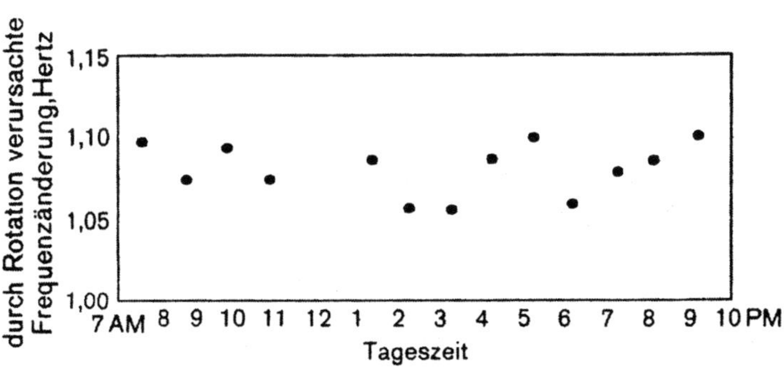


Bild 5.16. Tagesgang der relativen Frequenzänderung, die durch eine 180°-Drehung von zwei Ammoniakstrahl-Masern verursacht wird (nach *Cedarholm* und *Townes*). Die Strahlen der beiden Maser waren gegenläufig und ost-westlich gerichtet. Die konstante Änderung von etwa 1,08 Hz wird hauptsächlich durch lokale Magnetfelder verursacht. Die Länge der einzelnen Striche ist ein Maß für den an der betreffenden Stelle möglichen Fehler.

bungsfrequenz von etwa 10 Hz, und eine Nettoschwebungsfrequenz von etwa 20 Hz während einer vollen Umdrehung des Systems. Bild 5.16 bringt ein Beispiel der Ergebnisse, die man erhält, wenn der Apparat durch die Erddrehung um 360° gedreht wird. Die Messungen wurden in bestimmten Intervallen innerhalb eines Jahres wiederholt. Zu keinem Zeitpunkt konnte eine Frequenzverschiebung festgestellt werden, die über 0,02 Hz hinausging. Das setzt natürlich der Geschwindigkeit v eine obere Grenze von etwa 30 m/s (oder etwa einem Tausendstel der Bahngeschwindigkeit der Erde), damit wird also gewissermaßen der Theorie von einem ruhenden Äther der Gnadenstoß gegeben.

## 5.9. Die Beobachtung bewegter Uhren und anderer Objekte

Es ist wohl nun angebracht, daß wir uns einmal überlegen, was eigentlich die Feststellung „bewegte Uhren laufen langsamer" exakt bedeutet. Immer wenn Sie diese Behauptung lesen oder hören, sollten Sie an ein Inertialsystem denken, das nicht mit identischen Uhren besetzt ist, die mit der Radiosignal-Methode synchronisiert wurden. Freilich kann dieses Bild in keiner Weise einen Anspruch auf Realität erheben. Bewegt sich nun eine Uhr durch dieses System, so kann ihre Zeitangabe an einem bestimmten Punkt mit der in diesem Punkt befindlichen Uhr verglichen werden. Aus derartigen Untersuchungen muß geschlossen werden, daß bewegte Uhren tatsächlich um den Faktor $(1 - v^2/c^2)^{1/2}$ langsamer laufen (vgl. Kapitel 4).

Was ist nun aber, wenn wir eine bewegte Uhr beobachten – sie *wirklich* anschauen – z.B. durch ein Fernglas? Das ist etwas vollkommen anderes. Es bedeutet nämlich, daß wir uns in einem bestimmten Punkt eines Bezugssystemes befinden, und daß wir feststellen, daß zu der durch unsere Uhr definierten Zeit t die Ablesung der bewegten Uhr einen früheren Zeitpunkt liefert, und zwar $t - r/c$, wobei r die Entfernung der Uhr von unserem Punkt zu dem früheren Zeitpunkt ist. Man kann sich das auch so vorstellen: Die Uhr sendet Signale aus, die durch das Zeitintervall $\tau$ (ihrer Eigenzeit) voneinander getrennt sind, und die erst in einem späteren Zeitpunkt bei uns eintreffen. Das ist aber doch nichts anderes als der Dopplereffekt! In einem durch unsere Eigenzeit definierten Augenblick lesen wir die entfernte Uhr durch unser Fernglas ab – sie zeigt die Zeit t. Nach einem Zeitintervall $\tau'$ (das wiederum durch unsere Zeit definiert wird) sehen wir, daß die bewegte Uhr die Zeit $t + \tau$ zeigt. Wenn die Bewegung der Uhr geradlinig ist, und ihre Richtung durch unseren Punkt hindurchgeht, dann ist die Beziehung zwischen $\tau'$ und $\tau$ mit der des eindimensionalen Dopplereffektes identisch:

$$\tau' = \left(\frac{1+\beta}{1-\beta}\right)^{\frac{1}{2}} \tau \qquad (5.23)$$

Nähert sich die Uhr unserem Beobachtungspunkt, so ist $\beta$ in dieser Gleichung negativ, es ist also $\tau' < \tau$ und die bewegte Uhr scheint schneller, nicht langsamer, zu laufen. Bestünde die Uhr aus einer Anzahl bewegter Atome, die eine charakteristische Spektrallinie emittieren, so würden wir eine Blauverschiebung dieses Lichtes beobachten.

Die Moral dieser Geschichte ist einfach die: In jedem Gebiet der Relativistik muß man sich darüber klar sein, welcher Prozeß oder welches Ereignis gerade beschrieben werden soll. Das Wort „beobachten“ darf nicht wahllos oder ungenau im Zusammenhang mit entfernten Ereignissen gebraucht werden. Man muß sich jederzeit bewußt sein, daß die Worte „schauen“ und „beobachten“ die endliche Laufzeit des Lichtsignals einbeziehen. Im Rückblick erscheint es unglaublich, aber über 50 Jahre nach dem Erscheinen von *Einsteins* Arbeit von 1905 war man unter Physikern der unbestrittenen Ansicht, man könne die Lorentzkontraktion eines bewegten Körpers sehen oder photographieren! Der Unterschied zwischen einer derartigen Beobachtung und den Beobachtungen, die in den Lorentz-Transformationen ihren Ausdruck finden, wurde erst im Jahre 1959 kritisch untersucht, als *J. Terrell* zeigte, daß die Lorentzkontraktion als solche im allgemeinen vom Auge nicht wahrnehmbar ist[1]). Wenn man der Zeit Rechnung trägt, die das Licht von verschiedenen Teilen eines bewegten Objektes bis zum Auge eines stationären Beobachters braucht, wird man erkennen, daß die betreffenden Zeiten, in denen das Licht von den verschiedenen Teilen des Objektes ausgesandt wird, verschieden sind, und also unterschiedlichen Lagen des ganzen Körpers entsprechen. Das bedeutet im allgemeinen, daß der Körper verzerrt erscheint. Es gibt dabei aber noch ein spezielles und besonders interessantes Ergebnis: Wenn das bewegte Objekt weit genug entfernt ist, so daß es nur mehr unter einem sehr kleinen Blickwinkel gesehen wird (daß also mit einer gewissen Näherung die den Beobachter treffenden Lichtstrahlen alle parallel sind), scheint das Objekt etwas gedreht zu ruhen. Man würde also einen bewegten Meterstab verkürzt sehen, jedoch nur um den Betrag, der seiner scheinbaren Drehung entspricht, ohne eigentliche Kontraktion also. Wir wollen dieses Phänomen anhand eines rechteckigen Objektes analysieren, das sich parallel zu einer seiner Kanten bewegt.

Ein rechteckiges Brett der Eigenlänge $L_0$ und der Eigenbreite $W_0$ bewege sich mit der Geschwindigkeit v parallel zu den Kanten mit der Länge $L_0$ (Bild 5.17a). Es werde in seiner eigenen Ebene aus einer zu v senkrechten Richtung beobachtet. Das Licht von der hinteren Ecke $A_0$ hat dann einen um die Strecke $W_0$ weiteren Weg zurückzulegen als das Licht von der dem Beobachter näheren Ecke $B_0$, und muß deshalb, um im gleichen Augenblick das Auge des Beobachters treffen zu

[1]) *J. Terrell*, Phys. Rev., **116**, 1041–1045 (1959). Siehe auch *V. F. Weisskopf*, Phys. Today, **13**, 24–27 (1960) und *G. D. Scott* und *M. R. Viner*, Am. J. Phys., **33**, 534 (1965).

können, um die Zeit $t = W_0/c$ früher ausgesandt werden. In dieser Zeitspanne bewegt sich jedoch das Brett um die Strecke $\Delta x = v\,\Delta t$ weiter (bzw. um $vW_0/c$), seine Ecken liegen also zu dem Zeitpunkt, zu dem das Licht von diesen Eckpunkten ausgeht, in den Punkten $B_1$ bzw. $C_1$. Wegen der Lorentzkontraktion scheint die vordere Kante des Brettes die Länge $L_0/\gamma$ zu haben. Da die Eckpunkte dieser Kante $B_1$ und $C_1$ vom Beobachter gleich weit entfernt sind, muß keine Korrektur für einen Unterschied in den Laufzeiten der Lichtstrahlen angebracht werden. Dem Beobachter bietet sich also in einem bestimmten Augenblick das Bild einer

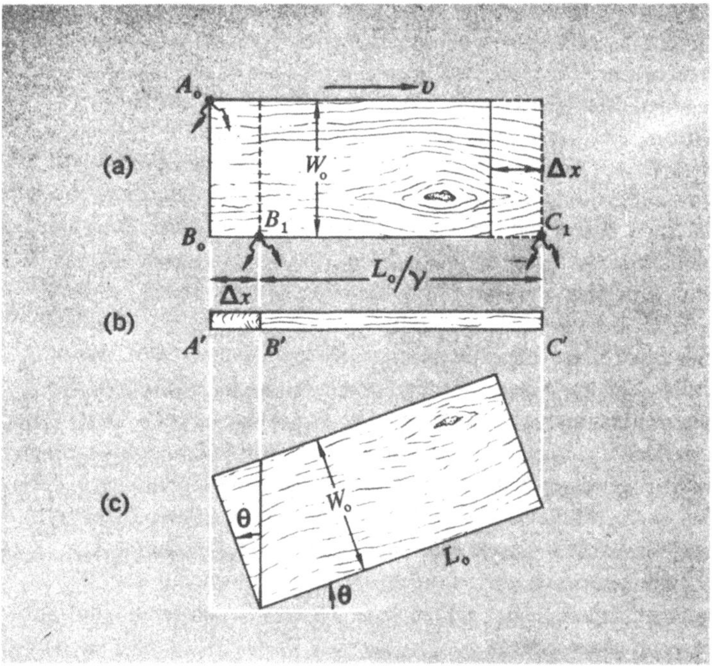


Bild 5.17

a) Ein rechteckiges Objekt bewegt sich mit der Geschwindigkeit v parallel zu x.

b) Scheinbare Lage der Ecken A, B, C wie sie in einem bestimmten Augenblick von einem entfernten Beobachter gesehen werden, der in der Ebene des Objektes in die y-Richtung blickt.

c) Es wird geschlossen, daß sich das Objekt in seiner Ebene gedreht hat, aber nicht durch die Lorentzkontraktion verkürzt wurde.

perspektivisch verkürzten Kante $\overline{AB}$ und einer durch die Lorentzkontraktion verkürzten Kante $\overline{BC}$. Das ist in Bild 5.17b dargestellt. Es gelten die Beziehungen

$$\overline{A'B'} = \frac{vW_0}{c} \qquad \overline{B'C'} = L_0\left(1 - \frac{v^2}{c^2}\right)^{\frac{1}{2}}$$

Befindet sich das Brett aber in Ruhe und ist es wie in Bild 5.17c gezeigt, um den Winkel $\Theta$ gedreht, dann sind die Projektionen der Kantenlängen gleich $W_0 \sin \Theta$ und $L_0 \cos \Theta$. Diese Werte entsprechen genau denen, die wir für $\overline{A'B'}$ und $\overline{B'C'}$ aus der obigen Gleichung erhalten, wenn wir $\sin \Theta = v/c$ einsetzen.

Aus dieser Diskussion dürfen Sie jedoch keineswegs schließen, daß damit die Lorentzkontraktion passé ist – im Gegenteil: Es muß Ihnen klar sein, daß die Lorentzkontraktion nur bei einer bestimmten Art von Messungen festgestellt werden kann, die jedoch keinesfalls auf bloßer „Beobachtung" beruhen. Diese falsche Vorstellung, deren sich die Physiker hoffentlich ein wenig geschämt haben, als sie aufgedeckt wurde, entstand daraus, daß man es verabsäumt hatte, den Prozeß des Sehens vom Standpunkt der betreffenden Punktereignisse zu analysieren. Wenn Sie nämlich durch Ihr Fernglas eine bewegte Uhr beobachten, so könnten Sie unter gewissen Umständen durchaus feststellen, daß sie schneller läuft, nicht jedoch eine Lorentzkontraktion. Das sollte Ihnen eine Warnung sein, beiläufige Feststellungen über die Relativitätstheorie als bare Münze zu nehmen. Wir müssen derartigen Aussagen jedenfalls immer kritisch gegenüberstehen.

## 5.10. Beschleunigte Bewegung

Der Vollständigkeit halber wollen wir hier auch noch die Beziehungen entwickeln, die für in verschiedenen Inertialsystemen gemessene Beschleunigungen gelten. Die Ergebnisse sind jedoch etwas kompliziert, und es hat keinen Sinn, daß Sie versuchen, sich diese Resultate zu merken – es sei denn, Sie wollen sich intensiver mit relativistischer Kinematik beschäftigen. Auch dann werden Ihnen vermutlich einfache Sonderfälle eher nützlich erscheinen, als die allgemeinen Ergebnisse.

Eine weitere einleitende Bemerkung muß jedoch noch gemacht werden. Da *Einstein* seine allgemeine Relativitätstheorie, die 1916 veröffentlicht wurde, auf der dynamischen Gleichberechtigung eines beschleunigten Labors und eines Labors unter dem Einfluß eines Schwerefeldes aufbaute, wird manchmal behauptet oder geschlossen, daß die spezielle Relativitätstheorie nicht zur Behandlung beschleunigter Bewegungen geeignet sei. Diese Vorstellung ist jedoch falsch. Wir können jede Ortsveränderung und alle ihre zeitlichen Ableitungen vollkommen hinreichend im Rahmen der Lorentz-Transformationen beschreiben.

Genau wie bei den Geschwindigkeitstransformationen ist es auch hier von Vorteil, zwischen longitudinalen und transversalen Beschleunigungen bezüglich der Richtung der Relativbewegung zweier Inertialsysteme zu unterscheiden. Wir haben

$$u_x = \frac{u'_x + v}{1 + \frac{vu'_x}{c^2}} \tag{5.2}$$

$$u_y = \frac{\frac{u'_y}{\gamma}}{1 + \frac{vu'_x}{c^2}} \tag{5.3}$$

$$t = \gamma\left(t' + \frac{vx'}{c^2}\right) \tag{5.1}$$

Daher ist

$$du_x = \frac{du'_x}{1 + \frac{vu'_x}{c^2}} - \left[\frac{u'_x + v}{\left(1 + \frac{vu'_x}{c^2}\right)^2} \frac{v\,du'_x}{c^2}\right]$$

(Für diese Berechnung ist, wie Sie sich erinnern werden, $v = \text{const.}$) Bringen wir die beiden Terme auf einen Nenner, so erhalten wir

$$du_x = \frac{\left(1 - \frac{v^2}{c^2}\right) du'_x}{\left(1 + \frac{vu'_x}{c^2}\right)^2} = \frac{du'_x}{\gamma^2 \left(1 + \frac{vu'_x}{c^2}\right)^2}$$

Auch ist nach Gl. (5.1)

$$dt = \gamma \left(dt' + \frac{v\,dx'}{c^2}\right) = \gamma \left(1 + \frac{vu'_x}{c^2}\right) dt'$$

Daher ist

$$a_x = \frac{du_x}{dt} = \frac{\frac{du'_x}{dt'}}{\gamma^3 \left(1 + \frac{vu'_x}{c^2}\right)^3}$$

d.h.,

$$a_x = \frac{a'_x}{\gamma^3 \left(1 + \frac{vu'_x}{c^2}\right)^3} \tag{5.24}$$

Analog gewinnen wir aus Gl. (5.3) den Ausdruck

$$du_y = \frac{du'_y}{\gamma \left(1 + \frac{vu'_x}{c^2}\right)} - \frac{u'_y}{\gamma \left(1 + \frac{vu'_x}{c^2}\right)^2} \frac{v\,du'_x}{c^2}$$

Daher ist

$$a_y = \frac{du_y}{dt} = \frac{\dfrac{du'_y}{dt'}}{\gamma^2\left(1+\dfrac{vu'_x}{c^2}\right)^2} - \frac{u'_y}{\gamma^2\left(1+\dfrac{vu'_x}{c^2}\right)^3}\,\frac{v\dfrac{du'_x}{dt'}}{c^2}$$

d.h.,

$$a_y = \frac{a'_y}{\gamma^2\left(1+\dfrac{vu'_x}{c^2}\right)^2} - \frac{\dfrac{vu'_y}{c^2}\,a'_x}{\gamma^2\left(1+\dfrac{vu'_x}{c^2}\right)^3} \tag{5.25}$$

Nur wenn $u'_y = 0$ oder $a'_x = 0$ ist (oder beides zutrifft), wird der Ausdruck für $a_y$ relativ einfach. Für diese Fälle erhalten wir:

Sonderfall ($u'_y = 0$ oder $a'_x = 0$):

$$a_y = \frac{a'_y}{\gamma^2\left(1+\dfrac{vu'_x}{c^2}\right)^2} \tag{5.26}$$

Es sollte erwähnt werden, daß die in S gemessenen Beschleunigungskomponenten eines Körpers, wenn er sich momentan in S′ in Ruhe befindet ($u'_x = u'_y = 0$), in der x-Richtung um den Faktor $\gamma^3$ und in der y-Richtung um den Faktor $\gamma^2$ geringer sind als die Beschleunigungswerte, die in dem augenblicken Ruhsystem S′ gemessen werden.

Aus den obigen Berechnungen ist im wesentlichen folgendes zu lernen: Die Beschleunigung ist eine Größe, die in der speziellen Relativistik von begrenzter und fraglicher Brauchbarkeit ist. Sie ist nicht nur eine Invariante, es sind auch die Gleichungen für sie recht kompliziert, und zudem müssen die verschiedenen Beschleunigungskomponenten auf verschiedene Weise transformiert werden. Es ist jedenfalls sicher, daß die Beschleunigung in der Relativistik nicht mehr die wichtige Rolle spielt, die sie in der Newtonschen Mechanik innehatte.

## 5.11. Das Zwillingsparadoxon

Von allen Paradoxa, die der Relativitätstheorie angelastet werden, ist das sogenannte *Zwillingsparadoxon* (oder *Uhrenparadoxon*) wohl das berühmteste und bestimmt dasjenige, das am meisten Kontroversen hervorgerufen hat. Es wird in diesem Paradoxon behauptet: Von zwei Uhren verbleibt eine Uhr in einem Inertialsystem in Ruhe, die andere, die ursprünglich mit der ersten übereinstimmte, wird auf eine beliebige Reise mitgenommen und schließlich zum Ausgangspunkt zurückgebracht. Diese Uhr hat nun der ersten Uhr gegenüber Zeit verloren. In heutiger Ausdrucksweise würde das bedeuten, daß ein Astronaut nach der Rückkehr jünger ist als sein Zwillingsbruder. Dieses Ergebnis, das von ***Einstein*** in seiner ersten Arbeit über Relativität (1905) dargelegt wurde, bildete Gegenstand hartnäckiger Kontroversen in der physikalischen Literatur der Jahre 1957 bis 1959, nachdem man sich schon etwa ab 1939 darüber gestritten hatte. Wir wollen hoffen, daß die Streitfrage nun endgültig beigelegt ist [1]).

Das „Paradoxon" liegt dabei in einer Einseitigkeit begründet, die allen Grundsätzen der Relativitätstheorie zu spotten scheint. Sowohl der verreiste als auch der daheimgebliebene Zwillingsbruder sagt aus, daß der verreiste weniger gealtert ist als der daheimgebliebene. Es ist interessant, die Relativitätstheorie auf dieses Problem anzuwenden, um zu erkennen warum das so sein muß; im folgenden geben wir zwei geringfügig unterschiedliche Methoden zur Analyse dieses Problems an.

Zuerst müssen wir die Reise des einen Zwillings in möglichst einfacher Form darstellen: als drei Einzelereignisse, die durch gleichförmige Bewegungen voneinander getrennt sind:

1. Der Reisende fährt los, und erreicht nach vernachlässigbar kurzer Zeit die konstante Geschwindigkeit v.

2. Nach einer Zeit gleichförmiger Bewegung wird die Richtung der Geschwindigkeit plötzlich umgekehrt.

3. Der Reisende kommt in seinem Ausgangspunkt wieder zum Stillstand.

*Methode 1.* Nehmen wir an, der Beobachter auf der Erde (B) stellt fest, daß zwischen den Ereignissen 1 und 3 die Zeit T vergangen ist. Er kann dann schließen, daß die Hin- bzw. Rückreise jeweils T/2 dauerte. Er (B) weiß von dem Effekt der Zeitdilatation, er muß also zugeben, daß der Reisende (A) feststellt, daß ein Teil der Reise nur je $T/2\,\gamma$ dauerte. Es darf ihn also keineswegs überraschen, wenn A die Gesamtdauer seiner Reise mit $T/\gamma$ angibt. Dieser Schluß kann noch durch die Lorentzkontraktion untermauert werden. Ereignis 2 findet in einer Entfernung $L = vT/2$ vom Ausgangspunkt statt. A befindet sich jedoch in dem Moment, in dem die Beschleunigung beendet ist, weil v erreicht ist, in einem Bezugssystem, in dem diese Entfernung nur $L/\gamma$ ist, was uns wiederum einen geringeren Wert für seine Flugzeit liefert. Beide Rechnungen stimmen vollkommen.

Aber wäre es nicht möglich, B als den Reisenden und A als den Daheimgebliebenen anzusehen? Das ist nicht möglich, da zwischen den beiden keine Symmetrie besteht. Ereignis 2 ist hierbei die entscheidende Phase. Es bedeutet nämlich, daß A von einem Inertialsystem in ein anderes überwechselt, während B überhaupt

---

[1]) Siehe z.B. Selected Reprints on Special Relativity Theory (Ausgewählte Nachdrucke über die spezielle Relativitätstheorie), American Institute of Physics, New York, 1963; 9 von diesen 17 Arbeiten sind dem Uhrenparadoxon gewidmet.

nichts passiert. Bei dieser Umkehr wird A einer Beschleunigung unterworfen, die er auf verschiedenste Weise feststellen kann. Natürlich wird A auch bei den Ereignissen 1 und 3 einer Beschleunigung unterliegen, da er ja in der Position von B startet und wieder zur Ruhe kommt. Er stellt fest, daß Trägheitskräfte auf ihn wirken. Er kann Sterne sehen! Außerdem kann er mit einem Teleskop eine plötzliche Verschiebung in der Position dieser Sterne feststellen, die durch die v/c-Aberrationseffekte verursacht wird. Es gibt kein Paradoxon dabei und das asymmetrische Altern ist eine durchaus reale Sache[1]).

*Methode 2.* Diese Methode beruht an sich auf dem Dopplereffekt und ist vielleicht auch überzeugender als Methode 1, aus der sie verfeinert ausgearbeitet wurde. Stellen wir uns vor, daß jeder der beiden Zwillinge nach seiner Eigenzeit durch gleiche Intervalle getrennte Zeitsignale aussendet. Die Summen der jeweils eingelaufenen Zeitsignale für die ganze Reise werden dann verglichen. Jeder der beiden soll also pro Zeiteinheit f Impulse aussenden. Da sich A von B entfernt, wird jeder die Signale des anderen mit verringerter Frequenz empfangen: $f' = f\,[(1-\beta)/(1+\beta)]^{1/2}$. Wie lange aber ist das der Fall? Hier liegt die Asymmetrie. Sobald nämlich A umkehrt, empfängt er sofort die Signale von B mit erhöhter Frequenz $f'' = f\,[(1+\beta)/(1-\beta)]^{1/2}$. Für B liegt die Sache ganz anders. Das letzte Signal, das A vor der Umkehr ausschickt, erreicht B erst nach einer bestimmten Zeit L/c. B empfängt also weit länger als die halbe Gesamtreisezeit die Signale von A mit der niedrigeren Frequenz f′. Erst in einem späteren Stadium empfängt B die Impulse mit der höheren Frequenz f″. Wenn wir eine Tabelle (Tabelle 5.1) aufstellen, so können wir damit zeigen, daß jeder der beiden Beobachter genau so viele Signale empfängt, wie der andere in der Zeit zwischen Anfang und Ende der Reise ausgesandt hat. ***Sie stimmen überein, daß ihre jeweiligen Messungen der Gesamtzeit nicht übereinstimmen.***

Es muß darauf aufmerksam gemacht werden, daß nach Tabelle 5.1 B zwar nicht bei dem Raum-Zeit-Ereignis anwesend ist, das die Umkehr von A darstellt, daß er aber sehr wohl aus seinen Beobachtungen schließen kann, daß die Umkehr nach A's Zeitmessung nach der halben Gesamtreisezeit stattgefunden haben muß, da B die gleiche *Anzahl* von Signalen mit den beiden verschiedenen Frequenzen f′ bzw. f″ empfängt.

Trotz dieser Analyse mag es einem doch sonderbar erscheinen, daß zwei Uhren, die ursprünglich die gleiche Eigenzeit anzeigten, im gleichen Punkt wieder

[1]) Beachten Sie jedoch, daß wir uns *tatsächlich nur* auf die Realität der auf A wirkenden Beschleunigung und auf die Beobachtbarkeit der damit verbundenen Trägheitskräfte stützen. Können solche Effekte wie das Zwillingsparadoxon überhaupt ohne das Bezugssystem der Fixsterne und entfernten Galaxien bestehen? Die meisten Physiker bestreiten das. Unsere endgültige Definition eines Inertialsystems könnte also tatsächlich darauf aufgebaut werden: Ein Inertialsystem ist ein Bezugssystem, dessen Beschleunigung relativ zur Materie des Universums als ganzes null ist.

zusammengebracht werden und dann nicht mehr in ihrer Zeit übereinstimmen. Die räumlich-zeitliche Trennung zwischen dem Start- und Zielpunkt ist schließlich eine Invariante, kann von beiden Beobachtern festgestellt werden, und ist rein zeitähnlich. Die Summe der einzelnen kleinen Raum-Zeit-Intervalle ds entlang eines Weges ist jedoch nach *Hermann Bondi* eine „wegabhängige Größe".

Es gilt jedenfalls immer

$$ds^2 = c^2 dt^2 - dx^2 = (c^2 dt'^2 - dx'^2)$$

Das Integral von ds über die Weltlinie OCF des daheimgebliebenen Zwillings (Bild 5.18) ist nicht identisch mit dem Integral über die Weltlinie ODF des verreisten (beide Weltlinien beziehen sich auf das Ruhsystem von B).

**Tabelle 5.1:** Analyse des Zwillingsparadoxons

| Phys. Größe | Messung von B (Daheimgebliebener) | Messung von A (Reisender) |
|---|---|---|
| Gesamtreisezeit | $T = \frac{2L}{v}$ | $T' = \frac{2L}{\gamma v}$ |
| Gesamtzahl der ausgesandten Signale | $fT = \frac{2fL}{v}$ | $fT' = \frac{2fL}{\gamma v}$ |
| Zeitpunkt von A's Umkehr | $t_1 = \frac{L}{v} + \frac{L}{c} = \frac{L}{v}(1+\beta)$ | $t_1' = \frac{L}{\gamma v}$ |
| Anzahl der empfangenen Signale mit der Frequenz f' | $f't_1 = \frac{fL}{v}(1+\beta)\left(\frac{1-\beta}{1+\beta}\right)^{\frac{1}{2}}$ | $f't_1' = \frac{fL}{v}(1-\beta^2)^{\frac{1}{2}}\left(\frac{1-\beta}{1+\beta}\right.$ |
| | $= \frac{fL}{v}(1-\beta^2)^{\frac{1}{2}}$ | $= \frac{fL}{v}(1-\beta)$ |
| Zeitdauer der restlichen Reise | $t_2 = \frac{L}{v} - \frac{L}{c}$ | $t_2' = \frac{L}{\gamma v}$ |
| Anzahl der empfangenen Signale mit der Frequenz f'' | $f''t_2 = \frac{fL}{v}(1-\beta)\left(\frac{1+\beta}{1-\beta}\right)^{\frac{1}{2}}$ | $f''t_2' = \frac{fL}{v}(1-\beta^2)^{\frac{1}{2}}\left(\frac{1+\beta}{1-\beta}\right.$ |
| | $= \frac{fL}{v}(1-\beta^2)^{\frac{1}{2}}$ | $= \frac{fL}{v}(1+\beta)$ |
| Gesamtzahl der empfangenen Signale | $\frac{2fL}{v}(1-\beta^2)^{\frac{1}{2}} = \frac{2fL}{\gamma v}$ | $\frac{2fL}{v}$ |
| Schluß auf die vom anderen gemessene Zeit | $T' = \frac{2L}{\gamma v}$ | $T = \frac{2L}{v}$ |

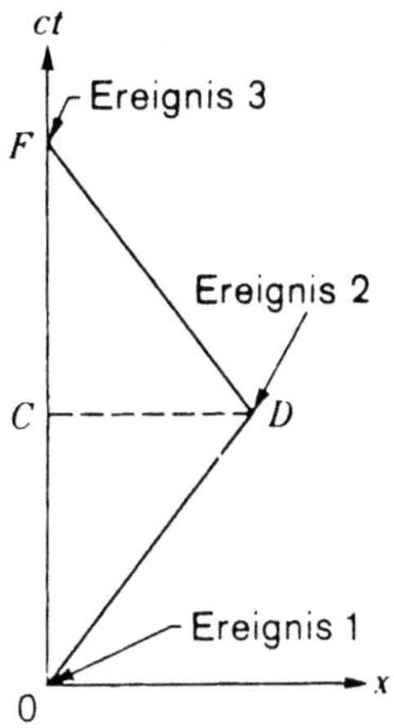


Bild 5.18

Das Zwillingsparadoxon. Weltlinie des Astronauten (ODF) und seines Bruders (OCF). Der Astronaut reist zu einem entfernten Zielpunkt und zurück, wobei er sich immer mit konstanter Geschwindigkeit fortbewegt, außer beim Start (0), bei der Umkehr (D) und am Ende der Reise (F).

Entlang der Weltlinie OCF gilt überall dx = 0. Es ist daher

$$\int_{1 \text{ Weg OCF}}^{3} ds = c \int_{1 \text{ Weg OCF}}^{3} dt = cT \tag{5.27}$$

Entlang OD gilt dx = vdt. Daher ist

$$\int_{1 \text{ Weg OD}}^{2} ds = (c^2 - v^2)^{\frac{1}{2}} \int_{1 \text{ Weg OD}}^{2} dt = \frac{cT}{2\gamma}$$

Entlang DF ist dx = – vdt, also ist auch

$$\int_{2 \text{ Weg DF}}^{3} ds = \frac{cT}{2\gamma}$$

Daher ist

$$\int_{1 \text{ Weg ODF}}^{3} ds = \frac{cT}{\gamma} \tag{5.28}$$

Gleichungen (5.27) und (5.28) enthalten also die nun schon bekannte Asymmetrie. Dieses Ergebnis ist gar nicht so sonderbar, wie es einem vielleicht erscheint; in der gewöhnlichen Geometrie gibt es eine Analogie dazu. Zwei Wanderer beschließen, von der Stadt P in die Stadt Q zu gehen. Der Weg des einen führt jedoch über das Dorf C, der des anderen über Dorf D. Auf der Karte haben beide die gleiche Entfernung zwischen P und Q festgestellt. Wenn die beiden jedoch Schrittzähler mitnehmen, so werden sie am Ziel verschiedene Weglängen für ihren Weg von P nach Q über C bzw. D ablesen. Das Linienintegral von ds über die Strecke $\overline{PQ}$ hängt vom Weg ab, und Sie werden kaum jemanden finden, der mit Ihnen über das Warum und Wieso streiten wollte.

Hierzu müssen wir noch eine letzte Bemerkung machen. Verschiedene Autoren argumentierten, daß eine Erklärung des Zwillingsparadoxons nur mit Hilfe der allgemeinen Relativitätstheorie möglich sei. Ein Grund für diese Ansicht ist, daß die Phänomene in einem beschleunigten Bezugssystem (also auch das Verhalten einer in einem solchen System ruhenden Uhr) in der allgemeinen Relativitätstheorie für ein begrenztes Raumgebiet nicht von den Phänomenen unterschieden werden, die in einem Bezugssystem auftreten, das unter dem Einfluß eines Schwerefeldes steht. Das wurde nun dahingehend interpretiert, daß es unmöglich sei, das Verhalten beschleunigter Uhren *ohne* Zuhilfenahme der allgemeinen Relativitätstheorie zu untersuchen. Sicherlich enthält die ursprüngliche Formulierung der speziellen Relativitätstheorie keinerlei augenfällige allgemeine Aussagen über beschleunigte Uhren, obwohl sie explizite Aussagen über den Gang von Uhren ermöglicht, die sich mit konstanter Geschwindigkeit bewegen. Außerdem verhalten sich, wie *Bondi* feststellte, nicht alle beschleunigten Uhren gleich. Die Uhr, die der menschliche Puls darstellt, würde zum Beispiel ganz sicher überhaupt stehenbleiben, wenn sie einer Beschleunigung von 1000 g ausgesetzt wird – tatsächlich sind schon vermutlich 100 g tödlich – während eine Atomuhr auch bei einer Beschleunigung von $10^{16}$ g noch keine Gangänderung zeigt. Wie dem auch sei – für jede Uhr, die durch die Beschleunigung nicht beschädigt wird, kann man den Effekt einer derartigen Reise berechnen, ohne die Vorstellung von äquivalenten Schwerefeldern ins Spiel bringen zu müssen. Zur Vorausbestimmung der Zeit, die die bewegte Uhr verliert, genügt die spezielle Relativitätstheorie vollauf. Es bleibt auch nichts anderes übrig, denn, wie *Bondi* ein wenig spitzfindig bemerkte, „würde eine Theorie, die die Beobachtbarkeit von Beschleunigungen leugnet, offensichtlich nicht einmal eine Autofahrt auf einer holprigen Straße überleben“. Die spezielle Relativitätstheorie hat sich jedoch in mehr als einer Hinsicht als dauerhaft erwiesen.

## 5.12. Aufgaben

**5.1.** Betrachten wir drei Galaxien A, B und C (Bild 5.19). Ein Beobachter in A mißt die Geschwindigkeiten von B und C und stellt fest, daß sie sich relativ zu ihm mit der Geschwindigkeit 0,7 c in entgegengesetzte Richtungen bewegen. Nach den Messungen in seinem System nimmt also die Entfernung zwischen B und C mit der Geschwindigkeit 1,4 c zu. Wie hoch würde die Geschwindigkeit von A nach einer Messung in B sein? Und wie hoch ist der in B gemessene Wert der Geschwindigkeit von C?

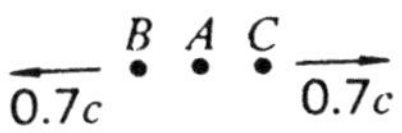

Bild 5.19

**5.2.** Ein in Ruhe befindliches $K^\circ$ Meson zerfällt in ein $\pi^+$ Meson und ein $\pi^-$ Meson. Jedes der beiden Zerfallsteilchen hat die Geschwindigkeit 0,85 c. Zerfällt nun ein $K^\circ$ Meson, das sich mit der Geschwindigkeit 0,9 c bewegt – wie groß ist dann die maximal mögliche Geschwindigkeit der $\pi$ Mesonen? Wie groß ist die kleinstmögliche Geschwindigkeit?

**5.3.** Zwei Bezugssysteme S und S′ bewegen sich mit einer Relativgeschwindigkeit v in der x-Richtung ($v < c$).

a) Ein bestimmtes Objekt bewege sich mit der Geschwindigkeit **u** ($u < c$) relativ zu S, und mit der Geschwindigkeit u′ relativ zu S′. Verwenden Sie die Gleichungen zur Geschwindigkeitsaddition in drei Dimensionen, und beweisen Sie damit, daß $u' < c$.

b) Zeigen Sie, daß $u' = c$ wenn $u = c$ ist.

c) v sei 3 c/4 und **u**′ habe die Komponenten $u'_x = -2\,c$, $u'_y = u'_z = 0$. Zeigen Sie, daß die Komponenten von **u** gleich $u_x = 5\,c/2$, $u_y = u_z = 0$ sind. Begründen Sie die Verschiedenheit der Vorzeichen von $u_x$ und $u'_x$. Rechnen Sie für sich ein paar andere Beispiele durch, bei denen eine oder beide der zusammenwirkenden Geschwindigkeiten größer als c ist. Hat ein derartiges Beispiel irgendeine physikalische Bedeutung?

**5.4.** Zwei Neutronen A und B nähern sich einander längs einer Geraden. Jedes der beiden besitzt nach Labormessungen die konstante Geschwindigkeit $\beta c$. Zeigen Sie, daß die Gesamtenergie des Neutrons B, nach einer auf das Ruhsystem von A bezogenen Bestimmung, durch

$$(1+\beta^2)\,(1-\beta^2)^{-1}\,M_0c^2$$

gegeben ist, wobei $M_0$ die Ruhmasse eines Neutrons ist.

**5.5.** Ein Strahl von Atomen (Radius $R_1$) bewegt sich mit der Geschwindigkeit v in ein Gebiet des Raumes, das Gasatome mit dem Radius $R_2$ enthält. Wenn im Einheitsvolumen n solcher Atome enthalten sind, welcher Bruchteil des einfallenden Strahls wird in der Zeitspanne t (nach Eigenzeit des Labors) gestreut? Inwiefern würde die Lösung der Aufgabe geändert, wenn die streuenden Atome sich mit der Geschwindigkeit v (wieder auf das Ruhsystem des Labors bezogen) dem einfallenden Strahl entgegenbewegten? Die Dichte n der streuenden Atome sei auf deren Ruhsystem bezogen.

**5.6.** Die Meßwerte aus zwei Bezugssystemen, S und S′, sind durch die üblichen Lorentz-Transformationen verbunden, wobei $v = 0{,}6\,c$ sei. Zur Zeit $t' = 10^{-7}$ s verläßt ein Teilchen den Punkt $x' = 10$ m, und bewegt sich mit der konstanten Geschwindigkeit $u' = -c/3$ in die x′-Richtung. Es wird zur Zeit $t' = 3\cdot 10^{-7}$ s plötzlich abgestoppt. (Alle Messungen sind auf S′ bezogen.) Bestimmen Sie für S

a) die Geschwindigkeit des Teilchens während des Fluges.

b) Wie weit kommt das Teilchen in S?

5.7. Ein Inertialsystem $S_1$ habe in Richtung der x-Achse die konstante Geschwindigkeit $v_1$ relativ zu einem anderen Inertialsystem S. Ein weiteres Inertialsystem $S_2$ habe relativ zu $S_1$ die Geschwindigkeit $v_2$. Zwei sukzessive Lorentz-Einstein-Transformationen ermöglichen es uns, von (x, y, z, t) zu $(x_1, y_1, z_1, t_1)$ überzugehen, und dann von $(x_1, y_1, z_1, t_1)$ nach $(x_2, y_2, z_2, t_2)$ zu transformieren. Zeigen Sie, daß das zum gleichen Ergebnis führt wie eine einzige Lorentz-Einstein-Transformation von (x, y, z, t) nach $(x_2, y_2, z_2, t_2)$, vorausgesetzt, daß die Geschwindigkeit v von $S_2$ relativ zu S

$$v = \frac{v_1 + v_2}{1 + \frac{v_1 v_2}{c^2}}$$

ist.

5.8. Zwei Inertialsysteme S und S′ seien auf die übliche Weise miteinander verbunden.

a) Zur Zeit t = 0 verläßt ein Photon den Ursprung von S. Seine Bewegungsrichtung schließt mit der x-Achse den Winkel 45° ein. Welchen Winkel bildet seine Bahn mit der x′-Achse des Systems S′?

b) Beantworten Sie die Frage a) für einen Körper der Masse m, der sich in S mit der Geschwindigkeit u fortbewegt.

c) Ein in S ruhender Stab schließt mit der x-Achse einen Winkel von 45° ein. Welchen Winkel bildet er mit der x′-Achse?

5.9. Drei identische Radiosender A, B und C, die mit der Frequenz $\nu_0$ (bezogen auf ihr eigenes Ruhsystem) senden, befinden sich in Bewegung (Bild 5.20).

a) Mit welcher Frequenz empfängt C die Signale von B?

b) Mit welcher Frequenz empfängt C die Signale von A?

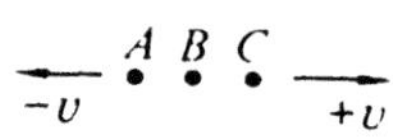


Bild 5.20

5.10. Eine Radarimpulsquelle ruht im Punkt x = 0. Ein großer Meteorit nähert sich mit der konstanten Geschwindigkeit v dieser Quelle; zur Zeit t = 0 befindet er sich im Punkt $x = -l$. Der erste Radarimpuls wird von der Quelle zur Zeit t = 0 ausgeschickt, ein zweiter zur Zeit $t = t_0$; $(t_0 < l/c)$. Die Radarimpulse werden vom Meteoriten reflektiert und kehren zur Quelle zurück.

a) Zeichnen Sie ein Koordinatensystem wie das im Bild 5.21 gezeigte und tragen Sie die Raum-Zeit-Koordinaten (also die Weltlinien) ein von: 1. der Quelle, 2. dem Meteoriten, 3. den zwei emittierten Impulsen, 4. den reflektierten Impulsen.

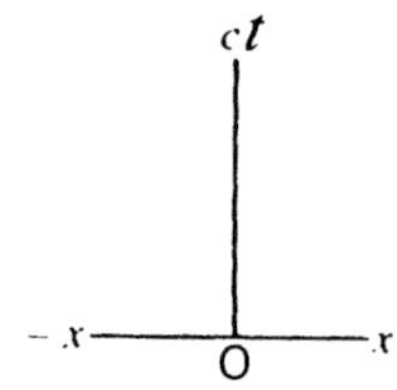


Bild 5.21

b) Berechnen Sie mit oder ohne Zuhilfenahme des Diagramms das Intervall zwischen den Ankunftszeiten der reflektierten Impulse in x = 0.

c) Berechnen Sie mit oder ohne Zuhilfenahme des Diagramms das Zeitintervall zwischen der Ankunft des ersten bzw. des zweiten Impulses beim Meteoriten, und zwar bezogen auf das Ruhsystem des Meteoriten.

**5.11.** Ein Astronaut entfernt sich radial von der Erde mit der konstanten Beschleunigung von 9,8 $m/s^2$ (relativ zum Bezugssystem Erde). Wie lange dauert es, bis durch die Rotverschiebung die roten Neonlichtzeichen über die vom menschlichen Auge wahrnehmbare Grenze hinaus verschoben werden?

**5.12.** Zwischen Erde und Mars wird ein Pendelverkehr mit Raumschiffen eingerichtet. An jedem Schiff sind zwei identische Scheinwerfer angebracht, einer am Heck, einer am Bug. Die Raumschiffe bewegen sich normalerweise mit der Geschwindigkeit $v_0$ relativ zur Erde, so daß das Buglicht eines Raumschiffes, das sich der Erde nähert, grün erscheint ($\lambda$ = 5000 Å), und das Hecklicht eines abfliegenden Raumschiffes rot erscheint ($\lambda$ = 6000 Å).

a) Bestimmen Sie den Wert von $v_0/c$.

b) Ein Raumschiff beschleunigt, um das vor ihm fliegende zu überholen. Welche Geschwindigkeit muß das überholende Raumschiff (relativ zur Erde) haben, damit das Hecklicht des nach dem Mars fliegenden Schiffes vor ihm wie ein Buglicht aussieht (d.h., grün ist mit $\lambda$ = 5000 Å)?

**5.13.** *Hubbles* Gesetz besagt, daß die entfernten Galaxien sich von uns mit einer Geschwindigkeit entfernen, die ihrer Entfernung proportional ist:

$$v(r) = \alpha r \quad \text{und} \quad \alpha \approx 2 \cdot 10^{-18}\ s^{-1}$$

a) Wie weit entfernt wäre ein Milchstraßensystem von uns, dessen Geschwindigkeit relativ zur Erde gleich c ist? Könnte man diese Galaxis von der Erde aus beobachten?

b) Beantworten Sie die gleichen Fragen (unter Berücksichtigung des Dopplereffektes) für ein hypothetisches Milchstraßensystem, für das v (r) = 1,1 c ist.

**5.14.** Eine Galaxis im Sternbild Hydra emittiert Licht mit einer Rotverschiebung, die einer Geschwindigkeit von $6 \cdot 10^4$ km/s entspricht, mit der sich diese Galaxis von der Erde entfernt. Nach Hubbles Gesetz entspricht das einer Entfernung von etwa $3 \cdot 10^9$ Lichtjahren. Diese Galaxis soll vor T Jahren die Erde passiert haben und sich seitdem mit konstanter Geschwindigkeit bewegt haben. Bestimmen Sie T.

**5.15.** Aus Beobachtungen eines astronomischen Objektes (Quasar 3C-9) kann geschlossen werden, daß dieses Objekt, als es das Licht emittierte, das jetzt auf der Erde empfangen wird, sich mit einer Geschwindigkeit von etwa 0,8c von der Erde entfernte.

a) Eine der Linien, die in dem Spektrum dieses Quasars identifiziert werden konnten, hätte die Wellenlänge von ungefähr 1200 Å, wenn das Licht von einer ruhenden Quelle stammte. Bei welcher Wellenlänge fand man diese Linie im Spektrum des Quasars?

b) Quasare emittieren Energie in so ungeheuren Mengen, daß die Astronomen der Ansicht sind, daß sie in relativ kurzer Zeit ausgebrannt sind. Wenn die Lebensdauer von 3C-9 in seinem eigenen Ruhsystem $10^6$ Jahre beträgt, wie lange kann dann insgesamt nach irdischer Zeit seine Strahlung auf der Erde empfangen werden? (Wir nehmen an, daß die Geschwindigkeit des Quasars relativ zur Erde konstant ist.)

**5.16.** Eine Calcium-Linie im Spektrum des Sterns Alpha Centauri hat die gemessene Wellenlänge 3968,20 Å; die gleiche Linie im Sonnenspektrum hat die Wellenlänge 3968,49 Å.

a) Bestimmen Sie die Radialgeschwindigkeit von Alpha Centauri relativ zum Sonnensystem. Entfernt oder nähert sich dieser Stern dem Sonnensystem?

b) Die Transversalgeschwindigkeit von Alpha Centauri ist fast so groß wie die Radialgeschwindigkeit; seine Entfernung von der Sonne beträgt 4,3 Lichtjahre. Um welchen Winkel ändert sich die scheinbare Position dieses Sternes im Zeitraum von 10 Jahren?

c) Wie groß müßte die zur Sehlinie *transversale* Geschwindigkeitskomponente von Calciumionen sein, damit das Licht der normalen Wellenlänge von 3968,49 Å um 0,29 Å verschoben wird? Kann dieses Licht von dem von Alpha Centauri emittierten unterschieden werden?

**5.17.** a) Zwei Inertialsysteme S und S′ stehen auf die übliche Weise in Beziehung zueinander. Ein Lichtsignal mit der Frequenz $\nu_0$ (bezogen auf S) wird zur Zeit $t = -l/c$ vom Punkt $x = -l$ emittiert. Bestimmen Sie die Frequenz dieses Lichtsignals für S′.

b) Für den Fall $\beta c \ll 1$ soll die Lösung vereinfacht werden.

c) Überzugen Sie sich, daß S′ zur Zeit $t = 0$ die gleiche Geschwindigkeit wie ein System hat, das vom Zeitpunkt $t = -l/c$ an mit $a = vc/l$ aus der Ruhelage ausgehend beschleunigt wurde.

d) Nach dem Äquivalenzprinzip besagt dieses Ergebnis, daß die relative Frequenzverschiebung des Lichtes in einem Schwerefeld g durch

$$\frac{|\Delta\nu|}{\nu_0} = \beta = \frac{gl}{c^2}$$

gegeben ist. Hier ist $l$ die Entfernung zwischen Sender und Empfänger. Ein klassisches Experiment zum Nachweis dieser Verschiebung wurde von *Pound* und *Rebka* ausgeführt (Phys. Rev. Letters, 4, 337 (1960)). Sie erhielten für (gemessene Verschiebung: theoretischer Verschiebung) = 1,05 ± 0,10. Bei diesem Versuch betrug $l$ = 60 Fuß; bestimmen Sie den Wert von $|\Delta\nu|/\nu_0$.

e) Beweisen Sie, daß die im Unendlichen beobachtete relative Frequenzänderung von Licht, das von der Oberfläche eines Sternes der Masse M und des Radius R emittiert wird, durch $\Delta\nu/\nu_0 = -GM/Rc^2$ gegeben ist.

**5.18.** Ein Raumfahrer beschleunigt kontinuierlich mit 9,8 m/s$^2$ (bezogen auf sein augenblickliches Ruhsystem). Wenn er aus der Ruhelage von der Erde startet, wie weit kommt er in der nach Erdzeit bemessenen Zeitspanne t? Wie lange braucht er, bis er die Geschwindigkeit c/2 erreicht? (Sie können die Transformationsgleichung für die Beschleunigungskomponente $a_x$ Gl. (5.24) verwenden, wenn Sie $u'_x = 0$ setzen und berücksichtigen, daß $\gamma(v)$ in diesem Fall eine Funktion der Zeit ist.)

**5.19.** Die folgende Aufgabe beruht auf einem sehr einfachen und einleuchtenden Beispiel für das Zwillingsparadoxon von Sir *Charles Darwin* (Nature, 180, 976 (1957)). Am Neujahrstag des Jahres 1984 startet der Astronaut A von der Erde und fliegt mit einer Geschwindigkeit von 0,8 c zu dem uns nächsten Stern Alpha Centauri, der nach dem irdischen Bezugssystem etwa 4 Lichtjahre von uns entfernt ist. Wenn er den Stern erreicht hat, kehrt er sofort um und fliegt mit der gleichen Geschwindigkeit zur Erde zurück. Er kommt dort nach irdischer Zeit am Neujahrstage des Jahres 1994 an. Dieser Astronaut hat einen Bruder (B), der auf der Erde bleibt. Die beiden hatten ausgemacht, einander über Radartelefon an jedem Neujahrstag Grüße zu schicken, bis der Raumfahrer wieder daheim wäre.

a) Zeigen Sie, daß A nur 6 Botschaften schicken wird, (einschließlich der am letzten Tag der Reise abgeschickten), während B 10 Botschaften senden wird.

b) Zeichnen Sie ein Raum-Zeit-Diagramm der Reise von A (bezogen auf das Ruhsystem der Erde), und teilen Sie die x- und die ct-Achse in Lichtjahre ein. Tragen Sie außerdem die Weltlinien aller von B ausgesendeten Radarsignale ein. Mit diesem Diagramm soll nun nachgewiesen werden, daß A (der Astronaut) bis zum Zeitpunkt seiner Umkehr nur ein solches Signal empfängt, die anderen 9 erst auf dem Rückweg.

c) Zeichnen Sie ein zweites Raum-Zeit-Diagramm (wieder für das Bezugssystem Erde), in dem Sie die Weltlinien des Astronauten und aller von ihm ausgeschickten Signale eintragen. Zeigen Sie, daß sein Bruder in den ersten 9 Jahren nach der Abreise des Astronauten nur alle drei Jahre (nach irdischer Zeit) eine Botschaft erhält, im letzten Jahr dann jedoch 3, was insgesamt 6 Signale ergibt – und das stimmt, da ja die Reise für den Astronauten nur 6 Jahre (3 hin, 3 zurück) dauerte.

d) Interpretieren Sie dieses Ergebnis als Dopplereffekt.

**5.20.** A und B sind Zwillinge. A macht eine Reise zum Alpha Centauri (4 Lichtjahre entfernt) und zurück. Seine Reisegeschwindigkeit ist, relativ zur Erde, 0,6 c (auf dem Hin- und Rückweg). Jedesmal, wenn in *seinem* Bezugssystem der hundertste Teil eines Jahres vergangen ist, sendet er ein Radiosignal aus. Sein Zwillingsbruder B sendet ebenfalls nach jedem Hundertstel Jahr (nach *seinem* Bezugssystem) ein Signal aus.

a) Wie viele von A vor seiner Umkehr ausgeschickte Signale erhält B?

b) Wieviele Signale empfängt A, bevor er umkehrt?

c) Wieviele Signale insgesamt erhält jeder Zwilling vom anderen?

d) Wer ist nach Abschluß der Reise der jüngere, und um wieviel ist er jünger? Zeigen Sie, daß beide Zwillinge zum gleichen Ergebnis kommen.

**5.21.** Ein Astronaut umkreist eine Woche lang die Erde mit einem Bahnradius von $7 \cdot 10^6$ m (vom Erdmittelpunkt gerechnet). Um wieviel jünger ist er bei der Landung als sein Zwillingsbruder, der auf der Erde bleibt? (Die Rotation der Erde kann vernachlässigt werden.)

*Anmerkung:* In diesem Fall bewegt sich der Raumfahrer durch eine unendliche Zahl verschiedener Inertialsysteme statt durch nur zwei, da sich die Richtung seiner Geschwindigkeit andauernd ändert. Im Grunde genommen ist das jedoch auch ein gewöhnlicher Fall von Zeitdilatation. Bei dieser Aufgabe gibt es noch eine weitere prinzipielle Schwierigkeit, die in einer Aussage der allgemeinen Relativitätstheorie begründet ist: Die „eingebaute" Uhr des Astronauten, sein Körper, hat in der Umlaufbahn ein anderes Schwerepotential als auf der Erdoberfläche, was natürlich auch einen Einfluß auf den Gang dieser „Uhr" hat. Da der Bahnradius sich aber so geringfügig vom Erdradius unterscheidet, ist dieser Effekt im Vergleich zur Zeitdilatation sehr klein.

**5.22.** Bei dem von *Alväger* et al. beschriebenen Versuch, den wir im Text diskutierten, wurde der Zerfall neutraler $\pi^0$ Mesonen in $\gamma$-Strahlen (energiereiche Photonen) beobachtet. Diese $\pi^0$ Mesonen variieren in ihren Energien von etwa 6,0 bis 18,0 GeV, die Ruhenergie betrug 135,1 MeV, die Eigenhalbwertszeit $2 \cdot 10^{-16}$ s.

a) Bestimmen Sie den Geschwindigkeitsbereich der $\pi^0$ Mesonen.

b) Bestimmen Sie den Bereich der auf das Labor bezogenen Halbwertszeiten.

c) Welche Strecken können solche Mesonen vor ihrem Zerfall noch zurücklegen?

d) Die Geschwindigkeit der $\gamma$-Strahlen konnte bestimmt werden, indem man die $\pi^0$ Mesonen in Einzelschwärmen erzeugte, und dann die Laufzeit der $\gamma$-Strahlen eines jeden Schwarms für eine bestimmte Strecke und eine bestimmte Richtung feststellte. Wenn diese Strecke im Bezugssystem des Labors 60 m beträgt, wie groß ist dann die Laufzeit von $\gamma$-Strahlen, die sich mit c ausbreiten? Mit 2c?

## 6. Relativistische Dynamik: Stoßprozesse und Erhaltungssätze

Es kann nicht mit genügend Nachdruck darauf hingewiesen werden, daß heute die spezielle Relativitätstheorie durch eine Unzahl von Versuchen untermauert wird, da es uns jetzt keineswegs schwer fällt, Teilchen bis auf Geschwindigkeiten zu bringen, die der des Lichtes im Vakuum nahekommen, Teilchen also, für die die durch die spezielle Relativitätstheorie eingeführten Korrekturen berücksichtigt werden müssen.

*L. de Broglie* (1949)

Aus einem Aufsatz in *Albert Einstein:* Philosopher-Scientist, von *P. A. Schilpp*, Hrsg. einer Sammlung von Aufsätzen zu Einsteins 70. Geburtstag, Harper Torchbooks, New York 1959.

Angesichts der Ergebnisse der speziellen Relativitätstheorie sollten wir eigentlich die gesamte Mechanik entsprechend abändern. Wir wissen aber, daß das nicht notwendig ist. Das Newtonsche Schema ist nämlich auf eine große Zahl verschiedener Situationen anwendbar, obwohl es exakt nur in einem Bereich verschwindend kleiner Geschwindigkeiten zutrifft. Der Grund hierfür liegt bekanntlich darin, daß selbst die höchsten Geschwindigkeiten, die in der Dynamik gewöhnlicher makroskopischer Objekte auftreten, im Vergleich mit der Lichtgeschwindigkeit noch immer sehr klein sind ($v < 10^{-5}$ c). Die Anwendung der speziellen Relativität ist jedoch unbedingt in den Situationen erforderlich, in denen Geschwindigkeiten auftreten, die verglichen mit der Lichtgeschwindigkeit *nicht* vernachlässigbar klein sind. Das trifft hauptsächlich für das Gebiet atomarer und nuklearer Teilchen zu. In diesem Kapitel befassen wir uns hauptsächlich mit derartigen Problemen.

Wir werden aber die Bewegung von Teilchen unter Einwirkung bestimmter Kräfte keineswegs detailiert behandeln. Wir haben uns ein viel bescheideneres Ziel gesetzt: Wir wollen lediglich zeigen, welche Berechnungen man auf Grund von nur zwei Prinzipien durchführen kann: 1. Erhaltung des Impulses und 2. Erhaltung der Energie. Das erste Prinzip wird, wie bei den üblichen Newtonschen Problemen, auf jede der drei Einzelkomponenten des Impulses oder auf den Gesamtimpuls als einen Vektor angewendet. Das zweite Prinzip wird mit dem Vorbehalt verwendet, daß unter der konstanten Energie die Gesamtheit aller Energieformen, also auch die Masse, zu verstehen ist. Wir bauen auf der Grundlage auf, daß diese zwei Erhaltungssätze für jedes in sich abgeschlossene System gelten, und wir wollen uns auf Situationen beschränken, bei denen eine etwaige Wechselwirkung nur für eine begrenzte Zeitspanne besteht. Wir werden also, anders ausgedrückt, uns hauptsächlich mit Stoßprozessen oder ähnlichen Vorgängen befassen, wobei es unsere einzige Aufgabe sein wird, das „Vorher" und „Nachher" in Beziehung zu setzen.

Bevor wir jedoch diese Erhaltungssätze anwenden können, müssen wir uns mit ihrer relativistischen Formulierung auseinandersetzen. In Kapitel 1 entwickelten wir Ausdrücke für die Masse, den Impuls und die Gesamtenergie eines einzelnen Teilchens der Ruhmasse $m_0$, das sich mit der Geschwindigkeit v relativ zum Labor bewegt:

$$\left.\begin{aligned} m(v) &= \gamma\, m_0 \\ \mathbf{p} &= \gamma\, m_0 \mathbf{v} \\ E &= \gamma\, m_0 c^2 \end{aligned}\right\} \qquad (6.1)$$

wobei $\gamma(v) = (1 - v^2/c^2)^{-1/2}$ ist. Bei der Ableitung dieser Gleichungen verwendeten wir die Beziehung zwischen Energie und Impuls für Photonen ($p = E/c$). Wenn Sie sich die beiden Ableitungen zugrunde liegende Argumentation im Detail überlegen, so erkennen Sie, daß wir tatsächlich zuerst die Gültigkeit des Gesetzes der Erhaltung von Energie und Impuls *angenommen* haben und erst aus dieser Annahme die eigentlichen Gleichungen für Energie und Impuls abgeleitet haben. Bei der Diskussion des Lichtdruckversuches hätten wir keinerlei Schlüsse über den Impuls der Photonen ziehen können, wenn wir nicht angenommen hätten, daß dieser Impuls vollständig auf die beleuchtete Oberfläche übertragen wird. Bei den Berechnungen um Einsteins Kästen wurde ebenfalls die Erhaltung des Impulses ausdrücklich als gegeben angenommen. Bei der Untersuchung des Grenzgeschwindigkeitsexperimentes waren wir sicher, daß eine kalorische Messung auf Grund der Erhaltung der Energie eine genaue Bestimmung der kinetischen Energie gestattet, die durch Elektronen übertragen wird, die sich mit nahezu Lichtgeschwindigkeit bewegen.

In diesem Stadium werden diese berühmten Erhaltungssätze der Dynamik keineswegs neu *entdeckte* – im Gegenteil, wir ***bestätigen*** sie nur aufs neue, und bauen darauf auf, daß die Verwendung dieser Gesetze bereits in der klassischen Mechanik in mehr als einer Weise gerechtfertigt war. Indem wir von der Newtonschen zur Einsteinschen Mechanik übergehen, erweitern wir einfach den Bereich der Probleme, die mit einer bestimmten Gruppe von Gesetzen behandelt werden können. Dabei ergeben sich dann neue Regeln zur Bestimmung solcher Größen wie Impuls und kinetische Energie aus der Geschwindigkeit und einem Inertialparameter, der Masse.

Der Übergang zur relativistischen Dynamik kann jedoch nicht auf beliebige Weise erfolgen. Vor der Grundlage der relativistischen Kinematik und der Kenntnis der Newtonschen Gesetze ausgehend gelangt man fast von selbst zur relativistischen Formulierung. In Kapitel 1 waren wir dazu noch nicht in der Lage, unsere Argumente waren daher eher andeutend als überzeugend. Jetzt können wir derartige

Probleme auf viel korrektere Weise anhand leicht vorstellbarer Situationen angehen, die wir im folgenden diskutieren wollen. Bei unserer Argumentation wird wiederum die sehr enge Beziehung zwischen den kinematischen und den entsprechenden dynamischen Formulierungen offenbar.

## 6.1. Zwei Aspekte des elastischen Stoßes

Zunächst wollen wir uns mit einer sehr einfachen Art von Stoßprozessen beschäftigen – mit dem vollkommen elastischen Zusammenstoß von zwei Partikeln. Bei diesem Zusammenstoß sollen alle Bewegungsvektoren in einer Ebene liegen. Die Analyse dieses Prozesses beruht auf der Erhaltung des Impulses.

Als Grundlage für diese Diskussion sei nochmals die Newtonsche Version dieses Prozesses beschrieben. Die zwei Körper A und B, deren Anfangsgeschwindigkeit $\mathbf{u}_1$ bzw. $\mathbf{u}_2$ ist, stoßen zusammen. Ihre Geschwindigkeiten sind nun $\mathbf{v}_1$ und $\mathbf{v}_2$. Für jeden Einzelstoß dieser Art können vier skalare Faktoren ($\alpha$) bestimmt werden, so daß die Gleichung der folgenden Form aufgestellt werden kann:

$$\alpha_1 \mathbf{u}_1 + \alpha_2 \mathbf{u}_2 = \alpha_3 \mathbf{v}_1 + \alpha_4 \mathbf{v}_2$$

In dieser Form ist die Aussage aber ziemlich uninteressant. Bemerkenswerterweise kommt jedoch bei Versuchen mit den verschiedensten $\mathbf{u}_1$ und $\mathbf{u}_2$ heraus. daß man bei jedem derartigen Stoß zwischen zwei bestimmten Objekten eine Vektoridentität erhalten kann, indem man $\alpha_1 = \alpha_3 = m_A$ (eine skalare Eigenschaft des Körpers A) und $\alpha_2 = \alpha_4 = m_B$ setzt (entsprechende skalare Eigenschaft des Körpers B). Anders ausgedrückt: Die rein kinematische Darstellung eines Zusammenstoßes läuft auf die Einführung des Parameters hinaus, den wir *träge Masse* eines Körpers nennen, so daß damit die Gleichung für die Erhaltung des Impulses in der bekannten Form geschrieben werden kann.

In der relativistischen Kinematik ist die Beziehung zwischen Anfangs- und Endgeschwindigkeit zweier kollidierender Objekte jedoch nicht mehr so einfach. Wenn wir aber die Erhaltung des Impulses im folgenden erweiterten Sinn auffassen, und dann die kinematische Bedeutung eines solchen Stoßes untersuchen, können wir die Form dieser Beziehung doch so einfach wie möglich halten.

Beim elastischen Stoß zwischen den beiden Körpern A und B sind aus der Sicht eines bestimmten Bezugssystemes die Anfangsgeschwindigkeiten mit den Endgeschwindigkeiten durch folgende Gleichung verbunden:

$$m_A(u_1)\mathbf{u}_1 + m_B(u_2)\mathbf{u}_2 = m_A(v_1)\mathbf{v}_1 + m_B(v_2)\mathbf{v}_2 \qquad (6.2)$$

$m_A$ ist eine skalare Eigenschaft von A, die nur von seiner Geschwindigkeit abhängt und $m_B$ ist die entsprechende skalare Eigenschaft von B. Es ist bekannt, daß in der Newtonschen Mechanik diese Gleichung durch die geschwindigkeitsunabhängigen Werte von $m_A$ und $m_B$ befriedigt ist. Wir wollen nun untersuchen, welche in Gl. (6.1) ausgedrückte Abhängigkeit der Masse m von v von der relativistischen Kinematik hervorgerufen wird.

In den Inertialsystemen S und S′ wird ein Experiment durchgeführt. Zur Zeit- und Entfernungsmessung werden in beiden Systemen die gleichen Meßgeräte verwendet. Es soll nun in den beiden Systemen ein vollkommen symmetrischer Zusammenstoß zwischen zwei gleichartigen Teilchen herbeigeführt werden[1]). Im System S wird ein Partikel A in Richtung der y-Achse mit der Geschwindigkeit $u_0$ bezogen auf S eingeschossen, und in S′ wird das andere Teilchen B in Richtung der y′-Achse mit der Geschwindigkeit $-u_0$ bezogen auf S′ eingeschossen. *Die Geschwindigkeit* $u_0$ *ist klein,* S und S′ *haben jedoch eine sehr große Relativgeschwindigkeit* v *entlang der* x*-Achse.* Beim Zusammenstoß der Teilchen sollen ihre Mittelpunkte auf der y-Achse liegen. Bild 6.1 zeigt, wie dieser Zusammenstoß in S bzw. S′ aussehen müßte. Es wird dabei die Richtung der y- (bzw. y′-)Komponente der Geschwindigkeit beider Teilchen genau umgekehrt, während die Geschwindigkeitskomponente in der x- (bzw. x′-)Richtung unverändert bleibt. Der Stoßprozeß als ganzes ist also ein zeitlich voll reversibler Vorgang.

Bei der Analyse des Prozesses sollte den folgenden Punkten Aufmerksamkeit geschenkt werden:

1. Nach Messungen im System S ist die y-Komponente der Geschwindigkeit von A anfangs $u_0$ und nach dem Stoß $-u_0$. Die y-Komponente der Geschwindigkeit von B ist anfangs $-u$, nachher u. Die Beziehung zwischen $u_0$ und u ist durch die Transformationsgleichung (5.3) gegeben, die für Geschwindigkeitskomponenten transversal zur Richtung der Relativbewegung zweier Bezugssysteme gilt:

$$u_y = \frac{\dfrac{u'_y}{\gamma}}{1 + \dfrac{v u'_x}{c^2}}$$

Da im System S′ die Geschwindigkeitskomponente $u'_x$ von B gleich null ist, vereinfacht sich diese Gleichung wie folgt

$$u = \frac{u_0}{\gamma} = u_0\left(1 - \frac{v^2}{c^2}\right)^{\frac{1}{2}} \tag{6.3}$$

[1]) Ein derartiges Gedankenexperiment wurde erstmals von *G. N. Lewis* und *R. C. Tolman* gebracht: Phil. Mag., **18**, 510 (1909).

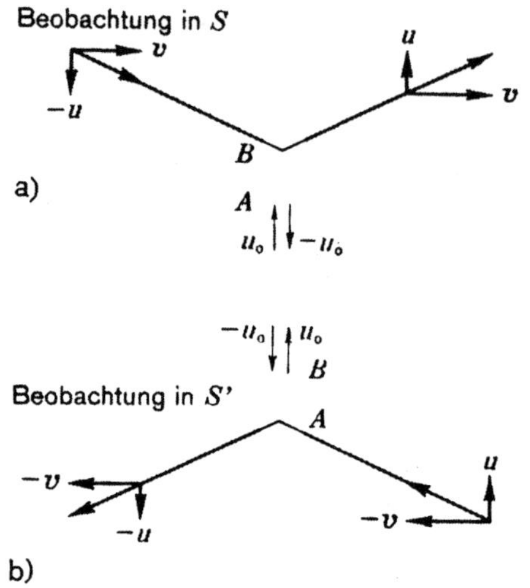


Bild 6.1
Elastischer Zusammenstoß zweier gleichartiger Objekte, beobachtet von zwei Bezugssystemen, die sich mit der Relativgeschwindigkeit v in Richtung der x-Achse relativ zueinander bewegen.

2. Nach Beobachtungen im System S' haben A und B ihre Rollen vertauscht, das Vorzeichen von v wurde geändert. Die vollkommene Symmetrie dieses Prozesses wird deutlich, wenn man Bild 6.1b in der Bildebene um 180° dreht, es gleicht dann in jeder Beziehung dem Bild 6.1a.

3. Nach Beobachtungen in beiden Bezugssystemen werden die *Geschwindigkeitsbeträge* der beiden Partikel durch den Zusammenstoß nicht geändert; er beträgt $u_0$ bzw. $(u^2 + v^2)^{1/2}$. Deshalb und weil die beiden Partikel gleichartig sind, haben wir es nur mit zwei möglichen Werten von m zu tun: $m(u_0)$ und $m(V)$, wobei $V = (u^2 + v^2)^{1/2}$ ist.

Die Erhaltung des Impulses in der y-Richtung in S wird daher durch die folgende Gleichung beschrieben:

$$p_y = m(u_0)\,u_0 - m(V)\,u = -\,m(u_0)\,u_0 + m(V)\,u$$

Daher ist

$$\frac{m(V)}{m(u_0)} = \frac{u_0}{u} \tag{6.4}$$

Wir sagten anfangs $u_0$ müsse klein sein – so klein wie nur vorstellbar. Es kann dann die Inertialgröße $m(u_0)$ der einfachen Newtonschen trägen Masse $m_0$ gleichgesetzt werden. Da außerdem $u_0 \ll v$, folgt aus Gl. (6.3) umso mehr daß $u \ll v$ und daraus, daß $V \approx u$. Stellen wir uns einen Grenzfall für diese Art von Stoß vor, bei dem $u_0 \to 0$ geht, so erhalten wir aus Gl. (6.4) die folgende Beziehung

$$m(v) = \gamma\, m_0 = \frac{m_0}{\left(1 - \frac{v^2}{c^2}\right)^{\frac{1}{2}}} \tag{6.5}$$

und daraus wiederum $\mathbf{p} = \gamma\, m_0 \mathbf{v}$ als geeignete Definition des Impulses eines Teilchens der Ruhmasse $m_0$ und der Geschwindigkeit **v**.

Die voranstehende Diskussion beschränkte sich streng auf Fragen des Impulses. Ist die Definition der Masse, die sich aus dieser Analyse ergibt, wie z. B. in Gl. (6.5), auch für Berechnungen der *Energie* eines Systems geeignet? Wir haben natürlich schon in Kapitel 1 festgestellt, daß das möglich ist; dieses Ergebnis wird aber vielleicht durch eine weitere Analyse eines hypothetischen Stoßprozesses noch an Überzeugungskraft gewinnen.

## 6.2. Zwei Aspekte eines unelastischen Stoßes

Wieder wollen wir den Stoß zwischen zwei gleichartigen Partikeln betrachten, diesmal jedoch soll der Zusammenstoß vollkommen unelastisch erfolgen. In einem System S′ nähern sich die Partikel einander auf einer Geraden mit gleichartiger (aber entgegengerichteter) Geschwindigkeit u (Bild 6.2a). In einem zweiten System S mit der Relativgeschwindigkeit u ist dann eines der Teilchen anfangs in Ruhe (Bild 6.2b).

Nach Beobachtungen in S′ ist die Folge des Zusammenstoßes ein zusammengesetztes ruhendes Teilchen. Im System S muß daher die Geschwindigkeit dieses zusammengesetzten Teilchens gleich u sein. In diesem System S hat das

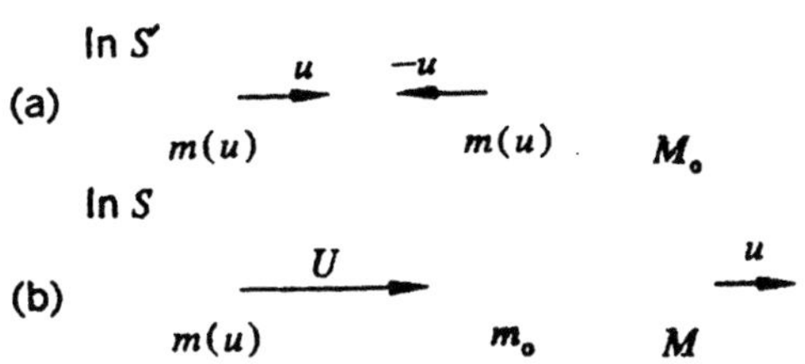


Bild 6.2
Vollkommen unelastischer Stoß zwischen zwei ähnlichen Objekten, beobachtet
a) aus dem impulslosen Bezugssystem,
b) aus dem System, in Bezug auf das die beiden Objekte anfangs in Ruhe sind.

anfangs bewegte Teilchen die Geschwindigkeit U, die mit u durch die Gl. (5.2) zur Addition von Geschwindigkeiten verbunden ist:

$$u_x = \frac{u'_x + v}{1 + \frac{v u'_x}{c^2}}$$

In diese Messung setzen wir $u_x = U$, $u'_x = v = u$ ein. Daraus ergibt sich dann

$$U = \frac{2u}{1 + \frac{u^2}{c^2}} \tag{6.6}$$

Wir stellen nun die Gleichungen für die Erhaltung des Impulses und die Erhaltung der *Masse* für das System S auf. Wie im Abschnitt 5 nehmen wir an, daß die Masse eine Funktion der Geschwindigkeit ist:

Impuls:

$$m(U)\,U = Mu \tag{6.7}$$

Masse:

$$m(U) + m_0 = M \tag{6.8}$$

Lösen wir diese beiden Gleichungen nach M auf, so ergibt sich:

$$\frac{m(U)}{m_0} = \frac{u}{U - u} \tag{6.9}$$

Gl. (6.6) gibt die Beziehung zwischen U und u an, wir können daher das Verhältnis $m(U)/m_0$ als explizite Funktion von U darstellen. Aus Gl. (6.6) erhalten wir

$$u^2 - 2\frac{c^2}{U}u + c^2 = 0$$

Daher ist

$$u = \frac{c^2}{U} \pm \left[\left(\frac{c^2}{U}\right)^2 - c^2\right]^{\frac{1}{2}} = \frac{c^2}{U}\left[1 \pm \left(1 - \frac{U^2}{c^2}\right)^{\frac{1}{2}}\right]$$

Da $u \to U/2$ gehen muß, damit $U \ll c$ ist, wissen wir, daß das negative Vorzeichen zu verwenden ist, da für $U \ll c$ der Wurzelausdruck annähernd gleich $1 - U^2/c^2$ ist. Daraus ergibt sich

$$u = \frac{c^2}{U}\left[1 - \left(1 - \frac{U^2}{c^2}\right)^{\frac{1}{2}}\right] \tag{6.10a}$$

Daher ist

$$U - u = \frac{c^2}{U}\left[\frac{U^2}{c^2} - 1 + \left(1 - \frac{U^2}{c^2}\right)^{\frac{1}{2}}\right]$$

d.h.,

$$U - u = \frac{c^2}{U}\left(1 - \frac{U^2}{c^2}\right)^{\frac{1}{2}}\left[1 - \left(1 - \frac{U^2}{c^2}\right)^{\frac{1}{2}}\right] \tag{6.10b}$$

Setzen wir U − u aus den Gleichungen (6.10) in Gl. (6.9) ein, so erhalten wir

$$\frac{m(U)}{m_0} = \left(1 - \frac{U^2}{c^2}\right)^{-\frac{1}{2}} = \gamma(U) \tag{6.11}$$

was formal der Massengleichung (6.5) entspricht.

Bei der Berechnung gibt es hier ein bißchen mehr algebraische Arbeit als im vorigen Abschnitt, sie ist jedoch in verschiedener Hinsicht überzeugender:

1. Dieser Stoß ist ein besonders einfacher Fall, da die gesamte Bewegung entlang einer Geraden erfolgt.

2. Die Berechnungen sind exakt. Das eine der Teilchen ist vor dem Zusammenstoß in System S definitionsgemäß vollkommen in Ruhe und nicht nur näherungsweise, wie bei dem vorhergehenden Beispiel.

3. Da die Massenerhaltungsgleichung explizit in die Berechnung eingeht, folgt daraus direkt die Äquivalenz von Masse und Energie. Wir haben diese Zusammenhänge bereits im wesentlichen in Kapitel 1 abgeleitet, der Hauptzweck dieser neuerlichen Diskussion ist nun, die enge Verbindung zwischen Kinematik und Dynamik wiederum zu betonen. Aus Gl. (6.11) erhalten wir

$$m(U) = m_0\left(1 - \frac{U^2}{c^2}\right)^{-\frac{1}{2}} = m_0 + \frac{1}{2}\, m_0 \frac{U^2}{c^2} + \ldots$$

Daher ist

$$m(U)\,c^2 = m_0 c^2 + \frac{1}{2} m_0 U^2 + \ldots \tag{6.12}$$

Wir stellen fest, daß der zweite Term der rechten Seite von Gl. (6.12) genau der klassischen Gleichung für die kinetische Energie eines Teilchens entspricht, das die Masse $m_0$ und die Geschwindigkeit U hat. Daraus läßt sich die bekannte Aussage ableiten, daß die *Gesamt*energie eines Teilchens der Ruhmasse $m_0$ und der Geschwindigkeit U durch

$$E = \frac{m_0 c^2}{\left(1 - \frac{U^2}{c^2}\right)^{\frac{1}{2}}} = m(U)\, c^2 \tag{6.13}$$

gegeben ist, wobei $E_0 = m_0 c^2$ die Ruhenergie des Teilchens ist.

4. Bei einer weiteren Diskussion des Stoßprozesses können wir zeigen, daß durch die *durchgehende* Verwendung einer Beziehung zwischen Masse und Geschwindigkeit, wie sie in Gl. (6.11) gegeben ist, keine Widersprüche entstehen. Gl. (6.11) gibt eine Beziehung für die Masse desjenigen Stoßteilchens, das relativ zum System S die Geschwindigkeit U hat. Drücken wir das in Form von u aus (mit Gl. (6.6)), so ergibt sich

$$1 - \frac{U^2}{c^2} = 1 - \frac{4 \frac{u^2}{c^2}}{\left(1 + \frac{u^2}{c^2}\right)^2} = \frac{\left(1 - \frac{u^2}{c^2}\right)^2}{\left(1 + \frac{u^2}{c^2}\right)^2}$$

Daher ist

$$m(U) = \frac{\left(1 + \frac{u^2}{c^2}\right)}{\left(1 - \frac{u^2}{c^2}\right)} m_0$$

Setzen wir das in Gl. (6.8) ein, so ergibt sich für die Masse des zusammengesetzten Teilchens bezogen auf das System S:

$$M = \frac{2 m_0}{1 - \frac{u^2}{c^2}} \tag{6.14}$$

Im System S hat aber dieses zusammengesetzte Teilchen die Geschwindigkeit u. Nach Gl. (6.11) würde man seine Ruhmasse $M_0$ wie folgt bestimmen

$$M_0 = M \left(1 - \frac{u^2}{c^2}\right)^{-\frac{1}{2}}$$

Mit Gl. (6.14) ergibt das

$$M_0 = 2 m_0 \left(1 - \frac{u^2}{c^2}\right)^{-\frac{1}{2}} \tag{6.15}$$

Betrachten wir nun die Beschreibung dieses Zusammenstoßes im System S'. Hier befindet sich das zusammengesetzte Teilchen tatsächlich in Ruhe, nachdem es einmal aus dem Zusammenstoß zweier gleichartiger Teilchen der Ruhmasse $m_0$ und der Geschwindigkeit u entstanden ist. Wir nehmen an, daß die gesamte mechanische Energie der kollidierenden Teilchen im zusammengesetzten Teilchen enthalten ist. Wir werden daher nicht (und dürfen auch nicht) annehmen, daß $M_0$ gleich $2\,m_0$ ist. Aus der Aussage über die Erhaltung der Masse in Bezug auf das System S' ergibt sich die Beziehung

$$M_0 = 2\,m(u) \tag{6.16}$$

Diese Gleichung ist mit Gl. (6.15) identisch, wenn wir die in Gl. (6.11) ausgedrückte Geschwindigkeitsabhängigkeit der Masse berücksichtigen und setzen:

$$m(u) = \gamma(u)\,m_0 .$$

## 6.3. Einige zusätzliche Bemerkungen zu den Erhaltungssätzen

Aus der vorangehenden Diskussion sollte klar geworden sein, daß die Sätze von der Erhaltung von Impuls und Energie keineswegs unantastbar sind. Bis jetzt gibt es in unserer Erfahrungswelt jedoch nichts, das ein Aufgeben dieser Gesetze erfordern würde, obwohl das manchmal wirklich nur um Haaresbreite vermieden werden konnte, als nämlich *W. Pauli* im Jahre 1930 die Existenz des Neutrinos, eines bislang nicht beobachteten Teilchens forderte, um zu vermeiden, daß der Energieerhaltungssatz beim $\beta$-Zerfall verletzt würde. Man brauchte dann noch 20 Jahre, um das Neutrino tatsächlich zu entdecken, aber es existierte [1]) und unser Vertrauen in die Erhaltungssätze wurde aufs neue bestärkt.

Die Erhaltungssätze können nun sicherlich nicht alles erklären. Beim Zusammenstoß atomarer Teilchen zum Beispiel werden wir detailierte Angaben über inneratomare Kräfte benötigen, bevor wir die wichtigsten Fragen beantworten können: Bleiben die Teilchen aneinander hängen oder erleiden sie einen elastischen oder unelastischen Stoß? Wie hoch ist die Wahrscheinlichkeit der Streuung in einer bestimmten Richtung? Wie groß ist der gesamte Wirkungsquerschnitt der beiden Teilchen? Wird nach dem Stoß Strahlung emittiert? Wenn ja, welcher Art ist die Strahlung? Es wird wohl noch viele Jahre dauern, bevor wir diese Fragen für einen großen Bereich mit unterschiedlichen Bedingungen beantworten können.

---

1) *F. Reines* et al., Phys. Rev., **92**, 830 (1953).

Für alle anderen Probleme sind die elementaren Erhaltungssätze die wesentliche Grundlage zu einer Lösung und durch ihre universelle Gültigkeit sind sie ein sehr praktisches Werkzeug. Wir wollen also einmal die folgenden Aussagen für ein isoliertes System festlegen und dann sehen, wohin sie uns führen:

$$E_{Gesamt} = c^2 m_{Gesamt} = \text{const} \tag{6.17}$$

$$p_{Gesamt} = \text{const} \tag{6.18}$$

Wir verwenden außerdem die bereits in Kapitel 1 eingeführten dynamischen Beziehungen, die aus Gleichung (6.1) abzuleiten sind:

$$E^2 = (cp)^2 + E_0^2 \qquad (\text{und } E = mc^2, E_0 = m_0 c^2) \tag{6.19}$$

$$v = \frac{p}{m} = \frac{c^2 p}{E}$$

oder

$$\beta = \frac{v}{c} = \frac{p}{mc} = \frac{cp}{E} \tag{6.20}$$

Kräfte und Beschleunigungen treten in diesem Teil unserer Untersuchung überhaupt nicht auf.

Beginnen wir mit einigen Stoßprozessen für Photonen, da in diesem Fall die Gleichungen durch das Fehlen jeglicher Ruhmassen vereinfacht werden.

## 6.4. Absorption und Emission von Photonen

### 6.4.1. Absorption

Ein ruhendes Teilchen (z.B. ein Atom oder ein Atomkern) der Masse (Ruhmasse) $M_0$ wird von einem Photon (Quant) der Energie Q getroffen, wobei die Energie vollständig absorbiert werden soll. Das ganze System hat die Masse $M'$ und die durch den Rückstoß hervorgerufene Geschwindigkeit sei v. Es gilt dann für

die Erhaltung der Energie:

$$E = M_0 c^2 + Q = M' c^2$$

die Erhaltung des Impulses:

$$p = \frac{Q}{c} = M' v$$

Daher ist

$$M' = M_0 + \frac{Q}{c^2}$$

$$\beta = \frac{v}{c} = \frac{Q}{M_0 c^2 + Q} \qquad (6.21)$$

Beachten Sie, daß für $Q \ll M_0 c^2$ sich für $\beta$ die vereinfachte Beziehung $\beta \approx Q/M_0 c^2$ ergibt – das entspricht der Berechnung nach den Newtonschen Prinzipien, nach denen einem Körper der unveränderlichen Masse $M_0$ durch ein Photon der Impuls $Q/c$ mitgeteilt wird.

### 6.4.2. Emission

Ein ruhendes Atom der Masse $M_0$ emittiert ein Photon der Energie Q. Dieser Prozeß wird nun gegenüber dem vorangehenden Beispiel dadurch kompliziert, daß das emittierende Atom einen Rückstoß erleidet. Dieses Atom habe beim Rückstoß die Masse $M'$ im Gegensatz zur Ruhmasse $M_0$ und die Geschwindigkeit v. Es ist dann

$$E = M_0 c^2 = M' c^2 + Q = E' + Q$$

$$p = 0 = M' v - \frac{Q}{c} = p' - \frac{Q}{c}$$

d.h.,

$$E' = M_0 c^2 - Q$$

$$cp' = Q$$

Wenn wir die Beziehung zwischen $E'$ und $p'$ des Atoms beim Rückstoß verwenden, können wir diese Gleichungen nach Q lösen. Mit Gl. (6.19) erhalten wir

$$(M_0' c^2)^2 = (E')^2 - (cp')^2 = (M_0 c^2 - Q)^2 - (Q)^2$$

d.h.,

$$(M_0' c^2)^2 = (M_0 c^2)^2 - 2 M_0 c^2 Q \qquad (6.22)$$

Die Ruhenergie des Atoms im Anfangsstadium $M_0 c^2$ und die im Endstadium $M_0' c^2$ kann nur ganz bestimmte Werte annehmen, die Differenz zwischen den beiden Ruhenergien ist ein bestimmter, eindeutig definierbarer Energiebetrag. Setzen wir also

$$M_0' c^2 = M_0 c^2 - Q_0 \qquad (6.23)$$

Daher ist

$$(M_0'c^2)^2 = (M_0c^2)^2 - 2\,M_0c^2Q_0 + Q_0^2 \tag{6.24}$$

Fassen wir Gleichungen (6.22) und (6.24) zusammen, so erhalten wir

$$Q = Q_0\left(1 - \frac{Q_0}{2\,M_0c^2}\right) \tag{6.25}$$

Da die Energie eines Photons seiner Frequenz proportional ist, ist daraus zu entnehmen, daß die betreffende Frequenz verringert und die Wellenlänge vergrößert wird. Nur wenn der Rückstoß des emittierenden Atoms auf irgend eine Weise verhindert werden könnte, würde die gesamte freigesetzte Energie in dem Photon in Erscheinung treten.

Diese Ergebnisse sind insofern von schwerwiegender physikalischer Bedeutung, als durch sie die Fähigkeit der Atome bzw. Atomkerne, ihre eigene charakteristische Strahlung wieder zu absorbieren, begrenzt wird. Jedes z.B. in einer Entladungsröhre entsprechend angeregte Element emittiert in einem charakteristischen Linienspektrum – wie etwa die Balmerserie des Wasserstoffs. Diese Linien sind ziemlich scharf begrenzt, das heißt, jede Linie stellt nur einen sehr engen Bereich von Wellenlängen um einen bestimmten Mittelwert dar. Diese Schärfe der Spektrallinien beweist, daß die emittierenden Atome nur ganz bestimmte Energiebeträge haben können, d.h., keinen beliebigen Energiezustand annehmen können, also auf scharf begrenzte Energieniveaus beschränkt sind. Die Emission eines Photons entspricht einer Abnahme der Energie (bzw. der Masse) des Atoms um einen ganz bestimmten Betrag (siehe Gl. (6.23)), wenn das Atom aus dem Zustand A in den Zustand B übergeht. Dem Photon jedoch wird ein Bruchteil dieser Energie durch den Rückstoß des Atoms sozusagen gestohlen. Trifft ein solches Photon auf ein Atom, das sich im energetisch niedrigeren Zustand B und in Ruhe befindet, so reicht seine Energie nicht mehr aus, das Atom wieder in den Zustand A zu bringen, es also anzuregen. Die Energie wird sogar noch geringer, wenn man berücksichtigt, daß auch beim Absorptionsprozeß ein Rückstoß auftritt. Wären die Energieniveaus, die ein Atom haben kann, *scharf definiert,* und befänden sich emittierendes und absorbierendes Atom ursprünglich in Ruhe, dann wäre ein Dampf für die von ihm emittierte Strahlung durchlässig. Aus zwei Gründen ist diese Vorstellung jedoch unrealistisch: Die Energieniveaus von Atomen sind nicht genau definiert und die Atome eines Dampfes können durch ihre Wärmebewegung die Rückstoßwirkung, wenn sie die entsprechenden Geschwindigkeiten haben, kompensieren. Tatsächlich entsteht beim sichtbaren Licht dieser Effekt durch die Wärmebewegung. Bei den sehr viel energiereicheren Photonen, die in Form von $\gamma$-Strahlung vom Kern emit-

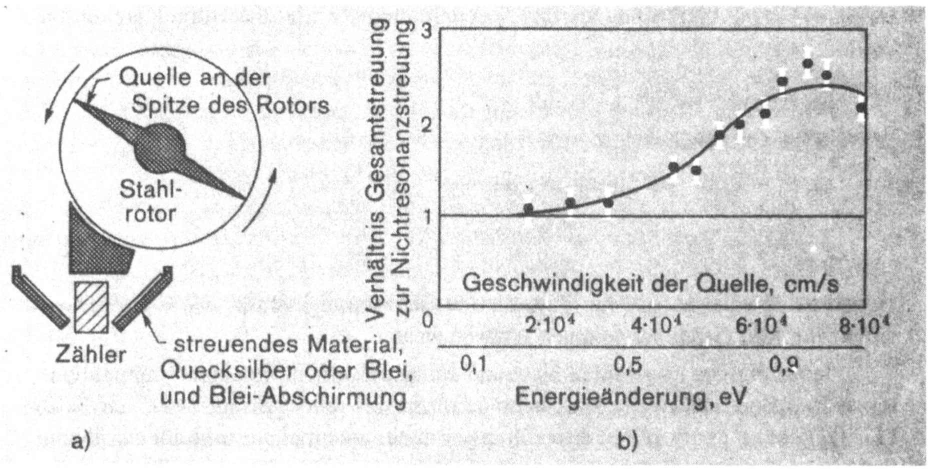


Bild 6.3. Untersuchung der Kernresonanzstreuung durch Hg-198-Atome, die dem Rückstoß voll ausgesetzt sind.

a) Schematische Darstellung des Gerätes.
b) Verhältnis der Streuung durch Quecksilber zur Streuung durch Blei, aufgetragen als Funktion der Geschwindigkeit der Rotorspitze. (*P. B. Moon*, Proc. Phys. Soc. (London) **A64**, 76 (1951); *W. G. Davey* und *P. B. Moon*, Proc. Phys. Soc. (London) **A66**, 956 (1953)). Die volle Resonanzkurve konnte nicht erhalten werden, da der Stahlrotor bei höheren Geschwindigkeiten durch Zentrifugalkräfte zerstört wird.

tiert werden, ist der Rückstoßeffekt jedoch relativ viel größer. Betrachten Sie, daß nach Gl. (6.25) die ***relative*** Energieänderung gleich $Q_0/2\,M_0c^2$ ist und daher für einen gegebenen Wert $M_0$ proportional mit $Q_0$ zunimmt. Wir wollen im folgenden einen Versuch beschreiben, der das illustriert.

Dieser Versuch wurde mit einem superschnellen Rotor von *P. B. Moon* ausgeführt. Bild 6.3a zeigt schematisch die Versuchsanordnung. An der Spitze des Rotors wurde als Strahlungsquelle radioaktives Hg 198 (angeregte Atome) angebracht. Gammastrahlen (Energie der Photonen 412 keV) aus dieser bewegten Quelle fielen auf ein ruhendes Ziel aus Quecksilber, durch das ein Teil der Strahlen in einem Zähler gestreut und so registriert wurde. Die Streuung ist wie die Absorption maximal, wenn die Energie gerade ausreicht, den getroffenen Kern auf ein höheres Energieniveau zu bringen. Das Experiment zeigte, daß die Bedingung für Hg 198 bei einer Geschwindigkeit der Quelle von etwa 700 m/s erfüllt war (Bild 6.3b).

Offensichtlich entfällt auf den Kernrückstoß nur ein sehr kleiner Bruchteil der freigesetzten Energie. Dieser Energiebetrag wird durch den in Gl. (6.25) auftretenden Term dargestellt. Für den Versuch, den wir hier diskutieren, gelten die Werte

$$Q_0 = 4{,}12 \cdot 10^5 \text{ eV}$$

$$M_0 = 198 \text{ AME} = 3{,}28 \cdot 10^{-25} \text{ kg}$$

$$M_0 c^2 = 2{,}95 \cdot 10^{-8} \text{ Joule} = 1{,}84 \cdot 10^{11} \text{ eV}$$

$$\frac{Q_0}{2 M_0 c^2} \approx 10^{-6}$$

Daraus ist zu ersehen, daß für Photonen des sichtbaren Lichtes ($Q_0 \approx 2$ eV) dieser Effekt um fünf Größenordnungen schwächer ist.

Jedes Photon ist zweimal an einem Rückstoßprozeß beteiligt – einmal bei seiner Emission, das zweite Mal, wenn es absorbiert oder gestreut wird. Der Faktor $(1 - Q_0/2 M_0 c^2)$ tritt in den Berechnungen daher zweimal auf und die der Quelle verliehene Geschwindigkeit muß groß genug sein, um den Bruchteil $Q_0/M_0 c^2$ der ursprünglichen Anregungsenergie, der nicht mehr zur Verfügung steht, kompensieren zu können. Die erforderliche Geschwindigkeit kann anhand der kinematischen Theorie des Dopplereffektes (siehe Kapitel 5) berechnet werden. Da der Kernrückstoß sehr klein ist, wird die Frequenz $\nu$ und daher die Energie $h\nu$ fast um den Bruchteil $v/c$ erhöht – wie das beim Dopplereffekt für eine Quelle der Fall ist, die sich einem Beobachter mit einer Geschwindigkeit v nähert, die sehr viel kleiner als c ist. Es muß daher die Beziehung gelten:

$$\frac{v}{c} \approx \frac{Q_0}{M_0 c^2}$$

Setzen wir die genauen Werte für $Q_0$, $M_0$ und c ein, so erhalten wir

$$\frac{v}{c} = 2{,}24 \cdot 10^{-6}$$

d.h.,

$$v \approx 670 \text{ m/s}$$

Das Maximum der experimentell erhaltenen Streukurve liegt ziemlich genau bei diesem Geschwindigkeitswert.

## 6.5. Der Mößbauer-Effekt

Es sieht vielleicht so aus, als sei der Rückstoßeffekt bei Photonenemission von Atomen oder Atomkernen ein nicht zu vermeidendes Phänomen. Das trifft jedoch keineswegs zu. Es gibt einen sehr interessanten Effekt, der nach *R. Mößbauer* benannt ist und für dessen Entdeckung er 1961 den Nobelpreis erhielt. Bei diesem

Effekt kann der Rückstoß für Atome eines Kristallgitters unterdrückt werden: Unter bestimmten Umständen wird der Rückstoßimpuls, der als Begleiterscheinung von Emission und Absorption von Kern-Gammaquanten auftritt, auf alle Atome eines Kristalles verteilt, statt sich auf den einzelnen Kern zu beschränken. Auch wenn der Kristall makroskopisch gesehen winzig ist, enthält er doch so viele Atome (z.B. etwa $10^{10}$ Atome in einem Kristall von der Größe 1 $\mu m^3$), daß der auf ein Atom entfallende Wert des Verhältnisses $Q_0/2\,M_0 c^2$ in Gl. (6.25) verschwindend klein wird. Bei dem Iridiumisotop Ir 191, mit dem *Mößbauer* seine ersten Versuche durchführte, beträgt die freigesetzte Energie $Q_0 = 129$ keV, das sind etwa $2 \cdot 10^{-14}$ Joule. Ist $M_0$ die Masse von $10^{10}$ Iridiumatomen, d.h., etwa $3 \cdot 10^{-15}$ kg, so gibt das für

$$\frac{Q_0}{2\,M_0 c^2} \approx \frac{2 \cdot 10^{-14}}{2 \cdot 3 \cdot 10^{-15} \cdot 9 \cdot 10^{16}} \approx 3 \cdot 10^{-17}$$

Wir haben schon früher festgestellt, daß die Existenz des atomaren oder nuklearen Rückstoßes an sich keine Garantie dafür bietet, daß emittierte Photonen von ähnlichen Atomen nicht wieder absorbiert werden können. Wir können zwar sinnvolle Aussagen machen über den Energiebetrag $Q_0$, durch den sich ein Atom im angeregten Zustand vom nichtangeregten unterscheidet, der Wert von $Q_0$ ist jedoch immer nur der Wert mit der höchsten Wahrscheinlichkeit. Es besteht eher eine endliche Wahrscheinlichkeit, daß ein Atom vom energetisch niedrigeren Zustand in den angeregten Zustand gehoben wird, wenn die zugeführte Energie fast $Q_0$, als wenn sie genau gleich $Q_0$ ist. Diese charakteristische „Breite“ des Energiezustandes eines Atoms oder Atomkerns ist jedoch individuell ziemlich verschieden. Ist die Breite dieses Streuungsbereichs sehr gering, so ist auch die Absorption nur in einem sehr geringen Bereich möglich. In solchen Fällen, in denen die geringste Änderung der Energie eine Wiederabsorption unmöglich machen würde, wird der Mößbauer-Effekt zu einem geradezu aufsehenerregenden Phänomen. Verwenden wir wieder Ir 191 in unserem Beispiel. Die rückstoßfreien 129 keV – Gammastrahlen variieren in ihrer Energie um etwa $5 \cdot 10^{-6}$ eV. Wir erhalten also

$$\frac{\Delta Q}{Q_0} = \frac{5 \cdot 10^{-6}}{10^5} \approx 5 \cdot 10^{-11}$$

Als erstes fällt uns vielleicht auf, daß dieses Verhältnis um mehrere Größenordnungen kleiner ist als das Verhältnis $Q_0/2\,M_0 c^2$, wenn wir für $M_0$ nur die Masse eines einzelnen Atomes einsetzen. Die Wiederabsorption dieser Gammastrahlen ist daher unmöglich, wenn beim absorbierenden oder beim emittierenden Kern ein Rückstoß auftreten kann. Andererseits ist der Wert von $\Delta Q/Q_0$ um viele Größenordnungen größer als der von $Q_0/2\,M_0 c^2$, wenn man unter $M_0$ die Masse von Milliarden Atomen versteht. Sind also die angeregten Kerne des Ir 191, die die Gammastrahlung emittieren und die nicht angeregten Ir 191 – Kerne, die sie absorbieren, Bestandteile eines Kristallgitters, dann sind die Rückstoßeffekte vernachlässigbar klein und der Absorption steht nichts mehr im Wege.

Jetzt kommt aber das wirklich Aufregende dabei: Das Verhältnis $\Delta Q/Q_0$ ist so klein, daß durch Einführung einer sehr geringen Relativgeschwindigkeit zwischen Quelle und absorbierendem Stoff und durch die daraus resultierende Dopplerverschiebung die Bedingung für Wiederabsorption aufgehoben werden kann. Für Ir 191 sieht das so aus:

$$\frac{v}{c} = \frac{\Delta Q}{Q_0} \approx 5 \cdot 10^{-11}$$

Daher ist

$$v \approx 2 \text{ cm/s}$$

was nun wirklich ein wahres Schneckentempo ist.

Bild 6.4a zeigt die Versuchsanordnung *Mößbauers,* mit der dieser Effekt nachgewiesen werden konnte. Die Quelle ist auf einer langsam rotierenden Drehscheibe angebracht. In Bild 6.4b sind die Ergebnisse dieses Versuches angegeben. Der Mößbauer-Effekt ist ein wirklich bemerkenswertes Phänomen, das seit seiner Entdeckung bei einer Reihe von Stoffen, die Gammastrahlung niedriger Energie

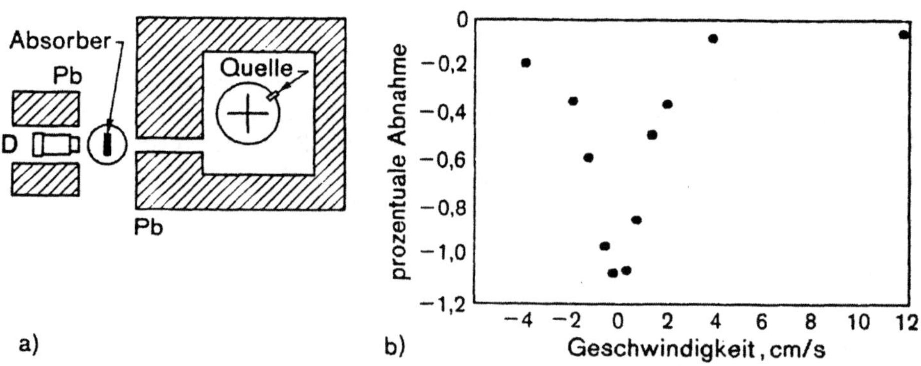


Bild 6.4. Mößbauer-Effekt.

a) Versuchsanordnung. Der Detektor D ist gegen die Quelle abgeschirmt, außer wenn sie sich gerade auf der Verbindungslinie zu dem langen Loch in der Abschirmung bewegt.

b) Prozentuale Intensitätsunterschiede bei 129-keV-Gammastrahlen aus Ir 191 bei einer Messung hinter einem Resonanzabsorber (Iridium) und einem Vergleichsabsorber (Platin).

emittieren, beobachtet werden konnte. Bei einigen Stoffen ist die Empfindlichkeit bezüglich der Relativgeschwindigkeit zwischen Quelle und Absorber noch höher als bei Ir 191. Wenn Sie sich für Einzelheiten oder die faszinierenden Anwendungsmöglichkeiten dieses Effektes interessieren, müssen wir Sie auf andere Werke verweisen [1]). Nur wegen seiner außerordentlich interessanten Aspekte haben wir uns hier mit dem Mößbauer-Effekt auseinander gesetzt. Unser eigentliches Thema waren ja die Rückstoßeffekte bei der Emission von Photonen – und nun haben wir einen ganzen Abschnitt einem Effekt gewidmet, bei dem gar kein Rückstoß erfolgt!

## 6.6. Die Photonenrakete [2])

Des öfteren wurde von Raumfahrtenthusiasten vorgeschlagen, als Antriebsmittel für ein Raumschiff doch Strahlung zu verwenden. Dieser Vorschlag ist, zumindest teilweise, berechtigt, da ja der Schub einer Rakete der Ausstoßgeschwindigkeit des Brennstoffes proportional ist. Die Realisierung dieses Vorschlages hat also nur auf den ersten Blick wirklich etwas für sich: Man würde Anstoßgeschwindigkeiten der Größenordnung $10^4$ m/s, die das Maximum bei den herkömmlichen chemischen Treibstoffen sind, durch c ($3 \cdot 10^8$ m/s) ersetzen können; ein weiterer Vorteil läge darin, daß man dem Raumschiff Geschwindigkeiten nahe c verleihen könnte und so die Raumfahrer bei langen interstellaren Reisen von dem sehr großen Zeitdilatationseffekt profitieren würden.

Nehmen wir an, wir starten mit einer Rakete der Ruhmasse $m_0$. Ihre Nutzlast entspricht einer Ruhmasse, die einen bestimmten Bruchteil f von $m_0$ ausmacht. Wir starten aus dem Ruhezustand und erreichen schließlich eine Geschwindigkeit v. Ein bestimmter Gesamtbetrag an Energie $E_r$ wird in die entgegengesetzte Richtung abgestrahlt. Mit den Gesetzen über die Erhaltung von Energie und Impuls ergibt sich für diesen Fall

$$E_{gesamt} = m_0 c^2 = \frac{f m_0 c^2}{\left(1 - \frac{v^2}{c^2}\right)^{\frac{1}{2}}} + E_r$$

$$p_{gesamt} = 0 = \frac{f m_0 v.}{\left(1 - \frac{v^2}{c^2}\right)^{\frac{1}{2}}} - \frac{E_r}{c}$$

[1]) Siehe z.B. *H. Lustig*, Am. J. Phys., **29**, 1–18 (1961) – ein ausgezeichneter Bericht.

[2]) Nach *J. R. Pierce*, Proc. IRE, **47**, 1053–1061 (1959).

Heben wir aus diesen beiden Gleichungen $E_T$ heraus, so erhalten wir

$$m_0 c^2 = \frac{f m_0 c^2}{\left(1 - \frac{v^2}{c^2}\right)^{\frac{1}{2}}} + \frac{f m_0 v c}{\left(1 - \frac{v^2}{c^2}\right)^{\frac{1}{2}}}$$

d.h.,

$$\gamma f + \gamma \beta f = 1 \quad \text{und} \quad \beta = \frac{v}{c}, \; \gamma = \left(1 - \frac{v^2}{c^2}\right)^{\frac{1}{2}} \tag{6.26}$$

Wir wollen die Berechnung für einen bestimmten Wert des Zeitdilatationsfaktors $\gamma$ anstellen und lösen die Gl. (6.26) daher nach f auf. Es sind nun $\beta$ und $\gamma$ durch die folgende Beziehung verknüpft

$$\gamma = (1 - \beta^2)^{-\frac{1}{2}}$$

Daher ist

$$\beta^2 = 1 - \frac{1}{\gamma^2}$$

$$\gamma \beta = (\gamma^2 - 1)^{\frac{1}{2}}$$

Gl. (6.26) kann daher auch folgendermaßen geschrieben werden

$$\gamma f + (\gamma^2 - 1)^{\frac{1}{2}} f = 1$$

woraus sich folgende Gleichung für f ergibt:

$$f^2 - 2\gamma f + 1 = 0$$

Setzen wir zum Beispiel $\gamma = 10$. Diese Zeitdilatation bewirkt also bei einer langen interstellaren Reise einen merkbaren Unterschied. Dann ist $f \approx 0{,}05$, was recht ermutigend aussieht. Als humaner Wissenschaftler oder vielleicht als voraussichtlicher Raumfahrer werden Sie aber bestimmt wünschen, daß die Raumfahrer zurückkehren. Das bedeutet jedoch, daß wiederum drei Phasen der gleichen Art abgewickelt werden müssen: Das Raumschiff muß abgestoppt, für die Rückreise wieder beschleunigt, und auf der Erde wieder gestoppt werden. Die zurückgebrachte Masse kann nur gleich dem Bruchteil $f^4$ der ursprünglichen Masse $m_0$ sein – in unserem Beispiel also weniger als $10^{-5}\, m_0$. Der Vorschlag sieht demnach doch nicht so vielversprechend aus.

## 6.7. Die Erzeugung von Elementarteilchen

Die vielleicht bemerkenswerteste Möglichkeit, die uns durch die Äquivalenz von Masse und Energie eröffnet wird, ist die Erzeugung neuer Teilchen, sofern nur der entsprechende Energiebetrag zur Verfügung steht. Viele Forscher befassen sich heutzutrage mit diesem Phänomen, und versuchen solche Elementarteilchen zu erzeugen und zu untersuchen, die so kurzlebig sind, daß es keine natürlichen Vorkommen gibt. Um ein Partikel der Ruhmasse $m_0$ zu erzeugen, ist ganz offensichtlich eine Energie von mindestens $m_0 c^2$ nötig. In der Praxis muß jedoch mehr Energie aufgebracht werden, in vielen Fällen sogar erheblich mehr, und zwar hauptsächlich aus zwei Gründen:

1. Es gibt anscheinend außer den Gesetzen über die Erhaltung von Energie und Impuls noch andere Erhaltungssätze, durch die es in vielen Fällen unmöglich ist, durch einen Stoßprozeß nur *ein* neues Teilchen zu erzeugen. Das bekannteste dieser Gesetze ist das der Erhaltung der elektrischen Ladung. Der erste derartige Effekt, der entdeckt wurde, war die Erzeugung des Teilchenpaares Elektron-Positron aus der Energie eines Gammaquants [1]):

$$\gamma \rightarrow e^- + e^+$$

Obwohl auf Grund der Energie allein ein Gammastrahl der Energie 0,51 MeV genügen würde, um die Ruhmasse eines Elektrons zu bilden, ist in der Natur nur ein Prozeß möglich, der mehr als das Doppelte dieser Energie braucht.

Das Gesetz über die Erhaltung der Ladung gilt bei allen diesen Umwandlungen ausnahmslos. Es ist jedoch nicht die einzige Einschränkung. Man könnte sich zum Beispiel vorstellen, daß aus der Energie eines einzigen Photons ($\geqslant$ 938 MeV) die Bestandteile eines neutralen Wasserstoffatoms gebildet werden, also ein Proton und ein Elektron. Ein solcher Prozeß wurde jedoch nie beobachtet. Es scheint, daß viele Arten von Teilchen (z.B. Elektronen, Protonen und Neutronen) nur in Paaren entstehen, daß heißt, es entsteht gleichzeitig ein sogenanntes Antiteilchen, also Elementarteilchen mit gleicher Ruhmasse aber entgegengesetzter Ladung und entgegengesetztem magnetischen Moment. Die Bildung eines Neutrons ist also immer, obwohl dieses ungeladen ist, vom gleichzeitigen Entstehen eines Antineutrons begleitet, das sich von jenem nur durch das Vorzeichen des magnetischen Moments unterscheidet.

2. Die zweite Ursache für einen erhöhten Energiebedarf zur Schaffung eines Elementarteilchens ist rein praktisch begründet. Normalerweise nämlich wird die Bildung von Elementarteilchen durch energiereiche Zusammenstöße zwischen

---

1) Erstmals von *C. D. Anderson* im Jahre 1932 beobachtet. *Anderson* erhielt 1936 den Nobelpreis für seine diesbezügliche Forschungsarbeit.

bereits bestehenden Partikeln herbeigeführt. Beim Beschuß von Wasserstoff mit energiereichen Protonen zum Beispiel entstehen positiv geladene $\pi$-Mesonen (Pionen):

$$P_1 + P_2 \rightarrow P + N + \pi^+$$

Aus den zusammenstoßenden Protonen $P_1$ und $P_2$ entstehen also ein Proton, ein Neutron und ein Pion. Das $\pi$-Meson ist ein Teilchen, das einzeln, ohne ein entsprechendes Antiteilchen gebildet werden kann. Da ein Proton und ein Neutron fast die gleiche Ruhmasse besitzen, ist nur noch die zusätzliche Ruhenergie eines Pions, etwa 140 MeV, erforderlich. Ist aber das Zielproton $P_2$ anfangs in Ruhe und besitzt $P_1$ einen großen Impuls, so enthält das System als ganzes einen erheblichen Betrag an kinetischer Energie; diese Energie steht also nicht zur Umwandlung in die Ruhmasse neuer Teilchen zu Verfügung.

Die unter 2. angeführte Einschränkung ist aber offensichtlich eine grundlegende Bedingung, jedenfalls nicht von vornherein. Könnte man einen Zusammenstoß der Teilchen so arrangieren, daß die beiden den gleichen, aber entgegengerichteten Impuls haben, dann ist der als kinetische Energie des Systems als ganzes auftretende Energiebetrag null. Die gesamte kinetische Energie aus dem Zusammenstoß würde in diesem Fall für die Bildung von Teilchen zur Verfügung stehen. Es bereitet technisch gesehen natürlich weit mehr Schwierigkeiten, zwei entgegengesetzt gerichtete Teilchenstrahlen zu erzeugen, als einfach einen Teilchenstrahl auf ein ruhendes Ziel auffallen zu lassen. Wie wir sehen werden bei der eingehenderen Untersuchung dieser Prozesse, zahlt sich die Mühe aber durchaus aus.

### 6.7.1. Erzeugung von Pionen

Ob wir nun tatsächlich entgegengerichtete Strahlen zur Verfügung haben oder nicht – wir können uns immer ein Bezugssystem *vorstellen*, in dem die Summe der Impulse null ist. Zwei kollidierende Protonen zum Beispiel haben also den gleichen Impuls aber mit unterschiedlichem Vorzeichen, $\pm$ p und die Gesamtenergie 2 $mc^2$ (Bild 6.5a).Es ist vorstellbar, daß wir in diesem System mit dem Gesamtimpuls null im Endstadium die in Bild 6.5b dargestellte Situation vorfinden, daß also alle Teilchen in Ruhe sind. Unter diesen Umständen ist die Teilchenbildung am wenigsten aufwendig, da ja keine Energie für Bewegung verschwendet wird. Es gilt dann

$$E = 2\,mc^2 = 2\,m_0c^2 + m_\pi c^2$$

Hier ist $m_0$ die Ruhmasse eines Nukleons, d.h. eines Protons oder eines Neutrons, wenn wir den sehr geringen Massenunterschied zwischen den beiden Teilchen

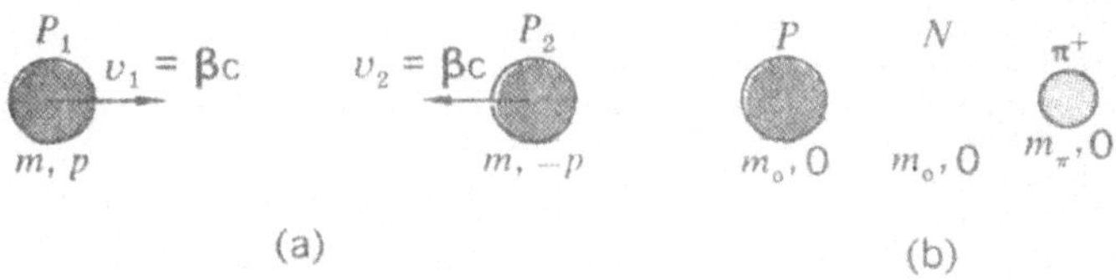


Bild 6.5
a) Zwei Protonen mit der gleichen, aber entgegengerichteten Geschwindigkeit stoßen in dem impulslosen Bezugssystem zusammen.
b) Die Endsituation in diesem System an der Schwelle der Pionproduktion: Es entstehen ein Proton, ein Neutron und ein $\pi^+$ Meson, alle im Ruhezustand.

ignorieren, und $m_\pi$ ist die Ruhmasse eines geladenen Pions [1]). Wir haben also die Beziehung

$$\frac{m}{m_0} = 1 + \frac{m}{2\,m_0}$$

Mit den Werten $m_\pi = 273\ m_e$, $m_0 = 1837\ m_e$ erhält man für $m/m_0 = 1{,}074$ bzw. $m_0/m = 0{,}93$. Diesen Wert $m_0/m$ können wir zur Bestimmung der Geschwindigkeit ($\beta$) der Protonen in dem impulslosen Bezugssystem verwenden, da

$$\frac{m}{m_0} = \gamma = (1-\beta^2)^{-\frac{1}{2}} \tag{6.27}$$

$$\beta^2 = 1 - \left(\frac{m_0}{m}\right)^2 = 0{,}135$$

$$\beta \approx 0{,}37$$

Ist nun das Proton $P_2$ in Bezug auf das Laborsystem in Ruhe, dann muß das impulslose Bezugssystem relativ zum Labor die Geschwindigkeit $\beta$ haben. Daher hat das Proton $P_2$, das sich im impulslosen System mit der Geschwindigkeit $\beta$ bewegt, im Laborsystem die Geschwindigkeit $\beta_1$:

$$\beta_1 = \frac{\beta+\beta}{1+\beta^2} = \frac{2\beta}{1+\beta^2} \approx 0{,}65$$

---

[1]) Betrachten wir die Masse des Elektrons als Einheit, so ist die Masse des Protons 1863, 1 $m_e$ und die Masse des Neutrons 1838, 6 $m_e$, also ein Unterschied von nur 0,14 %. Die Masse des geladenen Pions (+ oder −) beträgt 273,2 $m_e$, die der neutralen Pionen nur 264,2 $m_e$.

nach dem relativistischen Theorem der Addition von Geschwindigkeiten (siehe Gl. (6.6)). Daraus ergibt sich

$$\gamma_1 = (1 - \beta_1^2)^{-\frac{1}{2}} \approx 1{,}31$$

Das heißt also, daß das Geschoß-Proton eine *kinetische* Energie von $(\gamma_1 - 1)\, m_0 c^2$ oder $0{,}31\, m_0 c^2$ besitzen muß. Die Ruhenergie eines Nukleons beträgt 938 MeV, die benötigte Energie ist also etwa 290 MeV, ein wenig mehr als das doppelte der Ruhenergie des erzeugten Pions. Der Faktor wäre genau 2, wenn man nicht den relativistischen Massenzuwachs mit der Geschwindigkeit bei den Protonen berücksichtigen müßte. (Prüfen Sie das selbst nach!)

Die hier berechnete Geschoßenergie ist die sogenannte *Energieschwelle* für diesen Prozeß. Jeder geringere Energiebetrag reicht nicht für die Erzeugung eines neuen Teilchens aus. In der Praxis wird zur Erhöhung des Wirkungsgrades der Teilchenbeschuß sogar mit wesentlich höheren Energiebeträgen durchgeführt. Man vergrößert so die Wahrscheinlichkeit, daß bei einem Proton-Proton-Stoß tatsächlich ein Pion entsteht. Durch diese letzte Feststellungen werden aber Fragen aufgeworfen, die über das Thema dieser Diskussion hinausgehen. Wir wollten uns hier eigentlich nur mit der Stoßdynamik und der Berechnung der Energieschwelle beschäftigen. Bild 6.6 ist eine Blasenkammerphotographie als Beispiel für die Art des Untersuchungsmaterials, aus dem man auf das Auftreten teilchenerzeugender Ereignisse schließen kann.

### 6.7.2. Erzeugung von Antiprotonen

Wir erwähnten bereits, daß das negativ geladene Antiproton nicht erzeugt werden kann, ohne daß auch gleichzeitig sein Antiteilchen, also ein zusätzliches normales Proton entsteht. Es ist möglich, ein Teilchenpaar Proton-Antiproton durch einen Proton-Proton-Zusammenstoß zu erzeugen. Die Reaktionsgleichung lautet

$$P_1 + P_2 \rightarrow P_1 + P_2 + \overline{P} + P_3$$

$\overline{P}$ ist das Antiproton und $P_3$ das zusammen mit ihm entstehende normale Proton. Bevor wir noch die nicht zur Verfügung stehende kinetische Energie berechnen, wissen wir bereits, daß zumindest die doppelte Ruhenergie des gewünschten Elementarteilchens zugeführt werden muß. Die denkbar günstigste Art der Antiprotonerzeugung durch Proton-Proton-Zusammenstöße ist wiederum die bei der Pion-Erzeugung bereits beschriebene: Man sucht ein Endstadium zu erreichen, in dem alle Teilchen mit Bezug auf ein bestimmtes System ruhen. Die Berechnungen werden keineswegs durch die Tatsache kompliziert, daß wir statt drei Teilchen nunmehr

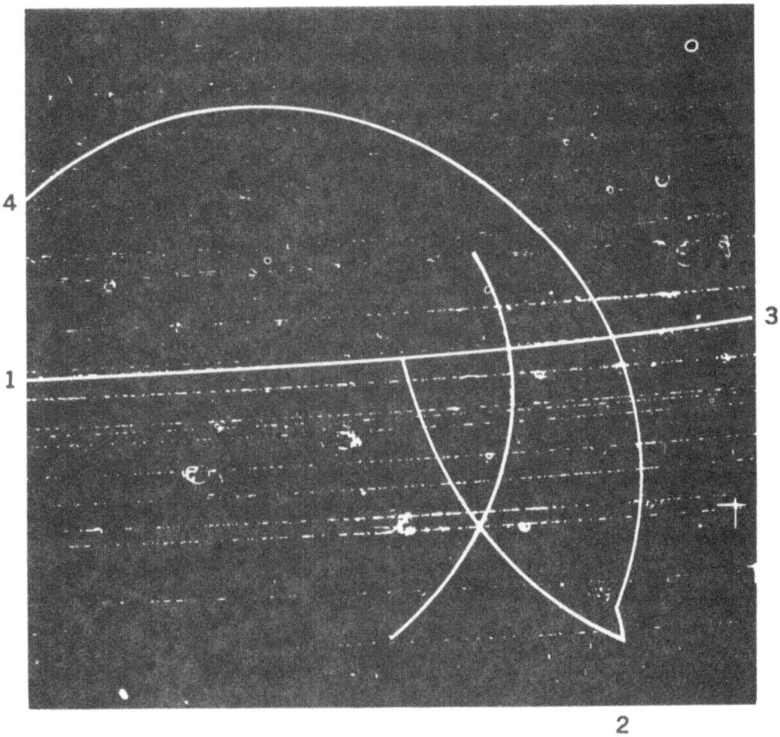


Bild 6.6

Blasenkammerphotographie von der Entstehung eines $\pi^+$ Mesons bei dem Prozeß: $p + p \rightarrow p + n + \pi^+$; die eingeschossenen Protonen haben eine Energie von etwa 3 GeV. Die Blasenkammer ist mit flüssigem Wasserstoff gefüllt. Das einfallende Proton (1) kollidiert mit einem Proton im flüssigen Wasserstoff, wodurch ein $\pi^+$ (2), ein Proton (3) und ein Neutron, das keine Blasenspur hinterläßt, entstehen. Das $\pi^+$ Teilchen wird dadurch identifiziert, daß es in der Folge unter anderem in ein $\mu^+$ Meson (kurze Spur) zerfällt, das dann seinerseits zerfällt und ein Positron (4) liefert. Alle Bahnen werden durch ein starkes Magnetfeld gekrümmt, dessen Feldlinien senkrecht zur Bildebene stehen. Die betreffenden Bahnen wurden verstärkt (Brookhaven National Laboratory).

nach dem Zusammenstoß vier (drei Protonen, ein Antiproton) haben, im Gegenteil. Die arithmetische Seite des Problems wird dadurch vereinfacht, daß diese vier Elementarteilchen alle die gleiche Ruhmasse $m_0$ haben.

Wir können Bild 6.5a wieder verwenden, um das Anfangsstadium in dem impulsfreien Bezugssystem darzustellen. Die Gesamtenergie in diesemSystem muß gleich oder größer sein als die Ruhenergie von vier Nukleonen. Die Schwellenenergie ist also

$$E = 2\,mc^2 = 4\,m_0c^2$$

Gl. (6.27) ergibt dann

$$\gamma = (1 - \beta^2)^{-\frac{1}{2}} = \frac{m}{m_0} = 2$$

woraus sich

$$\beta^2 = \frac{3}{4}$$

ergibt.

Nehmen wir wiederum an, Proton $P_2$ sei das Zielproton, das im Bezugssystem des Labors ruht, dann ist die erforderliche Geschwindigkeit von $P_1$ auf das System des Labors bezogen wieder

$$\beta_1 = \frac{2\beta}{1 + \beta^2}$$

Diesmal wollen wir nicht zuerst $\beta_1$ berechnen, sondern gleich den entsprechenden Wert von $\gamma_1$:

$$\frac{1}{\gamma_1^2} = 1 - \beta_1^2 = \frac{(1 + \beta^2)^2 - (2\,\beta)^2}{(1 + \beta^2)^2} = \frac{(1 - \beta^2)^2}{(1 + \beta^2)^2}$$

Daher ist

$$\gamma_1 = \frac{1 + \beta^2}{1 - \beta^2} = \frac{1 + \frac{3}{4}}{1 - \frac{3}{4}} = 7$$

Das als Geschoß verwendete Proton muß also eine Gesamtenergie von 7 $m_0c^2$, d.h. eine kinetische Energie von 6 $m_0c^2$ besitzen. Da die Ruhenergie eines Protons 0,938 GeV beträgt, muß der einfallende Protonenstrahl mindestens eine Energie von 5,62 GeV haben. Aus diesem Grunde wurde das Bevatron der University of California, mit dem 1955 erstmals künstlich Antiprotonen hergestellt wurden, so geplant, daß es Protonen mit einer kinetischen Energie bis 6 GeV liefert.

### 6.7.3. Paarbildung durch Photonen

Bild 6.7 ist ein sehr schönes Beispiel für die Bildung des Teilchenpaares Elektron-Positron aus einem energiereichen Photon. Die fast symmetrischen Spiralbahnen der entgegengesetzt geladenen Teilchen in einem Magnetfeld zeigen, daß

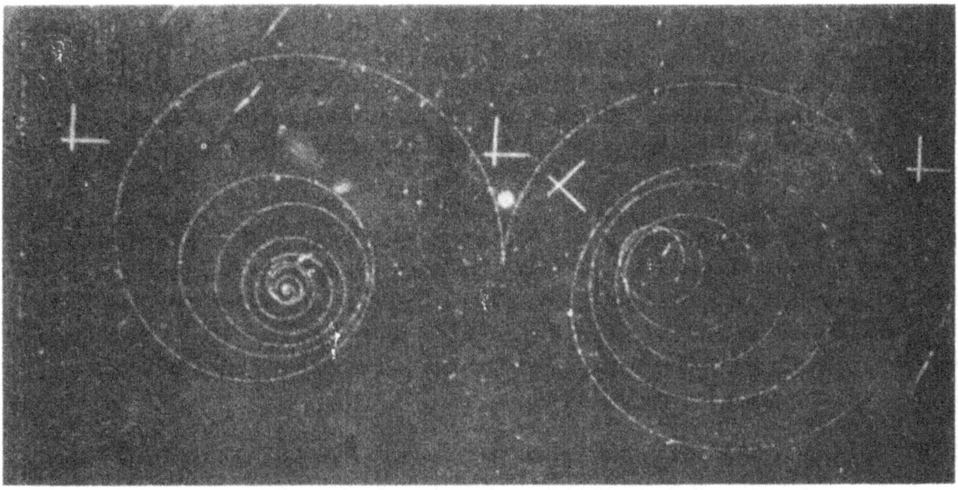

Bild 6.7. Paarbildung: Es entstehen ein Elektron und ein Positron in einer Flüssigwasserstoff-Blasenkammer mit Magnetfeld. (Das Photo wurde von Prof. *Irwin Pless* und der Blasenkammer-Arbeitsgruppe von Harvard und M. I. T. zur Verfügung gestellt).

in diesem Fall dem Elektron und dem Positron bei der Bildung fast der gleiche Energiebetrag mitgegeben wurde. Offensichtlich kam das paarbildende Photon auf diesem Bild vom unteren Rand, obwohl es, da es ungeladen ist, auch keine Bläschenspur hinterläßt. Der Prozeß ist jedoch ein wenig komplizierter als er aussieht. Man könnte vielleicht denken, daß ein Photon spontan und ganz von selbst sich in ein Elektron und ein Positron umwandelt. Das ist jedoch schon allein dynamisch unmöglich, denn der Impuls könnte nicht erhalten bleiben. Wir können nämlich immer, egal welche Geschwindigkeit das Elektron und das Positron relativ zum Labor haben, ein Bezugssystem finden, in dem der Impuls der beiden Teilchen gleich groß, jedoch jeweils entgegengerichtet ist. Der Gesamtimpuls für dieses System ist also null. Die Geschwindigkeit c des Photons wird aber bei keiner wie immer gearteten Transformation verschwinden, und der Impuls eines Photons kann niemals null sein, obwohl er natürlich in verschiedenen Bezugssystemen verschiedene Werte annehmen kann. Es muß also noch ein anderes Teilchen an dem Prozeß der Paarbildung mitwirken. Dieses Teilchen kann ein Elektron sein, meist ist es aber ein Atomkern.

Wenn wir annehmen, daß das vierte Partikel ein Kern ist, wird die dynamische Analyse, zumindest für Näherungsergebnisse, recht einfach. Ein Kern kann nämlich wegen seiner relativ großen Masse Träger eines recht großen Impulses sein, ohne gleichzeitig durch die Geschwindigkeit einen großen Energiebetrag für kinetische

Energie zu beanspruchen. Das ist in der Newtonschen Aussage enthalten, daß die kinetische Energie eines Teilchens der Masse m, das den Impuls p besitzt, durch $p^2/2\,m$ gegeben ist und also sehr klein wird, wenn die Masse m groß ist. Es stimmt also annähernd, wenn wir behaupten, daß die gesamte Energie des Photons in ein Elektron und ein Positron umgewandelt wird, und der Kern für den Impulsausgleich sorgt.

Die Photographie in Bild 6.7 zeigt die Paarbildung in einer Flüssigwasserstoff-Blasenkammer. Da keine weitere Bahn vom Paarbildungspunkt wegführt, kann man schließen, daß das vierte Teilchen bei diesem Prozeß ein Proton in einem der Wasserstoffatome war, und nicht ein Elektron. Die engen Spiralbahnen des Elektrons und des Positrons zeigen, daß die Teilchen auf dem Weg durch den flüssigen Wasserstoff sehr rasch Energie verlieren.

Diese Art der Paarbildung durch energiereiche Photonen ist nicht auf Elektronen beschränkt, obwohl die mindesterforderliche Photonenenergie für andere Teilchenpaare sehr viel größer ist als die 1,02 MeV, die die Energieschwelle für die Bildung des Elektron/Positron-Paares darstellen.

Es sollte hier noch ein anderer Prozeß erwähnt werden, den man inversen Paarbildungsprozeß nennen könnte. Das ist die gegenseitige Vernichtung eines Teilchens und seines Antiteilchens unter Freisetzung von Strahlungsenergie. Ein Positron und ein Elektron treffen zusammen und aus diesem Zusammenstoß ergeben sich zwei Photonen. Warum aber zwei und nicht eines? Wiederum machen sich die Einschränkungen wegen der Impulserhaltung bemerkbar. Es gibt ein Bezugssystem (meist das des Labors), in dem der Gesamtimpuls des Systems Elektron-Positron null ist. Es müssen nun zumindest zwei Photonen entstehen, die die gleiche Energie haben und in diesem Bezugssystem sich in die entgegengesetzte Richtung bewegen, damit Gesamtimpuls und Gesamtenergie konstant bleiben können, jedenfalls dann wenn Elektron und Positron bei ihrer Zerstrahlung von anderen Partikeln wirksam isoliert sind.

## 6.8. Streuprozesse

Als nächstes wollen wir uns im Rahmen dieses kurzen Überblicks über relativistische Zusammenstöße mit zwei Problemen der elastischen Streuung – d.h. elastischer Stöße zwischen Partikeln – beschäftigen. Da die Erforschung der Streuung eine der wichtigsten Methoden zur Untersuchung des Atomaufbaus und der atomaren Kräfte darstellt, muß man mit den grundlegenden dynamischen Problemen vertraut sein.

### 6.8.1. Elastische Streuung von gleichartigen Teilchen

Als erstes Beispiel wollen wir den Zusammenstoß zweier gleichartiger Teilchen, also etwa von zwei Protonen oder von zwei Elektronen, besprechen. Es ist bereits aus der Newtonschen Mechanik bekannt, daß beim elastischen Zusammenstoß zwischen einem ruhenden Teilchen und einem gleichartigen Teilchen der Winkel zwischen den sich daraus ergebenden Teilchenbahnen genau 90° ist. Bild 6.8 ist ein gutes Beispiel dafür: Es zeigt einen Proton-Proton-Zusammenstoß bei niedriger Energie ($K \approx 5$ MeV, $v/c \approx 0{,}1$). Ein einfallendes Proton traf ein ruhendes Proton in einem der Wasserstoffatome einer photographischen Emulsion. Dieses Ergebnis der klassischen Mechanik verliert jedoch in dem sogenannten ***relativistischen Bereich*** der Energie wegen der Zunahme der trägen Masse mit der Geschwindigkeit an Gültigkeit. Die Bahnrichtungen werden nach vorne zusammengedrängt, so daß der Winkel zwischen ihnen kleiner als 90° wird.

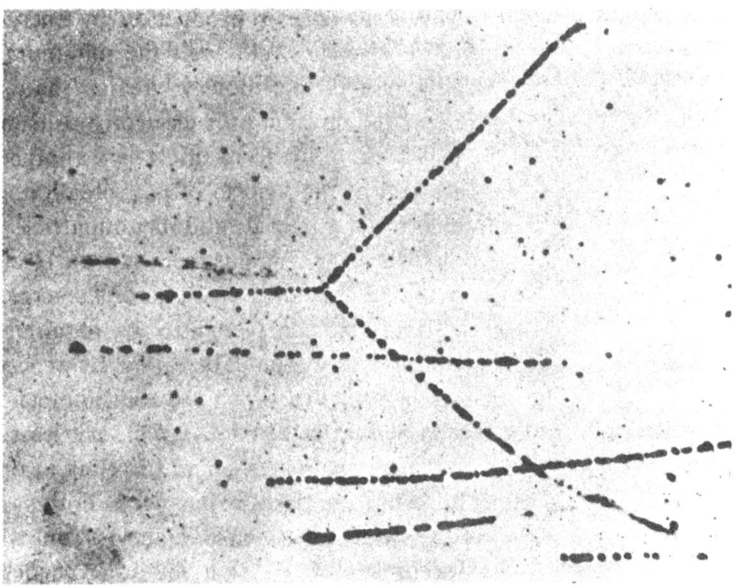

Bild 6.8

Elastische Streuung eines einfallenden Protons von etwa 5 MeV durch ein ursprünglich ruhendes Proton in der photographischen Emulsion. Dieser Zusammenstoß ist ein nichtrelativistischer Prozeß ($K/m_0c^2 \ll 1$), der Winkel zwischen den Bahnen der Protonen nach dem Zusammenstoß ist 90°. (Aus: *C. F. Powell* und *G. P. S. Occhialini*, Nuclear Physics in Photographs (Kernphysik in Photographien), Oxford Univ. Press, New York.)

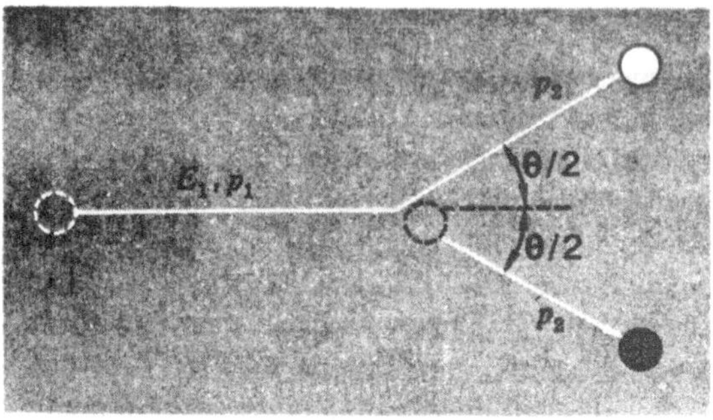


Bild 6.9
Relativistischer, elastischer Stoß zwischen einem Partikel und einem anderen ähnlichen, das sich ursprünglich in Ruhe befindet. Das Endstadium soll symmetrisch sein: Die Teilchen haben die gleiche Geschwindigkeit, daher schließen ihre Bahnen mit der anfänglichen Richtung des Partikels 1 den gleichen Winkel ein.

Der Einfachheit halber wollen wir uns auf einen Sonderfall beschränken, bei dem die beiden Partikel nach dem Zusammenstoß symmetrisch, also mit gleichem Winkel zur Richtung des einfallenden Teilchens auseinanderprallen (bezogen auf das Ruhsystem des Labors S). Das einfallende Teilchen soll die Gesamtenergie $E_1$ und den Impuls $\mathbf{p}_1$ haben, der Impuls der Teilchen nach dem Zusammenstoß sei $p_2$, der in einem Winkel von $\pm\,\Theta/2$ zu $\mathbf{p}_1$ gerichtet ist, wie es Bild 6.9 zeigt. Es gilt dann auf Grund der Erhaltung der Energie und des Impulses

$$E_1 + E_0 = 2\,E_2 \tag{6.28}$$

$$p_1 = 2\,p_2 \cos\frac{\Theta}{2} \tag{6.29}$$

Weiterhin ist

$$c^2 p_1^2 = E_1^2 - E_0^2 \qquad c^2 p_2^2 = E_2^2 - E_0^2 \tag{6.30}$$

Es erweist sich als vorteilhaft, für die kinetische Energie des einfallenden Teilchens $E_{k1}$ einzuführen, wir setzen also

$$E_1 = E_0 + E_{k1}$$

Aus den Gleichungen (6.28) und 6.30) ergibt sich dann

$$c^2 p_1^2 = (E_0 + E_{k1})^2 - E_0^2 = E_{k1}\,(2\,E_0 + E_{k1})$$

$$c^2 p_2^2 = (E_0 + \frac{E_{k1}}{2})^2 - E_0^2 = E_{k1}\,(E_0 + \frac{E_{k1}}{4})$$

Setzen wir diese Ausdrücke in Gl. (6.29) ein, so erhalten wir

$$\cos^2\frac{\Theta}{2} = \frac{2\,E_0 + E_{k1}}{4\,E_0 + E_{k1}}$$

Mit

$$\cos \Theta = 2 \cos^2 \frac{\Theta}{2} - 1$$

ergibt sich

$$\cos \Theta = \frac{E_{k1}}{4\,E_0 + E_{k1}} \qquad (6.31)$$

Gl. (6.31) stellt sehr schön die Änderung der Erscheinungsform eines Stoßes dar, die sich bei einem Übergehen von niedrigen zu höheren Energien einstellt. Für $E_{k1} \ll E_0$ ergibt sich $\cos \Theta \to 0$, $\Theta \to \pi/2$. Für $E_{k1} \gg E_0$ ergibt sich $\cos \Theta \to 1$, $\Theta \to 0$. Diese relativistische Verengung des Streuwinkels wurde erstmals experimentell von *F. C. Champion* im Jahre 1932 für schnelle Elektronen (Betateilchen) nachgewiesen [1]).

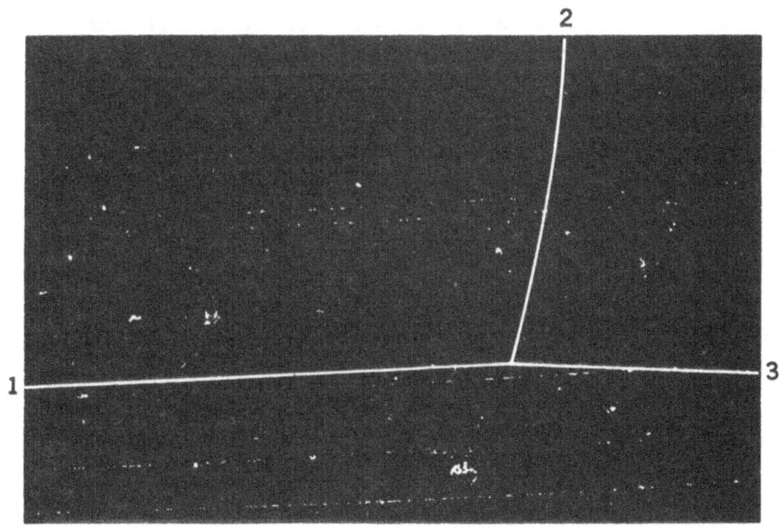


Bild 6.10
Elastischer Proton-Proton-Stoß in einer Flüssigwasserstoff-Blasenkammer. Die eingeschossenen Protonen haben eine Energie von etwa 3 GeV. Ein Proton fällt bei 1 ein, 2 und 3 sind die Bahnen der auseinanderprallenden Protonen. Es ist nicht feststellbar, welches der beiden das einfallende Proton war. Die betreffenden Bahnen sind herausgehoben (Brookhaven National Laboratory).

---

[1]) *F. C. Champion*, Proc. Roy. Soc. (London), **A 136**, 630 (1932).

*Champion* studierte in einer Nebelkammer die Zusammenstöße solcher Elektronen mit den Elektronen der Luftatome in der Kammer. Seitdem ist dieser Effekt in der Hochenergiephysik zu einer alltäglichen Angelegenheit geworden. Bild 6.10 zeigt eine Blasenkammerphotographie, auf der ein solcher Proton-Proton-Zusammenstoß zu sehen ist. In diesem Fall war die Energie des einfallenden Protons gleich dem Energieäquivalent mehrerer Proton-Ruhmassen.

### 6.8.2. Der Comptoneffekt

Von all den Phänomenen, die auf korpuskulare Eigenschaften der Photonen schließen lassen, ist wohl der Comptoneffekt am überzeugendsten. Es geht dabei um den Zusammenstoß zwischen einem Photon und einem freien Elektron – eigentlich einem Elektron, das lose an ein Atom gebunden ist, effektiv jedoch frei genannt werden kann. Der Stoß ist insofern elastisch als von der kinetischen Energie nichts an andere Energieformen verloren geht. Da das Elektron aber wegprallt, hat das gestreute Photon eine geringere Energie, also eine längere Wellenlänge als das einfallende. Die eingehende Untersuchung dieses Phänomens durch *A. H. Compton* [1]) in den Jahren 1919–1923 wurde 1927 mit dem Nobelpreis gewürdigt.

Die Comptonstreuung ist im wesentlichen ein relativistischer Stoßprozeß: Ein Photon der Energie $Q_0$ trifft auf ein stationäres Elektron, das in die Richtung $\varphi$ wegprallt (Bild 6.11). Das Photon wird mit dem Winkel $\Theta$ gestreut und hat dann die Energie Q. Da Energie und Impuls im ganzen konstant bleiben, ergeben sich die folgenden Gleichungen:

$$Q_0 + m_0 c^2 = E + Q \tag{6.32}$$

$$\frac{n_0 Q_0}{c} = \frac{nQ}{c} + \mathbf{p} \tag{6.33}$$

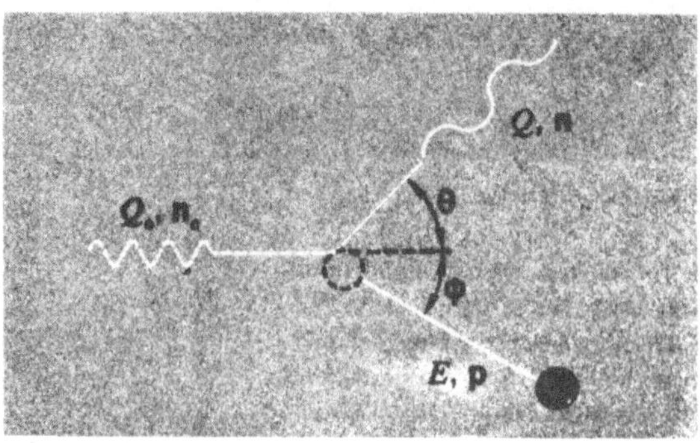


Bild 6.11

Comptoneffekt. Ein einfallendes Photon wird durch den elastischen Zusammenstoß mit einem anfänglich ruhenden Elektron gestreut und seine Energie vermindert.

[1]) *A. H. Compton*, Phys. Rev., **22**, 409 (1923).

E und p sind Energie bzw. Impuls des abprallenden Elektrons. Im folgenden interessieren wir uns mehr für das gestreute Photon als für das Elektron:

$$(Q_0 - Q) + m_0 c^2 = E$$

$$(\mathbf{n}_0 Q_0 - \mathbf{n} Q) = c\mathbf{p}$$

hier sind $\mathbf{n}_0$ und $\mathbf{n}$ die Einheitsvektoren in der ursprünglichen und in der resultierenden Richtung des Photons. Quadrieren wir die obige Gleichung (bzw. bilden wir das skalare Produkt jeder Seite, im Fall der zweiten Gleichung), so erhalten wir:

$$(Q_0 - Q)^2 + 2(Q_0 - Q) m_0 c^2 + (m_0 c^2)^2 = E^2 \tag{6.34}$$

$$Q_0^2 - 2 Q_0 Q \cos \Theta + Q^2 = c^2 p^2 \tag{6.35}$$

Subtrahieren wir Gl. (6.34) von Gl. (6.35), so erhalten wir

$$2 Q_0 Q (1 - \cos \Theta) - 2 (Q_0 - Q) m_0 c^2 = 0$$

Daher ist

$$\frac{1}{Q} - \frac{1}{Q_0} = \frac{1}{m_0 c^2} (1 - \cos \Theta)$$

Wenn die Energie des Quants Q ist, dann können wir daraus die Wellenlänge bestimmen:

$$Q = h\nu = \frac{hc}{\lambda}$$

Die Änderung der Wellenlänge wird also beim Comptoneffekt durch die folgende Gleichung beschrieben:

$$\lambda - \lambda_0 = \frac{h}{m_0 c} (1 - \cos \Theta) \tag{6.36}$$

Für Elektronen ist $h/m_0 c = 0{,}02426$ Å oder $2{,}4 \cdot 10^{-10}$ m. *Comptons* eigentliches Verdienst war die Feststellung, daß für den gestreuten Röntgenstrahl Gl. (6.36) galt und zwar sowohl nach der Winkelabhängigkeit als auch nach dem Betrag der absoluten Verschiebung [1]). In Bild 6.12 sind die von *Compton* veröffentlichten Daten dargestellt. Man war aber auch daran interessiert, die ballistische Natur

[1]) Gerade dieser letzte Punkt ist wichtig, denn nach dem klassischen Wellenbild der Strahlung ist es vorstellbar, daß einem freien Elektron eine Geschwindigkeit verliehen wird – eben durch den Strahlungsdruck. Die Streustrahlung in diesem Fall unterläge einer Dopplerverschiebung, die die gleiche Winkelabhängigkeit aufweist, wie die in Gl. (6.36) dargestellte. Der Betrag der Verschiebung wäre dann jedoch nicht scharf begrenzt, da die Geschwindigkeit des Elektrons dann kontinuierlich von null an wächst.

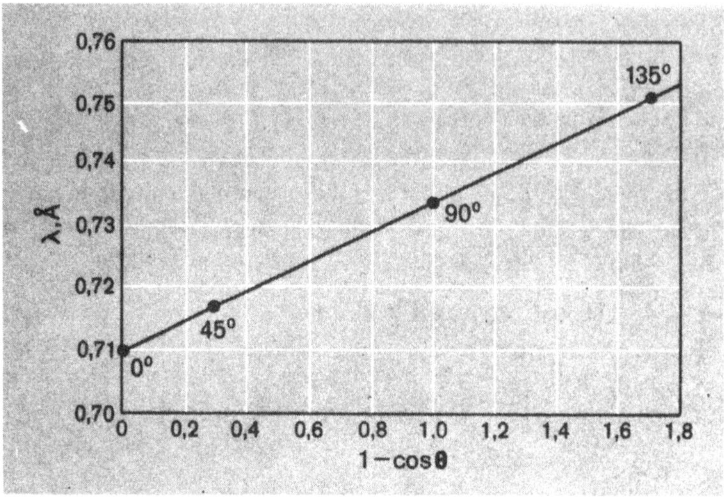


Bild 6.12. Ergebnisse von *A. H. Comptons* Originalversuch über die Streuung von Röntgenstrahlen durch effektiv freie Elektronen.

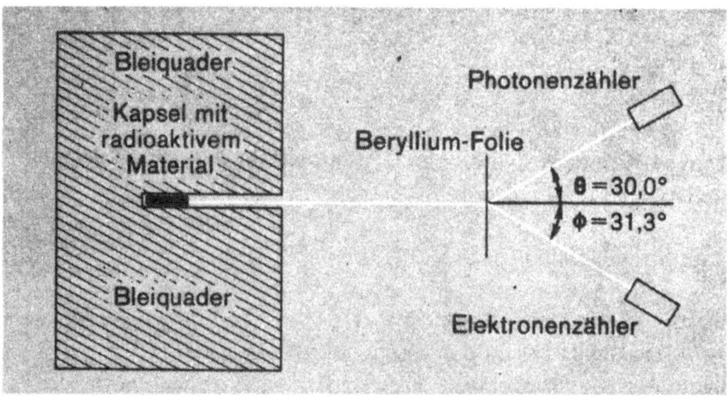


Bild 6.13. Schematische Darstellung des Versuchs von *Cross* und *Ramsey* zur Untersuchung aller dynamischen Probleme des Comptonstreuprozesses. Ein enger Strahl von 2,6-MeV-Gammaquanten, der durch Bleiwände gebündelt wird, fällt auf eine dünne Berylliumfolie. Unter einem Winkel von 30° gestreute Photonen wurden durch die Lichtblitze nachgewiesen, die sie in einem Anthrazenkristall hervorrufen. Die an dem Prozeß beteiligten Elektronen prallten in einem Winkel von 31,1° ab und wurden auf ähnliche Weise nachgewiesen. Mittels einer Koinzidenzschaltung wurden diese beiden Ereignisse aufgezeichnet, wenn sie innerhalb $1{,}5 \cdot 10^{-8}$ s gleichzeitig erfolgten. Jeder Zählimpuls bedeutet also einen Zusammenstoß zwischen einem Photon und einem Elektron. (Nach *W. G. Cross* und *N. F. Ramsey*, Phys. Rev., **80**, 929 (1950).)

dieses Stoßes aufzuzeigen: Das wegprallende Elektron wird gleichzeitig mit dem gestreuten Photon sichtbar und bewegt sich in einer dynamisch eindeutig definierbaren Richtung weiter. Diese letztere Eigenschaft wurde von *Cross* und *Ramsey* 1950 in überzeugender Weise nachgewiesen. Es wurden hierbei einfallende Photonen (in diesem Fall Gammastrahlen) mit einem scharf begrenzten Energiebereich verwendet (2,6 MeV). Durch diesen Versuch wurde bestätigt, daß der Winkel zwischen Photon und Elektron nach der Streuung praktisch genau den theoretischen Wert zeigt (Bild 6.13). Die zeitliche Koinzidenz der beiden Teilchen bei der Comptonstreuung trifft, wie man feststellte, bis auf $10^{-11}$ s oder weniger genau zu[1]). Obwohl $10^{-11}$ s nach dem Maßstab atomarer Prozesse nicht gerade sehr kurz ist, wird damit doch immerhin die enge Beziehung zwischen einem Elektron und dem von ihm gestreuten Photon aufgezeigt.

## 6.9. Nochmals der Dopplereffekt

In Kapitel 5 behandelten wir den Dopplereffekt nach rein kinematischen Gesichtspunkten. Auch als wir ihn in diesem Kapitel bei der Besprechung der Streuung von Gammastrahlem kurz erwähnten, waren es im wesentlichen kinematische Aspekte, obwohl wir dann aus diesen eine dynamische Aussage ableiteten, indem wir feststellten, daß die Energie von Photonen ihrer Frequenz proportional ist. Nun jedoch werden wir die Energie-Impuls-Argumente auf das allgemeine Problem der Emission von Photonen durch ein bewegtes Teilchen anwenden.

Ein Teilchen mit der Masse M und dem Impuls **p** emittiere ein Photon der Energie Q′ in einem Winkel Θ zur ursprünglichen Bewegungsrichtung von M (Bild 6.14). Nach der Emission hat das Teilchen die Masse M′ und den Impuls **p**′, der sich sowohl in Betrag als auch Richtung vom anfänglichen Impuls **p** unterscheiden kann. Wir erhalten die Beziehungen

$$Mc^2 = M'c^2 + Q' \tag{6.37}$$

$$\mathbf{p} = \mathbf{p}' + \frac{\mathbf{n}Q'}{c} \tag{6.38}$$

**n** ist ein Einheitsvektor mit der Richtung Θ. Wir richten unser Augenmerk wiederum auf das Photon und nicht auf das wegprallende Teilchen und werden deshalb die Gleichungen ein wenig umformen, um die uninteressanten Größen zu eliminieren. Wir schreiben zu diesem Zweck die Gleichungen (6.37) und (6.38) wie folgt um:

$$Mc^2 - Q' = M'c^2 \tag{6.39}$$

$$c\mathbf{p} - \mathbf{n}Q' = c\mathbf{p}' \tag{6.40}$$

[1]) *Z. Bay, V. P. Henri* und *F. McLernon*, Phys. Rev., 97, 1710 (1955).

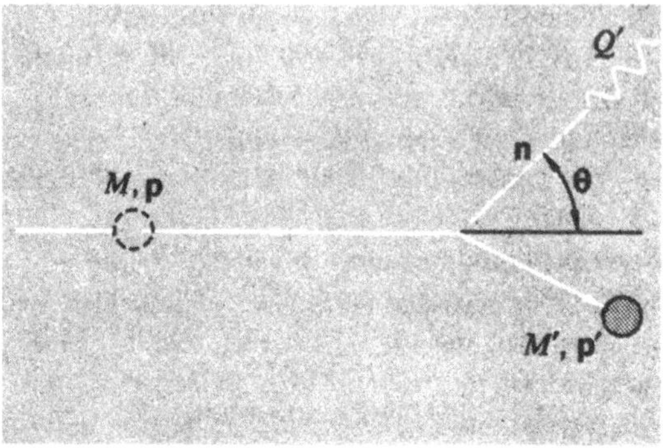


Bild 6.14
Der Dopplereffekt aus dynamischer Sicht im Hinblick auf Erhaltung von Impuls und Energie.

Wieder quadrieren wir beide Seiten von Gl. (6.39), bei Gl. (6.40) bilden wir auf jeder Seite das skalare Produkt mit sich selbst

$$(Mc^2)^2 - 2\,Mc^2Q' + (Q')^2 = (M'c^2)^2 \tag{6.41}$$

$$(c\mathbf{p} - \mathbf{n}Q')\,(c\mathbf{p} - \mathbf{n}Q') = (c\mathbf{p}')\,(c\mathbf{p}')$$

d.h.

$$(c\mathbf{p})^2 - 2cQ'\,(\mathbf{p}\cdot\mathbf{n}) + (Q')^2 = (c\mathbf{p}')^2$$

oder

$$(cp)^2 - 2\,cpQ'\cos\Theta + (Q')^2 = (cp')^2 \tag{6.42}$$

Nun subtrahieren wir Gl. (6.42) von Gl. (6.41):

$$[(Mc^2)^2 - (cp)^2] - 2\,Mc^2Q'\,[1 - \frac{p}{Mc}\cos\Theta] = (M'c^2)^2 - (cp')^2$$

Es ist aber

$$(Mc^2)^2 - (cp)^2 = (M_0c^2)^2$$

$$(M'c^2)^2 - (cp')^2 = (M_0'c^2)^2$$

und

$$\frac{p}{Mc} = \frac{v}{c} = \beta$$

daher ist

$$(M_0c^2)^2 - 2\,Mc^2\,Q'\,(1 - \beta\cos\Theta) = (M_0'c^2)^2 \tag{6.43}$$

Wie bei unserer früheren, nicht so detaillierten Besprechung der Emission von Photonen bezeichnen wir den Betrag, um den die Ruhenergie abnimmt, mit $Q_0$.

Es ist also

$$M_0'c^2 = M_0c^2 - Q_0$$

Daher ist

$$(Mc^2)^2 - (M_0'c^2)^2 = 2\,M_0c^2Q_0 - Q_0^2$$

Gl. (6.43) ergibt daher

$$2\,Mc^2Q'(1 - \beta\cos\Theta) = 2\,M_0c^2Q_0\left(1 - \frac{Q_0}{2\,M_0c^2}\right)$$

oder

$$Q' = \frac{M_0}{M}\,\frac{Q_0\left(1 - \dfrac{Q_0}{2\,M_0c^2}\right)}{1 - \beta\cos\Theta}$$

Nun ist $M_0/M = (1 - \beta^2)^{1/2}$, also erhalten wir schließlich

$$Q'(\beta, \Theta) = Q\,\frac{(1 - \beta^2)^{\frac{1}{2}}}{1 - \beta\cos\Theta} \tag{6.44}$$

Q ist die Energie des Photons bei v = 0, und ist durch Gl. (6.25) in unserer Analyse dieses Spezialfalls gegeben.

Gl. (6.44) ist unter Einbeziehung der Rückstoßeffekte eine Aussage über die Energie eines Photons, das in eine beliebige Richtung $\Theta$ von einer bewegten Quelle emittiert wird. Diese Aussage ist der Form nach identisch mit der rein kinematischen Beziehung zwischen der empfangenen Frequenz $\nu'$ und der Eigenfrequenz $\nu$ einer bewegten Quelle:

$$\nu' = \nu\,\frac{(1 - \beta^2)^{\frac{1}{2}}}{1 - \beta\cos\Theta} \qquad \text{(siehe Gl. (5.17))}\ ^{1)}.$$

---

1) Man sollte, wenn man sieht, daß Frequenz und Energie eines Photons in genau der gleichen Weise von Geschwindigkeit und Richtung der Quelle abhängen, das doch nicht gedankenlos hinnehmen. Sicherlich stünde es schlimm mit der Quantentheorie der elektromagnetischen Strahlung, wenn es diese Übereinstimmung nicht gäbe. Ja wir können das sogar noch deutlicher ausdrücken: Stellen Sie sich vor, Sie haben alle Aussagen der Relativitätstheorie akzeptiert, und Sie beginnen nun, sich Gedanken zu machen über die quantenhafte Struktur der Strahlungsenergie. Es ist naheliegend, daß ein Vergleich der Ausdrücke für $Q'$ und $\nu'$ einen förmlich zu dem Schluß verleitet, daß die Energie und die Frequenz eines Quants einander proportional sein müssen, daß, anders ausgedrückt, $E/\nu$ konstant sein muß, wenn die Quantentheorie etwas wert ist. (Aus der Relativitätstheorie ergibt sich natürlich kein Hinweis auf die Größe dieser Proportionalitätskonstante.) Man ist ein wenig versucht sich vorzustellen, daß *Einsteins* Gedanken eben diesen Weg gingen, als er im gleichen Jahr (1905) sowohl die Relativitätstheorie als auch die Feststellung, daß $E/\nu = h$ sei für Photonen, veröffentlichte. In seinen Arbeiten findet sich jedoch kein dahingehender Hinweis.

Die eben durchgeführte Analyse mag erstaunlich erscheinen, ist es aber durchaus nicht. Die eingangs gemachten Feststellungen über die durch die Gleichungen (6.37) und (6.38) ausgesprochene Erhaltung von Energie und Impuls sind ganz natürlich und einfach. Nachher wird dann im wesentlichen nur systematisch Gebrauch von der sehr wirksamen Beziehung

$$E^2 - (cp)^2 = E_0^2$$

gemacht, durch welche sich Energie und Impuls eines Teilchens zu einer konstanten Größe, nämlich der Ruhenergie, zusammensetzen lassen.

In der Lichtspektroskopie erweist sich der Doppler-Effekt als eine zwar kleine, aber doch gut meßbare Verbreiterung der Spektrallinien, die von der statistischen thermischen Bewegung der emittierenden Atome herrührt. In der Hochenergiephysik geschieht es jedoch öfters, daß Photonen von instabilen, sich fast mit Lichtgeschwindigkeit bewegenden Teilchen emittiert werden. Dies führt dann zu einer Doppler-Verschiebung, die einen großen Bruchteil der gesamten Photonenenergie umfaßt.

## 6.10. Aufgaben

**6.1.** Ein Photon besitzt eine Energie von 200 MeV und bewegt sich in Richtung der x-Achse. Ein anderes Photon habe die Energie 100 MeV und bewege sich in Richtung der y-Achse. Berechnen Sie die Gesamtenergie dieses Systems, sowie den Gesamtimpuls. Hätte ein einziges Teilchen diese Energie und diesen Impuls, wie groß wäre dann seine Masse? In welcher Richtung und mit welcher Geschwindigkeit würde es sich bewegen?

**6.2.** Ein Teilchen hat gemäß Messung in einem Bezugssystem die Gesamtenergie 5 GeV und einen Impuls, der 3 GeV entspricht (d.h. cp, das die Dimension einer Energie hat, ist 3 GeV).

a) Berechnen Sie die Energie des Teilchens für ein System, in dem sein Impuls gleich 4 GeV/c ist.

b) Bestimmen Sie seine Ruhmasse in atomaren Masseneinheiten.

c) Berechnen Sie die Relativgeschwindigkeit der beiden Bezugssysteme.

**6.3.** Ein Teilchen der Ruhmasse $m_0$ und der kinetischen Energie $2\ m_0c^2$ trifft ein ruhendes Teilchen der Ruhmasse $2\ m_0$ und bleibt mit ihm vereint. Bestimmen Sie die Ruhmasse $M_0$ des zusammengesetzten Teilchens.

**6.4.** a) Ein Photon der Energie E trifft ein ruhendes Teilchen der Ruhmasse $m_0$ und wird von ihm absorbiert. Wie groß ist die Geschwindigkeit des zusammengesetzten Teilchens?

b) Ein Teilchen der Ruhmasse $m_0$ und der Geschwindigkeit 4 c/5 trifft ein ähnliches ruhendes Teilchen, worauf ein zusammengesetztes Partikel entsteht. Bestimmen Sie die Ruhmasse des zusammengesetzten Teilchens und seine Geschwindigkeit.

**6.5.** Ein Teilchen der Ruhmasse $M_0$ befindet sich relativ zum Laborsystem in Ruhe. Es zerfällt in drei identische Teilchen mit der Ruhmasse von jeweils $m_0$. Die Geschwindigkeit und Richtung zweier Teilchen (mit Nr. 1 und Nr. 2 bezeichnet) ist gegeben (Bild 6.15).

a) Bestimmen Sie Richtung und Geschwindigkeit von Teilchen Nr. 3.

b) Berechnen Sie das Verhältnis $M_0/m_0$.

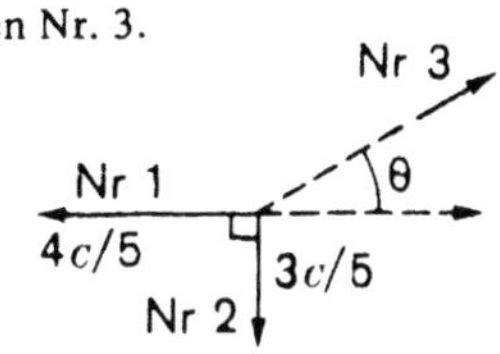


Bild 6.15

**6.6.** a) Im Zentrum einer schnell rotierenden Drehscheibe befindet sich eine rückstoßfreie Gammastrahlenquelle, an ihrem Rande ein absorbierendes Medium. Wählen Sie die Rotationsgeschwindigkeit und die Größe der Drehscheibe so, daß es bei der von *Mößbauer* verwendeten Iridiumaktivität zu einem gerade noch meßbaren transversalen Dopplereffekt kommt. Wie hoch ist die Geschwindigkeit des Scheibenrandes?

b) Inwiefern würde die Analyse bzw. der Effekt selbst anders aussehen, wenn die *Absorption* im Zentrum stattfände und die Quelle am Rand angebracht wäre?

c) Nehmen Sie nun an, sowohl Quelle als auch Absorber befänden sich am Rand der Drehscheibe an den beiden Enden eines Durchmessers. Ein Photon, daß die Quelle in Stellung $S_1$ verläßt (Bild 6.16) muß sich entlang einer Sehne bewegen, damit es zu einem späteren Zeitpunkt den Absorber in Stellung $A_2$ trifft. Die Bahn des Photons schließt mit der Bewegungsrichtung der Quelle bzw. des Absorbers den Winkel $\alpha$ ein. Für die Analyse ist also die vollständige Dopplergleichung (5.17) oder (6.44) zu verwenden. Was geschieht in diesem Fall?

d) Alle drei Situationen können aus der Sicht des Bezugssystemes der Drehscheibe untersucht werden. Quelle und Absorber ruhen dann, die Photonen bewegen sich jedoch effektiv in einem Schwerefeld der Größe $\omega r^2$, das sich aus der Zentrifugalkraft ergibt (diese nimmt also nach außen hin proportional mit r zu). Verwenden Sie das Äquivalenzprinzip und berechnen Sie die durch dieses Feld bei einem bestimmten Wert von r verursachte Energieänderung der Photonen.

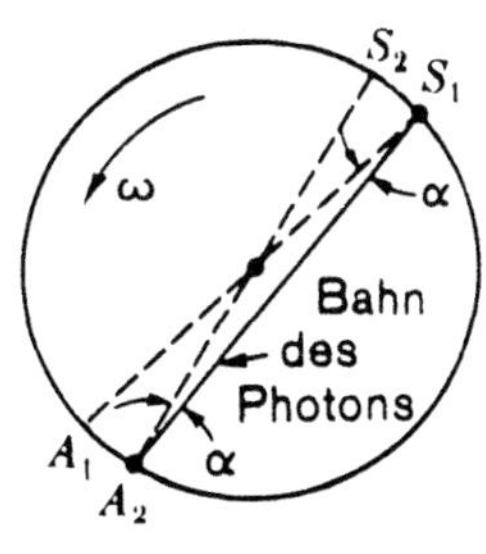


Bild 6.16

**6.7.** Eine „Photonenrakete" verwendet als Antriebsmittel reine Strahlung. Wenn die Anfangsmasse der Rakete $M_i$ und die Endmasse $M_f$ ist, können Sie zeigen, daß die Endgeschwindigkeit der Rakete relativ zu ihrem ursprünglichen Ruhsystem durch die folgende Gleichung gegeben ist:

$$\frac{M_i}{M_f} = \left(\frac{c+v}{c-v}\right)^{\frac{1}{2}}$$

**6.8.** Das Antriebsprinzip eines strahlungsgetriebenen Raumfahrzeuges ist folgendes: Das Raumfahrzeug hat eine Art Segel, auf das der Strahlungsdruck eines starken gleichmäßigen Laserstrahls wirkt, der von der Erde auf das Segel gerichtet ist. Wenn das Segel voll reflektiert, wie groß ist dann das Massenäquivalent des Lichtes, das nötig ist, um das Fahrzeug der Ruhmasse $M_0$ auf einen bestimmten Wert von $\gamma$ zu bringen.

**6.9.** Ein Laser der Masse 10 kg befindet sich frei im Raum, sein Strahl ist auf die Erde gerichtet. Der Laser emittiert in jeder Sekunde $10^{20}$ Photonen der Wellenlänge 6000 Å (nach seinem eigenen Ruhsystem). Zur Zeit t = 0 ist der Laser relativ zur Erde in Ruhe.

a) Wieviel Strahlungsenergie wird anfangs auf der Erde aufgefangen?

b) Die zur Erde emittierte Strahlung bewirkt einen Rückstoß des Lasers von der Erde weg. Wie hoch ist die Geschwindigkeit des Lasers relativ zur Erde nach 10 Jahren (seiner Eigenzeit)?

c) Um wieviel weniger Energie pro Zeiteinheit wird auf der Erde aufgefangen zu einer Zeit, da der Laser sich mit der Geschwindigkeit $\beta c$ relativ zur Erde bewegt, verglichen mit der ursprünglichen Menge zu dem Zeitpunkt, wo $\beta = 0$ war? Berechnen Sie das für t = 10 Jahre (Laserzeit).

d) Wie kann ein Beobachter auf der Erde zumindest in erster Annäherung erklären, wie die kontinuierlich abnehmende Menge der empfangenen Energie mit dem Energieerhaltungssatz zu vereinen ist?

**6.10.** Ein Atom, das sich im angeregten Zustand befindet (Energieniveau $Q_0$), bewegt sich mit der Geschwindigkeit v auf einen Szintillationszähler zu. Das Atom erreicht wieder seinen Grundzustand, indem es ein Photon der Energie Q emittiert (wie vom Zähler registriert wird), und kommt dabei vollständig zur Ruhe. Die Ruhmasse des Atoms sei m. Zeigen Sie, daß $Q = Q_0 [1 + (Q_0/2mc^2)]$ ist.

**6.11.** Das neutrale $\pi$-Meson ($\pi^0$) zerfällt in zwei Gammaquanten und sonst nichts. Nehmen Sie an, ein $\pi^0$ (dessen Ruhmasse 135 MeV entspricht) bewege sich mit einer kinetischen Energie von 1 GeV:

a) Berechnen Sie die Energie der beiden Gammaquanten für den Fall, bei dem sie im Zerfallsprozeß in die entgegengesetzten Richtungen emittiert werden und zwar entlang der Bewegungsrichtung des zerfallenen Pions.

b) Welcher Winkel entsteht zwischen den beiden Gammastrahlen, wenn sie in gleichen Winkeln zur Bewegungsrichtung des Pions emittiert werden?

**6.12.** Ein Antiproton p mit der kinetischen Energie 2/3 GeV trifft ein relativ zum Labor ruhendes Proton p. Die beiden Teilchen zerstrahlen (Reaktionsgleichung: $\bar{p} + p \rightarrow \gamma_1 + \gamma_2$) in zwei Photonen, die vorwärts bzw. rückwärts in die Bahn des Antiprotons emittiert werden. Die Ruhenergie des Protons bzw. des Antiprotons sei 1 GeV.

a) Welche Energie besitzen die Photonen?

b) In welche Richtung bewegen sich die betreffenden Photonen?

c) Welche Energie hat jedes der beiden Photonen in einem Bezugssystem, das das Ruhsystem des einfallenden p ist?

**6.13.** Ein Positron der kinetischen Energie 0,51 MeV trifft ein ruhendes Elektron mit unelastischem Stroß und bildet ein Positronium-Atom, das einen Rückstoß erfährt. Während der Rückstoßbewegung zerstrahlen das Elektron und das Positron, die das Positronium-Atom bilden, in zwei Gammaquanten.

a) Bestimmen Sie die Geschwindigkeit des Positronium-Atoms.

b) Wie groß ist die maximal mögliche Energie eines so entstandenen Photons?

**6.14.** Beweisen Sie, daß die folgenden Prozesse dynamisch unmöglich sind:

a) Ein einzelnes Photon trifft ein ruhendes Elektron und überträgt ihm seine gesamte Energie.

b) Ein einzelnes Photon im leeren Raum wandelt sich in ein Elektron und ein Positron um.

c) Ein schnelles Positron und ein ruhendes Elektron treffen einander und zerstrahlen, wobei ein einziges Photon entstehen soll.

**6.15.** a) Ein Proton mit der kinetischen Energie 437 MeV kollidiert elastisch mit einem ruhenden Proton und die beiden Protonen prallen mit den gleichen Energien auseinander. Wie groß ist der Winkel zwischen ihren Bahnen? (*R. B. Sutton* et al. Phys. Rev., 97, 783 (1955) gibt 84,0° ± 0,2° als experimentelles Ergebnis).

b) Das einfallende Proton habe die Energie 33 GeV. Wie groß ist dann der Winkel zwischen den Protonenbahnen?

**6.16.** Die dem Comptoneffekt üblicherweise zugrundegelegte Theorie besagt, daß ein freies Elektron, wenn es von einem Photon getroffen wird, ein gestreutes Photon mit niedrigerer Energie erzeugt. Nehmen wir an, ein Photon der Energie Q trifft frontal auf ein *bewegtes* Elektron (der Ruhmasse $m_0$; Bild 6.17). Welche Anfangsgeschwindigkeit muß das Elektron haben, damit aus dem Zusammenstoß ein Photon entsteht, das mit der gleichen Energie Q wie das einfallende Photon in die gleiche Richtung zurückgestrahlt wird?

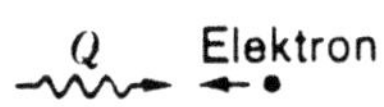


Bild 6.17

**6.17.** Ein Strahl von Photonen mit sehr hoher Energie ($\gg$ 10 MeV) wird auf einen Block Materie gerichtet. Zeigen Sie, daß die Energie Q der direkt zurückgestreuten Photonen im wesentlichen unabhängig von der Energie der einfallenden Photonen ist. Wie groß ist Q?

**6.18.** a) Ein Photon der Energie $h\nu$ stößt elastisch mit einem ruhenden Elektron zusammen. Nach dem Zusammenstoß beträgt die Energie des Photons $h\nu/2$ und es wurde mit einem Winkel von 60° zu seiner ursprünglichen Richtung gestreut. Bestimmen Sie $\nu$. Welcher Strahlungsart gehört dieses Photon an?

b) Ein Photon der Energie $h\nu$ trifft ein ruhendes, angeregtes Atom. Nach dem Zusammenstoß hat das Photon immer noch die Energie $h\nu$, seine Richtung wurde jedoch um 180° geändert. Wenn das Atom durch den Stoß in den Grundzustand versetzt wird, wie hoch war dann die ursprüngliche Anregungsenergie?

**6.19.** Ein energiereiches Photon trifft ein Proton, das in Ruhe voll einem Rückstoß ausgesetzt ist und wird von ihm gestreut. Das Proton prallt in einem Winkel $\varphi = 30°$ ab, seine kinetische Energie ist 100 MeV.

a) Die Energie des einfallenden Photons ist zu bestimmen.

b) Bestimmen Sie Richtung und Energie des gestreuten Photons.

**6.20.** Es besteht die Auffassung, daß die Comptonstreuung bei Quanten des Sternenlichtes eine Erklärung für die Energieverminderung der energiereichen Elektronen im interstellaren Raum bietet. Es wurde ein Experiment vorgeschlagen (*R. Milburn*, Phys. Rev. Letters, **10**, 75 (1963)), durch das dieses Phänomen direkt im Labor beobachtet werden kann, wenn ein energiereicher Elektronenstrahl im intensiven Strom sichtbarer Photonen aus einem typischen

Laser gestreut wird. Zeigen Sie, daß bei einem solchen Prozeß die auf das Labor bezogene Energie der gestreuten Photonen in guter Annäherung ($\beta \approx 1$) durch folgende Gleichung gegeben ist:

$$E_2 \approx \gamma mc^2 \left[ \frac{\lambda (1 - \beta \cos \Theta_0)}{1 + \lambda (1 - \beta \cos \Theta_0)} \right]$$

wobei $\lambda = 2\gamma E_1/mc^2$ ist ($E_1$ ist die Energie eines einfallenden Photons) und $\Theta_0$ ist der Streuwinkel der Photonen bezogen auf das Ruhsystem der Elektronen. Es ist ferner zu beweisen, daß $\Theta$ der Streuwinkel der Photonen bezogen auf das Labor, durch

$$\tan \Theta = \frac{\sin \Theta_0}{\gamma (\cos \Theta_0 - \beta)}$$

gegeben ist.

Der einfallende Elektronenstrahl werde auf eine Energie von 6,00 GeV beschleunigt. Die Photonen stammen von einem 6943 Å Rubin-Laser (ihre Energie ist also 1,79 eV). Wie groß ist in diesem Fall die maximale Energie der gestreuten Photonen?

# 7. Mehr über relativistische Dynamik

In der Relativitätstheorie muß das Gesetz der Erhaltung des Impulses durch Einbeziehung der Zeitkomponente vervollständigt werden ... Das Prinzip der Erhaltung der Energie ist neben der Erhaltung des Impulses, die vierte Gleichung zur Formulierung vierdimensionaler Beziehungen von Weltvektoren in der Geometrie von Raum und Zeit.

*R. P. Feynman*
Lectures on Physics (1963)

In diesem Kapitel werden wir im wesentlichen zwei Themen behandeln. Zuerst wird eine umfassendere Diskussion über Impuls und Energie mit besonderer Betonung der Transformation dieser Größen von einem Inertialsystem in ein anderes geführt. Sodann wird der Begriff der Kraft in der relativistischen Dynamik untersucht – wie er zu definieren ist, seine Transformationen und die Grenzen seiner Anwendbarkeit. Beschäftigen wir uns zuerst mit einer wichtigen Invarianten, die aus den gemessenen Werten von Energie und Impuls in einem gegebenen System konstruiert werden kann.

## 7.1. Eine Energie-Impuls-Invariante und ihre Anwendung

Der rote Faden, der sich durch unsere bisherigen Untersuchungen zog, war die Aussage, daß Energie und Impuls für jedes in sich abgeschlossene System separate Konstanten sind. Bei der Anwendung dieser Aussage versteht es sich jedoch von selbst, daß ein bestimmtes Inertialsystem gewählt und in der Berechnung durchgehend verwendet werden muß. Nun wollen wir uns mit der Frage beschäftigen, wie die Meßwerte von E und p aus *verschiedenen* Systemen für ein Kollektiv von Teilchen in Beziehung zu setzen sind. Die Antwort auf diese Frage liegt größtenteils in den grundlegenden Aussagen über relativistischen Impuls und Energie eines Teilchens:

$$\mathrm{p} = \gamma\, \mathrm{m_0 v}$$
$$\mathrm{E} = \gamma\, \mathrm{m_0 c^2}$$

Wir haben bereits besprochen, wie diese beiden Parameter in der folgenden Gleichung in Beziehung zu bringen sind:

$$\mathrm{E}^2 = (\mathrm{cp})^2 + \mathrm{E}_0^2$$

wobei $\mathrm{E_0 = m_0 c^2}$ die Ruhenergie des Teilchens ist.

Wir können dieses Ergebnis auch so formulieren: Hat ein Teilchen die Ruhenergie $E_0$ (d.h. die Gesamtenergie ist in demjenigen Bezugssystem $E_0$, in dem der Impuls des Teilchens null ist), dann kann die Beziehung zwischen seiner Energie und seinem Impuls in einem beliebigen anderen System so umgeformt werden, daß sich daraus eine invariante Größe ergibt:

$$E^2 - (cp)^2 = E_0^2$$

eine Beziehung, die wir in einer ganzen Reihe von Fällen in Kapitel 6 verwendeten. Da diese Gleichung für Meßwerte von E und p aus *jedem beliebigen* System gilt, sind die Meßwerte von Energie und Impuls eines Teilchens aus zwei beliebigen Bezugssystemen durch die folgende Gleichung verbunden

$$E^2 - (cp)^2 = (E')^2 - (cp')^2 = E_0^2 \tag{7.1}$$

$E_0^2$ spielt also hier die Rolle einer invarianten dynamischen Eigenschaft des Teilchens.

Es zeigt sich, daß Gl. (7.1) nicht nur für ein einzelnes Teilchen gilt, sondern für ein beliebiges Kollektiv von Teilchen: Wenn nach Messungen in einem gegebenen Bezugssystem die Summe der Teilchenenergien E und die Vektorsumme der Einzelimpulse der Teilchen p ist, dann hat der Ausdruck $E^2 - (cp)^2$ den gleichen Wert wie der entsprechende Ausdruck $(E')^2 - (cp')^2$ für ein anderes System. Diese invariante Größe ist gleich dem Quadrat der Gesamtenergie E aller Teilchen nach einer Bestimmung in dem System, in dem die Vektorsumme aller Einzelimpulse null ist.

Beachten Sie, daß $E_0$ in der erweiterten Form von Gl. (7.1) im allgemeinen nicht nur die Summe der Ruhenergie darstellt. Das betreffende Kollektiv von Teilchen kann jede beliebige Art von Relativbewegung enthalten; es muß kein System existieren, in dem alle Teilchen in Ruhe sind.

Im nächsten Abschnitt bringen wir nun eine formelle Rechtfertigung für die Anwendung von Gl. (7.1) auf eine beliebige Gruppe von Teilchen. Wir können dies auch sofort durch den Hinweis rechtfertigen, daß wir oft und begründet ein Kollektiv von Teilchen als ein einzelnes Teilchen behandeln. Nehmen wir nur zum Beispiel ein Argonatom, das doch aus zahlreichen schnell bewegten Elektronen und einem Kern im Zentrum besteht, der wiederum aus Neutronen und Protonen mit hohen kinetischen Energien zusammengesetzt ist. Wir haben keine Hemmungen dieses Atom (etwa in der kinetischen Gastheorie) als ein einziges Teilchen mit einer bestimmten Geschwindigkeit zu beschreiben. Das Theorem von der Trägheit der Energie unterstützt außerdem noch die Vorstellung, ein so kompliziertes Gebilde könne als mit einem bestimmten Impuls behaftete Einzelmasse beschrieben werden, obwohl seine innere Struktur allgemein akzeptiert ist.

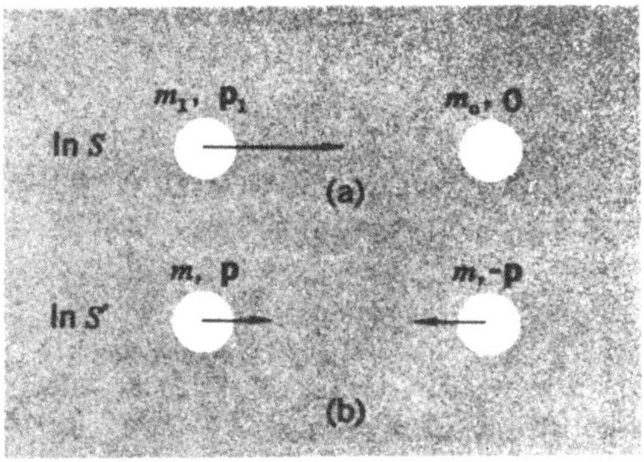


Bild 7.1
Proton-Proton-Zusammenstoß
a) aus der Sicht des Laborsystems, in dem das eine Proton anfänglich ruht;
b) aus der Sicht des impulsfreien Bezugssystems.

Ein gutes Beispiel für die Brauchbarkeit von Gl. (7.1) in der verallgemeinerten Form ist die Erzeugung von Antiprotonen die wir bereits behandelt haben, es wurde jedoch eine andere Methode angewandt. Bild 7.1a zeigt das ursprüngliche Proton-Proton-System aus der Sicht des Ruhsystems des Labors; Bild 7.1b stellt das Proton-Proton-System in seinem eigenen, impulsfreien Bezugssystem dar. In dem zuletzt genannten Bezugssystem muß die Gesamtenergie $2\,mc^2$ der kollidierenden Protonen zumindest vier Proton-Ruhmassen entsprechen. Mit dieser Minimalbedingung findet man im Endstadium in S' drei Protonen und ein Antiproton, alle ohne kinetische Energie. Es gelten daher die folgenden Beziehungen:

In S':

$E' = 2\,mc^2 = 4\,m_0 c^2 \qquad p' = 0$

In S:

$E = (m_1 + m_0)\,c^2 \qquad p = p_1$

Daher ist nach Gl. (7.1)

$$(m_1 c^2 + m_0 c^2)^2 - (cp_1)^2 = (4\,m_0 c^2)^2$$

und deshalb

$$(m_1 c^2)^2 + 2\,(m_1 c^2)\,(m_0 c^2) + (m_0 c^2)^2 - (cp_1)^2 = 16\,(m_0 c^2)^2$$

Es ist aber

$$(m_1 c^2)^2 - (cp_1)^2 = (m_0 c^2)^2$$

das ist Gl. (7.1), angewendet auf ein einzelnes Proton. Daher gilt

$$2(m_1 c^2)(m_0 c^2) + 2(m_0 c^2)^2 = 16(m_0 c^2)^2$$

oder

$$m_1 c^2 = 7 m_0 c^2$$

Somit können wir die für die Reaktion nötige Energie berechnen, ohne auch nur eine der vorkommenden Geschwindigkeiten einbeziehen zu müssen – im Gegensatz zu der in Kapitel 6 für das gleiche Problem verwendeten Methode.

## 7.2. Lorentz-Transformationen für Energie und Impuls

Wir wollen uns im folgenden mit Energie und Impuls eines Teilchens aus der Sicht zweier Bezugssysteme befassen, die durch die üblichen Lorentz-Transformationen in Beziehung zu setzen sind. Die Geschwindigkeit des Teilchens im System S sei **u** und **u**′ in S′ (Bild 7.2). Nach den Gleichungen für die Transformation von Geschwindigkeiten erhalten wir

$$\left.\begin{aligned} u'_x &= \frac{u_x - v}{1 - \dfrac{vu_x}{c^2}} \\ u'_y &= \frac{\dfrac{u_y}{\gamma(v)}}{1 - \dfrac{vu_x}{c^2}} \end{aligned}\right\} \quad \text{mit } \gamma(v) = \left(1 - \frac{v^2}{c^2}\right)^{-\frac{1}{2}} \tag{7.2}$$

Die Energie und der Impuls des Teilchens in den beiden Systemen sind durch die folgenden Gleichungen gegeben:

In S:

$$\left.\begin{aligned} E &= \gamma(u)\, m_0 c^2 \\ p_x &= \gamma(u)\, m_0 u_x \\ p_y &= \gamma(u)\, m_0 u_y \end{aligned}\right\} \quad \text{mit} \quad \gamma(u) = \left(1 - \frac{u^2}{c^2}\right)^{-\frac{1}{2}} \tag{7.3}$$

In S′:

$$\left.\begin{aligned} E' &= \gamma(u')\, m_0 c^2 \\ p'_x &= \gamma(u')\, m_0 u'_x \\ p'_y &= \gamma(u')\, m_0 u'_y \end{aligned}\right\} \quad \text{mit} \quad \gamma(u') = \left(1 - \frac{u'^2}{c^2}\right)^{-\frac{1}{2}} \tag{7.4}$$

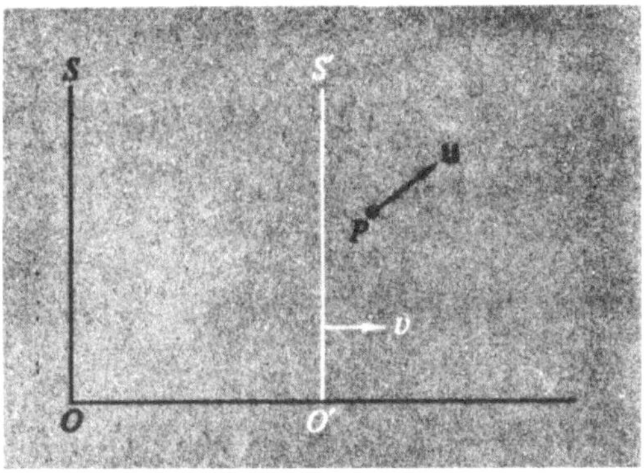


Bild 7.2
Teilchen, das eine beliebige Geschwindigkeit u relativ zu dem System S hat. Mit Hilfe der Gesetze über die Addition von Geschwindigkeiten wird nachgewiesen, daß die in S bzw. S' gemessenen Werte der Energie und der Impulskomponenten des Teilchens in linearer Beziehung stehen.

Die einzige Maßnahme zur Verbindung dieser beiden Gruppen von dynamischen Größen besteht darin, daß wir $\gamma(u)$ mit in S' gemessenen Größen ausdrücken oder $\gamma(u')$ mit in S gemessenen. Wir tun das letztere und haben

$$\gamma(u') = \left[1 - \frac{(u')^2}{c^2}\right]^{-\frac{1}{2}} = \left[1 - \frac{(u'_x)^2}{c^2} - \frac{(u'_y)^2}{c^2}\right]^{-\frac{1}{2}} \tag{7.5}$$

Wir wollen dieses Problem Schritt für Schritt behandeln. Sehen wir uns zuerst einmal die folgenden Gleichungen an:

$$1 - \frac{(u'_x)^2}{c^2} = 1 - \frac{(u_x - v)^2}{c^2\left(1 - \frac{vu_x}{c^2}\right)^2}$$

$$= \frac{\left(1 - \frac{vu_x}{c^2}\right)^2 - \frac{(u_x - v)^2}{c^2}}{\left(1 - \frac{vu_x}{c^2}\right)^2} = \frac{1 - \frac{u_x^2}{c^2} - \frac{v^2}{c^2} + \left(\frac{vu_x}{c^2}\right)^2}{\left(1 - \frac{vu_x}{c^2}\right)^2}$$

Daher ist

$$1 - \frac{(u'_x)^2}{c^2} = \frac{\left(1 - \frac{u_x^2}{c^2}\right)\left(1 - \frac{v^2}{c^2}\right)}{\left(1 - \frac{vu_x}{c^2}\right)^2} \tag{7.6a}$$

Nun erhalten wir aus den Gleichungen (7.2):

$$\frac{(u_y')^2}{c^2} = \frac{\frac{u_y^2}{c^2}\left(1-\frac{v^2}{c^2}\right)}{\left(1-\frac{vu_x}{c^2}\right)^2} \tag{7.6b}$$

Subtrahieren wir Gl. (7.6b) von Gl. (7.6a), so ergibt sich

$$1-\frac{(u')^2}{c^2} = \frac{\left(1-\frac{u^2}{c^2}\right)\left(1-\frac{v^2}{c^2}\right)}{\left(1-\frac{vu_x}{c^2}\right)^2}$$

In dieser Gleichung erkennen wir die Quadrate der Reziprokwerte von $\gamma(u')$, $\gamma(u)$ und $\gamma(v)$.
Eigentlich erhalten wir so

$$\gamma(u') = \gamma(v)\,\gamma(u)\left(1-\frac{vu_x}{c^2}\right) \tag{7.7}$$

Kombinieren wir dieses Ergebnis mit der ersten Gleichung in (7.4), so erhalten wir

$$E' = \gamma(v)\,[\gamma(u)\,m_0c^2 - v\,\gamma(u)\,m_0u_x]$$

was wiederum, nach den Gleichungen (7.3) auch folgendermaßen ausgedrückt werden kann:

$$E' = \gamma(v)(E - vp_x) \tag{7.8}$$

Verwenden wir wieder die Gleichung für $p_x'$, so ergibt sich

$$p_x' = \gamma(v)\,\gamma(u)\,m_0\,(u_x - v)$$

d.h.

$$p_x' = \gamma(v)\,(p_x - \frac{vE}{c^2}) \tag{7.9}$$

Benutzen wir schließlich die Gleichung für $p_y'$, so erhalten wir

$$p_y' = \gamma(u)\,m_0\,u_y$$

Daher ist

$$p_y' = p_y \tag{7.10}$$

Stellen wir nun die Transformationen von S nach S′ (Gleichungen (7.8), (7.9), (7.10)) und die entsprechenden Transformationen von S′ nach S zusammen:

**Lorentz-Transformationen für Impuls und Energie**

$$\begin{aligned} p'_x &= \gamma\left(p_x - \frac{vE}{c^2}\right) & p_x &= \gamma\left(p'_x + \frac{vE'}{c^2}\right) \\ p'_y &= p_y & p_y &= p'_y \\ p'_z &= p_z & p_z &= p'_z \\ E' &= \gamma(E - vp_x) & E &= \gamma(E' + vp'_x) \end{aligned} \tag{7.11}$$

wobei $\gamma = (1 - v^2/c^2)^{-1/2}$ ist, v ist die in S gemessene Geschwindigkeit von S′.

Bemerkenswert bei diesen Gleichungen (7.11) ist, daß die Impulskomponenten und die Energie nur in *linearen* Kombinationen auftreten; derartig einfache Zusammenhänge gibt es in der Newtonschen Mechanik nicht. Diese Linearität ist nicht bloß interessant, sie führt auch zu wertvollen Ergebnissen. Es hindert uns nämlich nichts, E und **p** als die Gesamtenergie bzw. den Gesamtimpuls eines ganzen Kollektivs nicht in Wechselwirkung stehender Teilchen anzusehen, die beliebige Geschwindigkeiten haben können – obwohl wir die betreffenden Gleichungen für ein einzelnes Teilchen abgeleitet haben. Wir brauchen dazu nichts weiter zu tun als z.B. die Gleichungen (7.8), (7.9) und (7.10) für jedes Teilchen einzeln anzusetzen und dann zu addieren. Es gelten dann also auch die Gleichungen (7.11) für ein ganzes System von Teilchen – ebenso wie die in Gl. (7.1) ausgedrückte Invarianz, wie wir im letzten Abschnitt etwas informell bereits feststellten.

Als *Beispiel* sei die elastische Streuung gleichartiger Teilchen genannt. Untersuchen wir einmal, wie die Energie-Impuls-Transformationen auf dieses Problem anzuwenden sind. Wir analysierten bereits in Kapitel 6 den symmetrischen, elastischen Stoß von zwei gleichartigen Teilchen – z. B. zwei Protonen. Bild 7.3 zeigt einen solchen Zusammenstoß erst aus der Sicht des impulslosen Systems S′, dann aus der Sicht des Laborsystems S (in dem eines der beiden Teilchen anfänglich ruhen soll). Nach Beobachtungen in S′ hat jedes der Teilchen vor und nach dem Zusammenstoß den gleichen Betrag p′ des Impulses, der Impulsvektor wird jedoch bei beiden durch den Zusammenstoß um 90° gedreht. Die Relativgeschwindigkeit v zwischen S′ und S ist durch die folgende Gleichung gegeben (vgl. Gl. (6.20)):

$$v = \frac{c^2 p'}{E'} \tag{7.12}$$

Das ist der allgemeine Zusammenhang zwischen Geschwindigkeit, Impuls und Energie eines beliebigen Teilchens, den wir bereits mit Gl. (1.13) darlegten. Hier

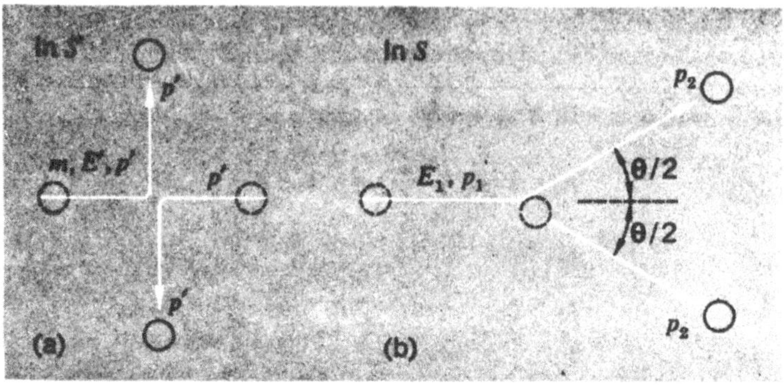


Bild 7.3
Zwei Darstellungen des symmetrischen Typs eines elastischen Stoßes
a) im impulsfreien Bezugssystem,
b) in einem Bezugssystem, in dem eines der Teilchen anfangs ruhte.

kann diese Beziehung deshalb verwendet werden, weil v nicht einfach die Relativgeschwindigkeit von S und S′ ist, sondern auch die in S′ gemessene Geschwindigkeit des Teilchens, das ursprünglich in Bezug auf S ruhte. Aus der Symmetrie dieses speziellen Problems folgt, daß v gleichzeitig die Geschwindigkeit des anderen Teilchens in Bezug auf S′ ist.

Wie sieht nun die Situation *nach* dem Zusammenstoß der Teilchen aus?

In S′:

$$\left.\begin{aligned} p'_x &= 0 \\ p'_y &= p' \\ E' &= mc^2 = \gamma(v)\, m_0 c^2 \end{aligned}\right\} \qquad (7.13)$$

Nun verwenden wir die Gleichungen für die Transformation von Impulskomponenten von einem Bezugssystem in ein anderes, und erhalten damit:

In S:

$$p_x = \gamma(v)\left(p'_x + \frac{vE'}{c^2}\right)$$

In diese Gleichung setzen wir $p'_x = 0$ ein. Mit Gl. (7.12) ergibt sich außerdem $vE'/c^2 = p'$. Es ist also

$$p_x = \gamma(v)\, p'$$
$$p_y = p'_y = p'$$

Daher ist

$$\tan\frac{\Theta}{2} = \frac{p_y}{p_x} = \frac{1}{\gamma(v)} \tag{7.14}$$

$\Theta$ ist hier der Winkel zwischen den Protonenbahnen nach der Streuung und zwar in bezug auf das Ruhsystem des Labors (Bild 7.3b).

Offensichtlich ist $\tan(\Theta/2) < 1$, also ist $\Theta/2 < 45°$, $\Theta < 90°$. Um $\gamma(v)$ durch die anfängliche Gesamtenergie $E_1$ des einfallenden Protons (nach Messungen im Labor) ausdrücken zu können, verwenden wir wieder die Energie-Impuls-Invariante aus Gl. (7.1):

$$\begin{aligned}(2\,mc^2)^2 &= (E_1 + m_0c^2)^2 - (cp_1)^2 \\ &= [E_1^2 - (cp_1)^2] + 2\,E_1 m_0 c^2 + (m_0c^2)^2 \\ &= (m_0c^2)^2 + 2\,E_1 m_0 c^2 + (m_0c^2)^2\end{aligned}$$

Daher ist

$$\left(\frac{m}{m_0}\right)^2 = \frac{E_1 + m_0c^2}{2\,m_0c^2}$$

$$\gamma(v) = \left(\frac{E_1 + m_0c^2}{2\,m_0c^2}\right)^{\frac{1}{2}} \tag{7.15}$$

Nun bereitet es keine Schwierigkeiten mehr, die Verbindung zwischen Gl. (7.14) und dem der Aussage nach recht unterschiedlichen Ergebnis von Gl. (6.31) zu erkennen.

## 7.3. Weltvektoren

Das System der Gleichungen (7.11) weist offensichtlich eine bemerkenswerte Ähnlichkeit mit dem Gleichungssystem der Lorentz-Transformationen für Raum und Zeit auf (siehe Gleichungen (3.16)). Wenn wir annehmen, daß die Impulskomponenten das Analogon zu den Lagekoordinaten sei, dann zeigt ein Vergleich der Gleichungen (7.11) mit den eigentlichen Lorentz-Transformationen, daß $E/c^2$ die t entsprechende Größe sein muß. Wir stellen nun tatsächlich fest, daß die drei Komponenten eines Impulsvektors ebenso transformiert werden wie die drei Komponenten eines Lagevektors und daß die Gesamtenergie (eine skalare Größe) analog zur Zeit transformiert wird. Die in Gl. (7.1) ausgedrückte Invarianz des Ausdruckes $E^2 - (cp)^2$ ist eine direkte Konsequenz daraus. Die Ruhenergie $E_0$ ist die Invariante der Energie-Impuls-Transformationen, ebenso wie das Raum-Zeit-Intervall s die Invariante der eigentlichen Lorentz-Transformationen war.

In der Newtonschen Mechanik sind wir es gewohnt, daß Raummaße ohne Einbeziehung der Zeit definiert werden können und umgekehrt. Wir sind auch ebenso an die Vorstellung gewöhnt, daß Impuls und Energie im wesentlichen verschiedene (obwohl in gewisser Beziehung natürlich verwandte) Eigenschaften eines Körpers sind. Wir sahen nun, wie diese kinematischen und dynamischen Unterscheidungen in der speziellen Relativitätstheorie an Bedeutung verlieren. Die Bestimmung der Zeit in einem System bedingt die Bestimmung des Orts und der Zeit in einem anderen System. Deshalb, und in keiner Weise auf Grund metaphysischer Vorstellungen, ist es nun angebracht, den Rahmen der formalen Beschreibung der Dinge zu erweitern. Wir führen in unserer Vorstellung anstatt einer dreidimensionalen Raumstruktur, die zu verschiedenen Zeiten ein anderes Aussehen annimmt, eine vierdimensionale Raum-Zeit-Struktur ein. In Kapitel 3 spielten wir bei der Beschreibung der Punktereignisse kurz auf diese Vereinheitlichung an. Wir wollen uns nun etwas formeller fassen, indem wir feststellen, daß der *kinematische* Zustand eines Teilchens durch einen einzigen *Weltvektor (Vierervektor)* dargestellt werden kann, dessen Komponenten (x, y, z, ict) sind und dessen Länge in jedem System $s\sqrt{-1}$ ist:

$$-s^2 = x^2 + y^2 + z^2 + (ict)^2$$

Ebenso kann der *dynamische* Zustand eines Teilchens durch einen Weltvektor ausgedrückt werden, dessen Komponenten ($p_x$, $p_y$, $p_z$, iE/c) sind und dessen „Länge" (in Einheiten des Impulses) in jedem System durch $iE_0/c$ gegeben ist:

$$-\frac{E_0^2}{c^2} = p_x^2 + p_y^2 + p_z^2 + \left(\frac{iE}{c}\right)^2$$

Die Lorentz-Transformationen können also als Regeln für die Transformation der verschiedenen Komponenten eines Weltvektors von einem Koordinatensystem in ein anderes angesehen werden, was oft als die „Abbildung" eines Vektors auf verschiedene Koordinatensysteme einer vierdimensionalen Welt beschrieben wird. Diese Art der Darstellung des relativistischen Schemas ist rein formell sehr attraktiv und kann sich auch als sehr brauchbar erweisen, wenn man sie richtig zu benutzen versteht (das bedeutet primär, daß man sich eine gewisse Gewandtheit in der Matrizenrechnung erwerben muß). Wir werden dieses Thema jedoch hier nicht weiter verfolgen, da es nicht eigentlich wesentlich ist und zur elementaren relativistischen Physik nichts hinzufügt.

## 7.4. Die Kraft in der relativistischen Mechanik

Im Gegensatz zur Newtonschen Auffassung kann mit der Relativitätstheorie sehr leicht gezeigt werden, daß die Größe Kraft im allgemeinen nicht die gleiche Richtung besitzt, wie die von der Kraft hervorgerufene Beschleunigung ... Es ist ebenso leicht zu zeigen, daß die Kraftkomponenten keine einfachen Transformationseigenschaften besitzen ... All diese Einschränkungen und Einwände, so wichtig sie auch vom mathematischen Standpunkt sein mögen, beeinträchtigen jedoch nicht den Begriff der Kraft irgendwie tiefgreifender. Ein wichtiger Punkt ist jedoch zu beachten: Aufgrund der Ablehnung einer absoluten Gleichzeitigkeit zweier voneinander weit entfernt stattfindender Ereignisse muß man in der speziellen Relativitätstheorie zu dem Schluß kommen, daß Fernwirkungen als legitimer physikalischer Begriff unhaltbar sind.

*Max Jammer*, Concept of Force
(Kraftbegriffe) (1957)

In all unseren bisherigen Diskussionen über relativistische Dynamik legten wir vor allem Wert auf die Untersuchung der Anwendung der Energie- und Impulserhaltungssätze für ein abgeschlossenes System oder für Einzelteilchen. Es wurde versucht, nur eine Ahnung von der Vielzahl der Probleme zu vermitteln, die anhand dieser Gesetze behandelt werden können. Nach all dem muß aber doch erwähnt werden, daß diese Behandlungsmethode nicht immer die einfachste oder brauchbarste ist. Sehr viele dynamische Probleme können am besten (und vermutlich auch am geeignetsten) aufgrund der Bewegung von Teilchen unter der Einwirkung bestimmter Kräfte studiert werden. Nehmen wir nur als Beispiel die Rutherford-Streuung der α-Teilchen. Vorausgesetzt die Kraft wird verschwindend klein, wenn zwischen zwei Teilchen ein großer Abstand besteht (diese Annahme liegt auch allen Berechnungen von Kapitel 6 und des vorliegenden Kapitels zugrunde), dann kann man zu vollkommen richtigen Aussagen über Endrichtung und Endgeschwindigkeit kollidierender Kerne gelangen. Damit wird aber nichts über die Wahrscheinlichkeit ausgesagt, daß ein α-Teilchen nun tatsächlich um einen bestimmten Winkel abgelenkt wird. Nur wenn wir explizite Kraftgesetze in unseren Berechnungen berücksichtigen, können wir Lösungen für solche Probleme erhalten. Es ist daher auch ein Hauptanliegen der Physik, Kraftgesetze zu entdecken und zu formulieren. Darum ist es auch wichtig, die Transformation von Kräften und Bewegungsgleichungen zu kennen, um sie aus der Sicht verschiedener Bezugssysteme beschreiben zu können. Da die Beschleunigung in der speziellen Relativitätstheorie keine Invariante mehr ist, werden unsere diesbezüglichen Berechnungen auch nicht mehr die erfreuliche Einfachheit der Newtonschen Mechanik aufweisen, trotzdem werden wir sicherlich einige brauchbare und aussagekräftige Ergebnisse erhalten.

Unser Ausgangspunkt sei hier wiederum das Newtonsche Gesetz in der folgenden Form:

$$\mathbf{F} = \frac{dp}{dt} = \frac{d(mv)}{dt} \qquad \text{mit } m = m_0 \left(1 - \frac{v^2}{c^2}\right)^{-\frac{1}{2}} \tag{7.16}$$

Diese Definition von **F** ist eine natürliche (und die einfachste) Erweiterung des nichtrelativistischen Ergebnisses. Diese Aussage kann jedoch nicht für sich nachgewiesen werden. Andererseits müssen wir jedoch, wenn die analytische Form von **F** in Koordinaten, Geschwindigkeiten etc. gegeben ist, fordern, daß die linke und die rechte Seite der Gl. (7.16) in gleicher Weise den Lorentz-Transformationen unterliegt. Ist diese notwendige Bedingung erfüllt, dann können wir aus der Transformation der Komponenten von dp/dt Schlüsse auf die Transformation von Kraftkomponenten in der speziellen Relativitätstheorie ziehen.

Wir behandeln dieses Problem auf die folgende Weise: Ein Teilchen hat in jedem Augenblick die relativ zum Bezugssystem des Labors eindeutig definierbare Geschwindigkeit **v**. Wir können dieses Teilchen also als in dem Bezugssystem ruhend darstellen, das relativ zum Labor eben diese Geschwindigkeit **v** hat. Es wirke nun in diesem Ruhsystem eine Kraft $F_{0x}$ parallel zu **v**, die eine Beschleunigung $a_{0x}$ bewirkt. Die Masse in diesem System ist lediglich die Ruhmasse $m_0$. Wir haben also

$$F_{0x} = m_0 a_{0x} \tag{7.17}$$

Im Ruhsystem des Labors ist der Impuls durch

$$p_x = \gamma m_0 v = m_0 v \left(1 - \frac{v^2}{c^2}\right)^{-\frac{1}{2}}$$

gegeben. Dann ist die Kraft $F_x$:

$$F_x = \frac{dp_x}{dt} = \frac{m_0}{\left(1 - \frac{v^2}{c^2}\right)^{\frac{1}{2}}} \frac{dv}{dt} + m_0 v \frac{d}{dt}\left[\left(1 - \frac{v^2}{c^2}\right)^{-\frac{1}{2}}\right]$$

Setzen wir $dv/dt = a_x$ (das ist die im Labor beobachtete Beschleunigung), so erhalten wir

$$F_x = \frac{m_0 a_x}{\left(1 - \frac{v^2}{c^2}\right)^{\frac{1}{2}}} + \frac{m_0 \frac{v^2}{c^2} a_x}{\left(1 - \frac{v^2}{c^2}\right)^{\frac{3}{2}}}$$

oder, wenn wir beide Brüche auf einen Nenner bringen und vereinfachen

$$F_x = \gamma^3 m_0 a_x \tag{7.18}$$

Zwischen $a_x$ und $a_{0x}$ besteht jedoch eine sehr einfache Beziehung:

$$a_x = \frac{a_{0x}}{\gamma^3} \tag{7.19}$$

Das gilt im Falle einer Transformation von Beschleunigungen in der x-Richtung für $u_{0x} = 0$ (siehe Gl. (5.24)). Gl. (7.18) kann daher auch so angeschrieben werden:

$$F_x = \gamma^3 m_0 \frac{a_{0x}}{\gamma^3} = m_0 a_{0x}$$

d.h.

$$F_x = F_{0x} \tag{7.20}$$

Dieses Ergebnis ist wohl erstaunlich. Trotz einer Änderung der Maßeinheiten für Masse und Beschleunigung bei einer Transformation zwischen den beiden Systemen bleibt die Größe der x-Komponente der Kraft die gleiche.

Bei der entsprechenden Berechnung für die transversal wirkende Kraft tritt keine solche Invarianz auf. In dem augenblicklichen Ruhsystem gilt

$$F_{0y} = m_0 a_{0y} \tag{7.21}$$

Im Laborsystem wird die senkrecht zum Impulsvektor $m\mathbf{v}$ wirkende Kraft $F_y$ den Betrag der Geschwindigkeit während eines sehr kurzen Zeitintervalls nicht ändern, sondern nur ein wenig die Richtung von $\mathbf{v}$ durch die Einführung einer kleinen Transversalkomponente. In guter bzw. für den Limes $\Delta t \to 0$ sogar in vollkommener Näherung bleibt also die Masse $\gamma m_0$ unverändert. Für den transversalen Impuls gilt dann

$$F_y \Delta t = m_0 \Delta v_y$$

Daher ist für diesen Fall

$$F_y = \gamma m_0 a_y \tag{7.22}$$

Wieder besteht eine sehr einfache Beziehung zwischen den Beschleunigungen in den beiden Bezugssystemen (die eine ist in bezug auf das Ruhsystem bestimmt):

$$a_y = \frac{a_{0y}}{\gamma^2} \tag{7.23}$$

was ein Sonderfall von Gl. (5.26) ist. Wir haben also

$$F_y = \gamma m_0 \frac{a_{0y}}{\gamma^2} = \frac{1}{\gamma} m_0 a_{0y}$$

d.h.

$$F_y = \frac{1}{\gamma} F_{0y} \tag{7.24}$$

Den Ergebnissen ist zu entnehmen, daß im allgemeinen Kraft und Beschleunigung nicht parallele Vektoren sind. Kombinieren wir Gl. (7.18) und Gl. (7.22), so ergibt sich

$$\frac{F_y}{F_x} = \frac{1}{\gamma^2} \frac{a_y}{a_x}$$

Nur in dem augenblicklichen Ruhsystem eines Körpers ($\gamma = 1$) ist F, die zeitliche Ableitung des Impulses, sicher parallel zur Beschleunigung.

Es sollte vielleicht darauf hingewiesen werden, daß die durch die Gleichungen (7.20) und (7.24) dargestellten Sonderfälle von Krafttransformationen mit sehr einfachen physikalischen Ausdrücken zu erhalten sind[1]). Im Fall der x-Transformation verwendet man die von der Kraft verrichtete Arbeit und die daraus resultierende Energiezunahme, die in Form eines Massenzuwachses in Erscheinung tritt:

$$\Delta E = F_x \, \Delta x = c^2 \, \Delta m$$

wobei

$$\Delta x = v \, \Delta t$$

$$\Delta m = \Delta \left[ \frac{m_0}{\left(1 - \frac{v^2}{c^2}\right)^{\frac{1}{2}}} \right] = \frac{m_0 v \, \Delta v}{\left(1 - \frac{v^2}{c^2}\right)^{\frac{3}{2}} c^2}$$

ist, so daß wir sofort

$$F_x = \gamma^3 m_0 a_x$$

erhalten – das ist wieder Gl. (7.18).

Um die Beschleunigung $a_x$ in Beziehung zur Beschleunigung $a_{0x}$ setzen zu können, die im augenblicklichen Ruhsystem des Teilchens gemessen wird, verwenden wir die Gleichungen für eine gleichförmig beschleunigte Bewegung:

Zur Zeit t sei

$$x = x_1$$

Zur Zeit t + $\Delta t$ gilt:

$$x + \Delta x = x_1 + v \, \Delta t + \frac{1}{2} a_x (\Delta t)^2$$

[1]) Eine ausgezeichnete Diskussion finden Sie bei *W. P. Ganley*, Am. J. Phys. 31, 510–516 (1963).

Die Raum- und Zeitkoordinaten (x, t) und (x + Δx, t + Δt) definieren zwei Ereignisse aus der Sicht des Systems S. Wir bestimmen nun die Koordinaten der gleichen Ereignisse für das Ruhsystem S′ des Teilchens. Dazu verwenden wir die Lorentz-Transformationen:

$$x_0 = \gamma(x - vt)$$

$$t_0 = \gamma\left(t - \frac{vx}{c^2}\right)$$

Wenden wir diese beiden Gleichungen auf die beiden Ereignisse an, so erhalten wir die folgenden Beziehungen:

Erstes Ereignis:

$$x_0 = \gamma(x_1 - vt)$$

$$t_0 = \gamma\left(t - \frac{vx_1}{c^2}\right)$$

Zweites Ereignis:

$$x_0 + \Delta x_0 = \gamma\left[x_1 + v\,\Delta t + \frac{1}{2}a_x(\Delta t)^2 - v(t + \Delta t)\right]$$

$$= \gamma\left[x_1 + \frac{1}{2}a_x(\Delta t)^2 - vt\right]$$

$$t_0 + \Delta t_0 = \gamma\left[t + \Delta t - \left(\frac{v}{c^2}\right)\left\{x_1 + v\,\Delta t + \frac{1}{2}a_x(\Delta t)^2\right\}\right]$$

Eine Subtraktion ergibt

$$\Delta x_0 = \gamma\left[\frac{1}{2}a_x(\Delta t)^2\right]$$

$$\Delta t_0 = \gamma\left[\left(1 - \frac{v^2}{c^2}\right)\Delta t - \frac{1}{2}\frac{va_x}{c^2}(\Delta t)^2\right] \tag{7.25}$$

Ist $\Delta t$ genügend kurz, dann wird der zweite Term in der Gleichung für $\Delta t_0$ gegenüber dem ersten vernachlässigbar klein und wir haben dann

$$\Delta t_0 \approx \gamma\left(1 - \frac{v^2}{c^2}\right)\Delta t = \frac{\Delta t}{\gamma}$$

Setzen wir in Gl. (7.25) $\Delta t = \gamma\,\Delta t_0$ ein, so erhalten wir

$$\Delta x_0 = \gamma\left[\frac{1}{2}\,a_x\,(\gamma\,\Delta t_0)^2\right]$$

oder

$$\Delta x_0 = \frac{1}{2}\cdot(\gamma^3 a_x)\,(\Delta t_0)^2$$

Das ist nun die Gleichung einer gleichförmig beschleunigten Bewegung eines ursprünglich ruhenden Teilchens. Die im Ruhsystem gemessene Beschleunigung $a_{0x}$ ist daher durch $a_{0x} = \gamma^3 a_x$ gegeben, das ist wiederum Gl. (7.19). Wir haben also auf diese Weise sowohl Gl. (7.18) als auch Gl. (7.19) neu abgeleitet und können, wenn wir die beiden Gleichungen verbinden, damit die Invarianz von $F_x$ beweisen. Diese Entwicklung mag wohl etwas umständlich erscheinen, weil wir die Transformationen Schritt für Schritt darstellten. Kürzer, aber etwas ungenauer kann das in der folgenden Aussage zusammengefaßt werden: Die Zeitdilatation bewirkt, daß die Zeit $\Delta t_0$ im Ruhsystem der Zeit $\gamma\,\Delta t_0$ im System S entspricht. Die Lorentzkontraktion bewirkt, daß $\Delta x_0$, die wegen der Beschleunigung im Ruhsystem zurückgelegte Strecke, der Strecke $\Delta x_0/\gamma$ im System S entspricht. Damit würden wir sofort zu der Beziehung

$$\frac{\Delta x_0}{\gamma} = \frac{1}{2}\,a_x\,(\gamma\,\Delta t_0)^2$$

gelangen. Wenn wir jedoch nicht mit Eigenmessungen zu tun haben, wie das hier der Fall ist, dann lohnt es sich, methodisch und explizit vorzugehen.

Um die Transformation von $F_y$ zu erhalten, gehen wir von Gl. (7.22) aus und betrachten die Transformation der Transversalbeschleunigung aufgrund der beiden Ansätze

$$\Delta y = \frac{1}{2}\,a_y\,(\Delta t)^2$$

$$\Delta y' = \frac{1}{2}\,a_{0y}\,(\Delta t')^2$$

wobei $\Delta y = \Delta y'$ und $\Delta t = \Delta t'$ ist. In diesem Fall können wir die Zeitdilatation direkt anwenden, da die Bewegung im Ruhsystem durch ein konstantes $x'$ charakterisiert ist.

## 7.5. Magnetische Analyse relativistischer Teilchen

Es gibt ein Anwendungsgebiet der Kraftgesetze für relativistische Bewegung, das wir auf keinen Fall in diesem Kapitel vergessen dürfen, das doch weitgehend von atomaren Teilchen handelt: Die Ablenkung geladener Teilchen durch ein Magnetfeld. Eine der bedeutendsten Untersuchungsmethoden beruht darauf, denn durch diese Ablenkung kann nicht nur das Vorzeichen der Ladung eines Teilchens bestimmt werden, sondern auch der Betrag seines Impulses. Das Blasenkammerbild 7.4 ist ein sehr gutes Beispiel für die Anwendung dieser Methode. Sie beruht darauf, daß auf eine bewegte Ladung Q in einem Magnetfeld **B** eine ihrer Geschwindigkeit proportionale Kraft transversal zu ihrer Bewegungsrichtung wirkt. Nach dem Lorentz-Kraftgesetz gilt

$$\mathbf{F} = \text{const}\,(Q\mathbf{v} \times \mathbf{B})$$

Im MKS-System ist diese Konstante definitionsgemäß eins. Wenn die Feldlinien und die Geschwindigkeit des Teilchens senkrecht zueinander gerichtet sind, bleibt der Bewegungsvektor des Teilchens in einer zum Magnetfeld senkrechten Ebene. In jedem Augenblick ist die auf das Teilchen wirkende Kraft senkrecht zum Impulsvektor **p** gerichtet. Der Betrag der Kraft ist durch

$$F = QvB \qquad \text{(im MKS-System)}$$

gegeben. In der kurzen Zeitspanne $\Delta t$ erhält das Teilchen den transversalen Impuls

$$\Delta p = F\,\Delta t = QvB\,\Delta t$$

Das bedeutet, das der ursprüngliche Impulsvektor um den kleinen Winkel $\Delta\Theta$ gedreht wird:

$$\Delta\Theta = \frac{\Delta p}{p} = \frac{QvB}{p}\,\Delta t \tag{7.26}$$

Der Geschwindigkeitsvektor wurde daher in der Zeit, in der das Teilchen die Strecke $\Delta s$ zurücklegte, ebenfalls um $\Delta\Theta$ gedreht, wobei

$$\Delta s = v\,\Delta t$$

ist. Da aber mit $\Delta s$ und $\Delta\Theta$ der Krümmungsradius R ausgedrückt werden kann, erhalten wir

$$\Delta\Theta = \frac{\Delta s}{R} = \frac{v\,\Delta t}{R} \tag{7.27}$$

Kombinieren wir Gl. (7.26) und Gl. (7.27), so erhalten wir

$$p = QBR \qquad \text{(in MKS-Einheiten)} \tag{7.28}$$

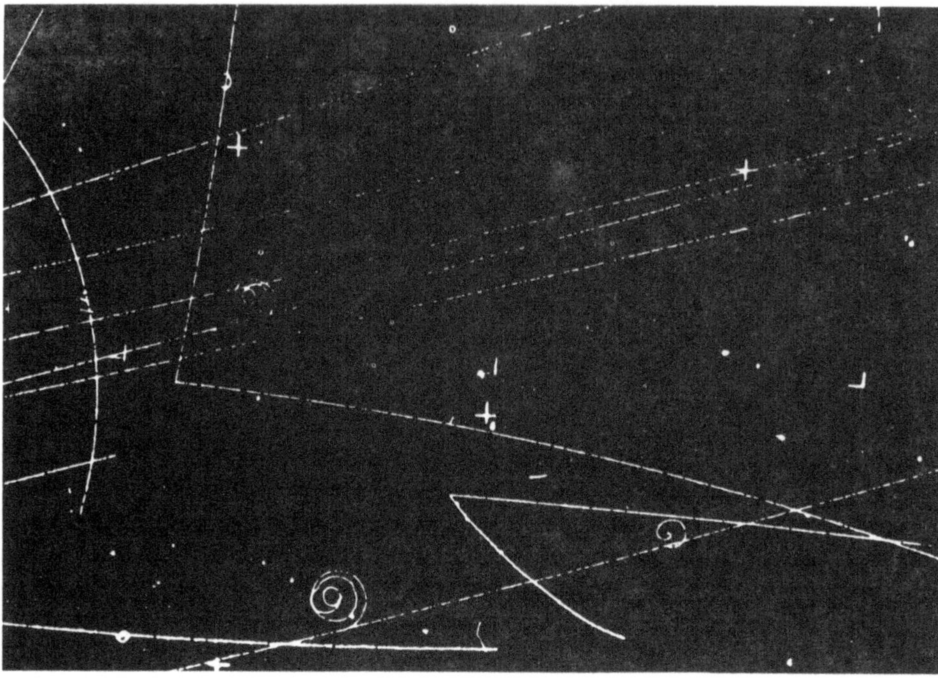

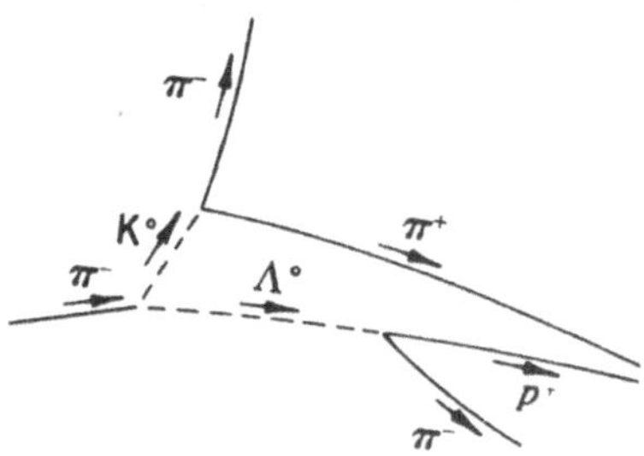


Bild 7.4

Wasserstoff-Blasenkammerphoto der Entstehung zweier instabiler neutraler Teilchen ($K^0$ und $\Lambda^0$) durch den Zusammenstoß zwischen einem $\pi^-$-Meson und einem Proton in einer 500-*l*-Flüssigwasserstoff-Blasenkammer, die von Professor *L. W. Alvarez* und seiner Arbeitsgruppe in Berkeley entwickelt wurde. (Die Photographie wurde von Prof. *Alvarez* und dem Lawrence Radiation Laboratory, Berkeley, Kalif. zur Verfügung gestellt.) Das $\pi^-$ Meson kommt von links, dann endet seine Bahn plötzlich in dem Punkt, in dem sich die $K^0$ und $\Lambda^0$ Teilchen bilden. Diese zerfallen in der Folge in Paare geladener Teilchen ($K^0 \to \pi^+ + \pi^-$, $\Lambda^0 \to \pi^- + p$), die die zweimal zwei auseinanderführenden Bahnspuren verursachen. Eine Analyse der Bahnen der geladenen Teilchen zeigte, daß der Gesamtimpuls eines jeden Teilchenpaares von dem Punkt, in dem die erste Reaktion stattfand, nach außen gerichtet ist. Dieses Bild wurde vom Erfinder der Blasenkammer Prof. *D. A. Glaser*, in seinem Vortrag anläßlich der Verleihung des Nobelpreises 1960 verwendet (siehe Nobel Lectures, Physics, 1942–1962, Elsevier 1964).

Das ist interessanterweise genau das gleiche Ergebnis, das man in der Newtonschen Mechanik erhielte, mit der einen Ausnahme, daß in Gl. (7.28) unter p nicht nur $m_0 v$ sondern eben $\gamma m_0 v$ zu verstehen ist. In sehr vielen Fällen ist die Ladung $Q = \pm e$, so daß man also, wenn man B kennt und den Krümmungsradius der Bahn ausmißt, den Impuls des Teilchens bestimmen kann. Bild 7.4 zeigt eine ganze Reihe solcher Bewegungen und ist ein gutes Beispiel für die Menge an Information, die mit den großartigen Methoden der Teilchenphysik aus einem einzigen Bild gewonnen werden kann.

## 7.6. Allgemeine Krafttransformationen; Wirkung und Gegenwirkung

Im vorletzten Abschnitt befaßten wir uns mit einigen Krafttransformationen, die Sonderfälle darstellten, da eines der beiden gewählten Bezugssysteme das augenblickliche Ruhsystem des Teilchens war. Wir können diese Analyse jedoch dahingehend erweitern, daß sie uns die Transformationsgleichungen für die Kraft in zwei beliebigen Bezugssystemen liefert und zwar aufgrund der Definitionsgleichungen

$$\mathbf{F} = \frac{dp}{dt}, \qquad \mathbf{F}' = \frac{dp'}{dt'}$$

Bei der Berechnung werden die relativistischen Transformationsgleichungen für Geschwindigkeit, Impuls und Energie (und auch für x und t) benötigt; es wird also von Vorteil sein, wenn wir hier wenigstens einige der Gleichungen nochmals wiedergeben, die zur Ableitung der beiden grundlegenden Formen der Transformation erforderlich sind – für Kraftkomponenten parallel bzw. senkrecht zur Richtung der Relativbewegung der beiden Bezugssysteme.

Im System S sei der Impuls des Teilchens **p** und seine Energie E (im Raum-Zeit-Punkt x, y, z, t) und **p**′ und E′ seien Impuls und Energie des Teilchens nach Messungen in S′ im *gleichen* Raum-Zeit-Punkt (x′, y′, z′, t′). Wir haben dann

$$\left.\begin{aligned} x' &= \gamma\,(x - vt) \\ y' &= y \\ t' &= \gamma\left(t - \frac{vx}{c^2}\right) \end{aligned}\right\} \qquad (7.29)$$

$$\left.\begin{aligned} u'_x &= \frac{u_x - v}{1 - \frac{vu_x}{c^2}} \\ u'_y &= \frac{\frac{u_y}{\gamma}}{1 - \frac{vu_x}{c^2}} \end{aligned}\right\} \tag{7.30}$$

$$\left.\begin{aligned} p'_x &= \gamma\,(p_x - \frac{vE}{c^2}) \\ p'_y &= p_y \\ E' &= \gamma\,(E - vp_x) \end{aligned}\right\} \tag{7.31}$$

Da die auf ein Teilchen wirkende Kraft $\mathbf{F}'$ in S' durch

$$\mathbf{F}' = \frac{d\mathbf{p}'}{dt'}$$

gegeben ist, folgt aus den Gleichungen (7.31) und der Lorentz-Transformation für die Zeit, daß

$$F'_x = \frac{dp'_x}{dt'} = \frac{\frac{dp'_x}{dt}}{\frac{dt'}{dt}} = \frac{\gamma\left(\frac{dp_x}{dt} - \frac{v}{c^2}\frac{dE}{dt}\right)}{\gamma\left(1 - \frac{v}{c^2}\frac{dx}{dt}\right)}$$

d.h.

$$F'_x = \frac{F_x - \frac{v}{c^2}\frac{dE}{dt}}{1 - \frac{vu_x}{c^2}} \tag{7.32}$$

dE/dt ist nun die in S gemessene zeitliche Energieänderung des Teilchens. In der Newtonschen Mechanik entspricht das natürlich der Größe $\mathbf{F} \cdot \mathbf{u}$, der pro Zeiteinheit von der Kraft $\mathbf{F}$ verrichteten Arbeit. Wie die folgenden Argumente zeigen, gilt das auch in der relativistischen Dynamik:

Wir haben

$$E^2 = c^2 p^2 + E_0^2 = c^2\,(\mathbf{p} \cdot \mathbf{p}) + E_0^2$$

Daher ist

$$E\frac{dE}{dt} = c^2 \mathbf{p} \cdot \frac{d\mathbf{p}}{dt} = c^2 \mathbf{p} \cdot \mathbf{F}$$

Nun ist aber $E = mc^2$, also ist

$$\frac{dE}{dt} = \mathbf{F} \cdot \frac{\mathbf{p}}{m} = \mathbf{F} \cdot \mathbf{u}$$

Gl. (7.32) erhält also die folgende Form

$$F'_x = \frac{F_x - \frac{v}{c^2} \mathbf{F} \cdot \mathbf{u}}{1 - \frac{vu_x}{c^2}} \tag{7.33}$$

Analog, aber auf sehr viel einfachere Weise ist die folgende Gleichung zu erhalten

$$F'_y = \frac{F_y}{\gamma\left(1 - \frac{vu_x}{c^2}\right)} \tag{7.34}$$

(Beachten Sie, daß für $\mathbf{u} = 0$ wieder die einfachen Ergebnisse $F'_x = F_x$, $F'_y = F_y/\gamma$ herauskommen.) Für die Beziehung zwischen $F'_z$ und $F_z$ gilt eine Gleichung, die genau die gleiche Form hat wie Gl. (7.34) und die $F_x$, $F_y$, $F_z$ in S' entsprechenden Ausdrücke ergeben sich, wenn man in Gleichungen der Form von Gl. (7.33) und Gl. (7.34) das Vorzeichen von v ändert.

Gl. (7.33) ist deshalb sehr interessant, weil sie besagt: Die Einheit der Kraft in dem einen System bedingt im anderen System eine Einheit der *Leistung* dieser Kraft. Das ist ein weiterer Beweis für die engen Beziehungen zwischen Raum- und Zeitmessungen in einer relativistischen Darstellung der Zusammenhänge. In der klassischen Mechanik gibt es hierfür kein entsprechendes Gegenstück. Darüber wurde folgendes bemerkt [1]):

In der klassischen Mechanik waren immer zwei Gedankengänge möglich. Einesteils definierte man die „Kraft" als „die zeitliche Änderung des Impulses", andernteils als „die räumliche Änderung der Energie", und verschiedene Autoren haben jeweils einen der beiden Aspekte bevorzugt. *Galilei* entwickelte den ersteren, *Huygens* den letzteren. In der Welt vierdimensionaler Vektoren wurden diese beiden Vorstellungen vereint und unterscheiden sich nur als Teilaspekte eines größeren Begriffskomplexes. . .

Mit Bezug auf diese Bemerkung wollen wir darauf hinweisen, daß in einer vierdimensionalen Raum-Zeit-Welt die Kraftkomponenten $F_x$, $F_y$ und $F_z$ nur drei der vier Komponenten eines Weltvektors darstellen. Was ist nun die vierte Komponente und welche Bedeutung hat der Vektor? Ein Hinweis darauf ist Gl. (7.35) zu

---

1) Aus einem alten, aber ausgezeichneten Werk von *E. Cunningham,* Relativity, The Electron Theory and Gravitation (Relativität, Elektronentheorie und Gravitation), Longmans, Green, London 1921.

entnehmen, in der die Größe $\mathbf{F} \cdot \mathbf{u}$ auftritt. Eine einfache Rechnung, sehr ähnlich der Berechnung der Transformation von $F'_x$ führt zu folgendem Ergebnis:

$$\mathbf{F}' \cdot \mathbf{u}' = \frac{(\mathbf{F} \cdot \mathbf{u}) - v F_x}{1 - \frac{v u_x}{c^2}} \tag{7.35}$$

Der Ausdruck $(\mathbf{F} \cdot \mathbf{u})/c$ hat die gleiche Dimension wie die räumlichen Komponenten von $\mathbf{F}$, man kann mit ein wenig Umformen aus diesen vier Größen eine Invariante konstruieren. Das ist jedoch eigentlich eine überflüssige Arbeit, denn damit wird nur wieder betont, daß Impuls und Energie, weniger die Kraft, die Grundlage der relativistischen Dynamik darstellen.

Es muß darauf hingewiesen werden, daß eine der grundlegenden Feststellungen *Newtons* über Kräfte zwischen Körpern – actio est reactio – in der relativistischen Mechanik kaum eine Rolle spielt. Im wesentlichen muß eine Aussage über die Kräfte, die sich als Resultat ihrer Wechselwirkung auf zwei Körper ergeben, *auf einen bestimmten Augenblick* beziehen. Auf Grund der Relativität der Gleichzeitigkeit hat das nur dann einen eindeutigen Sinn, wenn die Punkte, in denen die Kräfte angreifen, durch eine vernachlässigbar kleine Strecke getrennt sind. In diesem Sinn ist die oben zitierte Bemerkung von *Max Jammer* zu verstehen, daß die Vorstellung einer Fernwirkung in der relativistischen Dynamik nichts zu suchen habe. Auch wenn man weiß, daß die auf einen Körper wirkende Kraft nur eine Folge der Gegenwart eines anderen Objektes ist, gibt es keine Methode, mit der ihre *gegenseitige* Beeinflussung eindeutig beschrieben werden könnte. Wir können nur die Kraft, die in einem bestimmten Raum-Zeit-Punkt auf jeweils einen der beiden Körper ausgeübt wird, beschreiben. Das bedeutet natürlich *nicht,* daß wir etwa keine quantitative Aussage über die Kraft, die aus der Sicht eines gegebenen Bezugssystems von einem Körper auf einen anderen ausgeübt wird, machen können [1]). Die relativistische Analyse besagt jedoch: Wir müssen schließen, daß nach Messungen in einem gegebenen Inertialsystem die Kräfte der Wirkung und der Gegenwirkung *nicht* gleich groß und entgegengerichtet sind, und daß daher auch der Gesamtimpuls der einander beeinflussenden Teilchen nicht Augenblick für Augenblick erhalten bleibt. Soll die Erhaltung des Impulses weiterhin gelten, so führt diese Aussage zur Vorstellung, daß Impuls (wie auch Energie) in dem Feld enthalten sind, das die Wechselwirkung voneinander entfernter Teilchen beschreibt. Was die Teilchen allein anlangt, so gilt das Prinzip der Erhaltung des Impulses nur für den Vergleich der Anfangs- und Endsituation (d.h. bevor die Wechselwirkung einsetzt bzw. nachdem sie beendet ist). Während der wechselseitigen Beeinflussung selbst muß immer noch der Impuls des Wechselwirkungsfeldes einbezogen werden, wenn die Aufrechterhaltung des Gesamtimpulses in jedem Augenblick und für alle Bezugssysteme gelten soll.

---

1) Wir werden das in Kapitel 8 sogar wiederholt tun.

Eine weitere Konsequenz der Krafttransformationen ist folgende: Wenn nach Messungen in einem System die Kraft, die auf einen Körper wirkt, von seiner Lage, nicht jedoch von seiner Geschwindigkeit abhängt, dann hängt diese Kraft in einem anderen Bezugssystem sowohl von der Geschwindigkeit als auch von der Lage des Körpers ab. Das wahrscheinlich wichtigste Beispiel dafür stammt aus dem Elektromagnetismus. Die Kraft, die auf ein bewegtes Elektron von einer ruhenden Ladung ausgeübt wird, ist ganz einfach durch das Coulombsche Gesetz gegeben. Stellen wir uns aber ein Bezugssystem vor, in dem die Ladungen, die die Kraft ausüben, bewegt sind, dann hängt die auf das Elektron wirkende Kraft von seiner Geschwindigkeit und von der Bewegung der anderen Ladungen ab. Es geht dabei also die magnetische Kraft zwischen zwei elektrischen Strömen in die Berechnungen ein. In diesem Ergebnis sind die ersten Anfänge einer Entwicklung zu sehen, durch die die enge Beziehung zwischen elektrischen und magnetischen Feldern aufgezeigt wird. Um jedoch diesem ganzen Problemkreis gerecht werden zu können, müßte dieses Thema eigens und auch viel eingehender behandelt werden, da unsere bisherigen Bemerkungen dazu nur Hinweise und völlig unzureichend waren. Das letzte Kapitel dieses Buches ist deshalb ganz einer Diskussion dieses Problems gewidmet.

## 7.7. Aufgaben

**7.1.** Ein relativ zum Labor bewegtes K-Meson zerfällt in zwei $\pi$ Mesonen. Im Endstadium ist eines der beiden $\pi$ Mesonen im Ruhezustand. Bestimmen Sie die Energie des K-Mesons, sowie die Energie des zurückbleibenden $\pi$ Mesons. (Ruhmasse des K-Mesons = 494 MeV; Ruhmasse des $\pi$ Mesons $\simeq$ 137 MeV.)

**7.2.** Das Teilchenpaar Elektron-Positron kann sich bilden, wenn ein Gammaquant ein ruhendes Elektron trifft:

$$\gamma + e^- \rightarrow e^- + e^+ + e^-$$

Wie groß muß die Energie des Gammaquants mindestens sein, damit dieser Prozeß ablaufen kann?

**7.3.** Ein Teilchenbeschleuniger liefert Protonen mit einer kinetischen Energie von 200 GeV. Die Ruhmasse $m_0$ eines Protons entspricht 0,938 GeV. Berechnen Sie die größte mögliche Ruhmasse $M_0$ eines Teilchens X, das durch das Auftreffen eines dieser energiereichen Protonen auf ein ruhendes Proton erzeugt werden könnte. Es finde folgender Prozeß statt:

$$p + p \rightarrow p + p + X$$

**7.4.** Ein Teilchen der Ruhmasse M stößt elastisch mit einem ruhenden Teilchen der Ruhmasse $m \ll M$ zusammen. Die Anfangsgeschwindigkeit von M sei so groß, daß $\gamma = M/m$. Es ist zu beweisen, daß der maximal mögliche Streuwinkel, um den M abgelenkt werden kann, näherungsweise $m/\sqrt{3}\,M$ ist. Zeigen Sie auch, daß der maximale Abprallwinkel von m 90° ist.

7.5. Ein Teilchen der Ruhmasse m und der Geschwindigkeit v kollidiert elastisch mit einem ruhenden Teilchen der Ruhmasse M. Der Abprallwinkel und der Streuwinkel sind durch die entsprechenden Winkel im impulsfreien Bezugssystem auszudrücken. Zeigen Sie, daß für $v \ll c$ die Lösung nichtrelativistisch ist.

7.6. Die kinetische Energie $E_k$ eines Systems im Laborsystem ist mit der kinetischen Energie $E_k^*$ im Schwerpunktssystem im nichtrelativistischen Fall durch die Beziehung $E_k = E_k^* + MV^2/2$ verbunden, wobei M die Gesamtmasse des Systems ist und V die Geschwindigkeit des Schwerpunktes. Wie lautet der analoge Ausdruck im relativistischen Fall? Zeigen Sie, daß der betreffende Ausdruck auf die Form des obigen zurückzuführen ist, wenn alle Geschwindigkeiten sehr viel kleiner als c sind.

7.7. a) Ein Photon der Energie E nähert sich dem Ursprung 0 eines Koordinatensystems S, wobei seine Bahn einen Winkel $\alpha$ mit der y-Achse bildet (Bild 7.5). Berechnen Sie mit Hilfe der Lorentz-Transformationen für Impuls und Energie (Gl. (7.11)) die Energie des Photons in einem Bezugssystem S′, in dem es sich genau entlang der y-Achse bewegt.

b) Analysieren Sie die Aufgabe über den Mößbauer-Effekt (Aufgabe 6.6) auf die gleiche Weise, indem Sie die Energie des aufgefangenen Photons für das Bezugssystem berechnen, in dem der Absorber am Rand der Drehscheibe sich in jedem Augenblick in Ruhe befindet. Es erweist sich das als Alternativmethode für die Ableitung der Gleichung für den Dopplereffekt.

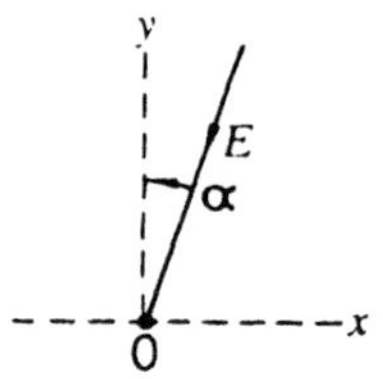


Bild 7.5

7.8. Bei Aufgabe 5.18 hatten Sie sich mit dem Problem eines beschleunigten Objektes zu befassen und zwar wurde dieses Objekt für die Dauer einer Zeitspanne t (Erdzeit) konstant mit 9,8 m/s² (g) relativ zu seinem eigenen Ruhsystem beschleunigt. Lösen Sie diese Aufgabe nochmals und verwenden Sie dazu das Ergebnis $F_x = F'_x$ und den variablen Zeitdilatationsfaktor $\gamma(v)$, der in jedem Stadium die Zeitausdrücke dt und dt′ in Beziehung setzt.

7.9. Ein Zyklotron ist eine Maschine, die zur Beschleunigung positiver Ionen auf Energien von einigen wenigen MeV dient (Bild 7.6). Die „D's" sind Halbdosen aus Metall, die den Einfluß elektrischer, nicht jedoch magnetischer Felder eliminieren. Im gesamten Vakuumtank herrscht also das konstante Magnetfeld B, während das nach einer Sinusfunktion alternierende elektrische Feld nur zwischen den beiden D-Halbdosen wirkt. Ist dieses Feld mit den Ionen in Phase, dann werden diese dadurch einmal pro Halbperiode beschleunigt, dadurch nimmt dann die Energie der Teilchen und also auch der Bahnradius zu, bis sie schließlich durch das Fenster austreten.

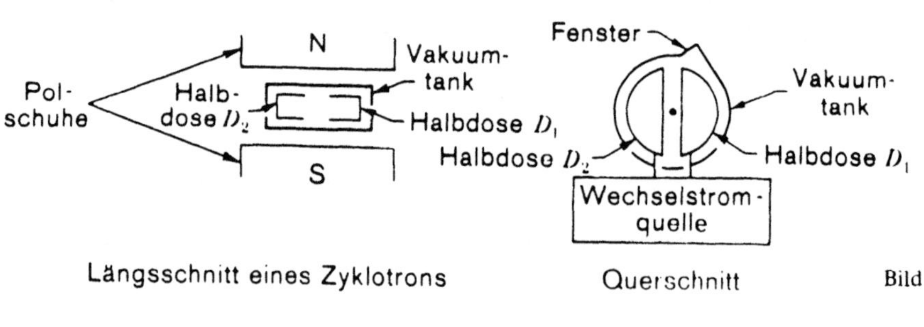


Bild 7.6

a) Bestimmen Sie die Kreisfrequenz der Ionen im Zyklotron. Zeigen Sie, daß die Lösung nicht von der kinetischen Energie der Ionen abhängt wenn $v \ll c$. Berechnen Sie das auch numerisch für Protonen und für B = 1,5 MKS-Einheiten (Weber/$m^2$).

b) Wenn der größte verwendbare Durchmesser in den Halbdosen 60 cm beträgt, wie groß ist dann die höchste kinetische Energie und Geschwindigkeit, die ein Proton auf dem betreffenden Umlauf erreichen kann?

c) Wenn der Beschleunigungsstoß, den die Protonen jedesmal beim Durchqueren des Zwischenraums erhalten, $10^5$ V entspricht, wieviele Umläufe muß dann ein Proton ausführen, bevor es das Zyklotron durch das Fenster verlassen kann? Wie lange dauert der betreffende Beschleunigungsprozeß?

d) Welche technischen Schwierigkeiten ergeben sich, wenn der größte verwendbare Durchmesser sehr vergrößert wird (auf 6 m zum Beispiel)?

**7.10.** Bei einem Blasenkammerversuch im Labor (*H. Whiteside, J. N. Palmieri* und *R. A. Burnstein*, Am. J. Phys., **34**, 1005 (1966)) beobachtete man, daß ein $K^-$Meson mit einem ruhenden Proton reagierte, wobei ein $\pi^+$ Meson und ein unbekanntes (X) Elementarteilchen entstand. Es wurden drei Bläschenspuren (Bild 7.7) festgestellt. Das magnetische Feld in der Blasenkammer entsprach 1,70 ± 0,07 Weber/$m^2$ (MKS-Einheiten).

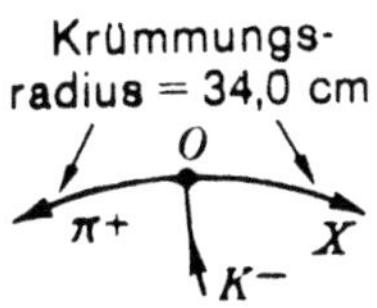


Bild 7.7

a) Weshalb zeigen die vom Scheitel 0 (dem Ort der Reaktion) ausgehenden Bahnspuren, daß das $K^-$ Meson zum Zeitpunkt der Reaktion im Ruhezustand war?

b) Identifizieren Sie das unbekannte Teilchen anhand der folgenden Tabelle.

| Name und Symbol | | Ruhmasse MeV | Ladung, Einheit = e |
|---|---|---|---|
| Positron, Elektron | $e^+, e^-$ | 0,511 | ± 1 |
| Myon | $\mu^+, \mu^-$ | 105,7 | ± 1 |
| Pi-Meson | $\pi^+, \pi^-$ | 139,6 | ± 1 |
| K-Meson | $K^+, K^-$ | 493,8 | ± 1 |
| Proton | $p^+$ | 938,3 | 1 |
| Neutron | n | 939,6 | 0 |
| Lambda | $\Lambda^0$ | 1115,4 | 0 |
| Sigma Plus | $\Sigma^+$ | 1189,4 | 1 |
| Sigma Null | $\Sigma^0$ | 1192,3 | 0 |
| Sigma Minus | $\Sigma^-$ | 1197,2 | - 1 |
| Xi Null | $\Xi^0$ | 1314,3 | 0 |
| Xi Minus | $\Xi^-$ | 1320,8 | - 1 |
| Omega Minus | $\Omega^-$ | 1675 | - 1 |

# 8. Relativität und Elektrizität

Was mich mehr oder weniger unmittelbar auf die spezielle Relativitätstheorie gebracht hat, war die Überzeugung, daß die elektromotorische Kraft, die auf einen sich in einem Magnetfeld bewegenden Körper wirkt, nichts weiter ist als ein elektrisches Feld.

*Albert Einstein* (1952)

Aus einem Brief an das Michelson Commenorative Meeting der Cleveland Physics Society, nach einem Zitat von *R. S. Shankland,* Am. J. Phys. **32**, 16 (1964), p. 35.

Gegen Ende des 19. Jahrhunderts waren die grundlegenden Erscheinungen der klassischen Lehre von der Elektrizität und vom Magnetismus bekannt: Elektrisch geladene Körper üben Kräfte aufeinander aus, die durch elektrische Felder beschrieben werden können. Elektrisch *neutrale,* stromdurchflossene Leiter üben aufeinander und auf Magnete Kräfte aus, die durch Magnetfelder beschrieben werden können. Ein zeitlich veränderliches Magnetfeld kann in einem Leiterkreis einen elektrischen Strom zum Fließen bringen: Es tritt *elektromagnetische Induktion* auf. Elektrische Störungen (wie Radiowellen) können sich im Raum ausbreiten. Im Jahre 1864 entwickelte *James Clerk Maxwell* ein System von Gleichungen, um die Zusammenhänge zwischen elektrischen Feldern, Magnetfeldern, ruhenden und bewegten Ladungen exakt zu beschreiben. Das Relativitätsprinzip verlangt, daß diese Beziehungen unverändert gültig bleiben, unabhängig davon, auf welches Inertialsystem die Beobachtungen bezogen werden.

Durch das Relativitätsprinzip werden jeder Theorie strenge Bedingungen auferlegt. Nehmen wir einmal an, wir befinden uns im Inertialsystem S und entdecken ein Gesetz, das das von einer bewegten Ladung erzeugte elektrische Feld beschreibt. In einem anderen, von S verschiedenen Inertialsystem S′ wird sich unsere Ladung mit einer ganz anderen Geschwindigkeit bewegen und das elektrische Feld wird daher andere Werte annehmen. Wissen wir jedoch, welche Transformationen anzuwenden sind, um von den in S erhaltenen Meßergebnissen auf die in S′ erhaltenen zu kommen, dann können wir auch das Gesetz finden, das die in S′ gültige Beziehung zwischen der bewegten Ladung und ihrem elektrischen Feld formuliert. Auf Grund des Relativitätsprinzip muß dieses Gesetz mit dem für S gefundenen genau übereinstimmen.

Das Relativitätsprinzip kann auf unterschiedliche Weise angewendet werden. Glauben wir ein Naturgesetz zu kennen, das den Zusammenhang verschiedener Beobachtungsgrößen beschreibt, so können wir das Relativitätsprinzip verwenden, um die entsprechende Transformation der Beobachtungsgrößen zu finden. Wissen wir bereits (oder glauben wir zu wissen), wie Beobachtungsgrößen zu transformieren sind, dann können wir prüfen, ob eine Theorie das Relativitätsprinzip befriedigt oder nicht. Wenn nicht, dann ist irgend etwas an der Theorie falsch. So fand *Einstein,* daß die Newtonsche Mechanik die Prüfung nicht bestand; er machte Vorschläge, wie sie auf geeignete Weise zu verändern sei.

Wie wir bereits mehrfach gesehen haben, werden die Abweichungen von der Newtonschen Mechanik umso größer, je mehr die betrachteten Geschwindigkeiten sich der Lichtgeschwindigkeit nähern. Das ist nicht verwunderlich, denn die Gültigkeit der Newtonschen Mechanik ist ursprünglich ja nur bei kleinen Geschwindigkeiten überprüft worden. Es ist immer ein Risiko, ein Gesetz außerhalb seines Gültigkeitsbereiches anzuwenden.

*Wirklich* überraschend war aber die Tatsache, daß die Maxwellgleichungen auch bei hohen Geschwindigkeiten *unverändert* gültig blieben. Die experimentellen Beobachtungen der von bewegten Ladungen hervorgerufenen Erscheinungen, die damals *Maxwell* zur Verfügung standen, waren alle bei kleinen Geschwindigkeiten gemacht worden. Nichtsdestoweniger sind auch heute noch die Maxwellgleichungen in genau derselben Form gültig, selbst wenn die Geschwindigkeiten der Ladungen der Lichtgeschwindigkeit sehr nahe kommen. Tatsächlich forderte *Einstein,* daß die Maxwellgleichungen die elektromagnetischen Erscheinungen in jedem Inertialsystem beschreiben müssen, wodurch er die Transformationsgleichungen für elektrische und magnetische Felder ableiten konnte.

Historisch gesehen war die Theorie des Elektromagnetismus vor der speziellen Relativitätstheorie da. Wir können dies auch daraus ersehen, daß *Einsteins* berühmte, 1905 erschienene Arbeit „Über die Elektrodynamik bewegter Körper" betitelt war. Heute jedoch sind wir im Besitz der Relativitätstheorie, einer wohlfundierten. Wir können sie zum Aufbau der Theorie des Elektromagnetismus verwenden. Hier wollen wir jedoch keineswegs so hoch hinaus – wir wollen lediglich zeigen, wie bei Anwendung der Prinzipien und Methoden der Relativitätstheorie der enge Zusammenhang zwischen elektrischen und magnetischen Erscheinungen demonstriert werden kann. Sozusagen als Einleitung wollen wir diejenigen Ergebnisse des Elektromagnetismus betrachten, die für unsere Diskussion wesentlich sind.

## 8.1. Das Coulombsche Gesetz

Die von *Coulomb* und anderen durchgeführten Experimente zeigten, daß die Kraft, die eine ruhende Ladung $Q_1$ auf eine andere ruhende Ladung $Q_2$ ausübt, den Größen dieser beiden Ladungen direkt und dem Quadrat ihres gegenseitigen Abstandes umgekehrt proportional ist und in Richtung der Verbindungslinie der Ladungen wirkt. Wir können dies folgendermaßen anschreiben:

$$\mathbf{F} = k \frac{Q_1 Q_2}{r^2} \mathbf{e}_r \qquad (8.1)$$

**F** ist die Kraft, mit der $Q_1$ auf $Q_2$ wirkt, k ist ein Proportionalitätsfaktor, r ist der Abstand zwischen $Q_1$ und $Q_2$ und $\mathbf{e}_r$ ist ein Einheitsvektor in der Richtung von $Q_1$ nach $Q_2$ [1]). Definitionsgemäß ist im CGS-System die Konstante k gleich eins. Im MKSA-System ist k etwa $9 \cdot 10^9\ \mathrm{N} \cdot \mathrm{m}^2 \cdot \mathrm{C}^{-2}$. Die Größe der Kraft hängt vom Verhalten der Ladung $Q_2$ ab, oder genauer gesagt, vom Verhalten des Trägers der Ladung $Q_2$. Wir wollen $Q_1$ als *Feldladung (felderzeugende Ladung)* und $Q_2$ als *Probeladung* bezeichnen; genau so gut könnten wir natürlich die beiden ihre Rollen tauschen lassen.

Da $\mathbf{e}_r$ gleich $\mathbf{r}/r$ ist, wobei **r** der $Q_1$ mit $Q_2$ verbindende Vektor ist, kann das Coulombsche Gesetz auch in der folgenden Form geschrieben werden:

$$\mathbf{F} = k Q_1 Q_2 \frac{\mathbf{r}}{r^3} \qquad (8.1a)$$

Auch in dieser Schreibweise ist die Kraft dem Abstandsquadrat umgekehrt proportional, obwohl im Nenner $r^3$ steht.

Wird eine Probeladung zwischen zwei geladenen Platten (z.B. in einem Millikan-Apparat) festgehalten, dann kann die auf sie wirkende Kraft nach dem Coulombschen Gesetz berechnet werden. Bewegt sich das Probeteilchen zwischen den geladenen Platten z.B. in einer Kathodenstrahlröhre, kann durch Ausmessung der Ablenkung der Teilchenbahn gezeigt werden, daß die auf die bewegte Ladung wirkende Kraft *noch immer* durch Gl. (8.1) exakt beschrieben wird. Diese Gleichung gilt schließlich auch dann noch, wenn die Geschwindigkeit der Probeladung der Lichtgeschwindigkeit nahekommt. Die im Film „The Ultimate Speed" (Die Grenzgeschwindigkeit) gezeigten Untersuchungen beweisen, daß man die Energie, die ein sehr schnelles Elektron, das sich in einem elektrischen Kraftfeld bewegt, erreicht, berechnen kann, wenn man annimmt, daß die Kraft durch Gl. (8.1) exakt gegeben ist. Verallgemeinert man diese Beobachtungen, so kann man sagen: *Für eine ruhende Feldladung ist die auf die Probeladung wirkende Kraft exakt durch das Coulombsche Gesetz gegeben, unabhängig davon, wie hoch die Geschwindigkeit der Probeladung ist* (Bild 8.1). Da **F** der Größe der Probeladung proportional und von ihrer Geschwindigkeit unabhängig ist, können wir unser Wissen über die Kraft $\mathbf{F}_{el}$ für einen gegebenen Wert von $Q_2$ verwenden, um das *elektrische Feld* **E** am Ort der Probeladung zu bestimmen:

$$\mathbf{F}_{el} = Q_2 \mathbf{E} \qquad (8.2)$$

---

[1]) Das Symbol e für einen Einheitsvektor kommt vom Wort Einheit.

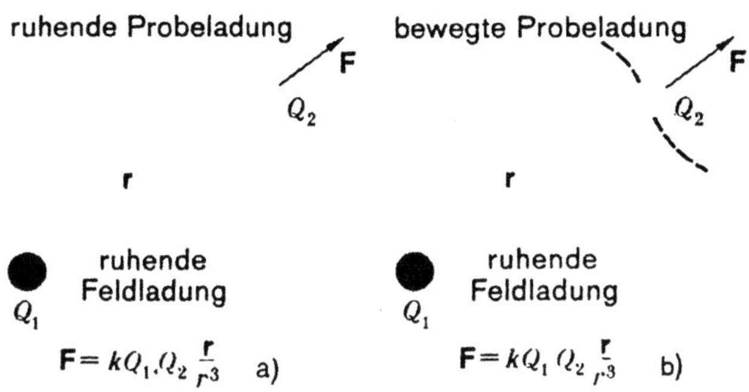


Bild 8.1
Das Coulombsche Gesetz
a) Erste Formulierung für zwei ruhende Ladungen.
b) Es bleibt gültig, wenn sich die Probeladung bewegt, solange nur die Feldladung ruht.

Im Falle einer ruhenden Feldladung $Q_1$ ist demnach

$$\mathbf{E} = \frac{k\,Q_1}{r^2}\,\mathbf{e}_r \tag{8.2a}$$

Ist der Wert von **E** gegeben, so können wir die auf ein beliebiges Teilchen in gegebener Lage wirkende Coulombkraft berechnen.

## 8.2. Magnetische Kraft und bewegte Ladung

Ungeachtet der eben festgestellten Tatsache, daß die auf ein geladenes Teilchen wirkende Coulombkraft von der Bewegung des Teilchens unabhängig ist, *kann* auf ein an einem gegebenen Punkt befindliches geladenes Teilchen eine Kraft wirken, die doch von seiner Geschwindigkeit abhängt. Eine solche Kraft tritt dann auf, wenn sich die Ladung in einem Magnetfeld befindet. Dieses Feld hat eine wohldefinierte Richtung, die z.B. mittels einer Kompaßnadel feststellbar ist. Die auf die bewegte Ladung wirkende Kraft ergibt sich aus der Gleichung (vgl. Kapitel 7):

$$\mathbf{F}_{mag} = \text{const.}\,(Q_2\,\mathbf{u} \times \mathbf{B})$$

**u** ist hier die Geschwindigkeit des geladenen Teilchens (Ladung $Q_2$) und **B** gibt Feldstärke und Richtung des Magnetfeldes an. Im MKS-System ist die Konstante gleich eins, da die Einheiten der Ladung und der Feldstärke entsprechend definiert sind.

Im CGS-System zeigt sich, daß die Konstante gleich $1/c$ ist. Wie kommt es zu diesem Ergebnis? Wir wollen in diesem Kapitel nicht auf Probleme von Einheiten und Maßsystemen eingehen, da dies nicht zum Thema gehört. Andererseits verschwindet viel von der scheinbaren Willkürlichkeit auf dem Gebiet des Elektromagnetismus, wenn wir ihn im Lichte der Relativitätstheorie betrachten. Durch sie verstehen wir die wesentlichen Zusammenhänge zwischen dem Coulombschen Gesetz und dem Gesetz des Magnetfeldes und zwischen den in diesen Gesetzen auftretenden Konstanten. Es ist daher zweckmäßig, auf diese beiden grundlegenden Kraftgesetze etwas näher einzugehen.

Als die Elektrostatik sich noch im Stadium der Entwicklung befand, wurde das Coulombsche Gesetz (Gl. (8.1)) für die Definition der elektrischen Ladung verwendet. Da damals das CGS-System allgemein bei mechanischen Messungen angewendet wurde, wurde die Einheitsladung so definiert, daß zwei Einheitsladungen im Vakuum bei einem gegenseitigen Abstand von 1 cm aufeinander die Kraft von 1 dyn ($10^{-5}$ Newton) ausüben. Dann kann die zwischen zwei beliebigen Ladungen im Vakuum wirkende Kraft gleich $Q_1 Q_2/r^2$ gesetzt werden. So hat man im CGS-System die Ladungseinheit (1 Ces = 1 elektrostatisches Coulomb) durch die zwischen relativ zueinander *ruhenden* Ladungen wirkende Kraft definiert.

Viel später erst wurde erkannt, daß man, da elektrische Ströme ja bewegte Ladungen sind, die Ladungseinheit auch anders hätte definieren können, nämlich aufgrund der magnetischen Kraft, die ein Strom auf einen anderen ausübt. Man ging diesen Weg, um die praktische Ladungseinheit (1 Coulomb) zu definieren; auf dieser Einheit beruhen die elektrischen Messungen im MKS-System [1]). In diesem System kann mit entsprechend definierter Einheit des Magnetfeldes das Grundgesetz für die auf eine *bewegte* Ladung wirkende Kraft auf folgende Weise angeschrieben werden:

$$\mathbf{F}_{mag} = Q_2 \mathbf{u} \times \mathbf{B} \qquad \text{(MKS-System)} \tag{8.3}$$

Kennen wir den Wert von **B** in einem bestimmten Punkt, dann können wir die magnetische Kraft, die auf ein beliebiges geladenes Teilchen mit beliebiger Geschwindigkeit in diesem Punkt wirkt, berechnen.

Die *gesamte* elektromagnetische Kraft, die auf eine Ladung in einem gegebenen Punkt wirkt, ergibt sich dann als Summe: Sie ist gleich der elektrischen Kraft nach Gl. (8.1) plus der magnetischen Kraft nach Gl. (8.3). Im allgemeinen ist also

$$\mathbf{F} = Q_2 (\mathbf{E} + \mathbf{u} \times \mathbf{B}) \qquad \text{(MKS-System)} \tag{8.4}$$

[1]) Der wesentliche Unterschied besteht nicht darin, daß wir Zentimeter und Gramm statt Meter und Kilogramm verwenden, sondern ob wir der Definition der Einheitsladung das Coulombsche Gesetz oder die Kraft zwischen Strömen zugrundelegen.

eine Beziehung, die als das *Lorentzsche Kraftgesetz* bekannt ist. Wir können Gl. (8.4) als Grundlage für die *Definition* des elektrischen Feldes **E** und des Magnetfeldes **B** mittels der Kräfte verwenden, die auf Ladungen bei unterschiedlichem Zustand der Bewegung (einschließlich der Ruhe) in einem gegebenen Punkt wirken.

Das Coulombsche Gesetz gibt eine vollständige Beschreibung der auf ein geladenes, ruhendes oder bewegtes Teilchen von *ruhenden* Ladungen ausgeübten Kraft. Die magnetische Kraft rührt von *bewegten Feldladungen* her. Das kommt klar zum Ausdruck, wenn wir die Wechselwirkung stromführender Drähte betrachten. Ein Draht ist elektrisch neutral (jedenfalls in sehr guter Näherung), egal ob er Strom führt oder nicht. Er übt auf ein in seiner Nähe befindliches geladenes Teilchen keine Coulombkraft aus. Führt er aber Strom, so wird um ihn herum ein Magnetfeld aufgebaut und eine Kraft, wie sie durch Gl. (8.3) gegeben ist, wirkt auf ein geladenes Teilchen, das sich in der Nähe des Leiters bewegt. Da der Strom nichts anderes als geordnete Bewegung von Elektronen im Draht ist, kann das Auftreten des Magnetfeldes dieser Bewegung zugeschrieben werden. Die Kraft, die ein stromführender Draht auf einen anderen ausübt (beide Drähte sind elektrisch neutral!), kann vom mikroskopischen Standpunkt durch die magnetischen Kräfte, die die in dem einen Draht bewegten Feldladungen auf die bewegten Probeladungen im anderen Draht ausüben, erklärt werden. Mit dieser Tatsache wollen wir uns später noch eingehend beschäftigen. Ebenso wie im Fall des Coulombschen Gesetzes ist die Bezeichnung der einen Ladung als Feldladung und der anderen als Probeladung rein willkürlich.

## 8.3. Die relativistische Deutung

Vom Standpunkt einer Theorie aus betrachtet, die alle Inertialsysteme als physikalisch äquivalent betrachtet, kann kein Unterschied zwischen den von ruhenden Ladungen und den von bewegten Ladungen hervorgerufenen Effekten gemacht werden. Eine solche Unterscheidung hängt ja letzten Endes nur von der Wahl des Bezugssystemes ab. Eine Probeladung, die sich relativ zu dem einen System bewegt, und demnach unter der Wirkung einer magnetischen Kraft steht, ruht relativ zu einem anderen Bezugssystem, so daß auf sie keine magnetische Kraft wirkt, auch wenn sie sich in einem Magnetfeld befindet. Analog ist eine Feldladung, die sich relativ zu einem System bewegt und daher die Quelle eines Magnetfeldes darstellt, in einem anderen System in Ruhe und kann in diesem nur ein elektrisches Feld erzeugen. Man kann immer ein Bezugssystem so wählen, daß ein beliebiges Teilchen in ihm ruht. Wir werden im folgenden noch oft auf diese Möglichkeit eingehen, durch die wir – zumindest in Gedanken – jedes gegebene Problem so transformieren können, daß entweder die Feldladung oder die Probeladung ruht.

Bei unserer Analyse untersuchen wir die zwischen Ladungen verschiedener Bewegungszustände wirkenden *Kräfte*. Wir gehen von der Wirkung aus, die eine ruhende elektrische Ladung hervorruft, d.h. also von der Coulomb-Wechselwirkung und von dem von der Ladung erzeugten Feld. Um diesen Ausgangspunkt zu gewinnen, kann es notwendig sein, zu Beginn eine Koordinatenverschiebung durchzuführen. Von einem anderen Koordinatensystem aus betrachtet, bewegt sich eine „ruhende" Ladung. Aufgrund der relativistischen Transformationen können wir das Geschehen in diesem neuen Koordinatensystem beschreiben. Wie wir sehen werden, ist das Gesetz, das das elektrische Feld einer bewegten Ladung beschreibt, von dem für eine ruhende Ladung geltenden Gesetz verschieden. Außerdem werden wir sehen, daß eine bewegte Ladung auf eine andere bewegte Ladung eine Kraft ausübt, die von der Geschwindigkeit *beider* Ladungen abhängt. Diese Wechselwirkung macht es uns möglich, das *Magnetfeld* der bewegten Ladung zu definieren, während eine ruhende Ladung kein solches Feld besitzt. In diesem Sinne ist *Einsteins* Ausspruch, den wir diesem Kapitel vorangestellt haben, zu verstehen: Was in dem einen Koordinatensystem als Magnetfeld erscheint, ist in einem anderen Koordinatensystem betrachtet ein elektrisches Feld. *Auf Grund des Coulombschen Gesetzes allein* (einschließlich der Relativitätstheorie) können wir die elektrische und magnetische Wechselwirkung von Ladungen, die sich mit beliebigen konstanten Geschwindigkeiten bewegen, beschreiben, und eine Reihe anderer Probleme behandeln (allerdings nicht alle), in denen beschleunigte Ladungen vorkommen.

Es sei noch einmal darauf hingewiesen, daß wir hier, in dieser Betrachtung, die *Kräfte* als das Primäre angesehen haben. Die Identifikation von elektrischen und magnetischen Feldern ist dann ein nächster Schritt, der auf einer Zerlegung der Gesamtkraft in Komponenten beruht, von denen die eine (**E**) nicht von der Geschwindigkeit der Probeladung abhängt, während das bei der anderen (**B**) der Fall ist.

## 8.4. Die Transformation des Coulombschen Gesetzes

Wenn wir sagen, daß die von einer ruhenden Feldladung auf eine Probeladung ausgeübte Kraft gleich $\mathbf{F} = k(Q_1 Q_2/r^2)\,\mathbf{e}_r$ ist, so müssen wir diese Feststellung präzisieren. Es ist eine Beziehung, die die Wechselwirkung zu einem bestimmten Zeitpunkt für ein bestimmtes Koordinatensystem (in dem $Q_1$ ruht) beschreibt. Der Vektor $\mathbf{r}$ gibt den räumlichen Abstand zwischen $Q_1$ und $Q_2$ zu diesem Zeitpunkt an; die Kraft $\mathbf{F}$ wirkt in der Richtung von $\mathbf{r}$. Unter der Wirkung dieser Kraft allein würde sich der Impuls $\mathbf{p}_2$ der Probeladung mit der Geschwindigkeit $d\mathbf{p}_2/dt = \mathbf{F}$ ändern – in anderen Worten, $d\mathbf{p}_2/dt$ ist ein Maß für die Kraft $\mathbf{F}$. Alle in diese Beziehung eingehenden kinematischen und dynamischen Größen, die Null-Geschwindigkeit der Feldladung, der Abstand zwischen Feldladung und Probeladung und die Ge-

**Tabelle 8.1**

$$\left.\begin{aligned} x' &= \gamma(x - vt) & \qquad x &= \gamma(x' - vt') \\ y' &= y & y &= y' \\ z' &= z & z &= z' \\ t' &= \gamma\left(t - \frac{vx}{c^2}\right) & t &= \gamma\left(t' + \frac{vx'}{c^2}\right) \end{aligned}\right\} \qquad (8.5)$$

$$\left.\begin{aligned} u'_x &= \frac{u_x - v}{1 - \frac{vu_x}{c^2}} & \qquad u_x &= \frac{u'_x - v}{1 + \frac{vu'_x}{c^2}} \\ u'_y &= \frac{\frac{u_y}{\gamma}}{1 - \frac{vu_x}{c^2}} & u_y &= \frac{\frac{u'_y}{\gamma}}{1 + \frac{vu'_x}{c^2}} \\ u'_z &= \frac{\frac{u_z}{\gamma}}{1 - \frac{vu_x}{c^2}} & u_z &= \frac{\frac{u'_z}{\gamma}}{1 + \frac{vu'_x}{c^2}} \end{aligned}\right\} \qquad (8.6)$$

$$\left.\begin{aligned} F'_x &= \frac{F_x - \frac{v}{c^2}(\mathbf{F} \cdot \mathbf{u})}{1 - \frac{vu_x}{c^2}} & \qquad F_x &= \frac{F'_x + \frac{v}{c^2}(\mathbf{F}' \cdot \mathbf{u}')}{1 - \frac{vu'_x}{c^2}} \\ F'_y &= \frac{\frac{F_y}{\gamma}}{1 - \frac{vu_x}{c^2}} & F_y &= \frac{\frac{F'_y}{\gamma}}{1 + \frac{vu'_x}{c^2}} \\ F'_z &= \frac{\frac{F_z}{\gamma}}{1 - \frac{vu_x}{c^2}} & F_z &= \frac{\frac{F'_z}{\gamma}}{1 + \frac{vu'_x}{c^2}} \end{aligned}\right\} \qquad (8.7)$$

schwindigkeit der Impulsänderung der Probeladung, werden jedoch in einem ganz bestimmten Koordinatensystem gemessen. Auf ein anderes, relativ zum ersten bewegtes Koordinatensystem bezogen, wird die Feldladung nicht mehr in Ruhe sein und der Abstand (definitionsgemäß zu einem gegebenen Zeitpunkt im neuen System gemessen) zwischen Feldladung und Probeladung kann ein anderer sein. Auch die Geschwindigkeit der Impulsänderung als Maß der auf die Probeladung wirkenden Kraft kann von der im ersten System gemessenen verschieden sein. Können wir die Werte dieser unterschiedlichen Größen im neuen Koordinatensystem messen, dann erhalten wir damit ein Gesetz, das die von einer bewegten Feldladung auf die Probeladung ausgeübte Kraft beschreibt. Alle Berechnungen, die wir durchführen, werden auf den Lorentz-Transformationen und den Kräftetransformationen, die wir im vorhergehenden Kapitel behandelt haben, basieren. Dieses Vorgehen mag zunächst sonderbar erscheinen, ist jedoch in der Tat ganz einfach.

Betrachten wir für den Anfang Fälle, in denen die Probeladung bezüglich des Koordinatensystems S ruht. In diesem Koordinatensystem tritt die einzige Kraft, die auf diese Ladung wirken kann, infolge eines *elektrischen* Feldes auf. Nehmen wir aber an, daß die *Feldladung* sich relativ zu S bewegt. Wir werden dann wie folgt vorgehen:

1. Wir gehen zu einem System S′ über, in dem die Feldladung ruht. Dann ist die in S′ auf die Probeladung wirkende Kraft durch das Coulombsche Gesetz (Gl. (8.1)) gegeben. (Die *Probe*ladung bewegt sich relativ zu S′, doch war, wie bereits festgestellt, die Voraussetzung für die Anwendbarkeit des Coulombschen Gesetzes nur eine ruhende Feldladung.)

2. Wir gehen wieder zu System S über, um einen Ausdruck für die Kraft zu erhalten, wie sie in S meßbar und durch in S definierte Größen ausdrückbar ist.

Wir werden die Transformationsgleichungen für Ort, Zeit, Geschwindigkeit und Kraft verwenden. Der Übersichtlichkeit wegen und da wir oft auf sie Bezug nehmen werden, haben wir sie in Tabelle 8.1 zusammengestellt.

## 8.5. Die auf eine ruhende Ladung wirkende Kraft

*Fall 1.* Die Feldladung $Q_1$ bewege sich mit konstanter Geschwindigkeit (v, 0, 0) relativ zu S und befinde sich zur Zeit t = 0 im Ursprung von S. Die Probeladung $Q_2$ ruhe auf der x-Achse im Punkt (x, 0, 0). Diese Verhältnisse sind in Bild 8.2a veranschaulicht.

Um die auf $Q_2$ wirkende Kraft zu erhalten, können wir zunächst nicht das Coulombsche Gesetz anwenden, da sich $Q_1$ bewegt und das Coulombsche Gesetz nur für eine ruhende Feldladung definiert war. Wir werden sehen, daß eine unmittelbare Anwendung des Coulombschen Gesetzes tatsächlich *nicht* den richtigen Wert für die auf die Probeladung wirkende Kraft liefert.

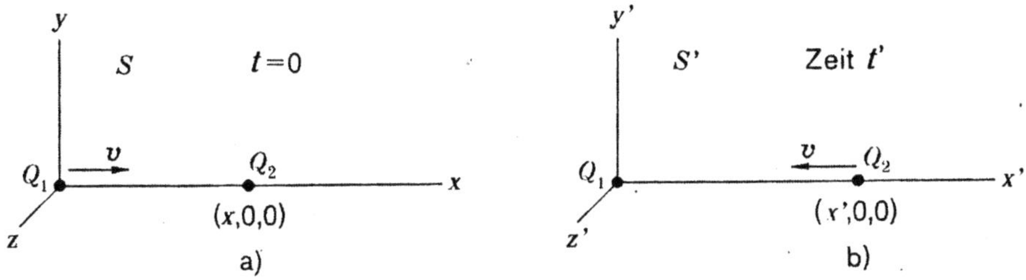


Bild 8.2. Der Fall einer bewegten Feldladung und einer ruhenden Probeladung (a) wird in ein anderes Bezugssystem (b) transformiert, in dem die Feldladung ruht und daher das Coulombsche Gesetz anwendbar ist.

Wir wollen jedoch die Situation, wie sie sich uns von S′ aus gesehen darbietet, betrachten. Das System S′ bewegt sich mit der Geschwindigkeit $\mathbf{v} = (v, 0, 0)$ relativ zu S. Demnach ruht die $Q_1$ im Ursprung von S′ und die Probeladung $Q_2$ bewegt sich längs der x Achse mit der Geschwindigkeit $\mathbf{u}' = (-v, 0, 0)$. Zur Zeit t′ befindet sich die Probeladung am Punkt (x′, 0, 0). Wir wählen x′ und t′ so, daß (x, 0, 0, 0) und (x′, 0, 0, t′) denselben Raum-Zeit-Punkt in S und S′ angeben. Die Situation wird in Bild 8.2b veranschaulicht.

Bevor wir weitergehen, wollen wir auf eine sehr wichtige Tatsache eingehen, die leicht übersehen werden könnte. Der Zweck unserer Berechnungen war es, die von $Q_1$ auf $Q_2$ ausgeübte Kraft zu bestimmen, wie sie zum Zeitpunkt $t = 0$ in S gemessen werden kann. Beschreiben wir ein an einem Punkt stattfindendes Ereignis mittels seiner Koordinaten (x, y, z, t), dann sind die Raum-Zeit-Koordinaten von $Q_1$ und $Q_2$ (0, 0, 0, 0) und (x, 0, 0, 0). Wir gehen zum System S′ unter Verwendung der Lorentz-Transformationen

$$x' = (x - vt),\quad y' = y,\quad z' = z,\quad t' = \gamma\left(t - \frac{vx}{c^2}\right)$$

über. Damit erhalten wir als Ergebnis:

Raum-Zeit-Koordinaten von $Q_1$: (0, 0, 0, 0)

Raum-Zeit-Koordinaten von $Q_2$: (x′, 0, 0, t′)

wobei $x' = \gamma x$ und $t' = -\gamma\left(\frac{vx}{c^2}\right)$ ist. *Die Koordinaten definieren keine Punktereignisse, die zur selben Zeit in* S′ *stattfinden.* Um jedoch das Coulombsche Gesetz in S′ anwenden zu können, müssen wir die relative Lage von $Q_1$ und $Q_2$ *zum gleichen Zeitpunkt* in diesem System beschreiben können. Wir können dies tun, weil $Q_1$ in

$S'$ ruht und daher seine Lage zur Zeit $t' = -\gamma vx/c^2$ dieselbe ist wie zur Zeit $t' = 0$. Hierbei spielt jedoch ein wichtiges Prinzip eine Rolle. Betrachten wir zwei Punkt-Ereignisse $(\mathbf{r}_1, t)$ und $(\mathbf{r}_2, t)$, die zur selben Zeit t in S stattfinden, so können wir sie in $S'$ als in $(\mathbf{r}'_1, t'_1)$ und $(\mathbf{r}'_2, t'_2)$ stattfindend beschreiben; im allgemeinen wird hierbei $t'_1 \neq t'_2$ sein und der Wert von $\mathbf{r}'_2 - \mathbf{r}'_1$ wird *nicht* den Abstand zweier Teilchen nach dem Gleichzeitigkeitskriterium für Messungen in $S'$ darstellen. Diese Differenz ist demnach im allgemeinen keine geeignete Größe, die im Coulombschen Gesetz verwendet werden kann, obgleich es in dem von uns betrachteten Fall zufällig möglich ist.

Wenden wir uns nun wieder unserem Problem zu, nachdem wir gesehen haben, daß hier $x' = \gamma x$ verwendet werden kann, um den Abstand von $Q_1$ und $Q_2$ in $S'$ zu beschreiben. Die Kraft, die $Q_1$ auf $Q_2$ (in $S'$) ausübt, ist dann nach dem Coulombschen Gesetz durch die Komponenten

$$F'_x = k\frac{Q_1 Q_2}{x'^2}, \quad F'_y = 0, \quad F'_z = 0$$

gegeben. Jetzt transformieren wir wieder auf S zurück, wobei wir die in Tabelle 8.1 gegebenen Gleichungen verwenden. Für $Q_2$ gilt $u'_x = -v$. Setzen wir dies und die oben gegebenen Komponenten von $\mathbf{F}'$ ein, dann erhalten wir

$$F_x = F'_x = k\frac{Q_1 Q_2}{x'^2}, \quad F_y = 0, \quad F_z = 0.$$

In diesem Fall hat die auf $Q_2$ in S wirkende Kraft zur Zeit $t = 0$ denselben Wert wie in $S'$ zur Zeit $t'$. Der Abstand zwischen $Q_1$ und $Q_2$ in S zur Zeit $t = 0$ ist jedoch kleiner als der zur Zeit $t'$ in $S'$ gemessene. Das bedeutet, daß das *Kraftgesetz* im Falle einer bewegten Ladung ein anderes ist. Um die modifizierte Form zu erhalten, müssen wir $F_x$ durch den Abstand der Ladungen in S ausdrücken. Da $x' = \gamma x$, haben wir

$$F_x = \frac{1}{\gamma^2}\,\frac{kQ_1 Q_2}{x^2}$$

So wirkt die Feldladung, die sich mit der Geschwindigkeit v bewegt, auf die Probeladung, die auf der Bahn der Feldladung ruht, mit einer Kraft, die gleich dem $1/\gamma^2$-fachen der normalen Coulomb-Kraft ist. Das gilt unabhängig davon, ob sich die Feldladung auf die Probeladung hin oder von ihr weg bewegt.

*Fall 2.* Betrachten wir nun den Fall, daß eine Probeladung $Q_2$ auf der y-Achse im Punkt (0, y, 0) ruht. Wir nehmen wieder an, daß sich die Feldladung $Q_1$ mit konstanter Geschwindigkeit (v, 0, 0) relativ zu S bewegt und sich zum Zeitpunkt $t = 0$ im Ursprung befindet (Bild 8.3a).

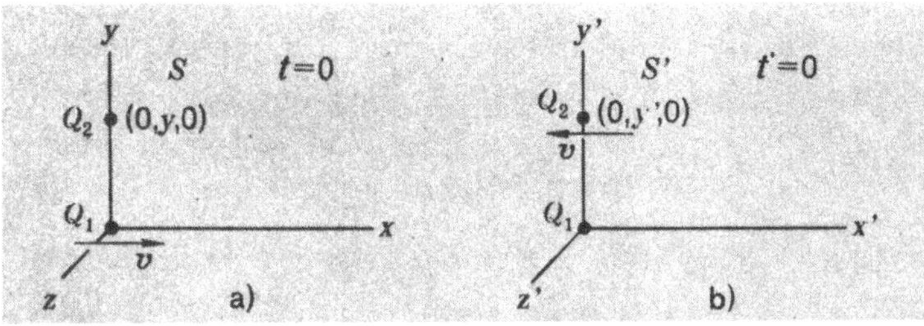


Bild 8.3
Dieselbe Situation wie in Bild 8.2 doch mit anderen geometrischen Verhältnissen.

In S' sind die Raum-Zeit-Koordinaten, die dem Raum-Zeit-Punkt (0, y, 0, 0) in S entsprechen, gleich (0, y', 0, 0) und die Situation zur Zeit $t' = 0$ ist in Bild 8.3b veranschaulicht; die Geschwindigkeit von $Q_2$ ist gleich $u'_x = -v$.

Da $Q_1$ in S' ruht, können wir das Coulombsche Gesetz anwenden um die Kraft zu beschreiben, die in S' zur Zeit $t' = 0$ auf $Q_2$ wirkt, wenn sich $Q_2$ in (0, y', 0) befindet. Diese Kraft ist gleich

$$F'_x = 0, \quad F'_y = k\frac{Q_1 Q_2}{y'^2}, \; F'_z = 0$$

Aus Gl. (8.7) erhalten wir für die Kraft im System S

$$F_x = 0, \quad F_z = 0,$$

$$F_y = \frac{\dfrac{F'_y}{\gamma}}{1 + \dfrac{vu'_x}{c^2}} = \frac{F'_y}{\gamma\left(1 - \dfrac{v^2}{c^2}\right)} = \gamma F'_y$$

In *diesem* Fall ist also die auf $Q_2$ wirkende Kraft in S gemessen verschieden von der in S' gemessenen. Da aber $y = y'$, ist der Abstand der beiden Ladungen in S zur Zeit $t = 0$ und in S' zur Zeit $t' = 0$ derselbe. Im Gegensatz dazu war in Fall 1 die Kraft in den beiden Systemen dieselbe und der Abstand der Ladungen verschieden. In beiden Fällen war jedoch das Kraftgesetz ein anderes – in Fall 1 war der Faktor $1/\gamma^2$, im vorliegenden Fall ist er gleich $\gamma$.

Drücken wir $F_y$ durch den Abstand der Ladungen in S aus, dann haben wir

$$F_y = \gamma\frac{kQ_1 Q_2}{y^2}$$

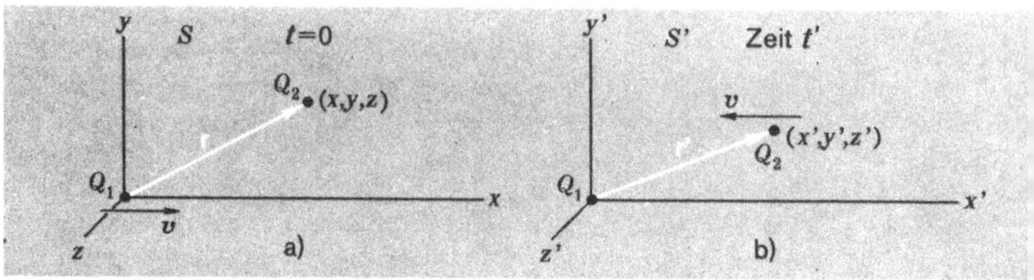


Bild 8.4

a) Bewegte Feldladung und ruhende Probeladung in beliebiger gegenseitiger Lage.

b) Derselbe Fall auf das Ruhsystem der Quelle transformiert.

Das heißt, daß die auf die Probeladung wirkende Kraft um den Faktor $\gamma$ größer ist als nach dem normalen Coulombschen Gesetz, sobald die Verbindungslinie zwischen der bewegten Feldladung und der ruhenden Probeladung senkrecht auf der Bewegungsrichtung der Feldladung steht.

*Fall 3.* In den Fällen 1 und 2 hatte die Probeladung eine besondere Lage bezüglich der Feldladung. Jetzt wollen wir annehmen, daß $Q_2$ in einem beliebigen Punkt (x, y, z) ruht. Die Ladung $Q_2$ bewege sich wie oben. Dann haben wir in S zur Zeit t = 0 die in Bild 8.4a dargestellte Situation. Die Raum-Zeit-Koordinaten von $Q_2$ sind (x, y, z, 0). Derselbe Raum-Zeit-Punkt wird in S′ die Koordinaten (x′, y′, z′, t′) haben, die wir mit Hilfe der Koordinatentransformation Gl. (8.5) erhalten. Die Situation zur Zeit t′ in S′ ist in Bild 8.4b gezeigt.

In S′ ruht $Q_1$ und wir erhalten aus dem Coulombschen Gesetz

$$F'_x = kQ_1Q_2\frac{x'}{r'^3}, \quad F'_y = kQ_1Q_2\frac{y'}{r'^3}, \quad F'_z = kQ_1Q_2\frac{z'}{r'^3}$$

Aus Gl. (8.7) ersehen wir, daß

$$F_x = F'_x, \quad F_y = \gamma F'_y, \quad F_z = \gamma F'_z$$

Also ist

$$F_x = kQ_1Q_2\frac{x'}{r'^3}, \quad F_y = \gamma kQ_1Q_2\frac{y'}{r'^3}, \quad F_z = \gamma kQ_1Q_2\frac{z'}{r'^3}$$

Da aber

$$x' = \gamma x, \quad y' = y, \quad z' = z$$

haben wir in S

$$F_x = \gamma k Q_1 Q_2 \frac{x}{r'^3}, \quad F_y = \gamma k Q_1 Q_2 \frac{y}{r'^3}, \quad F_z = \gamma k Q_1 Q_2 \frac{z}{r'^3}$$

wobei

$$r' = (x'^2 + y'^2 + z'^2)^{\frac{1}{2}} = (\gamma^2 x^2 + y^2 + z^2)^{\frac{1}{2}}.$$

Diese Ergebnisse können wir zu einer einzigen Vektorgleichung zusammenfassen:

$$\mathbf{F} = \gamma k Q_1 Q_2 \frac{\mathbf{r}}{r'^3} = k Q_1 Q_2 \frac{\gamma \mathbf{r}}{(\gamma^2 x^2 + y^2 + z^2)^{\frac{3}{2}}} \tag{8.8}$$

Das bedeutet, daß die zu einem gegebenen Zeitpunkt von der bewegten Ladung $Q_1$ auf die ruhende Probeladung $Q_2$ ausgeübte Kraft zu eben diesem Zeitpunkt längs der Verbindungslinie von $Q_1$ zu $Q_2$ wirkt. Verglichen mit der Kraft, die nach dem normalen Coulombschen Gesetz auf $Q_2$ wirken würde, wenn $Q_1$ ebenfalls ruhte, ist die hier wirkende Kraft um den Fakor $1/\gamma^2$ kleiner, wenn die Probeladung vor oder hinter der bewegten Ladung $Q_1$ ist und um den Faktor $\gamma$ größer, wenn $Q_2$ neben $Q_1$ ist; bei allen Zwischenlagen variiert der Betrag der Kraft zwischen diesen beiden Extremen. Es ist interessant, daß die Feldverzerrung, verglichen mit der einer ruhenden Ladung, symmetrisch nach vorne und hinten ist, d.h. symmetrisch bezüglich einer Ebene durch die Ladung, senkrecht zu ihrer Bahn. Man hätte annehmen können, daß das Feld nach vorne verstärkt und nach hinten geschwächt gewesen wäre, doch das ist nicht der Fall [1]).

Da Gl. (8.8) die auf eine *ruhende* Probeladung wirkende Kraft beschreibt, gibt der Betrag von $\mathbf{F}/Q_2$ gerade das elektrische Feld $\mathbf{E}$ an, das von $Q_1$ erzeugt wird. Demnach haben wir

$$\mathbf{E}(x, y, z) = \gamma k Q_1 \frac{\mathbf{r}}{r'^3} = k Q_1 \frac{\gamma \mathbf{r}}{(\gamma^2 x^2 + y^2 + z^2)^{\frac{3}{2}}} \tag{8.9}$$

Nun ist, wie wir wissen, das von einer ruhenden Feldladung erzeugte elektrische Feld radial und sphärisch symmetrisch, es ist also nach allen Richtungen gleich, es ist das Coulomb-Feld $\mathbf{E} = kQ_1 \mathbf{r}/r^3$. Bewegt sich die Feldladung gleichförmig, so ist ihr elektrisches Feld nicht mehr sphärisch symmetrisch, die Feldstärke ist richtungsabhängig. Die Richtung des elektrischen Feldes ist jedoch noch immer zu jedem betrachteten Zeitpunkt radial bezüglich der Lage der Feldladung.

---

1) Man vergleiche jedoch mit Aufgabe 8.3.

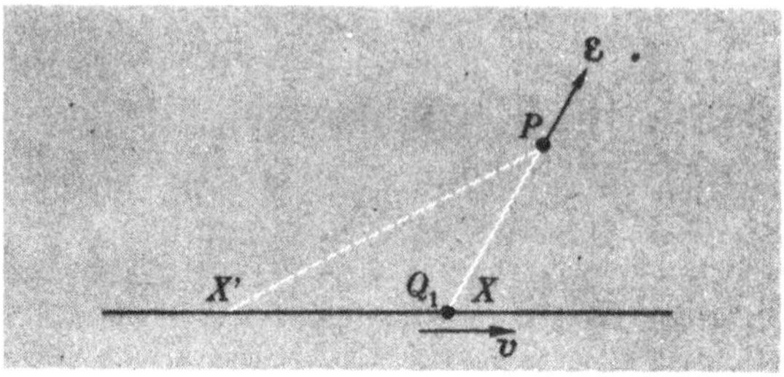


Bild 8.5
Das elektrische Feld in P, das einer gleichförmig bewegten Ladung $Q_1$ zugeschrieben werden kann, ist zu einem Zeitpunkt in dem sie sich in X′ befunden hat, radial vom Ort X weg gerichtet, an dem sich die Ladung jetzt befindet.

Aus diesem Ergebnis geht hervor: Zu jedem Zeitpunkt ist das von einer gleichförmig bewegten Feldladung erzeugte elektrische Feld radial von ihr weg gerichtet, *zu ebendiesem Zeitpunkt!* Wir sehen, daß dies eigentlich ein überraschendes Ergebnis ist.

Überlegen wir noch einmal: Eine Ladung $Q_1$ bewegt sich mit konstanter Geschwindigkeit längs der x-Achse (Bild 8.5). Nehmen wir an, daß sich $Q_1$ zum betrachteten Zeitpunkt in X befindet. Zu ebendiesem Zeitpunkt wird das elektrische Feld im Punkt P radial von X weg gerichtet sein. Das bedeutet, daß auf eine in P befindliche Probeladung eine Kraft $\mathbf{E}Q_2$ wirken würde, die von X weg gerichtet wäre. Das *erscheint* uns ganz einleuchtend.

*Wenn wir aber* annehmen, daß keine Wirkung – keine Masse, keine Energie, keine Kraft – sich mit einer Geschwindigkeit größer als c ausbreiten kann, dann kann die in P befindliche Probeladung gar nichts von der augenblicklichen Lage von $Q_1$ „wissen". Es muß eine gewisse Zeit vergehen, bevor irgend ein Signal, eine Wirkung $Q_2$ in P erreicht und ihr Ort und Verhalten von $Q_1$ in X mitteilt – aber dann ist $Q_1$ nicht mehr in X.

Sei X′ eine frühere Lage von $Q_1$, die so gewählt ist, daß ein zum gegebenen Zeitpunkt von $Q_1$ in X′ ausgesendetes Signal, das sich mit der Geschwindigkeit c ausbreitet, P zu einem entsprechenden Zeitpunkt erreicht – zu einem Zeitpunkt, in dem $Q_1$, die sich mit der Geschwindigkeit v bewegt, eben X erreicht. Das heißt, das Signal von X′ nach P braucht dieselbe Zeit, wie die Ladung von X′ nach X, oder

$$\frac{\overline{X'P}}{c} = \frac{\overline{X'X}}{v} \quad \text{bzw.} \quad \frac{\overline{X'X}}{\overline{X'P}} = \frac{v}{c}$$

Wir bezeichnen X′ als die *verzögerte Lage* von $Q_1$ bezüglich des Punktes P. Jedes Signal, das $Q_1$ in einer Lage zwischen X′ und X ausgesendet hätte, würde P nicht zu dem entsprechenden Zeitpunkt erreicht haben (beweisen Sie das!). Das *jetzt* in P herrschende Feld muß das sein, das $Q_1$ im Punkt X′ erzeugt hat, oder wenn die Signalgeschwindigkeit kleiner als c ist, entspricht das Feld einer noch früheren

Lage. Es kann jedoch nichts, was der Ladung $Q_1$ nach dem Zeitpunkt, zu dem sie sich in X′ befunden hat, zugestoßen ist, irgend einen Einfluß im Punkt P zum gegenwärtigen Zeitpunkt haben.

Nichtsdestoweniger ist das in P herrschende Feld von dem Punkt, an dem sich $Q_1$ *jetzt* befindet, weggerichtet. Die Natur verhält sich eben so, daß das von einer gleichförmig bewegten Ladung zu einem *früheren Zeitpunkt* und entsprechend einem früheren Verhalten erzeugte Feld von dem Punkt weg gerichtet ist, den die Ladung im gegenwärtigen Augenblick einnimmt. Es ist so, als würde die Natur im voraus berechnen, wo sich die Ladung befinden wird und sich entsprechend verhalten. (Es wird Ihnen vielleicht klar sein, daß sich die Ladung nach ihrem Durchgang durch X′ nicht mehr mit konstanter Geschwindigkeit bewegt, sich also tatsächlich nicht in X *befindet,* wenn das Feld in P gemessen wird. Dessen ungeachtet ist noch immer X der Ort, von dem im Augenblick der Messung das Feld auszugehen scheint.) Solch ein Ergebnis, das auf den ersten Blick naheliegend erscheint, kann doch, bei eingehenderer Betrachtung, überraschend und dessen ungeachtet, richtig sein.

## 8.6. Die auf eine bewegte Probeladung wirkende Kraft

Das Coulombsche Gesetz gibt uns die Kraft an, mit der eine *ruhende* Feldladung auf eine ruhende oder bewegte Probeladung wirkt. In den obigen Überlegungen sind wir so vorgegangen, daß wir die Situation in einem solchen System S′ betrachteten, in dem die Feldladung ruhte und die Probeladung sich bewegte. Hier war nun die auf die Probeladung ausgeübte Wirkung durch das Coulombsche Gesetz gegeben. Dann transformierten wir auf ein anderes Inertialsystem S, wobei S in jedem Fall so gewählt war, daß in ihm die *Probeladung* ruhte. Auf diese Weise gelang es uns, die Kraft zu berechnen, mit der eine gleichförmig bewegte Ladung auf eine ruhende Probeladung wirkt.

Nun wollen wir untersuchen, wie eine *gleichförmig bewegte Feldladung* auf eine *bewegte Probeladung* wirkt. Für die Berechnung der Kräfte gehen wir wieder von einem System S′ aus, in dem die Feldladung ruht, so daß die Kraft vom Coulombschen Gesetz exakt angegeben wird. Dann werden wir wieder auf ein System S zurücktransformieren, in dem sich sowohl die Quelle, als auch die Probeladung bewegen. Damit kommen wir zu etwas Neuem: Die auf die Probeladung wirkende Kraft enthält einen Term, der von der Geschwindigkeit der Probeladung abhängt. Das entspricht genau der Situation einer Ladung, die sich in einem Magnetfeld bewegt und wir werden anhand dieses Falles das Magnetfeld beschreiben.

Dabei gehen wir von ganz einfachen Betrachtungen aus, so daß wir, ohne ausgedehnte algebraische Rechnungen, die Besonderheiten dieser neuen Situation analysieren können.

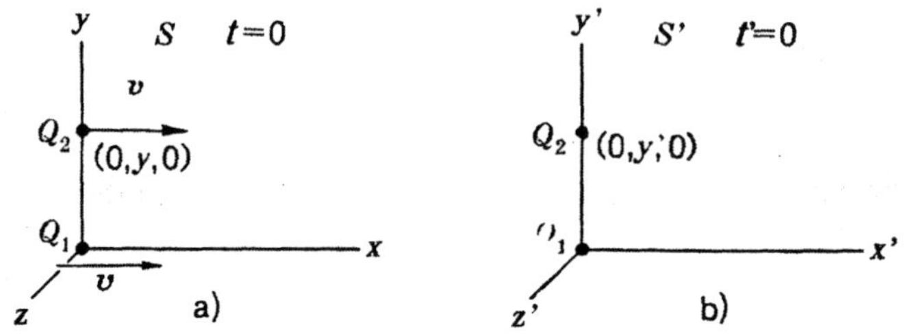


Bild 8.6
a) Zwei Ladungen bewegen sich nebeneinander mit gleichen Geschwindigkeiten.
b) Der Fall wurde auf ein Bezugssystem transformiert, in dem beide Ladungen ruhen.

*Fall 1.* Nehmen wir an, daß sich sowohl die Feldladung $Q_1$ als auch die Probeladung $Q_2$ mit derselben konstanten Geschwindigkeit (v, 0, 0) in S bewegen. Zum Zeitpunkt t = 0 falle die Verbindungslinie von $Q_1$ zu $Q_2$ mit der y-Achse zusammen, wie in Bild 8.6a gezeigt. In S′ ist die Situation besonders einfach, da in diesem System beide Ladungen ruhen und ihr Abstand gleich y′ = y ist (Bild 8.6b). In S′ haben wir

$$F'_x = 0, \quad F'_y = \frac{kQ_1Q_2}{y'^2}, \quad F'_z = 0.$$

Da für $Q_2$ die Geschwindigkeit u′ = 0 ist, erhalten wir aus den Kräftetransformationsgleichungen (8.7)

$$F_x = 0, \quad F_y = \frac{F'_y}{\gamma}, \quad F_z = 0$$

woraus folgt

$$F_y = \frac{kQ_1Q_2}{\gamma y^2}$$

Nun sollten wir, wenn $Q_2$ *ruht,* die Beziehung

$$F_y = \frac{\gamma kQ_1Q_2}{y^2}$$

erhalten, so wie in Fall 2 im vorhergehenden Abschnitt (oder nach Gl. (8.8), für den allgemeinen Fall einer ruhenden Probeladung). Der Unterschied zwischen diesen beiden Werten von $F_y$ entspricht einer *magnetischen Kraft,* die auf die bewegte Probeladung von der bewegten Feldladung aus wirkt:

$$F_{mag} = \frac{kQ_1Q_2}{y^2}\left(\frac{1}{\gamma} - \gamma\right) = -\frac{v^2}{c^2}\,\frac{\gamma k Q_1 Q_2}{y^2}$$

Das negative Vorzeichen besagt, daß die magnetische Kraft Anziehung zwischen sich nebeneinander in derselben Richtung bewegenden Ladungen bewirkt wenn $Q_1$ und $Q_2$ Ladungen gleichen Vorzeichens sind. Obgleich wir nicht allzuviel aus einem so speziellen Fall wie dem betrachteten herauslesen sollten, ist es einleuchtend, daß wir dieses Ergebnis in der Form

$$F_{mag} = -\frac{v^2}{c^2}\,F_{el}$$

anschreiben können, wo $F_{el.}(= \gamma k Q_1 Q_2/y^2)$ die Kraft ist, die auf $Q_2$ wirken würde, wenn $Q_2$ ruhte. Ist nun der Betrag der magnetischen Kraft immer dem Betrag der elektrischen Kraft proportional und wodurch wird der Faktor $v^2/c^2$ verursacht? Wir werden die Antworten auf beide Fragen finden, wenn wir die folgenden Fälle betrachten.

*Fall 2.* Betrachten wir jetzt ein Problem wie in Fall 1, mit der einzigen Ausnahme, daß die Ladung $Q_2$ eine Geschwindigkeit $u_x$ besitzt, die dem Betrag nach

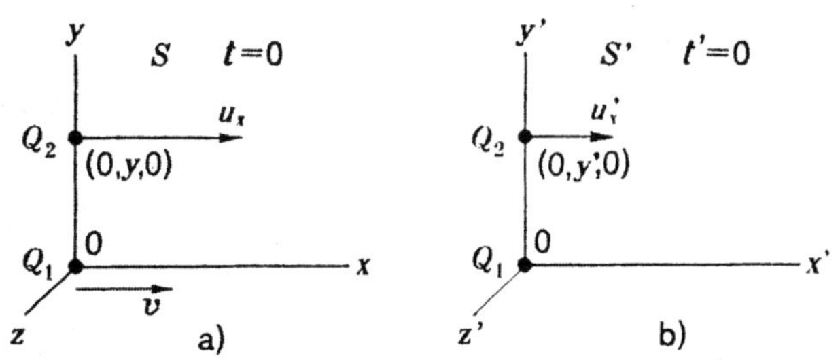


Bild 8.7

a) Zwei Ladungen bewegen sich nebeneinander in derselben Richtung, mit verschiedenen Geschwindigkeiten.
b) Der Fall wurde auf ein Bezugssystem transformiert, in dem die Feldladung ruht.

von v verschieden ist aber dieselbe Richtung besitzt [1]). Die Situation ist für die Systeme S und S' in Bild 8.7 veranschaulicht. In S' haben wir wiederum

$$F'_x = 0, \quad F'_y = \frac{kQ_1 Q_2}{y'^2}, \quad F'_z = 0$$

doch wenn wir auf S rücktransformieren, wobei wir wieder Gl. (8.7) verwenden, müssen wir berücksichtigen, daß u' von Null verschieden ist:

$$u'_x = \frac{u_x - v}{1 - \frac{vu_x}{c^2}}, \quad (u'_y = 0, \; u'_z = 0)$$

Damit erhalten wir

$$F_x = 0, \quad F_y = \frac{\gamma k Q_1 Q_2}{y^2}\left(1 - \frac{vu_x}{c^2}\right), \quad F_z = 0.$$

Das ist ein aufschlußreicheres Ergebnis als das in Fall 1 erhaltene. Es besagt, daß die auf $Q_2$ wirkende magnetische Kraft, wenn $Q_2$ auf der y-Achse liegt und sich parallel zur x-Achse bewegt, durch

$$F_{mag} = -\frac{vu_x}{c^2} F_{el}$$

gegeben ist. Diese Beziehung sagt explizit aus, daß die magnetische Kraft der Geschwindigkeit der Probeladung proportional ist, wie dies vom Kräftegesetz Gl. (8.3) gefordert wird. Auch der Faktor $vu_x/c^2$, der hier die magnetische Kraft durch die elektrische ausdrückt, ist der Geschwindigkeit der felderzeugenden Ladung proportional.

*Fall 3.* Wir wollen noch ein anderes Problem betrachten, das den ersten beiden in vielem ähnelt. Wir nehmen wieder an, daß sich $Q_2$ im Punkt (0, y, 0) in S befinde, doch soll sich diese Ladung nun längs der y-Achse bewegen: $\mathbf{u} = (0, u_y, 0)$. Bild 8.8 zeigt die Situationen in S und S'. Wir haben wiederum

$$F'_x = 0, \quad F'_y = \frac{kQ_1 Q_2}{y'^2}, \quad F'_z = 0$$

doch hat nun $Q_2$ zwei nicht verschwindende Komponenten in S':

$$u'_x = -v, \quad u'_y = \frac{u_y}{\gamma}, \quad u'_z = 0.$$

[1]) Die Frage, warum wir keinen Fall betrachten, bei den $Q_2$ sich auf der x-Achse befindet, ist leicht zu beantworten: Wenn Sie ihn selbst durchrechnen, sehen Sie, daß er nicht sehr instruktiv ist.

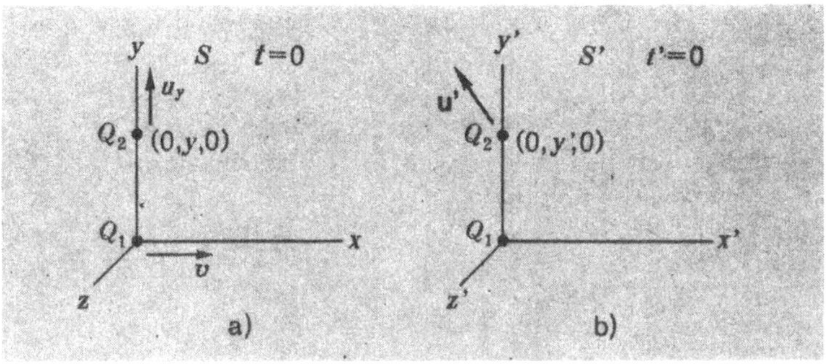


Bild 8.8

a) Eine Feldladung und eine Probeladung bewegen sich im rechten Winkel von einander weg, ihre Geschwindigkeiten sind verschieden groß.

b) Der Fall wurde auf ein Bezugssystem transformiert in dem die Feldladung ruht.

Setzen wir diese ein, erhalten wir

$$F_x = \frac{vu_y}{c^2}\,\frac{\gamma k Q_1 Q_2}{y^2}, \quad F_y = \frac{\gamma k Q_1 Q_2}{y^2}, \quad F_z = 0.$$

Nun beginnen sich die Verhältnisse deutlicher abzuzeichnen. Vergleicht man die Ergebnisse dieses Problems mit jenen des vorhergehenden, so sieht man, daß sich die gesamte auf $Q_2$ wirkende Kraft aus zwei Komponenten zusammensetzt:

1. aus einer elektrischen Kraft, die längs der Verbindungslinie von $Q_1$ zu $Q_2$ wirkt und deren Betrag gleich $\gamma k Q_1 Q_2/r^2$ ist;

2. aus einer magnetischen Kraft, die senkrecht zur Bewegungsrichtung von $Q_2$ wirkt und die der elektrischen Kraft und dem Betrag der Geschwindigkeit von $Q_2$ (und der Geschwindigkeit v von $Q_1$) proportional ist.

Wir sind allerdings noch immer weit davon entfernt, einen wirklich allgemeinen Fall zu betrachten, bei dem $Q_2$ eine beliebige Lage einnimmt und sich mit einer beliebigen Geschwindigkeit bewegt. Der im folgenden betrachtete Fall wird, wie wir sehen werden, die bisher gewonnenen Erkenntnisse vertiefen.

*Fall 4.* Die Ladung $Q_1$ befinde sich wieder im Ursprung von S, zur Zeit t = 0, mit einer Geschwindigkeit v längs der x-Achse, d.h. v = (v, 0, 0). Zur selben Zeit sei $Q_2$ am Punkt (x, y, 0) und bewege sich parallel zur y-Achse: $\mathbf{u} = (0, u_y, 0)$.

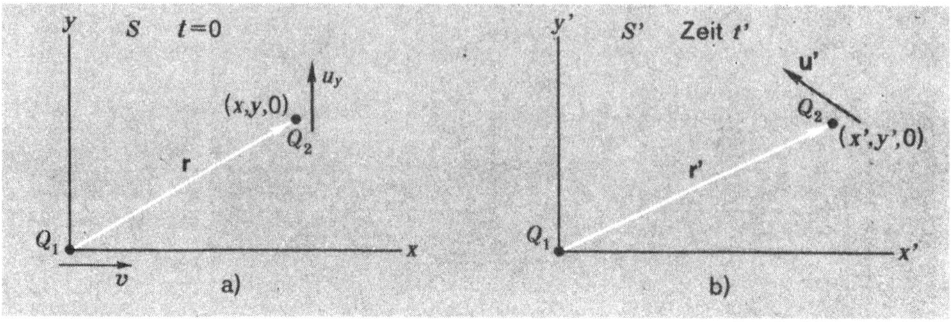


Bild 8.9. Derselbe Fall wie in Bild 8.8, doch ist nun die gegenseitige Lage der beiden Ladungen beliebig.

Diese Situation ist in Bild 8.9 für S und S′ veranschaulicht. Wenden wir das Coulombsche Gesetz in S′ an, so erhalten wir

$$F'_x = \frac{kQ_1 Q_2 x'}{r'^3}, \quad F'_y = \frac{kQ_1 Q_2 y'}{r'^3}, \quad F'_z = 0$$

Die Geschwindigkeit **u**′ ist dieselbe wie im vorhergehenden Fall:

$$u'_x = -v, \quad u'_y = \frac{u_y}{\gamma}, \quad u'_z = 0.$$

Eine Anwendung der Kräftetransformationen nach Gl. (8.7) liefert, wie ohne viel Rechenaufwand leicht zu zeigen ist, das folgende Ergebnis:

$$F_x = \frac{\gamma k Q_1 Q_2}{r'^3}\left(x + \frac{v u_y}{c^2}\, y\right) \quad F_y = \frac{\gamma k Q_1 Q_2 y}{r'^3}, \quad F_z = 0$$

hier ist $r' = (\gamma^2 x^2 + y^2)^{1/2}$.

Schauen wir uns dieses Ergebnis genauer an. Wir sehen sogleich, daß es die elektrische Kraft $\mathbf{F}_{el}$, die durch

$$\mathbf{F}_{el} = \frac{\gamma k Q_1 Q_2 \mathbf{r}}{(\gamma^2 x^2 + y^2)^{\frac{3}{2}}}$$

gegeben ist, entsprechend Gl. (8.8) enthält. Der Rest stellt eine in der x-Richtung wirkende Kraft dar; sie wirkt senkrecht zur Geschwindigkeit von $Q_2$ und ist wiederum dem Betrag dieser Geschwindigkeit proportional:

$$F_{mag} = \frac{\gamma k Q_1 Q_2}{r'^3}\,\frac{v u_y}{c^2}\, y$$

Können wir diese Kraft mit der elektrischen Kraft auf so einfache Weise wie oben in Beziehung setzen? Gewiß, und diese etwas weniger spezielle Geometrie macht uns Wesentliches der hier eingehenden Vektorrelationen klar. Folgen wir dem naheliegendsten Gedankengang, indem wir das, was wir bereits über die magnetische Kraft wissen, verwenden; Gleichung (8.3) liefert uns

$$\mathbf{F}_{\mathrm{mag}} = Q_2 \mathbf{u} \times \mathbf{B}$$

In diesem Fall ist die Geschwindigkeit **u** parallel zu y und die magnetische Kraft (die wie immer senkrecht zu **u** steht) ist parallel zu x. Demnach müßte der Vektor **B** parallel zu z sein, sein Betrag ist durch

$$B = \frac{\gamma k Q_1}{r'^3} \frac{vy}{c^2}$$

gegeben. Nun ist das Produkt vy genau gleich dem Betrag des Vektorproduktes $\mathbf{v} \times \mathbf{r}$, wenn **v** die Geschwindigkeit von $Q_1$ ist. Außerdem ist der Vektor $\mathbf{v} \times \mathbf{r}$ tatsächlich längs der z-Achse gerichtet. Damit erhalten wir eine exakte Beschreibung von **B** bezüglich Betrag und Richtung:

$$\mathbf{B} = \frac{1}{c^2} \mathbf{v} \times \left( \frac{\gamma k Q_1}{r'^3} \mathbf{r} \right)$$

Wie wir sehen, ist der Klammerausdruck nichts anderes als das von der bewegten Ladung $Q_1$ erzeugte elektrische Feld **E** wie es in Gl. (8.9) definiert ist. Daher können wir schreiben

$$\mathbf{B} = \frac{1}{c^2} (\mathbf{v} \times \mathbf{E}) \tag{8.10}$$

wo

$$\mathbf{E} = \frac{\gamma k Q_1 \mathbf{r}}{r'^3}, \quad (r'^2 = \gamma^2 x^2 + y^2)$$

damit erhalten wir für die gesamte auf die Probeladung wirkende Kraft

$$\mathbf{F} = Q_2 \mathbf{E} + Q_2 \mathbf{u} \times \mathbf{B}$$

genau wie in (8.4), wenn **E** und **B** durch Gl. (8.9) bzw. Gl. (8.10) gegeben sind.

Man kann dem natürlich entgegenhalten, daß wir diese Ergebnisse nicht wirklich *bewiesen* haben. Betrachten wir jedoch den Fall einer Ladung $Q_2$ mit beliebiger Lage und Geschwindigkeit, so werden wir die oben gewonnenen Beziehungen verifiziert finden. Die gemeinsame Wirkung der elektrischen und magnetischen Kräfte, die, von einer bewegten Ladung erzeugt, auf eine andere bewegte Ladung wirken, kann exakt berechnet werden, wenn wir das Coulombsche Gesetz in einem System, in dem die Ladungsquelle ruht, kennen.

Im letzten Teil dieses Kapitels wollen wir die hier gewonnenen grundlegenden Ergebnisse auf das Problem langer, stromdurchflossener Leiter, also Leiter, in denen sich Ladungen bewegen, anwenden; wir wollen sehen, wie man von der Relativitätstheorie ausgehend eine anschauliche Darstellung der Wirkung eines stromführenden Leiters auf einen anderen gewinnen kann. Zunächst wollen wir die Eigenschaften eines langen Leiters betrachten, der Ladungen gleichen Vorzeichens enthält.

## 8.7. Das Feld einer Linienladung

Betrachten wir das Feld, das eine gleichförmige Ladungsverteilung längs der x-Achse verursacht. In Wirklichkeit ist eine solche Ladungsverteilung natürlich nicht realisierbar, da die Ladung quantisiert ist und nur in Vielfachen von e auftritt. Da jedoch, makroskopisch betrachtet, e sehr klein ist, ist unsere Annahme eine für viele Zwecke brauchbare Näherung. Zunächst betrachten wir ein ruhendes Ladungssystem, anschließend wollen wir sehen, welche Änderungen sich ergeben, wenn sich die betrachtete Linienladung als ganzes mit konstanter Geschwindigkeit bewegt.

### 8.7.1. Die ruhende Linienladung

Gehen wir von einer konstanten linearen Ladungsdichte $\lambda$ (die z.B. in Coulomb pro Meter gemessen werden kann) längs der x-Achse, von $-\infty$ bis $+\infty$ (Bild 8.10) aus. Wir fragen nach dem von ihr erzeugten elektrischen Feld im Punkt P, dessen Entfernung von der x-Achse durch b gegeben sei.

Nach dem Superpositionsprinzip ist das Feld in P gleich der Vektorsumme der von jedem einzelnen Ladungselement erzeugten Feld. Natürlich ist die resultierende x-Komponente des Feldes in P gleich Null, was aus Symmetrieüberlegungen folgt. Doch liefert jedes Ladungselement eine positive y-Komponente zum Feld in P.

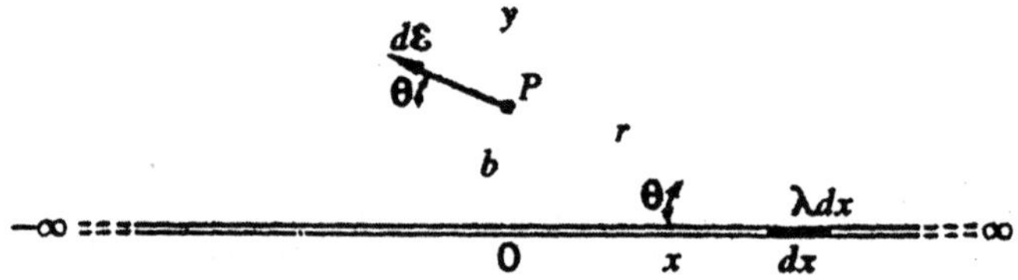


Bild 8.10

Berechnung des elektrischen Feldes, das eine ruhende unendlich lange Linienladung erzeugt.

Die in einem Linienelement dx enthaltene Ladung ist $\lambda dx$. Das von ihr in P erzeugte Feld ist

$$d\mathbf{E} = k \frac{\lambda dx}{r^2} \mathbf{e_r}$$

und die y-Komponente ist

$$d\mathbf{E}_y = k \frac{\lambda \sin \Theta \, dx}{r^2}$$

Drücken wir dies durch die Variable $\Theta$ allein aus, so erhalten wir

$$r = \frac{b}{\sin \Theta}$$

$$x = b \cot \Theta$$

$$dx = - b \operatorname{cosec}^2 \Theta \, d\Theta,$$

woraus

$$d\mathbf{E}_y = - \frac{k\lambda}{b} \sin \Theta \, d\Theta.$$

Die resultierende y-Komponente des Feldes ist damit gleich

$$\mathbf{E}_y = - \frac{k\lambda}{b} \int_{\pi}^{0} \sin \Theta \, d\Theta = \frac{2k\lambda}{b} \quad .$$

Da dies die einzige nicht verschwindende Feldkomponente ist, haben wir für die gesamte Linienladung

$$\mathbf{E} = 2k \frac{\lambda}{b} \mathbf{e}_y . \tag{8.11}$$

### 8.7.2. Die bewegte Linienladung

In obigem Beispiel brauchten wir nur ein einziges Feld, das elektrische, zu betrachten. Da alle Ladungen ruhten, trat kein Magnetfeld auf. Was geschieht aber mit dem elektrischen Feld und was kann über das Magnetfeld gesagt werden, wenn sich die Ladungen bewegen?

Betrachten wir wiederum eine konstante lineare Ladungsdichte $\lambda$ längs der x-Achse von $-\infty$ bis $+\infty$, doch soll sich nun die gesamte Ladungsverteilung längs der x-Achse mit der konstanten Geschwindigkeit v bewegen (Bild 8.11a).

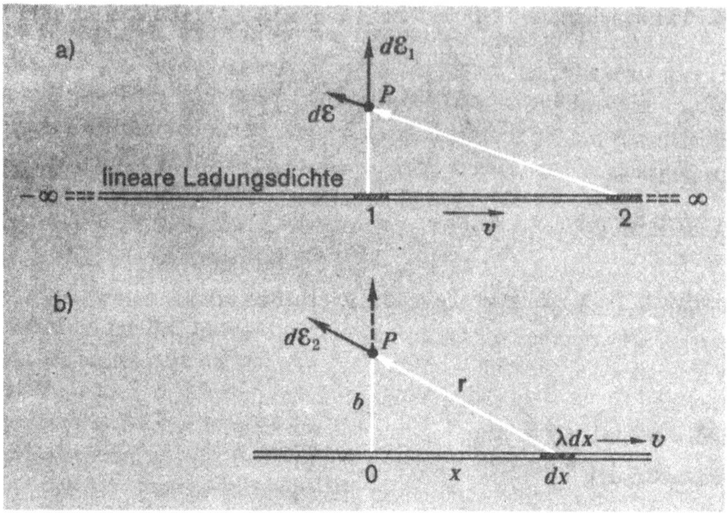


Bild 8.11
a) Die von den nahen und fernen Teilen einer bewegten unendlich langen Linienladung erzeugten elektrischen Felder.
b) Das elektrische Feld eines Linienelements bei beliebigem Wert von x.

Wie wir gesehen haben, erzeugen bewegte Ladungen elektrische Felder, die sich von den normalen Coulombfeldern unterscheiden; sie erzeugen außerdem noch Magnetfelder. In der Nähe von Punkt 1 erzeugt die bewegte Ladungsdichte das elektrische Feld $\mathbf{dE}_1$ in P, das gleich dem $\gamma$-fachen des normalen Coulombfeldes ist. Die bewegte Ladungsdichte in großer Entfernung von 1 in Richtung der x-Achse (z.B. in Punkt 2) erzeugt in P ein elektrisches Feld $\mathbf{dE}_2$, das um den Faktor $1/\gamma^2$ schwächer als das normale Coulombfeld ist. (Diese Ergebnisse wurden mit Hilfe von Gl. (8.9) gewonnen.) Es kann nicht sofort gesagt werden, welche von diesen beiden entgegengesetzten Wirkungen dominieren wird. Wir wollen also wieder die differentiellen Beiträge integrieren, um das resultierende Feld zu erhalten.

Der Beitrag zum elektrischen Feld in P, den die sich mit der Geschwindigkeit v an irgend einem Punkt des Leiters bewegende Ladung $\lambda$ dx leistet (Bild 8.11b), ist durch Gl. (8.9)

$$\mathbf{dE} = k(\lambda dx)\,\frac{\gamma \mathbf{r}}{(\gamma^2 x^2 + b^2)^{\frac{3}{2}}}$$

gegeben. Wie im Fall der ruhenden linearen Ladungsverteilung wird $\mathbf{E}_x$ gleich Null, wenn wir alle Beiträge zur x-Komponente des Feldes von $x = -\infty$ bis $x = +\infty$ adieren. Das gilt ungeachtet dessen, daß die Geschwindigkeit längs der x-Achse eine bestimmte Richtung hat. Hierin kommt die Vorne-Hinten-Symmetrie des elektrischen Feldes einer bewegten Ladung zum Ausdruck. Was $\mathbf{E}_y$ betrifft, so haben wir

$$\mathbf{E}_y = \int d\mathbf{E}_y = \int_{-\infty}^{+\infty} \frac{k\gamma\lambda\, b\, dx}{(\gamma^2 x^2 + b^2)^{\frac{3}{2}}}$$

und damit

$$\mathbf{E}_y = 2k\frac{\lambda}{b}\,. \tag{8.12}$$

Das elektrische Feld dieser bewegten Ladungsanordnung ist also genau gleich dem einer ruhenden Ladungsanordnung! Die beiden entgegenwirkenden Effekte – der Fakor $\gamma$ der nahen Ladungen und der Faktor $1/\gamma^2$ der fernen Ladungen – kompensieren sich genau.

Und das Magnetfeld? Natürlich hat die ruhende Ladungsanordnung kein Magnetfeld erzeugt. Das bedeutet: Die ruhende Ladung übt dieselbe Kraft auf bewegte Ladungen aus wie auf ruhende. Die bewegte lineare Ladungsanordnung erzeugt aber ein Magnetfeld. Wie wir gesehen haben (Gl. (8.10)) ist das Magnetfeld einer gleichförmig bewegten Ladung gleich

$$\mathbf{B} = \left(\frac{1}{c^2}\right)\mathbf{v} \times \mathbf{E}$$

wobei $\mathbf{E}$ das von der Ladung erzeugte elektrische Feld und $\mathbf{v}$ die konstante Geschwindigkeit der Ladung ist. Wenn nun das Ladungselement dx, das infinitesimale elektrische Feld $d\mathbf{E}$ erzeugt, dann wird sein Beitrag zum Magnetfeld durch

$$dB = \frac{1}{c^2}\,\mathbf{v} \times d\mathbf{E}$$

gegeben sein. Das Magnetfeld der gesamten linearen Anordnung ist dann gleich

$$\mathbf{B} = \int d\mathbf{B} = \int \frac{1}{c^2}\,\mathbf{v} \times d\mathbf{E}\,.$$

Da aber $\mathbf{v}$ eine konstante, längs der x-Achse gerichtete Geschwindigkeit ist und für alle Ladungselemente gleich groß ist, können wir

$$\mathbf{B} = \frac{1}{c^2}\,\mathbf{v} \times \int d\mathbf{E}$$

setzen und haben damit

$$\mathbf{B} = \frac{1}{c^2} (\mathbf{v} \times \mathbf{E})$$

wobei **E** das von der gesamten linearen Ladungsanordnung erzeugte Feld (vgl. Gl. (8.12)) ist. Da **E** immer radial von der x-Achse weg gerichtet ist und **B** sowohl auf **E** als auch auf **v** senkrecht steht, stellen die magnetischen Feldlinien konzentrische Kreise um die x-Achse dar – eine Tatsache, die uns von Experimenten her wohlbekannt ist.

Im nächsten Abschnitt wollen wir die magnetische *Kraft* betrachten, mit der eine solche bewegte Ladungsanordnung auf eine bewegte Einzelladung wirkt, deren Bahn zur Ladungsverteilung parallel und deren Geschwindigkeit gleich **u** ist. Wir können das Ergebnis vorwegnehmen, wenn wir die oben erhaltene Gleichung für **B** in das allgemeine magnetische Kraftgesetz (Gl. (8.3)) einsetzen. Wir erhalten

$$\mathbf{F}_{mag} = -Q_2 \frac{uv}{c^2} \mathbf{E} = -Q_2 \frac{uv}{c^2} \left(2k \frac{\lambda}{b}\right) \mathbf{e}_y \qquad (8.13)$$

wenn **u** und **v** dieselbe Richtung haben. Das bedeutet magnetische Anziehung, wenn $Q_2$ dasselbe Vorzeichen wie die Linienladung besitzt.

## 8.8. Das Magnetfeld und die Relativitätstheorie

Den Vektor **B** und die zugehörige magnetische Kraft könnten wir kaum noch einfacher berechnen, als wir dies oben getan haben. Trotzdem wollen wir an das Problem noch von einer anderen Seite herangehen, um die relativistische Natur des Magnetfeldes zu unterstreichen.

Um das von der bewegten linearen Ladungsverteilung in P erzeugte Magnetfeld zu untersuchen, müssen wir annehmen, daß sich in P eine bewegte Probeladung befindet. Der Einfachheit halber bewege sich die Probeladung $Q_2$ *parallel zur x-Achse* mit der Geschwindigkeit **u** (vgl. Bild 8.12a).

In diesem Bezugssystem S setzt sich die auf $Q_2$ wirkende Kraft aus einer elektrischen und einer magnetischen Komponente zusammen:

$$\mathbf{F} = \mathbf{F}_E + \mathbf{F}_B \qquad (8.14)$$

Nach Gl. (8.11) ist die elektrische Kraft durch

$$\mathbf{F}_E = \mathbf{E} Q_2 = 2k \frac{\lambda}{b} Q_2 \mathbf{e}_y \qquad (8.15)$$

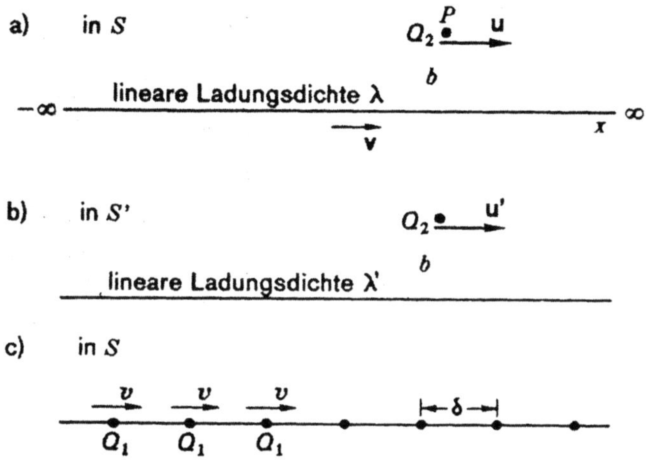


Bild 8.12

a) Eine Probeladung bewegt sich parallel zu einer bewegten Linienladung.

b) Der Fall wurde auf ein Bezugssystem transformiert, in dem die Linienladung ruht.

c) Die lineare Ladungsdichte $Q_1/\delta$ ist keine Invariante.

gegeben. Die magnetische Kraft ist gleich

$$\mathbf{F}_B = Q_2 \mathbf{u} \times \mathbf{B} \tag{8.16}$$

Wir müssen $\mathbf{F}_B$ bestimmen, um etwas über $\mathbf{B}$ zu erfahren.

Betrachten wir die Situation von einem Bezugssystem S′ aus, das sich mit der Geschwindigkeit **v** relativ zu S bewegt. In S′ wird die lineare Ladungsverteilung ruhen und $Q_2$ sich mit der Geschwindigkeit **u**′ bewegen (Bild 8.12b). Der Abstand von $Q_2$ zum Leiter steht senkrecht auf der Richtung der Relativbewegung von S′ und S und bleibt demnach unverändert. Doch was ist mit der linearen Ladungsdichte längs des Leiters? Eine näherungsweise Beschreibung der linearen Ladungsanordnung erhalten wir, wenn wir eine unendliche Anzahl bewegter diskreter Ladungen $Q_1$ annehmen, deren gegenseitige Abstände gleich $\delta$ sind, wobei wir im System S die Größen $Q_1$ und $\delta$ so wählen müssen, daß $Q_1/\delta = \lambda$ ist (Bild 8.12c).

Lassen wir nun $Q_1$ und $\delta$ so gegen Null gehen, daß das Verhältnis $Q_1/\delta$ immer konstant und gleich $\lambda$ bleibt, kommen wir unserer idealisierten Anordnung nahe: eine lineare Ladungsverteilung mit konstanter Liniendichte $\lambda$, die sich mit der Geschwindigkeit **v** bewegt.

In S' ruhen die Ladungen $Q_1$. Ihre gegenseitigen Abstände sind daher um den Faktor $\gamma$ größer als in S. Daher ist die Ladungsdichte in S' gleich $\lambda' = Q_1/\gamma\delta = \lambda/\gamma$ und damit kleiner als die in S.

Da nun in S' die Feldladungen ruhen, ist die gesamte auf $Q_2$ wirkende Kraft rein elektrisch und (vgl. Gl. (8.11)) durch

$$F' = 2k\frac{\lambda'}{b}Q_2 = \frac{1}{\gamma}\left(2k\frac{\lambda}{b}\right)Q_2$$

gegeben. Die Kraft F' wirkt also in die y-Richtung. Mit Hilfe der Gleichungen (8.7) können wir F' so transformieren, daß wir die gesamte auf $Q_2$ wirkende Kraft F im System S erhalten:

$$F'_y = \frac{F_y}{\gamma\left(1 - \frac{u_x v}{c^2}\right)}$$

Auf den hier betrachteten Fall angewendet, ergibt sich

$$F_y = \gamma\left(1 - \frac{uv}{c^2}\right)F'_y$$

d.h.

$$\mathbf{F} = 2k\frac{\lambda}{b}Q_2\left(1 - \frac{uv}{c^2}\right)\mathbf{e}_y. \tag{8.17}$$

Damit erhalten wir aus den Gleichungen (8.14), (8.15) und (8.17) die in S beobachtete magnetische Kraft:

$$\mathbf{F}_B = \mathbf{F} - \mathbf{F}_E$$

Daher gilt

$$\mathbf{F}_B = -\frac{uv}{c^2}\left(2k\frac{\lambda}{b}\right)Q_2\mathbf{e}_y = -Q_2\frac{uv}{c^2}\mathbf{E}$$

was völlig mit Gl. (8.13) in Einklang steht. Verwenden wir hier noch Gl. (8.16), dann sehen wir, daß die y-Komponente von **B** gleich Null ist und die z-Komponente durch

$$B_z = \frac{v}{c^2}\left(2k\frac{\lambda}{b}\right) = \frac{1}{c^2}vE \tag{8.18}$$

gegeben ist, was mit Gl. (8.10) übereinstimmt. Um zu beweisen, daß das unser gesamtes **B** darstellt (bzw. daß die x-Komponente von **B** gleich Null ist) sollten wir noch den Fall betrachten, bei dem sich die Probeladung $Q_2$ in eine andere Richtung, z.B. die y-Richtung bewegt. Diesen Fall mag der Leser als Übungsbeispiel durchrechnen. Wir sehen wieder, daß eine Kraft, die in dem einen Bezugssystem (S') rein elektrischen Ursprunges ist, sich in einem anderen System (S) aus elektrischen und magnetischen Komponenten zusammensetzen kann.

## 8.9. Die magnetische Kraft, mit der ein stromführender Draht auf eine bewegte Ladung wirkt

Im Fall von normalen Geschwindigkeiten ist die magnetische Kraft zwischen zwei elektrischen Ladungen überaus klein gegen die elektrische Kraft, z.B. um einen Faktor $uv/c^2$ kleiner, wenn wir Ladungen betrachten, die sich nebeneinander mit den Geschwindigkeiten u und v bewegen. Die magnetische Kraft kann nur dann ohne weiteres beobachtet werden, wenn es uns gelingt, die elektrische Kraft zu eliminieren. Glücklicherweise ist das möglich, da in der Natur sowohl positive als auch negative Ladungen vorkommen.

Betrachten wir als Beispiel einen langen elektrisch neutralen Kupferdraht, in dem ein Strom fließt. Die positiven Kupferionen bleiben in Ruhe, während die freien negativen Elektronen im Draht mit der Geschwindigkeit **v** fließen [1]). Welche Kraft wirkt nun auf eine Probeladung, die sich außerhalb des Drahtes befindet? Der Einfachheit halber wollen wir zunächst eine Probeladung $Q_2$ (z.B. ein Elektron) betrachten, das sich mit der für die Elektronen im Draht angenommenen Geschwindigkeit **v** bewegt (vgl. Bild 8.13a). Die negativen und positiven Ladungsdichten im Draht sind gleich und entgegengesetzt z.B. $\pm \lambda_0$. Am Ort von $Q_2$ erzeugen sie elektrische Felder, die dem Betrag nach gleich ($E = 2\,k\,\lambda_0/b$) und entgegengesetzt gerichtet sind. Demnach ist die auf $Q_2$ wirkende elektrische Kraft gleich Null. Würde $Q_2$ ruhen, wäre damit alles über diesen Fall gesagt. Da sich aber $Q_2$ bewegt, kann es das Magnetfeld „fühlen“.

Um etwas über die auf $Q_2$ in S wirkende magnetische Kraft zu erfahren, gehen wir in ein anderes Bezugssystem (S') über, das sich mit der Geschwindigkeit **v** relativ zu S bewegt. In S' ruht $Q_2$ und ebenso die Elektronen im Draht, während sich die positiven Ionen mit der Geschwindigkeit $-\mathbf{v}$ bewegen (Bild 8.13b).

Wie oben (im System S' betrachtet) ist der Abstand zwischen den im Draht ruhenden Elektronen größer, so daß die Lineardichte $\lambda_-$ um den Faktor $1/\gamma$ kleiner wird: $\lambda_- = -\lambda_0/\gamma$. Andererseits tritt als Folge der relativistischen Kontraktion eine Verkürzung der gegenseitigen Abstände der bewegten positiven Ionen und damit eine *Zunahme* der linearen Ladungsdichte $\lambda_+$ auf das $\gamma$-fache auf: $\lambda_+ = \gamma\lambda_0$. In

[1]) Das ist natürlich eine grobe Pauschalvereinfachung. Die Leitungselektronen in einem Draht haben alle möglichen Geschwindigkeiten und Bewegungsrichtungen, **v** stellt eine stetige mittlere *Drift*geschwindigkeit dar, die dem reinen Stromfluß entspricht.

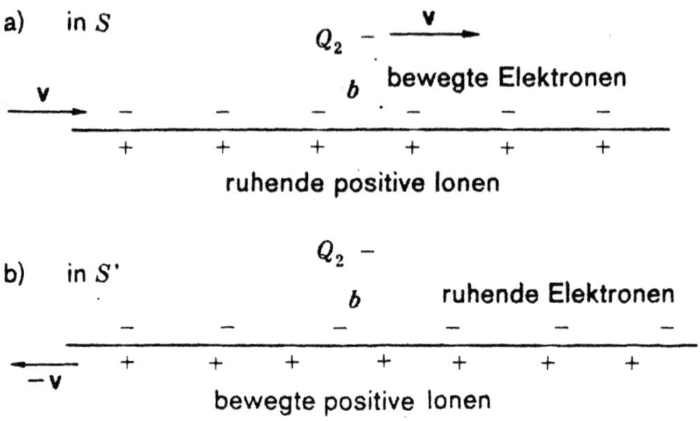


Bild 8.13
a) Eine Probeladung bewegt sich parallel zu einem stromführenden Draht.
b) Der Fall wurde auf ein Bezugssystem transformiert, in dem die Probeladung ruht.

*diesem* Bezugssystem sind also die positiven und negativen Ladungsdichten nicht länger gleich und entgegengesetzt! Der Unterschied resultiert in einer auf $Q_2$ wirkenden Kraft, die im Falle eines Elektrons, das sich in derselben Richtung wie die Elektronen im Draht bewegt, eine Anziehungskraft ist.

Dieses Ergebnis wollen wir nun genauer untersuchen. Im System S' ruht die Probeladung $Q_2$ und die auf sie wirkende Kraft F' hängt nur vom elektrischen Feld der linearen Anordnung der positiven und negativen Ladung ab. Die resultierende Ladungsdichte $\lambda'$ in S' ist durch

$$\lambda' = \lambda_+ + \lambda_- = \lambda_0 \left(\gamma - \frac{1}{\gamma}\right)$$

gegeben. Daraus ergibt sich für die resultierende Kraft F'

$$F'_y = 2k \frac{\lambda'}{b} Q_2 = \frac{2k\lambda_0}{b}\left(\gamma - \frac{1}{\gamma}\right) Q_2 .$$

Nach Rücktransformation auf S in der gewohnten Weise erhalten wir für die in S auf $Q_2$ wirkende Kraft

$$F_y = \frac{F'_y}{\gamma} = \frac{2k\lambda_0}{b}\left(1 - \frac{1}{\gamma^2}\right) Q_2$$

Da aber $1 - 1/\gamma^2 = v^2/c^2$ ist, lautet das Endergebnis

$$F_y = \frac{v^2}{c^2}\left(\frac{2k\lambda_0}{b}\right)Q_2 = \beta^2 E Q_2$$

Hierin ist E der Betrag der Feldstärke in S infolge der positiven oder negativen Ladungen im Draht. Da auf $Q_2$ in S keine resultierende elektrische Kraft wirkt, ist die Kraft F ($= \beta^2 E Q_2$) rein magnetisch. Sie ist um den Faktor $\beta^2$ schwächer als die elektrische Kraft, die entweder die positiven Ionen oder die negativen Elektronen allein ausüben, doch sie kann auch bei kleinen $\beta$-Werten beobachtet werden, da die elektrische Kraft infolge der gleichzeitigen Anwesenheit von positiven und negativen Ladungen verschwindet.

Wie wir sehen, steht in dem hier behandelten Fall das in S zu beobachtende Magnetfeld mit dem in S' beobachteten elektrischen Feld in Zusammenhang; das elektrische Feld in S' ist eine Folge der relativistischen Änderungen der Abstände zwischen den bewegten Ladungen, d.h. eine Folge der Lorentzkontraktion.

Das Ergebnis wird umso erstaunlicher, wenn wir es quantitativ betrachten. Zunächst wollen wir sehen, wie schnell sich Elektronen in einem gewöhnlichen stromführenden Draht bewegen. Betrachten wir einen Kupferdraht mit einem Querschnitt von etwa 1 $mm^2$ ($= 10^{-2}$ $cm^2$) in dem ein Strom von 10 A fließt. Eine Stromstärke von 10 A bedeutet, daß 10 Coulomb/s oder

$$\frac{10 \text{ Coulomb/s}}{1{,}6 \cdot 10^{-19} \text{ Coulomb/Elektron}} \approx 6 \cdot 10^{19} \text{ Elektronen/s}$$

durch jeden Querschnitt des Drahtes fließen. In festem Kupfer kommt etwa ein freies Elektron auf ein Cu-Atom, das sind etwa $10^{23}$ freie Elektronen pro $cm^3$. (Man überprüfe das!) Fließen die Elektronen mit der Geschwindigkeit v durch den Draht, dann werden in der Zeitspanne $\Delta t$ alle in einem Zylinder von der Grundfläche $10^{-2}$ $cm^2$ und der Höhe $v\,\Delta t$ (Bild 8.14) enthaltenen Elektronen die Stelle B passieren. Das sind insgesamt $10^{23} \cdot 10^{-2}\, v\Delta t$ Elektronen. Fließt ein Strom von 10 A während der Zeit $\Delta t$, dann ist die den Querschnitt B durchfließende Anzahl von Elektronen gleich

$$6 \cdot 10^{19}(\text{Elektronen/s} \cdot \Delta t)$$

Setzen wir diese beiden Beziehungen gleich, erhalten wir

$$v = 6 \cdot 10^{-2} \text{ cm/s} = 0.6 \text{ mm/s}.$$

Wie wir sehen, bewegen sich die Elektronen kaum! Von unserem oben eingenommenen Standpunkt aus betrachtet, bedeutet das, daß wir die vom Elektronenstrom ausgeübte magnetische Kraft auf die Lorentzkontraktion (des Abstandes zwischen gleichförmig bewegten Ladungen) zurückgeführt haben, und das unter Bedingungen,

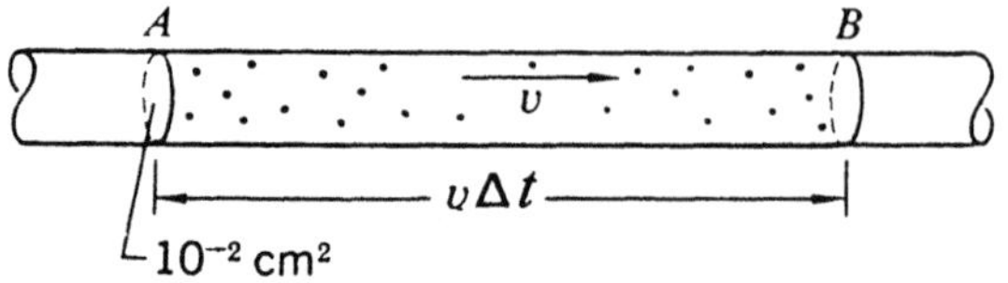


Bild 8.14
Schematische Darstellung eines stromführenden Drahtes.

nach denen v/c nur $2 \cdot 10^{-12}$ und demnach die Lorentzkontraktion unvorstellbar gering ist, nämlich $10^{-23}$. Wir stellen uns magnetische Kräfte immer als groß und bedeutend vor und doch können wir sie der Wirkung solch scheinbar vernachlässigbarer relativistischer Kontraktionseffekte bei niederen Geschwindigkeiten zuschreiben [1]). Wer sagt da noch, die Relativitätstheorie wäre nur bei Geschwindigkeiten nahe der Lichtgeschwindigkeit von Bedeutung?

Unsere Untersuchung besagt weiter, daß jede Abweichung von der elektrischen Neutralität eines stromführenden Drahtes, die in seinem eigenen Ruhsystem beobachtet werden kann, sehr klein sein muß; ansonsten würde die elektrische Kraft auf eine außerhalb des Drahtes bewegte Ladung die magnetische Kraft völlig verdecken.

## 8.10. Mehr über magnetische Kräfte und Lorentzkontraktionen

Bei dem im letzten Abschnitt behandelten Fall, bei dem wir angenommen hatten, daß die Probeladung dieselbe Geschwindigkeit wie die Elektronen im Draht hat, hilft uns ein Raum-Zeit-Diagramm wesentlich uns vorzustellen, wie die Probeladung den Draht als Träger einer resultierend positiven Ladung „empfindet". Wir sehen in Bild 8.15 die Weltlinien der positiven Ionen und Elektronen. Im System S ruhen die positiven Ionen und die Elektronen sind in Bewegung. Da die Ladungsdichten gleich sind, sind die Abstände zwischen den Ionen und die zwischen den Elektronen zu jedem Zeitpunkt t gleich groß.

Das System S′ bewegt sich relativ zu S mit derselben Geschwindigkeit wie die Elektronen. Daher ist in unserem Raum-Zeit-Diagramm die ct′-Achse parallel zu den Weltlinien der Elektronen und der Winkel zwischen den Achsen x′ und x ist ebenso groß wie der zwischen den Achsen ct′ und ct. Im System S′ ist zur Zeit $t' = 0$ der Ort der positiven Ionen und der Elektronen durch die Schnittpunkte ihrer Weltlinien mit der x′-Achse gegeben. Es ist klar, daß in S′ die Abstände zwischen den positiven Ionen geringer sind als die Abstände zwischen den Elektronen; diese

[1]) Es ist eine wichtige Tatsache, daß *keine* Kontraktionen auftreten, wenn man die Situation vom Laborsystem aus betrachtet, außer im Falle eines relativ zum Labor bewegten Systems. Der einzige Unterschied zwischen einem stromführenden Draht und einem Draht ohne Strom ist das Vorhandensein einer Elektronendrift. Der mittlere Abstand zwischen den Elektronen bleibt unverändert, wenn er im Laborsystem gemessen wird.

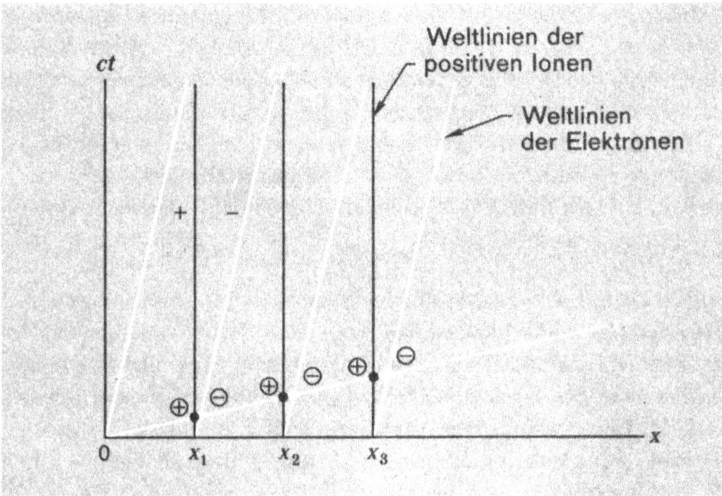


Bild 8.15

Minkowski-Diagramm zur Illustration der scheinbaren Ladungsdichte in einem neutralen stromführenden Draht, wie sie in einem bewegten Bezugssystem zu beobachten ist.

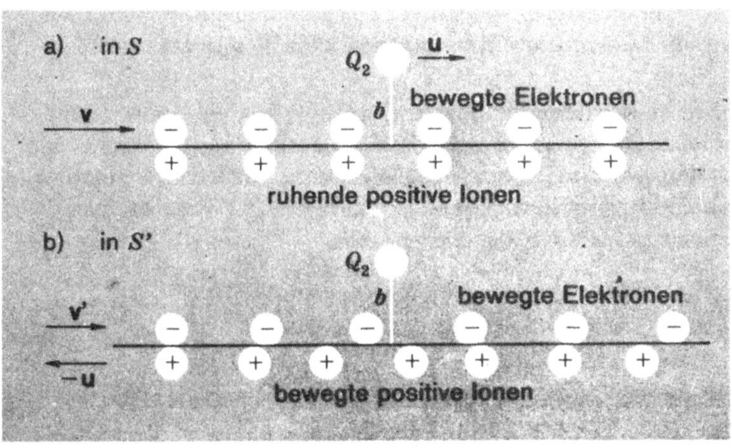


Bild 8.16

a) Eine Probeladung bewegt sich parallel zu einem stromführenden Draht.
b) Der Fall wurde auf ein Bezugssystem transformiert, in dem die Probeladung ruht und daher unempfindlich auf Magnetfelder ist.

verschiedenen Abstände sind zu jeder Zeit t' dieselben. Wir sehen also wiederum, daß in S' die Dichte der positiven Ionen im Draht größer ist als die der Elektronen, so daß auf ein außerhalb des Drahtes befindliches Elektron eine elektrische Kraft wirken wird. Es ist, wie in obigem Beispiel, genau diese Kraft, die im System S als magnetische Kraft wahrgenommen wird. Benützen wir einen geeigneten Maßstab, um Abstände längs der x'-Achse zu messen (vgl. die Diskussion der Minkowski-Diagramme in Kapitel 3), wird uns das Raum-Zeit-Diagramm die richtigen quantitativen Werte für $\lambda_+$ und $\lambda_-$ liefern.

Der hier betrachtete Fall war allerdings sehr speziell, da wir angenommen haben, daß sich Probeladung und Leitungselektronen mit derselben Geschwindigkeit v bewegen. Nehmen wir nun an, daß sich die Probeladung parallel zu einem neutralen stromführenden Draht mit der Geschwindigkeit **u** bewege, die von der Geschwindigkeit **v** der Elektronendrift verschieden sei (Bild 8.16a). Welche Kraft wirkt auf diese Probeladung? Da der Draht neutral ist und ruhende positive Ionen kein Magnetfeld erzeugen, haben wir auch schon die Antwort auf diese Frage: Die Kraft ist gleich der rein magnetischen Kraft, die aus der Bewegung der Elektronen im Leiter resultiert, d.h. wir erhalten aus Gl. (8.13)

$$F_{mag} = -Q_2 \frac{uv}{c^2}\left(2k\frac{\lambda}{b}\right).$$

Wir wollen uns noch kurz überlegen, wie dieses Ergebnis durch die relativistische Modifikation der positiven und negativen Ladungsdichten interpretiert werden kann.

Wir gehen wie bisher wieder zum System S' über, in dem die Probeladung (das Elektron) ruht und daher nur eine elektrische Kraft wahrnehmen kann (Bild 8.16b). In diesem Bezugssystem haben die positiven Ionen im Draht die Geschwindigkeit $-\mathbf{u}$ und die Elektronen haben eine Geschwindigkeit $\mathbf{v}'$, die wir nach dem Gesetz der Addition von Geschwindigkeiten erhalten:

$$v' = \frac{v-u}{1-\frac{vu}{c^2}}$$

In S sind die positiven und negativen Ladungsdichten dem Betrag nach gleich $\lambda_0$. In S' haben wir jedoch

$$\lambda_+ = \gamma(u)\,\lambda_0$$

$$\lambda_- = -\frac{\gamma(v')}{\gamma(v)}\,\lambda_0$$

Weisen Sie selbst nach, daß diese Gleichung auch für $\lambda_-$ gilt; um sich eine Vorstellung zu verschaffen, gehe man zum Ruhsystem der Elektronen über und verlasse es dann wieder). Wir haben die Beziehung

$$\gamma(v') = \gamma(u)\gamma(v)\left(1 - \frac{uv}{c^2}\right)$$

(vgl. Gl. (7.7)). Damit ist

$$\lambda_- = -\gamma(u)\left(1 - \frac{uv}{c^2}\right)\lambda_0 .$$

Die in S' beobachtete gesamte Ladungsdichte längs des Drahtes ist daher durch

$$\lambda' = \lambda_+ + \lambda_- = \gamma(u)\frac{uv}{c^2}\lambda_0$$

gegeben. Wenn wir nun genau wie in dem oben betrachteten spezielleren Fall vorgehen, sehen wir, daß die im Laborsystem S auf $Q_2$ wirkende resultierende Kraft durch

$$F_y = \frac{uv}{c^2}\left(\frac{2k\lambda_0}{b}\right)Q_2$$

gegeben ist. Vergleicht man dieses Ergebnis mit Gl. (8.13), so fällt auf, daß in ihm das Minuszeichen fehlt; das wird jedoch sofort verständlich, wenn man daran denkt, daß ja die Ladungsdichte der *bewegten* Ladungen im Draht, d.h. der Elektronen, gleich $-\lambda_0$ ist und wenn wir in Gl. (8.13) $\lambda = -\lambda_0$ setzen, so erhalten wir genau unser obiges Ergebnis.

## 8.11. Die Kraft zwischen stromführenden Drähten

Wir kommen nun zu dem Höhepunkt der relativistischen Analyse von Kräften zwischen Ladungen in verschiedenen Bewegungszuständen. Es soll die zwischen zwei langen parallelen Metalldrähten wirkende Kraft bestimmt werden; die Drähte befinden sich im Abstand b voneinander und in ihnen fließen die Ströme $I_1$ bzw. $I_2$ (Bild 8.17). Die positiven und negativen Ladungsdichten sind in jedem Draht gleich, daher erzeugt keine von ihnen ein elektrisches Feld. Doch erzeugt jeder Draht ein Magnetfeld infolge der in ihm fließenden Elektronen und dieses Magnetfeld übt auf die im anderen Draht fließenden Elektronen eine Kraft aus.

Für unsere Berechnung gehen wir von der Kraft aus, mit der eine unendlich lange, sich mit der Geschwindigkeit v bewegende Ladung auf eine Probeladung $Q_2$ wirkt, die sich mit der Geschwindigkeit u parallel dazu bewegt:

$$F_y = -\frac{uv}{c^2}\left(\frac{2k\lambda}{b}\right)Q_2$$

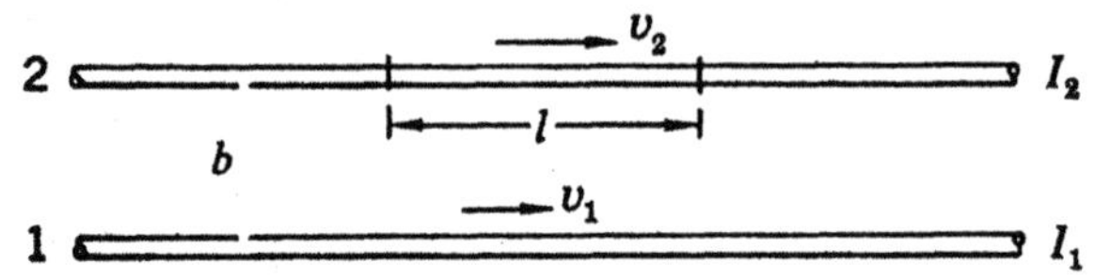


Bild 8.17. Zwei parallele stromführende Drähte.

Dies können wir auch mittels des am Ort von $Q_2$ wirkenden Magnetfeldes nach Gl. (8.18) ausdrücken:

$$B_z = \frac{v}{c^2}\left(\frac{2k\lambda}{b}\right)$$

und

$$F_y = -\,Q_2 u B_z.$$

Um diese Ergebnisse für unser Problem verwenden zu können, müssen wir eine Beziehung zwischen Strom, linearer Ladungsdichte und Geschwindigkeit der Ladungen einführen:

$$I = \lambda v.$$

(Man beweise das.) Die Beträge der linearen Ladungsdichten und der Elektronendriftgeschwindigkeiten in den beiden Drähten seien $\lambda_1$, $v_1$ bzw. $\lambda_2$, $v_2$. Dann wird das Magnetfeld, das Draht 1 am Ort von Draht 2 erzeugt durch

$$B_z = \frac{v}{c^2}\left(\frac{2k\lambda_1}{b}\right) = \frac{2kI_1}{c^2 b} \tag{8.19}$$

gegeben sein und senkrecht auf die Ebene, in der die beiden Drähte liegen, wirken. Berechnen wir nun die Kraft, die dieses Feld auf alle Elektronen in einem Stück der Länge $l$ von Draht 2 ausübt. Der Betrag der bewegten Ladung ($Q_2$) ist numerisch gleich $\lambda_2 l$ und die Geschwindigkeit dieser Ladung ist hier gleich $v_2$. Damit erhalten wir für den Betrag der auf dieses Drahtstück wirkenden Kraft

$$F = \lambda_2 l v_2\left(\frac{2kI_1}{c^2 b}\right)$$

d.h.

$$F = \frac{2k}{c^2}\,\frac{I_1 I_2}{b}\,l = B_z I_2 l \tag{8.20}$$

Wie wir gesehen haben, liegt diese Kraft in der durch die Drähte gehenden Ebene. Sind die Ströme parallel, ist es eine Anziehungskraft, sind sie antiparallel, ist es eine Abstoßung.

Die Konstante k ist der Proportionalitätsfaktor aus dem Coulombschen Gesetz. Wir sehen nun, daß er auch im Ausdruck für die zwischen stromführenden Drähten wirkende Kraft auftritt und demnach benützt werden kann, um diese Kraft zu berechnen, wenn die Ströme gegeben sind. Wie zu Beginn dieses Kapitels erwähnt, ist der Wert von k im MKS-System etwa gleich $9 \cdot 10^9$ N · m²/C². Wendet man Gl. (8.20) an, so kann man hieraus die Kraft pro Längeneinheit zwischen zwei parallelen, 1 cm voneinander entfernten Drähten berechnen, wenn jeder Draht einen Strom von 10 A führt; man erhält 0,002 N/m. Enthielte der Draht keine positiven Ionen, die das elektrische Feld der Elektronen neutralisieren, dann wäre die zwischen den Drähten wirkende elektrische Kraft um den Faktor $c^2/v^2$ größer und würde etwa $5 \cdot 10^{20}$ N/m betragen!

## 8.12. Elektrische und magnetische Maßeinheiten und -systeme

Wir wollen hier, analog wie oben, von den quantitativen Ansätzen für die elektrische und magnetische Kraft ausgehen, die wir zu Beginn dieses Kapitel brachten. Die Diskussion von Problemen der Grundeinheiten etc. sind meist wenig ergiebig, doch die Vereinheitlichung von Elektrizität und Magnetismus, die wir durch Anwendung der Relativitätstheorie erreichten, ist in diesem Fall besonders interessant.

Gleichung (8.1) formuliert das Grundgesetz für elektrische Ladungen (das Coulombsche Gesetz). Die letzte Gleichung (8.20) formuliert das zwischen parallelen Strömen wirkende Kräftegesetz. Die Ladungseinheit im CGS-System war so definiert, daß die Konstante k im Coulombschen Gesetz gleich Eins war. Wir könnten jedoch auch die Ladungseinheit aufgrund von Gl. (8.20) definieren, wenn wir festlegen, daß zwei parallele Drähte im Abstand einer Längeneinheit, die eine Stromstärkeneinheit führen, sich anziehen oder abstoßen mit einer Kraft von genau 2 Einheiten pro Längeneinheit. Wir wählten 2 Krafteinheiten und nicht eine, da auf der rechten Seite von Gl. (8.20) der Faktor 2 steht. Historisch betrachtet, ist man tatsächlich sinngemäß so vorgegangen, um eine absolute Einheit des elektrischen Stromes zu definieren, die mechanischen Maßeinheiten waren die des CGS-Systems [1]). Damit lautet die Definition sinngemäß wie folgt:

> Zwei lange parallele Drähte im Abstand von 1 cm, in denen jeweils ein Strom von einer Stromstärkeneinheit fließt, üben aufeinander eine Kraft von 2 dyn pro cm aus.

---

[1]) Wir verwenden das Wort „sinngemäß" weil man, aufgrund von praktischen Erwägungen, anstelle der langen geraden Drähte für die Kräftemessungen stromführende Spulen verwendete und mit der dieser Geometrie entsprechenden Formel rechnete.

Die so definierte Stromstärkeneinheit ist damit gleich 10 A in dem praktischen Maßsystem, d.h. der Ladungsfluß beträgt genau 10 C/s. Wenn wir nun diese Definition unter Verwendung von MKS-Einheiten formulieren, lautet sie:

> Zwei lange parallele Drähte im Abstand von $10^{-2}$ m, in denen jeweils ein Strom von 10 C/s fließt, üben eine Kraft aufeinander aus, die gleich $2 \cdot 10^{-5}$ N/$10^{-2}$ m ist.

Damit haben wir nun den Wert der Konstanten k in dem üblicherweise als MKS-System bezeichneten System vollständig bestimmt. Setzen wir ihn in Gl. (8.20) ein, so finden wir

$$2 \cdot 10^{-5}\ \mathrm{N} = \frac{2k}{c^2}\,\frac{10\,\frac{\mathrm{C}}{\mathrm{s}} \cdot 10\,\frac{\mathrm{C}}{\mathrm{s}}}{10^{-2}\ \mathrm{m}} \cdot 10^{-2}\ \mathrm{m}$$

so daß

$$k = 10^{-7} c^2\ \mathrm{N} \cdot \mathrm{s}^2/\mathrm{C}^2 .$$

Da aber

$$c = 2{,}9979 \cdot 10^8\ \mathrm{m/s} \qquad \text{(vgl. Tabelle 1.2)}$$

ist

$$k\,(\mathrm{MKS}) \approx 8{,}987 \cdot 10^9\ \mathrm{N} \cdot \mathrm{m}^2/\mathrm{C}^2 \quad (\text{d.h.} \approx 9 \cdot 10^9)$$

Formuliert man dieses Ergebnis ein wenig anders, dann sieht man, wie der Wert von c bestimmt werden kann, wenn die elektrische Kraft zwischen ruhenden Ladungen und die magnetische Kraft zwischen Strömen vom Experiment her bekannt sind. Genau das hat im 19. Jahrhundert damals *Clerk Maxwell* getan, als er erkannte, daß die empirischen Gesetze von Elektrizität und Magnetismus die Möglichkeit beinhalten, daß sich elektromagnetische Wellen mit der Geschwindigkeit c im Raum ausbreiten.

Abschließend wollen wir noch kurz die elektrischen und magnetischen Felder selbst betrachten. Wir haben *Einsteins* Feststellung, daß die magnetische Kraft nichts anderes als eine von einem anderen Standpunkt aus betrachtete elektrische Kraft sei, in allen Einzelheiten bewiesen. Man könnte nun dieselben logischen Erwägungen auf das Feld als solches anwenden und ein Magnetfeld als dimensionsmäßig identisch mit einem elektrischen Feld definieren. Das ist an sich einfach und wir werden gleich sehen, wie es gemacht wird.

Wir gehen wiederum von den grundlegenden Berechnungen aus, die wir angewendet haben, um die Kraft, die eine bewegte Ladung auf eine andere ausübt, zu berechnen. Die Kraft, mit der die Ladung $Q_1$ (Geschwindigkeit **v**) auf die Ladung $Q_2$ (Geschwindigkeit **u**) wirkt, ergibt sich aus dem allgemeinen Kräftegesetz (Gl. (8.4)) zu

$$\mathbf{F}_{12} = Q_2 (\mathbf{E} + \mathbf{u} \times \mathbf{B}) \qquad \text{(MKS-System)}$$

wo, nach Gl. (8.10),

$$\mathbf{B} = \frac{1}{c^2} (\mathbf{v} \times \mathbf{E}) \qquad \text{(MKS-System).}$$

Nun ist die Einführung der Felder **E** und **B** gewissermaßen ein Hilfsmittel, das es uns ermöglicht, die auf eine beliebig bewegte Probeladung wirkende Kraft in der gewohnten Weise zu beschreiben. Gehen wir von dem Standpunkt aus, daß elektrische und magnetische Felder Größen derselben Art sind, kommen wir zum selben Wert der physikalisch beobachtbaren Größe – der Kraft **F** – indem wir einfach den Faktor 1/c aus der Definition von **B** auf das Kräftegesetz übertragen. Und das ist genau die Art, in der die Gleichungen im traditionellen CGS-System geschrieben werden, obgleich, wie bereits eingangs erwähnt, der wesentliche Punkt nicht die Wahl der Einheiten als solche, sondern die Verwendung des Coulombschen Gesetzes zur Definition der Ladungseinheit anstelle der zwischen Strömen wirkenden Kraft ist. So sind im CGS-System die beiden obigen Gleichungen durch die folgenden zu ersetzen:

$$\left.\begin{aligned} &\mathbf{F}_{12} = Q_2 \left( \mathbf{E} + \frac{\mathbf{u}}{c} \times \mathbf{B} \right) \\ &\text{wobei} \\ &\mathbf{B} = \frac{\mathbf{v}}{c} \times \mathbf{E} \end{aligned}\right\} \qquad \text{(CGS-System)}$$

Das Magnetfeld ist hier sinngemäß als Teil ($\approx v/c$) des elektrischen Feldes definiert. Wir sehen also, wie es kommt, daß im magnetischen Kräftegesetz

$$\mathbf{F}_{mag} = \text{const.} (Q_2\, \mathbf{u} \times \mathbf{B})$$

der Wert der Konstanten in dem einen System (MKS), in dem die Ladungseinheit durch die zwischen Strömen wirkende Kraft definiert ist, gleich Eins und in einem anderen System (CGS), in dem die Ladungseinheit durch das Coulombsche Gesetz definiert ist, gleich 1/c ist.

Es ist offensichtlich, daß viel zugunsten des CGS-Systems spricht, da es in ihm keine grundlegende Unterscheidung zwischen elektrischen und magnetischen Kräften gibt. Welches System man aber immer benützen mag, unsere hier gewonnenen Ergebnisse machen es möglich, ein System von Transformationsgleichungen aufzustellen, nach denen die Komponenten von **E** oder **B** aus dem einen System auf die entsprechenden Komponenten von **E** und **B** in einem anderen System umgerechnet werden können. Es wird sich dabei um ein System von linearen Gleichungen handeln, die im wesentlichen den ursprünglichen Lorentz-Transformationen ähneln, die Raum und Zeit verknüpfen, oder den dynamischen Transformationen, die Impuls und Energie verbinden. Wenn man will, kann man sie sich leicht ableiten; es würde jedoch über den Rahmen des Buches hinausgehen, würden wir ihre allgemeinen Anwendungen bringen.

## 8.13. Aufgaben

8.1. Man betrachte den im Diagramm 8.18 dargestellten Fall und zeige, durch Transformation auf das Ruhsystem von $Q_1$ und Rücktransformation auf das Laborsystem, daß die auf die Probeladung $Q_2$ wirkende Kraft nicht davon abhängt, ob sich die Ladung $Q_1$ zu $Q_2$ hin oder von ihr weg bewegt.

Bild 8.18

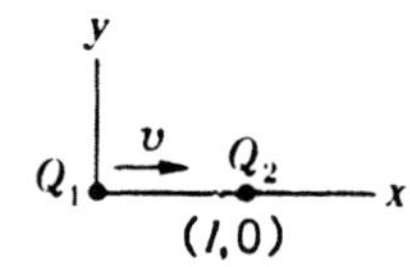


8.2. a) Eine Ladung Q bewege sich mit der konstanten Geschwindigkeit v und befinde sich zur Zeit t im Punkt x (Bild 8.19). Zu einem früheren Zeitpunkt t′ hat sich Q im Punkt x′ befunden, so daß ein von Q in x′ zur Zeit t′ emittierter Lichtimpuls in P zur Zeit t ankommt (d.h. x′ ist der verzögerte Ort von Q bezüglich der Beobachtung in P zur Zeit t). Man zeige, daß ein von Q im Punkt 0 ausgesendetes Signal die Zeit t braucht um P zu erreichen.

b) Die Ladung Q bewege sich mit beliebiger Geschwindigkeit (längs eines beliebigen Weges), doch sei $v < c$. Man zeige, daß es eine und nur eine verzögerte Lage bezüglich der Beobachtung im Punkt P zur Zeit t gibt.

Bild 8.19

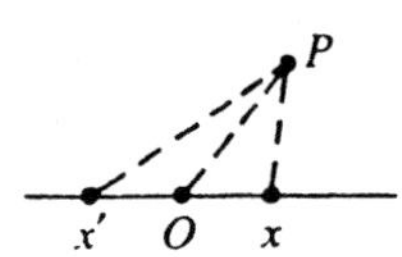


8.3. Befindet sich eine Ladung zu einem bestimmten Zeitpunkt im Ursprung und bewegt sie sich mit der Geschwindigkeit v längs der x-Achse, dann sind die zu diesem Zeitpunkt in $\pm x$ herrschenden elektrischen Felder gleich. Im Text (S. 253) wird auf die bemerkenswerte Tatsache dieser Vorne-Hinten-Symmetrie hingewiesen. Rein gefühlsmäßig hätte man erwartet, hinter der Ladung ein schwächeres und vor ihr ein stärkeres Feld anzutreffen. Die grundsätzliche Richtigkeit dieses Gefühls wird offenbar, wenn man die Zeit in Betracht zieht, die das Feld braucht, um sich auszubreiten. Um dieses Problem zu betrachten, nehme man an, daß eine Ladung mit der Geschwindigkeit v (= $\beta c$) zur Zeit $t = 0$ den Ursprung des Systems passiert. Das zur Zeit $t = 0$ in $x = a$ herrschende Feld ist das von der Ladung in einer früheren Lage

$x = -b$ erzeugte Feld, wobei $b/v = (a + b)/c$ sein muß. Analog steht das in $x = -a$ herrschende Feld mit einer anderen verzögerten Lage, $x = -d$, in Zusammenhang. Man drücke das elektrische Feld durch den Abstand zwischen Feldpunkt und zugehöriger *verzögerter Lage* der Ladung in beiden Fällen aus. Man zeige, daß, wenn die verzögerten Abstände als *gleich* angenommen werden, das Feld im Punkt vor der Ladung stärker als das im Punkt hinter der Ladung ist, wobei der Faktor gleich $(1 + \beta)^2/(1 - \beta)^2$ ist.

**8.4.** Man betrachte den in Bild 8.20 illustrierten Fall einer Feldladung, die sich mit der Geschwindigkeit v bewegt und auf eine in derselben Richtung mit der Geschwindigkeit u bewegte Probeladung längs der Verbindungslinie der beiden Ladungen wirkt. Wie groß ist die auf die Probeladung $Q_2$ von der Feldladung $Q_1$ ausgeübte Kraft? Warum sagt uns dieser Fall nicht viel bezüglich der magnetischen Kräfte?

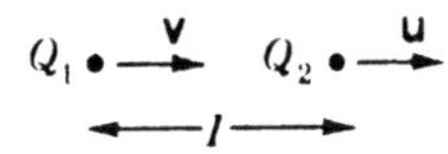

Bild 8.20

**8.5.** Eine Feldladung $Q_1$ im Ursprung bewege sich mit der Geschwindigkeit v in der x-Richtung (Bild 8.21). Welche Kraft wirkt auf eine Probeladung $Q_2$ die sich mit beliebiger Geschwindigkeit **u** bewegt, in einem beliebigen Punkt **r**? Man zeige, daß hier $\mathbf{B} = \mathbf{v} \times \mathbf{E}/c^2$ [1]).

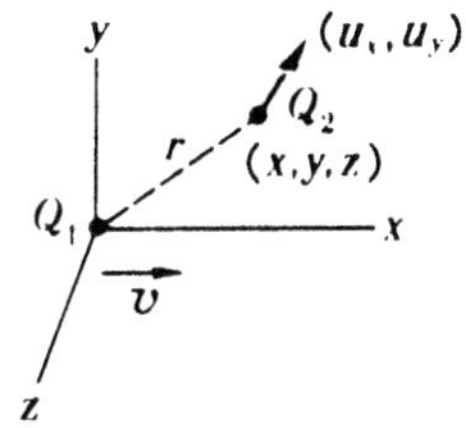

Bild 8.21

**8.6.** Zwei Inertialsysteme S und S′ bewegen sich relativ zueinander mit der Geschwindigkeit w. Man leite die Transformationsgleichungen für die elektrischen und magnetischen Felder in den beiden Systemen für eine Punktladung Q ab, die sich mit konstanter Geschwindigkeit in der x-Richtung bewegt.

**8.7.** Eine unendlich lange lineare Ladungsdichte $\lambda$ befinde sich auf der x-Achse eines Koordinatensystems. Sie bewege sich in der x-Richtung mit der konstanten Geschwindigkeit v. Eine mit beliebiger Geschwindigkeit bewegte Probeladung Q befinde sich im Punkt ($x = 0$, $y = b$, $z = 0$). Man bestimme die auf die Probeladung wirkende Kraft und benütze das Ergebnis, um zu zeigen, daß die elektrischen und magnetischen Felder in (0, b, 0) durch die Gleichung $\mathbf{B} = \mathbf{v} \times \mathbf{E}/c^2$ verknüpft sind.

**8.8.** Man betrachte zwei parallele Kupferdrähte, von denen jeder einen Strom von 1 A führt.

a) Fällt auf jedes Cu-Atom ein freies Elektron, wie hoch ist dann die Driftgeschwindigkeit dieser Elektronen bei Drahtquerschnitten von 0,01 mm², 1 mm² und 1 cm²?

b) Mit welcher Kraft pro Längeneinheit wirken die Drähte aufeinander, wenn sie sich im Abstand von 1 m bzw. 1 cm befinden?

---

[1]) In diesem und ähnlichen Problemen, in denen das Magnetfeld **B** explizit eingeführt wird, verwende man das MKS-System.

**8.9.** Im Text wurde gezeigt, daß der mittlere Abstand der Elektronen im Laborsystem unverändert bleibt, wenn die freien Elektronen in einem neutralen Draht eine Driftgeschwindigkeit besitzen, so daß ein Strom fließt. Wie verträgt sich das mit der Tatsache, daß alle Objekte einer Lorentzkontraktion unterworfen sind, wenn sie aus einem Zustand der Ruhe in einen Zustand der Bewegung übergehen?

**8.10.** Man berechne aus den geometrischen Verhältnissen in einem Minkowski-Diagramm eines stromführenden Drahtes (Bild 8.15) das Verhältnis der positiven und negativen Ladungsdichte für das Ruhsystem der Elektronen. (Es genügt hier zu wissen, daß der Winkel zwischen der x-Achse und der $x'$-Achse gleich arc tan (v/c) ist.)

**8.11.** Zwei Inertialsysteme S und $S'$ bewegen sich mit der Geschwindigkeit v relativ zu einander. Auf der x-Achse liege ein unendlich langer Draht, der sich aus ruhenden positiven Ladungen und negativen Ladungen, die sich mit der Geschwindigkeit v in der x-Richtung bewegen, zusammensetzt. So fließt ein Strom durch den Draht, wenngleich die resultierende Ladungsdichte in S überall gleich Null ist. Man berechne die Ladungsdichte in $S'$. Besagt das Ergebnis, daß die Gesamtladung bei einer Lorentz-Transformation nicht erhalten bleibt? Man erkläre das! (Vgl. *D. L. Webster*, Am. J. Phys., 29, 841 (1961) wo dieser Effekt diskutiert und erklärt wird.)

## Nachwort

Ein guter Abschluß für diese Abhandlung über die spezielle Relativitätstheorie, ihre Grundlagen und Anwendungsmöglichkeiten, ist vielleicht ein kurzer Überblick über den historischen Hintergrund. Die Geschichte der Relativitätstheorie ist ein faszinierendes Thema. *Holton* hat über viele Aspekte der historischen Grundlagen geschrieben [1]).

Obwohl *Einstein*, wie wir schon sagten, mit vollem Recht Vater der Relativitätstheorie genannt werden kann, gibt es doch auch andere, die an ihrer Entstehung mitwirkten. Derjenige, der wohl am ehesten *Einstein* vorgriff, war der große französische Theoretiker *H. Poincaré*. Er konnte sich zwar nicht zu einer Aufgabe des Äthers als Träger des Lichts durchringen, er glaubte jedoch fest an das Relativitätsprinzip und war auch der Überzeugung, daß es von Grund auf unmöglich sei, absolute Bewegung durch optische Beobachtungen nachzuweisen. Diese Ansicht äußerte er im Jahre 1899 und 1904 veröffentlichte er eine eindrucksvolle Arbeit, in der er seine Ideen erläuterte, mit dem Titel „Gegenwärtiger Stand und Zukunft der mathematischen Physik" [2]). Fast die Hälfte dieser Arbeit ist eigentlich relativistischen Themen gewidmet – der Lorentzkontraktion, dem Massenzuwachs mit der Geschwindigkeit, der Stellung von c als Grenzgeschwindigkeit in der Dynamik. Er befaßte sich in dieser Arbeit sogar mit Problemen der Synchronisation von Uhren durch Austausch von Lichtsignalen. Es stimmt natürlich, daß seine Abhandlungen eigentlich in *Lorentz* Analyse elektromagnetischer Phänomene wurzelt, wo die Vorstellung einer wirklichen Längenkontraktion und der sogenannten „Ortszeit" (formelle Definition in Gl. (3.14)) erstmals auftritt. *Poincaré* war der Ansicht, und sagte das auch, daß die Lorentz-Theorie keineswegs das letzte Wort in dieser Angelegenheit sei, aber seine Bemerkungen zeigen, daß er selbst eine bessere Theorie nicht bieten konnte.

Was nun *Lorentz* betrifft (auch einer der wirklich großen theoretischen Physiker, Nobelpreisträger von 1902), so wurde durch die Entwicklung seiner Transformationen im Jahre 1904 die Existenz des speziellen Bezugssystems des Äthers eigentlich niemals in Frage gestellt und selbst 15 Jahre später maß er der Vorstellung des absoluten Raumes immer noch einige Bedeutung bei. Hier ist auch noch ein interessanter Aspekt der, daß die Lorentz-Transformationen im wesentlichen schon 1887 von *W. Voigt* abgeleitet worden waren, der in diesem Jahr eine theoretische Arbeit über den Dopplereffekt (d.h. die Problematik der Beobachtung einer Wellenbewegung von verschiedenen Inertialsystemen) veröffentlichte.

---

1) *G. Holton*, Am. J. Phys., **28**, 627–636 (1960).

2) *H. Poincaré*, Bull. Sci. Math., **28**, 302–323 (1904).

Eine letzte Episode aus der Entwicklung vor *Einstein* ist die Erkenntnis *Sir Joseph Larmors* im Jahre 1900, daß als Begleiterscheinung der Fitzgerald-Lorentz-Kontraktion sich die Notwendigkeit irgend eines Zeitkorrekturfaktors ergibt, wenn die Gleichungen, die die Eigenschaften des Äthers beschreiben, invariant sein sollen.

Worin bestand nun eigentlich *Einsteins* einzigartiger und wichtiger Beitrag? Das war, wie er selbst erzählt [1]), seine Erkenntnis der Problematik der Zeitmessung, das Ergebnis von fast zehnjähriger Gedankenarbeit und Spekulation – *Einstein* begann bereits mit 16 Jahren, sich über diese Probleme Gedanken zu machen! Daraus ergab sich dann alles andere, einschließlich der Lorentz-Transformationen und einer neuen Dynamik, in der die Masse mit der Geschwindigkeit variierte. Das alles ist in seiner Arbeit von 1905 dargelegt, die ihn nach fast weltweiter Übereinstimmung zum wahren Schöpfer der Relativitätstheorie macht [2]). Diese Arbeit ist an sich ein bemerkenswertes Meisterwerk, nicht nur wegen ihres Gedankenreichtums, sondern auch wegen der Dinge, die darin nicht vorkommen. Sie bezieht sich z.B. kein einziges Mal auf die einschlägige wissenschaftliche Forschungsliteratur. Es erscheint ziemlich sicher, daß *Einstein* die Arbeit von *Lorentz* aus dem Vorjahr nicht kannte, denn er leitete die Lorentz-Transformationen von Grund auf neu ab. Die wirklich interessante Frage ist jedoch die: Worauf baute *Einstein* wirklich seine Theorie auf? Als man ihn viele Jahre später danach fragte, gab er als Begründung an, daß er von bekannten optischen Phänomenen angeregt worden sei, habe aber seiner Erinnerung nach vor 1905 das Michelson-Morley-Experiment nicht gekannt [3]). Und doch ist dieses Experiment damals bereits als klassisch zu bezeichnen; es wurde 18 Jahre zuvor erstmals ausgeführt, angeregt durch *Maxwells* Überlegungen über die Feststellbarkeit der Bewegung der Erde durch den Raum. Man sollte also wohl

---

[1]) Siehe seine autobiographischen Memoiren in *Albert Einstein: Philosopher-Scientist* (Hrsg. *P. A. Schilpp*), Harper Torchbooks, New York 1959.

[2]) Es wird wohl ein ungeklärtes Geheimnis der Geschichte der Naturwissenschaften bleiben, warum *Sir Edmund Whittaker* (siehe die zu Anfang des Kapitels 3 zitierte Bemerkung) so zögerte, *Einstein* die gebührende Anerkennung zu zollen. Was die allgemeine Relativitätstheorie betrifft, so hatte *Whittaker* nämlich keine derartigen Hemmungen. *Whittaker* war ganz allgemein ein gewissenhafter und aufrechter Gelehrter und seine *Geschichte der Theorien des Äthers und der Elektrizität (History of the Theories of Aether and Electricity)* ist ein äußerst faszinierendes und reich dokumentiertes Werk über die Entwicklung des physikalischen Denkens und als einschlägige Lektüre sehr zu empfehlen.

[3]) Siehe *R. S. Shankland*, Am. J. Phys., **31**, 47 (1963). Siehe auch einen späteren Aufsatz von *Shankland* über den Michelson-Morley-Versuch in Am. J. Phys., **32**, 16 (1964). In dieser Arbeit wird aus einem Brief *Einsteins* aus dem Jahre 1952 zitiert, in dem *Einstein* zugibt, er habe *doch* vor 1905 aus der Lektüre der Arbeiten *Lorentz*' Kenntnis vom Michelson-Morley-Versuch gehabt. *Einstein* konnte sich offensichtlich nach fünfzig Jahren auf diese Dinge nicht mehr so genau besinnen. An beiden zitierten Stellen erklärt er jedoch ausdrücklich, daß bei seinen Gedankengängen andere Beweise und Daten die größte Rolle spielten.

denken, daß um 1905 die Ergebnisse des Michelson-Morley-Versuches zumindest in groben Zügen allen einschlägig interessierten Physikern hätten bekannt sein müssen. Auch wenn *Einstein* sich nicht bewußt an dieses Experiment erinnert, erscheint es doch unwahrscheinlich, daß seine Gedankengänge nicht auf irgend eine Weise dadurch beeeinflußt wurden. Trotz alledem muß man zugeben, daß *Einstein* ein überdurchschnittliches Einfühlungsvermögen besaß; er schien die Lösungen mancher Probleme nur auf Grund von ein oder zwei Hinweisen der Natur zu erkennen; im übrigen war alles nur mehr eine Sache der experimentellen Überprüfung. Genau das war der eigentliche geniale Zug *Einsteins*. Seine ebenfalls im Jahre 1905 begonnenen Abhandlungen über die Photonenhypothese und die Gleichung des Photoeffektes waren in ähnlicher Weise auf geringes und wenig aufschlußreiches Material aufgebaut. Nebenbei gesagt, waren es diese letzteren Arbeiten (zumindest offiziell) für die er den Nobelpreis für Physik im Jahre 1921 erhielt und nicht, um ihn als Schöpfer der Relativitätstheorie zu ehren [1]). Die Relativitätstheorie die allgemeine und die spezielle zusammengenommen, wird jedoch ohne Zweifel weiterhin in der Physik als das bedeutendste Denkmal für *Einsteins* Leben gelten. (Die allgemeine Relativitätstheorie wurde 1916 veröffentlicht.) Die Relativitätstheorie ist, nach den Worten von *C. Møller* [2]), „eines der eindrucksvollsten Kapitel in der Geschichte der Naturwissenschaften, ein Kapitel, das im wesentlichen von einem einzigen Mann geschrieben wurde . . . “

---

1) *Alfred Nobel* bestimmte in seinem Testament, daß die Preise für Entdeckungen zum Wohle der Menschheit zu verleihen seien. Es wurde offensichtlich bezweifelt, daß eine reine Theorie diese Bedingung erfülle, deshalb erfolgte die Verleihung „für seine Beiträge zur mathematischen Physik und im besonderen für die Entdeckung des Gesetzes des photoelektrischen Effektes“.

2) *C. Møller*, im Vorwort seines Buches: The Theory of Relativity (Die Relativitätstheorie), Oxford Univ. Press, New York 1952.

## Eine kurze Bibliographie

Die Literatur über die Relativitätstheorie ist sehr umfangsreich – vermutlich umfangreicher als über irgend ein anderes Gebiet der Physik. Wir geben im folgenden eine kurze und was nicht zu vermeiden war, auch etwas willkürlich ausgewählte Liste von Werken, die als einschlägige Lektüre zu diesem Buch und zu den verschiedenen darin diskutierten Themen von Interesse sein mögen.


*Bergmann, P. G.*, Introduction to the Theory of Relativity, Prentice-Hall, Englewood Cliffs, N. J., 1942. Ein Standardwerk. Hauptsächlich über die spezielle und allgemeine Theorie, mit besonderer Betonung der Tensorrechnung.

*Bohm, D.*, The Special Theory of Relativity, Benjamin, New York 1965. Eine allgemeine Abhandlung, etwa vom gleichen Niveau wie das vorliegende Buch, bereichert durch Bohms Interesse für die fundamentalen Probleme.

*Born, M.*, Einstein's Theory of Relativity, Dover, New York 1962. Eine glänzende und eingehende Behandlung des Themas auf einfacher, doch keineswegs trivialer Ebene von einem der größten Interpreten der Physik des 20. Jahrhunderts, außerdem einem Nobelpreisträger (für seine bedeutenden Beiträge zur Quantentheorie).

*Eddington, Sir A. S.*, Space, Time and Gravitation, Harper Torchbook, Harper & Row, New York 1959. Hauptsächlich über die allgemeine Relativitätstheorie.

*Einstein, A.* (übersetzt von *R. W. Lawson*), Relativity, the Special and the General Theory, Crown, New York 1961. Eine einfache und klare Darstellung der grundlegenden Ideen von ihrem Schöpfer.

*Einstein, A.* und *Infeld, L.*, The Evolution of Physics, Simon and Schuster, New York 1961. Eine von jeglicher Mathematik freie Darstellung der Entwicklung der grundlegenden Begriffe und Ergebnisse der Physik, mit ziemlicher Betonung der Relativistik.

*Einstein, A.* et al. (übersetzt von *W. Perrett* und *G. B. Jeffery*), The Principle of Relativity, Dover, New York 1958. Eine Sammlung der historischen Arbeiten, hauptsächlich der von *Einstein, Lorentz* und *Minkowski*, durch die die Relativitätstheorie begründet wurde.

*Ford, K. W.*, The World of Elementary Particles, Ginn, Boston 1963. Eine lebendige und schöpferische Darstellung der Prinzipien und Phänomene der Hochenergiephysik.

*Frisch, D. H.* und *Thorndike, A. M.*, Elementary Particles, Van Nostrand, Princeton, N. J. 1964. Was den Themenkreis und die Lebendigkeit anlangt, sehr ähnlich dem Buch von *Ford*, jedoch mehr aus der Sicht des Experimentators geschrieben;

*Jaffé, B.*, Michelson and the Speed of Light, Anchor Books, Doubleday, New York 1960. Im wesentlichen biographisch; interessante Aspekte der von *Michelson* ausgeführten Grundversuche.

*Kacser, C.*, Introduction to the Special Theory of Relativity, Prentice-Hall, Englewood Cliffs, N. J. 1967. Eine im Niveau dem vorliegenden Buch sehr ähnliche Darstellung.

*Katz, R.*, An Introduction to the Special Theory of Relativity, Van Nostrand, Princeton, N. J. 1964. Ein guter und kurzgefaßter Überblick.

*Michelson, A. A.*, Studies in Optics, Univ. Chicago Press, Chicago 1927. Michelsons eigener bescheidener Bericht über seine einzigartigen Untersuchungen.

*Ney, E. P.*, Electromagnetism and Relativity, Harper & Row, New York 1962. Eine kurze Darlegung der Grundprinzipien, auch etwas über die allgemeine Relativitätstheorie.

*Reichenbach, H.*, The Philosophy of Space and Time, Dover, New York 1957. Eine ausführliche Diskussion über die Naturbeschreibung mittels Raum-Zeit-Geometrie.

*Rindler, W.*, Special Relativity, Wiley (Interscience), New York, 2. Auflage, 1966. Eine gedrängte und ziemlich mathematisch ausgerichtete Darstellung.

*Rosser, W. G. V.*, An Introduction to the Theory of Relativity, Butterworth, London 1964. Eine sehr eingehende Diskussion von höherem Niveau als die anderen hier angeführten Werke, legt besonders Gewicht auf die Verbindung zwischen Relativität und Elektromagnetismus.

*Rosser, W. G. V.*, Introductory Relativity, Butterworth, London 1967. Eine kürzere und etwas vereinfachte Fassung des vorher angeführten Werkes , doch immer noch ein wenig schwieriger als das vorliegende Buch.

*Schilpp, P. A.*, Hrsg., Albert Einstein: Philosopher-Scientist, (2 Bd.) Harper & Row, New York 1959. Eine faszinierende Zusammenstellung nichtmathematischer Artikel, hauptsächlich von namhaften Physikern (z.B. *Niels Bohr, Max Born* und *Louis de Broglie*) über *Einsteins* Beiträge zur Physik, mit einem ausführlichen autobiographischen Vorwort von Einstein.

*Sherwin, C. W.*, Basic Concepts of Physics, Holt, New York 1961. Kapitel 4 und 5 dieses Buches bieten eine erfrischend originelle Darstellung der Ideen der Relativitätstheorie und des Elektromagnetismus.

*Smith, J. H.*, Introduction to Special Relativity, Benjamin, New York 1965. Eine sehr klare Abhandlung über die einschlägigen Prinzipien und Phänomene.

*Taylor, E. F.* und *Wheeler, J. A.*, Spacetime Physics, Freeman, San Francisco 1966. Eine anregende und angenehm zu lesende Darstellung der relativistischen Ideen, fesselnde Gegenüberstellung von Formalität und Informalität.

*Whittaker, Sir E. T.*, History of the Theories of Aether and Electricity (2 Bd.), Harper Torchbook, Harper & Row, New York 1960. Verfolgt detailiert die historische Entwicklung der Optik und des Elektromagnetismus; ziemlich theoretisch in den Zitaten der mathematischen Theorie, es werden aber auch zahlreiche Versuche erwähnt. Wie im Nachwort erwähnt, bemerkenswert wegen der sonderbaren Geringschätzung *Einsteins* hinsichtlich der speziellen Relativitätstheorie.

*Whittaker, Sir E. T.*, From Euclid to Eddington, Dover, New York 1958. Eine etwas flüchtige Skizze der Entwicklung des physikalischen Denkens, mit besonderem Gewicht auf den Begriffen Raum und Zeit.

Das American Journal of Physics, die Zeitschrift der American Association of Physics Teachers (AAPT), ist immer eine hervorragende Quelle für Arbeiten und Kurzberichte über bestimmte Probleme, Paradoxa etc. in Zusammenhang mit der Relativitätstheorie. Die AAPT gab auch eine Broschüre „Selected in Reprints in Special Relativity Theory" heraus (veröffentlicht vom American Institute of Physics, New York 1963), die eine zusätzliche fachlich gegliederte Bibliographie mit Anmerkungen von *G. Holton* enthält. (Der Leser, der sich für spezialisiertere oder fortgeschrittenere Darlegungen interessiert, wird in *Holtons* Liste eine Reihe von Anregungen finden.)

# Lösungen der Aufgaben

## Kapitel 1

1.1. 6,3 °K.

1.2. a) $5{,}76 \cdot 10^{-3}$ N; b) etwa 1 N.

1.3. a) $6 \cdot 10^{8}$ N (Schwerkraft = $3{,}6 \cdot 10^{22}$ N); b) etwa $2 \cdot 10^{-7}$ m.

1.4. Etwa 0,5 cm.

1.5. Mit einem vernünftigen Schätzwert für die für den Betrieb einer Waschmachine nötige Energie gelangt man zu dem Ergebnis, daß der Massenverlust der Sonne pro Sekunde einige Millionen Tonnen beträgt, was dem tatsächlichen Wert etwa entspricht.

1.6. Vielleicht von der Größenordnung eines Gramms.

1.7. $10^{-14}$ (Größenordnung).

1.9. Etwa 50 000 Dollar.

1.10. $4{,}7 \cdot 10^{13}$ m.

1.11. a) $3{,}3 \cdot 10^{-11}$; b) $6{,}4 \cdot 10^{-4}$; c) etwa $10^{11}$ °K.

1.14. 0,88 Bogensekunden.

1.15. a) $c\,[n(n+2)]^{1/2}/(n+1)$; b) $m_0 c\,[n(n+2)]^{1/2}$.

1.16. a) 2000 V; b) 0,09 c.

1.17. a) Etwa 1,5; b) etwa 0,75.

1.18. $c(1 + m_0 c^2/h\nu)^{-1}$.

1.20. a) 21,3 MeV; b) $1{,}2 \cdot 10^{-3}$ N.

1.21. a) $10^{-16}$, $10^{-12}$, $10^{-9}$, $10^{-2}$, 0,65; b) etwa 0,1 c.

1.23. Leiten Sie die Gleichungen für $v_x$ und $v_y$ ab, wobei die Änderung der Masse mit der Energie berücksichtigt werden muß und lösen Sie einzeln nach x und y als Funktionen von t auf.

1.24. A = 3/10, B = 9/20.

1.25. $1{,}82 \cdot 10^{25}$ $s^{-1}$. Nein, denn die Geschwindigkeit am Äquator ist größer als c.

1.26. a) 0,0025 %; b) 35 %.

## Kapitel 2

2.1. a) 24°; b) 61°; c) 0,1 Lichtjahr (verglichen mit etwa 4 Lichtjahren für den tatsächlich nächsten Stern, Alpha Centauri).

2.3. b) 2800 Umdrehungen pro Minute.

2.4. $3{,}3 \cdot 10^{-3}$ Å.

2.5. b) Etwa 30 s; etwa 16 min.

2.6. Etwa 200 Interferenzstreifen.

2.7. 3,5 km/s.

2.9. a) Für die meisten Stellungen ist $\cos 2\Theta \neq 0$; b) 4; 0°, 90°, 180°, 270°; c) 9,5 m/s.

## Kapitel 3

3.2. a) $2 \cdot 10^{-4}$ Interferenzstreifen; b) 0,08 Interferenzstreifen.

3.3. b) Ja.

3.5. $x = 93$ m, $t = 2{,}5 \cdot 10^{-7}$ s.

3.6. a) $-c/2$; b) $\sqrt{3}\, x_0/c$.

3.7. a) $1{,}25 \cdot 10^{-7}$ s; b) $2{,}25 \cdot 10^{-7}$ s.

3.8. c) (1) $x' = 0{,}58$, $ct' = 0{,}58$; (2) $x = 1{,}73$; $ct = 1{,}73$; (3) $x = 2{,}31$, $ct = 1{,}15$; (4) $x' = -1{,}15$, $ct' = 2{,}31$.

## Kapitel 4

4.1. $1{,}34 \cdot 10^9$ m.

4.2. $5{,}77 \cdot 10^{-6}$ s.

4.3. a) $\pm$ 0,3 m; b) $0{,}33 \cdot 10^{-8}$ s; c) 0,27 m, $-0{,}34$ m.

4.4. a) $10^5$ Jahre; b) 5 min.

4.5. a) $l_0/c$; b) $[(1-\beta)/(1+\beta)]^{1/2}\, l_0/c$; $l_0/\gamma v$.

4.6. a) 200 m; b) $6{,}67 \cdot 10^{-7}$ s; c) $3{,}33 \cdot 10^{-7}$ s.

4.7. a) $4{,}67 \cdot 10^{-8}$ s; b) 6,7 m.

4.8. $l\,[(1-\beta)/(1+\beta)]^{1/2}$; $(1-\beta)\,\gamma\, l/c$.

4.9. a) $2 \cdot 10^7$ m/s; b) 1 Uhr plus $4{,}99 \cdot 10^{-6}$ s.

4.10. $8{,}63\, E_0$.

4.11. Etwa $0{,}9 \cdot 10^{-8}$ s.

4.12. a) 12.50; b) $7{,}2 \cdot 10^{11}$ m; c) 13.30; d) 16.30.

4.13. a) 0,9950 c bis 0,9954 c; b) $R(\Theta) \approx R_0 \{1 + [(1-\cos\Theta)/\gamma_0] \ln R_0\}$, wobei $R(\Theta)$ die Rate der Zählimpulse bei $\Theta$ ist und $R_0$ die Rate bei Vertikaleinfall (für Mesonen mit $\gamma = \gamma_0$). Dieses Resultat ergibt sich aus der Beziehung $\gamma(\Theta) = 1 + (\gamma_0 - 1)\, s\, \Theta$.

4.14. Die Beschleunigung der beiden Raketen ist im End-Ruhsystem zu verschiedenen Zeiten beendet.

4.15. a) $(1 - \beta\cos\Theta)\,\gamma l/c$; b) $(1 - \beta\cos\Theta)\,\gamma l$.

4.16. a) $c\sqrt{7}/4$; b) $3\sqrt{2}\, l_0/5$.

4.17. Der Stab geht durch.

4.18. Für Ereignis 1: a) ja, b) nein. Für Ereignis 2: a) nein, b) ja; $v = 2{,}85 \cdot 10^8$ m/s in Richtung der Verschiebung zwischen zwei Ereignissen in S.

4.19. Das Kausalitätsprinzip wird nicht verletzt.

## Kapitel 5

5.1. 0,7 c; 0,94 c.

5.2. 0,991 c; 0,213 c.

5.5. $1 - \exp[-n\pi(R_1 + R_2)^2 vt]$;
$1 - \exp[-n\pi(R_1 + R_2)^2 (u+v)(1 + uv/c^2)^{-1}(1 - v^2/c^2)^{1/2}\, t]$.

5.6. a) $c/3$; b) 20 m.

5.8. a) $\arctan\left[(1 - v^2/c^2)^{1/2}/(1 - \sqrt{2}v/c)\right]$;
b) $\arctan\left[(1 - v^2/c^2)^{1/2}/(1 - \sqrt{2}v/u)\right]$;
c) $\arctan\left[(1 - v^2/c^2)^{-1/2}\right]$.

5.9. a) $\nu_0 \left[(1 - \beta)/(1 + \beta)\right]^{1/2}$; b) $\nu_0 \cdot (1 - \beta)/(1 + \beta)$.

5.10. b) $t_0\ (1 - \beta)/(1 + \beta)$; c) $t_0 \left[(1 - \beta)/(1 + \beta)\right]^{1/2}$.

5.11. Etwa 50 Tage.

5.12. a) 1/11; b) 11 c/61.

5.13. a) $1{,}6 \cdot 10^{10}$ Lichtjahre; nein. b) $1{,}7 \cdot 10^{10}$ Lichtjahre; nein.

5.14. Etwa $1{,}5 \cdot 10^{10}$ Jahre.

5.15. a) 3600 Å; b) $3 \cdot 10^6$ Jahre.

5.16. a) 22 km/s, Alpha Centauri nähert sich dem Sonnensystem; b) etwa 0,01°;
c) 3600 km/s; ja.

5.17. a) $\nu_0 \left[(1 - \beta)/(1 + \beta)\right]^{1/2}$; b) $\nu_0\ (1 - \beta)$; d) $2 \cdot 10^{-15}$.

5.18. $x = \left[(1 + g^2t^2/c^2)^{1/2} - 1\right] c^2/g$; ($g = 9{,}8\ m/s^2$); t = 20/3 Monate etwa.

5.20. a) 533; b) 267; c) A empfängt 1333, B empfängt 1067; d) A ist um 2 Jahre, 8 Monate jünger.

5.21. Etwa $2 \cdot 10^{-4}$ s.

5.22. a) $\beta = 0{,}99975$ bis 0,99997; b) (0,9 bis 2,7) $\cdot 10^{-14}$ s; c) (2,7 bis 8,2) $\cdot 10^{-6}$ m;
d) 0,2 $\mu$s, 0,1 $\mu$s.

## Kapitel 6

6.1. 300 MeV; 224 MeV; Masse = 200 MeV; arc tan 0,5; v = 0,745 c.

6.2. a) 5,66 GeV; b) 4,3 AME; c) 0,187 c.

6.3. $\sqrt{17}\, m_0$.

6.4. a) $c/(1 + m_0c^2/E)$; b) $4\, m_0/\sqrt{3}$; c/2.

6.5. a) arc tan (9/16); 0,836 c; b) 4,75.

6.6. a) $\beta = 10^{-5}$; wegen Aberration *Blau*verschiebung der Größenordnung $\beta^2/2$;
b) *Rot*verschiebung der Größenordnung $\beta^2/2$; c) *keine* Frequenzverschiebung.

6.8. $M_0 \left[\gamma - 1 + (\gamma^2 - 1)^{1/2}\right]/2$.

6.9. a) 33 Watt; b) 3,3 m/s; c) $66\beta$ Watt, 0,7 $\mu$ Watt; d) (I) ein kontinuierlich zunehmendes Raumvolumen wird von Strahlung erfüllt; (II) es wird dauernd kinetische Energie vom Laser beim Rückstoß aufgenommen.

6.11. a) 1,131 GeV; 4 MeV; b) etwa 14°.

6.12. a) 2 GeV, 2/3 GeV; b) 2 GeV vorwärts, 2/3 GeV rückwärts; c) 2/3 GeV, 2 GeV;
Rollen vertauscht bezüglich (a).

6.13. a) $c/\sqrt{3}$; b) 1,2 MeV.

6.15. a) 84,0°; b) 26,1°.

6.16. $c/\left[1 + (m_0c^2/Q)^2\right]^{1/2}$.

6.17. 0,25 MeV (ohne Berücksichtigung des Comptonrückstoßes an Kernen).

6.18. a) $2{,}5 \cdot 10^{20}\ s^{-1}$; die Energie ist für nukleare Gammastrahlung typisch;
b) $m_0c^2 \{ [1 + (2h\nu/m_0c^2)^2]^{1/2} - 1 \}$.

6.19. a) 328 MeV; b) $\Theta = 104{,}5°$; Q = 228 MeV.

6.20. 850 MeV.

## Kapitel 7

7.1. K hatte eine kinetische Energie von 396 MeV; $\pi$ hat eine kinetische Energie von 616 MeV.

7.2. 2,04 MeV (= 4 $m_0c^2$).

7.3. 17,6 GeV.

7.6. $K = [(K^* + M_0c^2)/(1 - V^2/c^2)^{1/2}] - M_0c^2$ und $M_0$ = Summe der Ruhmassen.

7.7. a) $E' = E \cos\alpha$; b) $E_{Absorber} = E_{Quelle} \cos\alpha = \gamma E_{Quelle}$.

7.8. $x = [(1 + g^2t^2/c^2)^{1/2} - 1]\, c^2/g$; ($g = 9{,}8\ m/s^2$); t = 20/3 Monate, näherungsweise.

7.9. a) 23 m Hertz; b) 9,7 MeV, $4{,}3 \cdot 10^7$ m/s; c) 49 Umdrehungen, 0,34 $\mu$s; d) Die Bahnfrequenz der Ionen nimmt ab, weil die Masse mit den höheren Energien zugenommen hat und die Resonanzbedingung nicht mehr erfüllt ist.

7.10. a) Der (anfängliche) Impuls in Richtung des einfallenden $K^-$ Mesons ist Null;
b) Sigma Minus.

## Kapitel 8

8.4. $F_x = kQ_1Q_2/\gamma^2x^2$; $F_y = 0$; $F_{mag} = 0$.

8.5. $F_x = \gamma kQ_1Q_2\,(x + vu_y y/c^2 + vu_z z/c^2)/(\gamma^2x^2 + y^2 + z^2)^{3/2}$;
$F_y = \gamma kQ_1Q_2 y\,(1 - vu_x/c^2)/(\gamma^2x^2 + y^2 + z^2)^{3/2}$;
$F_z = \gamma kQ_1Q_2 z\,(1 - vu_x/c^2)/(\gamma^2x^2 + y^2 + z^2)^{3/2}$.

8.6. Im MKS-System:

| | |
|---|---|
| $E'_x = E_x$ | $B'_x = B_x$ |
| $E'_y = \gamma\,(E_y - w\,B_z)$ | $B'_y = \gamma\,(B_y + w\,E_z/c^2)$ |
| $E'_z = \gamma\,(E_z + w\,B_y)$ | $B'_z = \gamma\,(B_z - w\,E_y/c^2)$. |

8.7. $F_x = 2\,k\,(Q_2\,\lambda/b)\,(vu_y/c^2)$; $F_y = 2k\,(Q_2\,\lambda/b)\,(1 - vu_x/c^2)$; $F_z = 0$.

8.8. a) $7{,}4 \cdot 10^{-3}$ m/s, $7{,}4 \cdot 10^{-5}$ m/s, $7{,}4 \cdot 10^{-7}$ m/s; b) $2 \cdot 10^{-7}$ N/m, $2 \cdot 10^{-5}$ N/m.

8.9. Die Eigenentfernung zwischen Elektronen muß zunehmen.

8.10. $1 - \beta^2$.

8.11. $I\beta\,(1 - \beta^2)^{-1/2}/c$. Die Gesamtladung bleibt erhalten, doch muß man den ganzen Kreis berücksichtigen, nicht nur die Ladungsdichte entlang eines bestimmten Abschnittes.

## Namen- und Sachwortverzeichnis

Aberration der Gestirne 38, 39, 40, 41, 42, 55, 133
Absorption von Photonen 178
Addition der Geschwindigkeiten 127
Äquivalenz von Masse und Energie 16, 175
Äther 36, 37, 38, 42, 43, 44, 47, 53, 55, 61, 68
Äthertheorie 149
Ätherwind 53, 54, 62, 71
Airy, G. 43
Alväger, T. 72, 130, 131
Alvarez, L. W. 226
Anderson, C. D. 187
Arago, F. 43

Babcock, G. C. 128, 129
Bailey, J. M. 130
Bay, Z. 201
Beobachter 88, 89, 90
Bergmann, T. G. 128, 129
Berkeley 88
Bondi, H. 64, 65, 160, 162
Bradley, J. 38, 39, 40, 41, 134
Brown, R. R. 143, 144
Bucherer, A. H. 21

Cedarholm, J. P. 149, 151
Champion, F. C. 197, 198
Compton, A. H. 198, 199, 200
Comptoneffekt 198, 199
Comptonstreuung 198
Coulomb, C. A. 235
Coulombsches Gesetz 231, 235, 236, 237, 238, 239, 240
Cross, W. G. 200
Cunningham, E. 229

Davey, W. G. 181
Doppler, Ch. 135
Dopplereffekt 135, 143, 146, 152, 158, 201, 202, 277
Dopplereffekt, transversaler 146
Dopplereffekt, zweiter Ordnung 146

Eigenlänge 105
Eigenzeit 105
Einstein, A. 1, 2, 15, 16, 18, 28, 29, 35, 36, 57, 63, 64, 68, 69, 70, 71, 72, 79, 82, 87, 88, 95, 105, 128, 132, 146, 154, 157, 203, 234, 235, 240, 272, 277, 278, 279
Einsteinsche Mechanik 169
Elektrische Maßeinheiten und -systeme 271
elektromagnetische Theorie des Lichtes 37
Elektromagnetismus 235
Elektromagnetismus, Theorie des 235
Emission von Photonen 179
Energie-Impuls-Invariante 209
Energie, kinetische 5, 8, 13, 14, 19, 21, 22, 23
Energieschwelle 190
Erhaltung der elektrischen Ladung 187
Erhaltung der Energie 168, 169, 177, 202, 209
Erhaltung des Impulses 168, 170, 174, 177, 202, 209
Erhaltung der Masse 174
Erhaltungssätze 169
Ernst, Br. 140
Erzeugung von Elementarteilchen 187
Extinktion 128

Farley, F. J. M. 72
Fernwirkungen 219
Feynman, R. P. 209
Fitzgerald, F. G. 61
Fitzgerald-Lorentz-Kontraktion 113, 278
Fizeau, H. L. 44, 45, 56
Foucault, L. 56
Fowler, W. A. 17
Fox, J. G. 72, 128
Fresnel, J. A. 37, 43, 132
Fresnel, Mitführungskoeffizient 44
Frisch, D. H. 98

Galilei, G. 1, 55, 65, 87, 90, 229
Galilei-Transformation 66, 67, 68, 76, 77, 90, 97
Ganley, W. P. 222
Gerlach, W. 13
Geschwindigkeit der Photonen 10
Gesetz der Erhaltung der Energie 18
Gesetz der Erhaltung der Masse 18

Glaser, D. A. 226
Gleichberechtigung aller Inertialsysteme 68
Gleichzeitigkeit 69, 72, 73, 74, 75, 97
Gleichzeitigkeitskriterium 95
Golsen, A. 13
Grenzgeschwindigkeit 4, 8, 9, 10, 24, 28, 74, 236, 277
Guye, C. 21

Hall, D. B. 98
Henri, V. P. 201
Hill, A. G. 25
Holton, G. 277
Hooke, Robert 36
Hoyle, F. 143
Hubble, E. 140, 142
Hubbles Gesetz 142
Hull, G. F. 12
Humason, M. L. 140
Huygens, C. 36, 37, 38, 229

Illingworth, K. K. 51
Impuls 169
Induktion, elektromagnetische 234
Inertialsysteme 55, 64, 70
Invarianten 65, 66, 83
Invarianz 67
Ives, H. E. 146, 148, 149

Jammer, M. 219, 230
Jaseja, T. S. 109
Javan, A. 109
Joos, G. 51

Kaufmann, W. 21
Kausalität 117
Kennedy, R. J. 51, 71
Kennedy-Thorndike-Experiment 71
Kernresonanzstreuung 181
Kjellman, J. 72
Kontraktionshypothese 61
Korpuskulartheorie 36, 57
Kräfte, magnetische 266
Kraftgesetz 244
Krafttransformationen 227, 231

Längenkontraktion 105, 107, 111
Larmor, J. 149, 278
Laues, M. v. 16

Lauritsen, C. C. 17
Lavanchy, 21
Lebedev, P. 13
Lewis, G. N. 171
Lichtäther 149
Lichtgeschwindigkeit 8, 10, 12, 13, 26, 37, 38, 57, 68, 70, 72, 74
Lichtimpulsuhr 106
Linienladung 256
Linienladung, bewegte 257
Linienladung, ruhende 256
Lorentz, H. A. 55, 61, 79, 149, 277, 278
Lorentz-Einstein-Transformationen 68, 74, 79
Lorentz-Fitzgerald-Kontraktion 71, 95
Lorentzkontraktion 94, 104, 112, 114, 153, 266, 277
Lorentzsches Kraftgesetz 239
Lorentz-Transformation 79, 81, 90, 97, 108, 125, 153, 212, 217, 278
Lorentz-Transformation für Energie und Impuls 212, 215
Lovell, B. 11

Magnetische Analyse relativistischer Teilchen 225
magnetische Kraft 237
magnetische Maßeinheiten und -systeme 271
Masse-Energie-Äquivalenz 18
Massenzuwachs 277
Maxwell, J. C. 12, 37, 47, 48, 49, 149, 234, 235, 272, 278
McLernon, F. 201
Mechanik, klassische 25, 26, 93, 229
Michelson, A. A. 35, 46, 49, 50, 51, 53, 55, 149
Michelson-Interferometer 49, 52, 61, 106, 150
Michelson-Morley-Experiment 35, 47, 49, 50, 51, 53, 55, 56, 57, 61, 70, 71, 79, 95, 109, 150, 278
Miller, D. C. 51
Minkowski, H. 80, 81
Minkowski-Diagramm 80, 81, 83, 95
Mitführungskoeffizient 46, 132
Mößbauer, R. 182, 183, 184
Mößbauer-Effekt 182, 183, 184
Møller, C. 279
Moon, P. B. 181
Morley, 46, 51, 55
Murray, J. 109

Newton, I. 1, 2, 3, 14, 18, 66, 87, 90, 230
Newtonsche Mechanik 2, 3, 4, 7, 13, 26, 28, 65, 66, 67, 68, 156, 169, 171, 215, 218, 235
Newtonsches Relativitätsprinzip 64
Nichols, E. 12

Occhialini, G. P. S. 195
Paarbildung 193, 194
Pauli, W. 177
Photonenrakete 185
Piccard, A. 51
Pierce, J. R. 185
Pless, I. 193
Poincaré, H. 277
Ponderatoren 25
Powell, C. F. 195
Punktereignis 22, 75, 81, 88, 90, 93
Pythagoras 36

Radiometereffekt 12, 13
Ramsey, N. F. 200
raumartiges Intervall 118
Raum-Zeit-Diagramm 80, 81, 90
Raum-Zeit-Intervall 117, 118, 120
Raum-Zeit-Invariante 82
Raum-Zeit-Transformation 83
Reaktionen, thermonukleare 16, 17
Reines, F. 177
Relativität der Gleichzeitigkeit 74, 80
Relativitätsprinzip 64
Relativitätstheorie, allgemeine 154, 162
Relativitätstheorie, spezielle 1, 2, 26, 36, 64, 75, 81, 82, 87, 90, 96, 109, 128, 155, 162, 168, 218, 219, 234, 235, 277
Rindler, W. 117
Robertson, H. P. 70
Roemer, O. 37, 47, 48
Rosenfeld, J. 52
Rossi, B. 98
Ruhenergie 20, 21, 23
Ruhmasse 20, 22
Ruhsysteme 105

Satz von der Erhaltung der Energie 4
Scott, G. D. 153
Shankland, R. S. 21. 278
Smith, J. H. 98
Solomon, L. H. 11
Stahel, E. 51
starrer Körper 26
Stewart, A. 41
Stilwell, G. R. 146, 148, 149
Stoß, elastischer 170
Stoß, unelastischer 173
Stoßprozeß 168, 171, 176, 198
Strahlungsdruck 12, 13
Streuung, elastische 195, 215
Streuprozeß 194
Synchronisation von Uhren 96

Teilchenmodell 55
Terrell, J. 153
Thorndike, E. M. 71
Todd, D. P. 47, 48
Tollestrup, A. V. 17
Tolman, R. C. 171
Tomaschek, R. 51
Towners, C. H. 109, 149, 151
Träger der Lichtwellen 36
träge Masse 170
Trägheit der Energie 14
Trägheit der Erde 28
Trägheitsgesetz 76

Uhrenparadoxon 157

Viner, M. R. 153
Voigt, W. 277
Vris, de 140

Wallin, I. 72
Weisskopf, V. F. 153
Wellentheorie 36, 37, 38, 42, 56
Weltlinie 72, 81, 83
Weltvektor (Vierervektor) 217, 218, 229
Whipple, F. L. 11
Whittaker, E. 278

Youngs, Th. 37

Zeeman, P. 46
Zeit, absolute 68
zeitartiges Intervall 118
Zeitdilatation 95, 96, 97, 98, 99, 102, 103, 104, 105, 106, 111, 114, 115, 146
Zeitmessung 92
Zusammenstoß, elastischer 195
Zwillingsparadoxon 2, 157, 158, 159, 162

GPSR Compliance

*The European Union's (EU) General Product Safety Regulation (GPSR) is a set of rules that requires consumer products to be safe and our obligations to ensure this.*

*If you have any concerns about our products, you can contact us on ProductSafety@springernature.com*

In case Publisher is established outside the EU, the EU authorized representative is:

Springer Nature Customer Service Center GmbH
Europaplatz 3
69115 Heidelberg, Germany

**Batch number: 10577896**

Printed by Printforce, the Netherlands